"十二五"普通高等教育本科国家级规划教材

电路原理

于歆杰　朱桂萍　陆文娟　编著
郑君里　龚绍文　　　　审

清华大学出版社
北京

内 容 简 介

本书主要内容包括:简单电阻电路,线性电阻电路的分析方法和电路定理,非线性电阻电路,一阶电路,二阶电路,阶跃响应,冲激响应,卷积积分,相量法,阻抗与导纳,频率响应,滤波器,谐振,有互感的电路,变压器和三相电路等。另有 5 个附录,分别介绍电路基本概念的引入,电路图论的基础知识,常系数线性常微分方程的求解,复数和正弦量以及傅里叶级数。

本书为普通高等教育"十一五"国家级规划教材,内容符合教育部高等学校电子信息科学与电气信息类基础课程教学指导委员会于 2004 年制定的电路分析基础教学基本要求。本书适合普通高等学校电类专业师生使用,也可供科技人员参考。

图书在版编目(CIP)数据

电路原理/于歆杰,朱桂萍,陆文娟编著.—北京:清华大学出版社,2007.3(2025.1重印)
　ISBN 978-7-302-14677-3

　Ⅰ.电… 　Ⅱ.①于… ②朱… ③陆… 　Ⅲ.电路理论 　Ⅳ.TM13

　中国版本图书馆 CIP 数据核字(2007)第 021284 号

责任编辑:邹开颜
责任校对:刘玉霞
责任印制:曹婉颖

出版发行:清华大学出版社
　　　　网　　　址:https://www.tup.com.cn, https://www.wqxuetang.com
　　　　地　　　址:北京清华大学学研大厦 A 座　　　　邮　　编:100084
　　　　社 总 机:010-83470000　　　　　　　　　　　邮　　购:010-62786544
　　　　投稿与读者服务:010-62776969,c-service@tup.tsinghua.edu.cn
　　　　质量反馈:010-62772015,zhiliang@tup.tsinghua.edu.cn
印　装　者:三河市君旺印务有限公司
经　　销:全国新华书店
开　　本:185mm×230mm　　　　印张:26.75　　　　字数:548 千字
版　　次:2007 年 3 月第 1 版　　　　　　　　　　　印次:2025 年 1 月第 28 次印刷
定　　价:75.00 元

产品编号:019638-11

序

目前,多数高校电路原理教材的主要内容是依据 20 多年前拟定的电路原理教学大纲安排的。这个大纲纳入了近代电路理论的某些内容,对电路原理课程教学起到了促进作用,得到广大教师和学生的欢迎。

时代在前进,电路原理课程势必随着科学技术的发展有所更新,以适应对人才培养的需求。清华大学电路原理教学组经过调查研究,集思广益,拟定了教学改革方案,在清华大学信息科学技术学院经三届试用,总结为这本教材出版。

实践证明,此书是行之有效的。它是电路原理教材百花园里一朵报春小花。由于新,它的某些地方可能会显得有些粗糙,还有改进的余地。但是它的出版总是一件可喜的事,而且无疑会对电路原理课程改革起一定的促进和借鉴作用。

是为序。

肖达川

2007 年 1 月

前　言

　　本书是近三年来清华大学对电路原理课程进行教学改革的成果之一。作者在三届授课讲稿的基础上,经整理补充,写成这本教材。

　　电路原理(或电路、电路分析基础)课程的形成源于电气工程与信息科学技术的研究和应用。

　　半个多世纪以来,为了使这门课程能够适应科学技术发展的需要,人们进行了多方面的探索,努力拓展和深化电路理论。例如,引入图论知识,加强状态变量分析,更新并扩充非线性电路理论的研究内容、增加计算机辅助分析的应用等。也有人提出将此课程与其他课程重新整合。实践表明,多种类型的尝试都对本课程的教学改革产生了很好的促进作用,使电路原理课程不断更新,与时俱进。

　　进入20世纪中后期,超大规模集成电路(VLSI)技术日趋成熟,并在科研、生产以至日常生活的各个层面起到越来越重要的作用。与此同时,数字系统的应用已明显超过模拟系统,数字与模拟混合系统也得到了非常广泛的应用。然而,这些重大变革却很少触动电路原理课程的教学内容,该课程的主要选材和基本框架依然保持着固有的稳定与成熟,主要表现在以下两方面:一是只研究基于电路模型的分析,不讨论实际电路的元件建模背景;另一是只讨论模拟电路,不讲授数字电路与系统的知识。这就使得本课程与后续课程之间好像有一条明显的鸿沟,不可逾越。

　　这种形势使电路原理课程的改革面临困境。首先,它与科研生产的实际状况明显脱节,课程内容失去活力,学生感觉所讲授的内容与现实生活中的电气电子设备不相适应。学完这门课之后,往往还不知道受控源究竟为何物,未能认识实际电路中广泛应用的开关元件,更不理解电阻与电容充放电过程产生的真实背景等。其次,电路类课程的总体学时偏多,相当一部分内容还有待更新。

　　我们不会忘记,电阻(R)、电感(L)、电容(C)元件在相当长一段时间内都是组成电路最主要的基本单元,但随着集成电路技术的飞速发展,这种简单的局面已不复存在。为了适应芯片制作工艺特点,减少芯片面积和改善电路参数精度与稳定性等一系列实际要求,电路设计的理念产生了根本性变化。一方面力求远离电感,同时要谨慎选用电阻和电容;另一方面则大量启用有源器件——晶体管,特别是金属氧化物半导体场效应管(MOSFET)。由于MOSFET具有集成工艺便于实现和低功耗等众多优点,扮演了当代集成电路基本单元中最重要的角色。

当然还应当看到,仍有一些电路很难全部进入芯片以实现集成化。这主要表现在大功率和高频率两个方面。在电力电子技术中,较大功率运行的电路仍然需要分立器件来实现;在无线通信靠近射频前端以及频率较高的电子仪器设备中,也保留有一些分立电路。

面对实际情况,应当重新考虑电路原理课程的主要选材和体系结构。

人们构成电路的目的是为了进行能量处理和信号处理,因此在电路原理课程中应体现这两方面的应用。当代电气工程与信息科学的发展和应用趋势表明,在电路原理课程中,尽管 R、L、C 元件模型仍占据重要地位,但 MOSFET 元件模型的引入已经成为必然趋势。在实践中,我们还注意到,引入 MOSFET 不仅可以让学生认识实际电路中的受控源特性,而且有助于理解 MOSFET 在具有放大特性的同时可作开关应用,这样就为初步建立数字系统的概念开创了条件。将电阻、电容、电感、MOSFET、运算放大器作为电路基本元件,既可兼顾模拟与数字两种类型电路的统一要求,更可体现电路进行能量处理和信号处理的双重作用。

作为电类专业第一门技术基础课程,电路原理需要培养学生扎实的电路分析能力,但切切不可忽视对实际元件建模背景的讨论,即不能将课程只局限在针对理想模型的分析中。电路原理课程需要适度体现工程性,即适度讨论抽象模型的物理背景、抽象过程、不同模型之间的区别与联系、如何针对不同需求选择不同模型……

随着系统集成技术的广泛应用,把电路设计过程进行分层次处理就显得非常必要。人们力求借助抽象化和模块化的思想依次完成复杂电路的设计,这是构成复杂系统的前提。在电路原理这门课程中,有责任为学生建立端口特性以及子电路(子系统)抽象的初步概念。

为了体现上述 3 点指导思想,在本书中采取了以下具体措施。

(1) 含 MOSFET 电路分析贯穿全书。第 2 章以 MOSFET 压控电流源特性为例讲授了建立受控源模型的实际背景。按照外界条件的不同,MOSFET 也可工作于开关状态,依此讨论了数字电路与系统的基本单元——逻辑门电路。在第 4 章中利用非线性电阻电路的小信号法分析了 MOSFET 构成的模拟电路与系统的基本单元——小信号放大电路。第 5 章在引出电容元件之后介绍 MOSFET 的寄生电容特性,研究反相器输出信号的充放电波形,建立了数字系统传输延迟的概念。最后,在第 6 章讨论 MOSFET 放大器的频率响应特性,分析了寄生电容对实际放大电路的影响。第 5 章和第 6 章分别从时域和频域两个角度全面考察动态元件对实际电路性能产生的影响。

(2) 含运算放大器电路的分析也渗透于全书许多章节。在第 2 章中讨论运算放大器的模型,运用 KCL、KVL 研究一些简单运放电路。此后逐步深入,不仅讲授负反馈运放构成的多种实际电路,还讨论了一些正反馈运放的应用实例。第 6 章结合频率特性初步引出了有源滤波器。

（3）紧接线性电阻电路分析之后，第 4 章介绍非线性电阻电路。讨论了 4 种基本分析方法：列方程求解法、图解法、分段线性法和小信号分析法。着重运用后三种方法分析二极管和 MOSFET 放大电路的工作原理，给出了灵活、生动的应用实例。

（4）注意到本课程具有从数学、物理向工程实践过渡的特点，努力引导学生树立和训练工程观点。以 Y-Δ 变换、电源等效变换以及互感去耦等问题为载体，加强等效观点的训练；以二极管多种分段线性模型和各类变压器模型为例，介绍近似简化的分析方法；从 MOSFET 到运算放大器以及二端口网络的讨论充分体现了模块化的抽象观点。

（5）认识到构成电路的目的是解决信号处理与能量处理中的大量实际问题，努力加强应用实例分析。选择以通信、信号处理、电力系统等领域为背景的应用例子展开讨论，激发读者的学习兴趣和热情。

概括地讲，我们兼顾分立与集成、模拟与数字、无源与有源元件、二端与多端元件、受控源与开关、线性与非线性、能量处理与信号处理等多种矛盾，试图从对比中认识事物的规律，以统一的理念来全面观察问题，从而适应当代电气工程与信息科学技术发展的最新需要。

2004 年秋、2005 年春和 2006 年春，作者按此教学模式授课，进行了 3 届改革试点，涉及的专业包括电子信息工程、自动化、计算机、生物医学工程等，学生人数累计约 340 人，讲课学时（含习题课和讨论课）均为 64 学时。学生和听课教师的反馈说明教学改革初见成效。

全书共 6 章。第 1 章为绪论，介绍基本名词术语、本课程的研究内容和主要方法，为后续章节的学习做好准备。第 2～4 章以电阻电路为对象讨论电路分析的一般方法和定理。具体内容包括：简单电阻电路分析，线性电阻电路的分析方法和电路定理，非线性电阻电路分析。第 5 章为动态电路的时域分析，重点研究一阶电路的工作原理、性能和应用，讨论二阶电路、阶跃响应、冲激响应和卷积积分等概念。第 6 章为正弦激励下动态电路的稳态分析，包括相量法、阻抗与导纳、频率响应、滤波器、谐振、互感电路、变压器和三相电路等内容。

在正文的 6 章之后，安排了 5 个附录。附录 A 从电磁学理论出发，建立电路基本参数的概念，引出电路元件的定义，使本课程与大学物理、电磁场等课程相互沟通与配合。附录 B 介绍电路图论的基础知识，引导对此感兴趣的读者初步认识这一研究领域。附录 C 和 D 分别为学习动态电路的时域分析和正弦稳态分析提供了必要的数学基础——常系数线性常微分方程的求解以及复数和正弦量的三要素。附录 E 讨论傅里叶级数，为本课程与数学和信号与系统的衔接做好准备。

教育部高等学校电子信息科学与电气信息类基础课程教学指导委员会于 2004 年制定了电路分析基础课程的教学基本要求，本书内容完全覆盖了这些基本要求，即可作为高校 64～90 学时电路原理课程的教材或参考书。

在使用本书作教材时,授课教师可根据学生能力、培养计划和学时等因素灵活选取素材,切忌照本宣科。在选择授课素材时首先要保证满足上述基本要求,同时适当兼顾前文所述改革指导思想。为此,建议按以下原则组织讲授内容。

(1) 本书中不作为基本要求,同时也未涉及改革特色的一些深入内容可以不讲,如3.7~3.9节,5.7.2小节,5.8~5.9节等。

(2) 对于改革思想不一定要求立即全面实施到位。改革初期可结合实际情况有所侧重,待条件成熟后逐步推进。例如,可以跳过2.8~2.9节,对于第4章只着重介绍4.5和4.6节,适当缩减该章学时等。

(3) 本书特点之一是背景鲜明、形象生动的应用实例相当丰富。对此,课上可以选择重点内容讲授,把较多的实例留作课外阅读。这样做不仅可以节省课内学时,也有利于培养学生的自学能力,并推动同学之间交流讨论,取得事半功倍的成效。

按以上3点建议略去一些小节或段落不会影响后续部分的继续学习,同时也可满足基本要求的规定,并按不同程度体现改革思想,展示新意。

这里提供我们在清华大学2006年教学实践中安排的课内学时供参考(下列学时数含大课、习题课和讨论课,不包括实验):第1章2学时,第2章13学时(其中电阻、电源、KCL和KVL 2学时、等效变换2学时、运放2学时、二端口2学时、数字系统讨论课2学时、习题课3学时),第3章6学时(其中节点法回路法2学时,叠加定理、戴维南定理2学时、习题课2学时),第4章4学时,第5章13学时(其中动态元件1学时,一阶电路2学时,二阶电路和状态方程列写2学时,冲激响应与卷积2学时,动态电路讨论课2学时,习题课4学时),第6章22学时(其中相量与阻抗4学时,频响与滤波器2学时,谐振2学时,互感与变压器2学时,功率2学时,三相2学时,非正弦周期激励电路2学时,习题课6学时),机动4学时,共计64学时。

本书各章末都附有习题,可配合授课选用。全书最后给出了部分习题答案,可供参考。如果需更多练习,可参考清华大学电路原理教学组编写的《电路原理学习指导与习题集》(徐福嫒、刘秀成、朱桂萍编著,清华大学出版社,2005年)。

在改革实践过程中,曾经遇到一些困难或疑惑,值得认真总结的议题有以下几点。

(1) 课程学时未变,增加许多新内容,是否会削弱对电路基本概念和基本分析方法的掌握?

首先,几代教育工作者的辛勤努力使得电路基本概念和基本分析方法能够以更简明、更易接受的方式进行讲授,从而为进一步拓展电路应用奠定了牢固的基础。其次,恰当引入新内容能够加深学生对电路基本概念的理解。例如引入MOSFET以后,学生对受控源、开关和寄生电容等概念的理解大大深入,从而激发起浓厚的学习兴趣,能够主动应用课余时间进行钻研。从无记名调查问卷反馈的意见来看,大多数学生最感兴趣的教学内容就是将电路基本概念、基本分析方法和基本元件进行实际应用的内容,如运算放大器、门电路、信号发生器电路等。第三，一个概念、一个方法和一个理论能够解释和解决的问题越多，它的意义就越大，人们对它的理解就越深刻，对它的掌握才越牢固。如果增加的新内容、新问题都能用基本概念和基本分析方法加以解释和解决，这无疑对基本概念的理解和基本分析方法的掌握都大有好处。此外，多媒体课件、Flash 动画、数值仿真软件和现场实验装置等教学手段的逐渐丰富也为电路原理课程在有限授课时间内讲授尽可能丰富的内容提供了技术保障。我们在改革试点班曾用以前的电路试题对新模式授课的学生进行了测试。结果表明，这些学生在理解电路基本概念和掌握基本分析方法方面与以前的学生相当。

（2）这种改革与电工学课程有什么区别？

当前电工学课程的授课对象为非电类专业本科生，目的是用较少的时间传授给学生电路分析和电子学的知识。因此授课内容基本上是电路和电子学的依次组合，可能还涉及部分电力电子及电力拖动的知识。而我们的电路原理课程改革特别强调有源与无源器件的融合与相互渗透、相互支撑，使电路和电子学的内容密不可分。或许这种新举措对电工学课程改革有一定的参考价值。

（3）如何处理好与后续课程的联系和分工？

本课程与大量的后续课程有着密不可分的联系，是学习多种专业课的公共基础。正是为了适应当代电气工程与信息科学技术发展的需要，我们对课程进行了改革。实践表明，改革不仅使学生加深了对基本概念和基本分析方法的理解与应用，而且强烈激发起学生对后续课程的学习兴趣。此外，学生对重要知识点的透彻认识和充分掌握是需要有一个过程的，从不同角度进行讲授有利于学生全面深入地掌握基础知识。本书第 1 章图 1.1.1 给出了本课程与后续多种课程的联系，从中可以初步了解它们之间的相互关系。

本书的编写工作由于歆杰、朱桂萍和陆文娟完成。于歆杰编写了第 1、2、4 章，朱桂萍编写了第 5、6 章，陆文娟编写了第 3 章，全书由于歆杰统稿。清华大学电路原理教学组常年坚持的教学讨论对本书框架的形成有很重要的作用，学生的积极反馈也是作者编写工作中宝贵的信息来源。

本书承清华大学肖达川教授作序，在此对肖老师多年来对电路原理课程教师的谆谆教诲和对课程改革的大力支持深致谢意。

全书承清华大学郑君里教授和北京理工大学龚绍文教授审阅，对本书初稿提出了许多重要的修改意见。从这次课程改革的准备阶段至今，他们与作者密切沟通，给予热情帮助和支持，共同克服困难。在此向他们深致谢忱与敬意。

2002 年秋清华大学电路原理教学组于歆杰和王树民曾对美国耶鲁大学（Yale）、卡耐基梅隆大学（CMU）和麻省理工学院（MIT）等校进行教学考察。2003 年秋于歆杰作为访问学者再次到 MIT 考察并参加了部分教学工作。2004 年朱桂萍到英国曼彻斯特大学访问进修。这些交流对于本课程教学改革的成功产生了重要影响，在此谨向以上各校老师深表谢意,特别要感谢 MIT 电路课程负责人 A. Agarwal 教授和 J. Lang 教授。

　　清华大学教务处、信息科学技术学院以及清华大学出版社对作者的教学考察、教学改革和撰写教材提供了帮助,在此一并致谢。其中特别要感谢汪蕙教授、邓丽曼副教授和邹开颜编辑。在新模式教学实施阶段和本书的编写过程中得到了教学组全体同仁的帮助,博士生唱亮、许军、杨钰和邵冲对书稿进行了认真的校读,在此深表致谢。感谢作者家人的支持和帮助。

　　由于作者水平有限,难免存在错漏之处,恳切地希望读者对教材体系、内容和实施方案提出宝贵意见。联系方式如下:

于歆杰,北京市清华大学电机系,100084,010-62780250,yuxj@tsinghua.edu.cn

朱桂萍,北京市清华大学电机系,100084,010-62794878,gpzhu@tsinghua.edu.cn

陆文娟,北京市清华大学电机系,100084,010-62795891,luwj@tsinghua.edu.cn

作　者

2007 年 1 月于清华大学

如何学好电路原理
——致使用本书的学生

这本书也许是你的教材,也许是你的参考书,也许你就是随手翻翻,但希望你起码能够看完这个简短的介绍。

相信你一定在某种程度上接触过电路。也许你对求解中学阶段的电路题非常在行,或者对此力不从心。事实上,这本书不仅仅是告诉你如何求解电路题的。

电路原理课程是若干电类专业后续课程的公共基础,其中所介绍的概念和方法将在后续的课程中反复出现和使用。学好了电路原理,就打开了通向精彩纷呈的电气工程、电子工程、自动化、计算机等学科的大门。因此这门课程是非常重要的。

电路原理是你接触到的第一门介于科学类和工程类之间的课程。在这门课程中不仅要学习知识,还要接触到非常重要的工程观点、抽象观点和等效观点。

那么如何学好这门课程呢?

你以前学习过的数学、物理、化学等课程基本上都是科学类课程。在科学教育中,教师提出的问题一般来说是能够用方程表示的,是有确定解的。学生需要完成的就是综合利用各种已经掌握的知识和方法求解方程,将这个解用高效率的方法求出来。而工程实际中面对的却是海量的数据和各种性能指标。在这种环境中许多性能指标无法用方程来表示,而且问题通常存在多个可行的解。好的工程技术人员能够从众多可行解中快速寻找到成本与质量的最佳折中点,而好的工程教育则需要培养处理复杂局面和发现最佳折中点的能力。确定方案的过程可以看作通过工程实践创造新事物的过程。显然,工程教育更强调对创造新事物的能力的培养。在电路原理课程中将通过讨论不同模型的特点并适当布置设计型作业以培养工程观点。

你从普通物理的电磁学部分或高中的电学部分就已经知道,电路理论是电磁理论的特殊情况。换句话说,电路是从电磁场中抽象出来的。这种抽象的观点是解决实际问题的法宝之一。从电磁场中抽象出电路元件,就不再关心具体元件内部的电磁关系,而只对元件接线端上的电压和电流感兴趣。进一步也可以将部分电路(也称作子电路)抽象出来,不关心其内部各元件上的电压电流,而只对这部分电路与电路的其他部分(也称作外电路)联接的接线端上的电压和电流感兴趣。如果以一定的技术手段把那部分电路密封在一个盒子里(术语叫"封装"),就构成了一个集成电路。如果把由一个或若干集成电路和其他电路元件构成的子电路焊接在一块电路板上,人们就只关心这块电路板与其他电路板相联接线端上的电压和电流,这样就可以构成一块计算机的板卡。若干计算机板卡结合起来构成了计算机,若干计算机结合起来构成了 Internet 网络。当分析 Internet 网络的时候只需要在感兴趣的层面上进行研究,而无需深入分析其中每个元件内部的电磁关系。只有这样,人们才能够构建越来越大的人造系统。在电路原理课程中,运算放大器和二端口网络都是成功应用抽象观点的例子。

在建立了抽象的观点以后,往往可以将主要的注意力放在子电路接线端的电压和电流上。于是产生了另一个问题:如果两个子电路在接线端上的电压电流关系是一样的,那么这两个子电路对于外电路来说效果是否是相同的? 答案是肯定的。在电路里称这种情况为两个子电路等效。等效的观点有时可以大大简化电路的分析和设计。如果待分析的子电路内部结构比较复杂,但其接线端上电压电流关系是简单的,就可以用比较简单的子电路来等效那个复杂的子电路。这样分析出来的结果对于外电路来说是一样的。当然如果对复杂子电路内部的电压电流也感兴趣,就需要根据求解出的子电路接线端电压电流反推其内部关系。能否及时建立等效观点往往会影响你能否顺利地掌握电路基本分析方法。

基于上述这些特点,你应该及时转变学习方法。具体来说,有以下几个值得注意的地方。

(1) 充分重视基本概念

电路原理的教材和教学过程中会出现比较多的公式,应主动地思索这些公式中的变量和公式本身代表的物理意义是什么。越善于抓住物理本质,电路原理课程就可能学得越好。

(2) 重视基本分析方法的同时重视方法的由来

当前,我国研究型大学的本科教育正逐渐从传授知识向培养创新意识和创新能力过渡。你不仅仅应该是分析方法的熟练使用者,更应该是分析方法的提出者。要做到这一点,就必须熟悉分析方法的由来。

(3) 注重电路原理的应用实例

电路原理课程中介绍的概念和方法绝不仅仅在本课程中适用。在你日常学习和生活中可以发现大量电路应用的实例,应主动寻找这些实例并积极将电路分析方法应用于这些实例。

(4) 认真完成适量的练习

这里既要强调认真,也要强调适量。做对答案只达到了完成练习的一小部分目的。完成练习时更应思索这道题可用哪些方法求解? 各种方法的利弊在哪里? 为什么我选择某种特定的方法? 经常性地问自己上述 3 个问题对于熟练掌握电路分析方法是非常有好处的。此外,掌握电路基本概念和基本分析方法需要一定数量的练习,但练习的量并不是越多越好。中学里的题海战术在大学不适用。只要认真完成教师布置的作业和习题课练习就可以达到教学要求了。

希望这个简短的介绍能够让你觉得电路原理是一门有意思的、重要的而且能学好的课程。

作　者

2007.1 于清华园

目　录

CONTENTS

第 1 章 绪 论

　　本章首先介绍几个有关电路的基本问题,然后研究电压、电流和功率的定义,接下来简单介绍电路在信号处理与能量处理方面的应用,最后讨论电路的分类。本章是所有后续章节的共同基础。

1.1　电路

　　电路(electric circuit)是由若干电气元件(electrical element)相互联接构成的电流通路。一般来讲,电路都是人为构成的。人们构成电路的主要目的是处理电能与电信号,这里所指的处理包括产生、传输、变换和存储等含义。

　　随着自身能力的发展,人类不再满足于靠天吃饭或钻木取火。从长期的生产生活和科学研究中人们逐渐认识到,电能的产生、传输、分配和使用要比其他能源更方便,因此作为二次能源①的电能成为目前人们利用的主要能源形式。电能的产生(发电)、传输(输电)和分配(配电)必须要借助电路来完成,这种电路构成了庞大的电力系统。

　　很久以来,人们曾寻求各种方法以实现信号的传输。古代战争中的烽火台、鸡毛信、旗语和信号弹等形式曾被广泛使用,但效率不高,在传输速度(有效性)或抵抗噪声干扰(可靠性)等方面都不能令人满意。从 19 世纪初到 20 世纪初,人们在研究电信号传输方面取得了重大进展。开始是有线电报和电话,后来发展到无线电通信以及当代的全球互联网。这些技术进步的实现主要依靠电路。20 世纪 60 年代,人们逐渐建立了"信号处理"的全新概念。对信号进行处理的主要目的和作用是通过对信号进行加工或变换(不一定要传输)来削弱信号中的噪声干扰,选择特征分量,进行识别和分类等。这些研究同样也建立在电路理论应用的基础之上。

　　电气工程(electrical engineering)就是研究如何利用人为构成的电气装置来处理电能与电信号的工程学科,有时候也简称为电工程,或进一步简称为电工。20 世纪初,电气工程逐渐脱离物理学成为独立的学科。自 20 世纪 60 年代以来,计算机科学与技术从电气工程学科中成长起来并逐渐成为独立的学科,不过依然属于广义的电气工程领域。目前,这个领域中包括电力(电机)工程、控制工程、通信工程、电子工程以及计算机科学与技

---

　　①　一般把从自然界中直接获取的能源形式称作一次能源(如原油、天然气、原煤等),而把从一次能源加工转换后的能源称作二次能源(如电能、机械能、热能等)。

术等众多研究和应用方向。有时,考虑到广义电气工程涵盖的范围过于庞大,于是改用其他名称来描述这个领域。对此,国内外有不同的习惯,表 1.1.1 说明了这两种归类的方式。当然,这只是一般习惯的命名方式,没有统一的标准,有时每个人还有不同的理解。

表 1.1.1 对广义电气工程领域的归类与统称

国内习惯的归类与统称	各学科领域	国外习惯的归类与统称
电气工程	电力工程	
信息科学与技术 （或电子信息科学与技术）	控制工程 通信工程 电子工程 ……	电气工程
	计算机科学与技术	计算机科学
统称：电气工程与信息科学 （或电气电子信息科学）		统称：电气工程与计算机科学 （简称 EECS）

前面已经部分地回答了为什么要研究电路这个问题,下面换一个角度,讨论电路与读者日后将要学习的若干后续课程以及研究方向的关系。

目前,我国大学理工科的许多专业都将电路原理设为必修课,如工科的电气工程及其自动化、自动化、电子信息工程、通信工程、电子科学与技术、生物医学工程、计算机科学与技术以及理科的电子信息科学与技术、微电子学、光信息科学与技术等。

在学习电路原理课程之前,读者只学过数学、物理等公共基础课程,缺乏对电气工程与信息科学的系统认识。因此这是一门进入本学科领域的入门课程,也是最重要的技术基础课之一。这里讲授的许多概念和方法在后续课程中都会得到广泛应用,或者直接用来解决科研与生产中的实际问题。图 1.1.1 简要说明了电路原理与许多其他课程的联系。

十分明显,摆在图中显要位置的第一号主角就是电路原理! 接下来的 3 门课与电路原理具有共同特点,都属于众多专业必修的公共基础课。其中信号与系统侧重理论分析,而模拟电子线路(或模拟电子技术)与数字电子线路(或数字电子技术)属于实践性更突出的课程。

要学好以上 4 门专业基础课程才有可能步入电气工程与信息技术领域的科学殿堂之门,而电路原理又处于其中的首要位置,可称为"基础课程之基础"。

再下面的电力电子技术等 3 门课有明显的专业特征,大多数院校将它们列为选修(个别专业必修)课程。如电机、自动化类专业关注大功率电路,因而要学电力电子技术;通信、电子类专业关注高频(射频)段工作的电路,可选修通信电路(或称高频电子线路);而微电子技术方面的课程具有更大的灵活性,虽然许多专业的后续课程并不需要以此类课

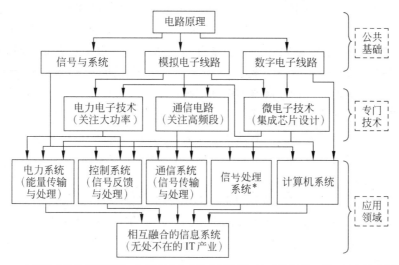

*指各类信号处理课程，包括某些专业的专门课程（如生物医学工程、核电子学等）

图 1.1.1　电路原理与其他电气工程主要课程的联系

程为基础，但是考虑到各种工程系统都离不开大规模集成电路的应用，因而也应了解这方面的简要知识，可选修微电子技术概论类型的课程。如果研究方向侧重微电子技术，当然要学习更多芯片原理与设计方面的课程。

　　学习电路原理的最终目的是要具备设计、开发、研究各类电气工程系统的能力，如图 1.1.1 中电力、控制、通信、信号处理、计算机等系统。

　　当代科学技术发展的重要特征之一就是跨学科多领域的融合，图 1.1.1 中所列各类系统的实现也遵从这一原则。例如，一个雷达设备由通信系统、控制系统与计算机系统联合组成，也可称为 3C 系统（取 communication，control，computer 三个英文单词的首字母）。

　　正如人们利用砖瓦建成高楼大厦一样，电路是构成各种电气系统的基础。当然，学习电路原理要比认识砖瓦更为复杂。正因为如此，它将会给读者带来更多乐趣。

　　至此，每位读者都在图 1.1.1 中看到了未来若干年内将要学习或从事的研究领域，以及要学习的相应课程。显然，无论将来从事哪个方向的研究都必须先学好电路原理课程。

　　必须指出，由于各院校情况不同，而且不少课程正在发生变革，因此图 1.1.1 对于众多课程相互联系的描述只是粗略示意，还有相当多重要课程未能在图中表示。例如，以电磁场理论（或电动力学）为核心形成的一批课程和计算机系列课程都未能涉及。考虑到本课程的重点以及本书的篇幅，不再详细讨论。

　　从理论上讲，电路的研究内容包括两个方面，即电路分析与电路综合，分别属于电路研究的正问题和逆问题。所谓正问题(positive problem)是指已知电路的结构和参数求电路的解(如电压、电流)。大多数电路正问题有唯一解。所谓逆问题(negative problem)是指已知电路的解(或给定电路要达到的某种技术指标),要求确定电路的结构和参数。大多数电路逆问题求得的电路结构和参数不唯一。对正问题的求解称为电路分析(circuit analysis),对逆问题的求解称为电路综合(circuit synthesis)。电路综合必须以电路分析为基础。从若干满足性能要求的备选方案中根据成本、体积和可靠性等方面的要求选定最终电路结构和参数的过程称为电路设计(circuit design)。电路分析与电路综合的理论统称为电路理论或电路原理。本书(本课程)着重研究电路分析,只涉及非常简单的电路设计,不讨论电路综合理论。

　　虽然人类对于电与磁现象的认识可追溯至数千年以前,但电路概念的形成与应用却只有百余年的历史。18 世纪以来,随着库仑、奥斯特、欧姆、法拉第等物理学家对电现象研究的不断深入,电磁场理论逐渐被建立起来。1865 年麦克斯韦最终建立了完整描述电磁场规律的方程组,标志着人类对电磁现象的研究进入了一个全新的时期。麦克斯韦方程组给出了电磁场空间分布和时间变化的全部规律。

　　麦克斯韦方程组迄今为止仍然是电磁场分析的基础。但对于大多数实际物理对象来说,完整地求解麦克斯韦方程组是比较困难的。此外,随着人们改造世界能力的提高,各种人造电气系统越来越复杂,因此需要寻找在可接受的误差范围内快速分析电气系统的方法。于是电路理论应运而生。

　　电磁场理论有 4 个基本量,即电场强度 E、电位移 D、磁感应强度 B 和磁场强度 H。电路理论中也有 4 个与之相对应的基本量,即电压 u、电荷 q、磁链 Ψ 和电流 i。由于电压 u 和电流 i 更容易测量、计算和控制,更适用于分析和构造复杂电气系统,因此电路理论更关注如何用电压 u 和电流 i 来描述实际的电气系统。

1.2　电流和电压

1.2.1　电流

　　载流子(电子或空穴等)的定向移动形成电流。电路原理中讨论的电流一般在导线中流通,于是如何描述导线中电流的强弱就成为受关注的问题。为此人们引入了电流强度(简称为电流)的概念。电流即单位时间内流过某导线横截面的电荷。

　　设在 dt 时间内通过导线横截面的电量为 dq,则通过该截面的电流(current)i 为

$$i = \frac{dq}{dt} \tag{1.2.1}$$

　　电流的单位名称是安[培],单位符号是 A。由式(1.2.1)可知,国际单位制中电流的

单位名称也可以表示为库/秒，因此有 $1A=1C/s$。常用的电流单位还有 mA 和 kA 等，易知 $1A=10^3 mA=10^{-3}kA$。电子电路中常见的电流大小为几毫安至几安，而电力系统中常见的电流大小为几百安至几千安。

在电路原理课程中，习惯用大写英文字母表示不随时间变化的量，用小写英文字母表示随时间变化的量。如果电流不随时间变化，则表示为 I，反之表示为 i 或 $i(t)$。

需要指出，读者在物理课程中接触的电路基本上都是含单个恒定电压源的简单电路，通过观察就可以知道流过电路元件的电流方向，因此对电流的方向并不关心。但在电路原理课程中，一方面经常遇到含多个电源的复杂电路，电流的方向无法通过观察得知；另一方面还会遇到交流电源的情况，电流的方向会随着时间变化。因此需要特别关注电流的方向问题。

在力学中，读者对方向问题已经有所接触。当不知道物体在一条直线上的受力情况时，总是先任意假设一个方向，然后在该方向上进行力的合成。如果最终计算的结果为正，则表示实际受力方向与该方向相同，若结果为负，则方向相反。

在电路分析中采用类似的方法，先任意假设一个待求电流的参考方向（reference direction），再根据本书后续章节介绍的定律、定理和元件本身的性质列写方程求解出该电流的代数量。如果这个代数量为正，则表明实际电流方向与参考方向相同，反之则方向相反。参考方向有时也称为正方向。类似于力学和电磁学中的情况，参考方向的选取不会影响实际电流的方向。如果没有特别说明，本书讨论的电流一般指参考方向意义下的电流。

因此，在分析电路时，首先要做的事情就是在感兴趣的元件上标明电流的参考方向，如图 1.2.1 所示。

除了在电路图中用箭头标注以外，电流的参考方向还可以用下标的形式来表示，即 i_{AB} 表示从点 A 流向点 B 的电流。对于流经同一元件的电流有 $i_{AB}=-i_{BA}$。

图 1.2.1　电流的参考方向

有关电流进一步的讨论可参考附录 A。

1.2.2　电压

1. 电压

单位正电荷从电路中的一点移动到另一点，电场力所做的功称为前一点对后一点的电压。设电场力将电量为 dq 的正电荷从 A 点移动到 B 点所做的功为 dw_{AB}，则电压（voltage）u_{AB}[①] 为

---

① 电压的另一种表示符号为 v，国外书刊多按此习惯，而在我国多用 u。

$$u_{AB} = \frac{\mathrm{d}w_{AB}}{\mathrm{d}q} \tag{1.2.2}$$

易知

$$u_{AB} = - u_{BA} \tag{1.2.3}$$

电压也称为电位差或电位降。式(1.2.2)只能给出两点间的电位差,不能确定某一点的电位值。如果选择电场中 P 点为参考点,令该点电位为零,则可以定义电场中 A 点的电位(potential)为

$$\varphi_A = u_{AP} \tag{1.2.4}$$

可知

$$u_{AB} = \varphi_A - \varphi_B \tag{1.2.5}$$

电压和电位的单位名称是伏[特],单位符号是 V。由式(1.2.2)可知,国际单位制中电压的单位名称也可以表示为焦/库,因此有 $1V = 1J/C$。常用的电压单位还有 μV、mV、kV 和 MV 等。易知 $1V = 10^6 \mu V = 10^3 mV = 10^{-3} kV = 10^{-6} MV$。电子电路中常见的电压大小为几微伏至几百伏,而电力系统中常见的电压大小为几千伏至几兆伏。

如果电压不随时间变化,则表示为 U,反之表示为 u 或 $u(t)$。

由式(1.2.5)可知,描述两点之间的电压必须指明是从哪点到哪点的电位降,即必须明确电压的方向。可以采取类似于电流的做法,在求解电路之前先任意指定一个电压的参考方向(正方向),然后根据电路分析方法和元件性质列写方程求解电路。如果求得的电压数值为正,则实际电压方向与参考方向相同,反之则方向相反。因此,在分析一个电路之前,除了需要标明电流参考方向以外,还需要标明元件两端之间的电压参考方向,如图 1.2.2 所示。如果没有特别说明,本书讨论的电压一般指参考方向意义下的电压。

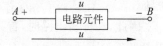

图 1.2.2　电压的参考方向

电压的参考方向既可用"+"、"-"极性表示,也可用箭头指向表示。为了与电流参考方向有所区别,推荐采用前一种表示方法。在这种情况下,可以把电压的参考方向称为电压的参考极性。此外,类似于电流,还可以用下标来表示电压,即 u_{AB} 表示 A 点到 B 点的电压。

2. 电动势

在电路中用电压来表征元件上或两点之间的电位差是比较方便的。但在物理课程中讨论过电动势的概念,同时若干后续课程(例如电机学)也会继续使用这一概念,因此有必要在这里介绍电动势。

所谓电动势(electromotive force)是指电源内部的非静电力对正电荷做功,使其从负极移动到正极时形成的电位差,即电源两端的电动势是电源负极到正极的电位升。通过前面的讨论可知,u_{AB} 指的是 A 点到 B 点的电位降,而 e_{BA} 指的是 B 点经由电源内部到 A

点的电位升。因此有

$$e_{BA} = u_{AB}$$

电动势的单位名称与电压的相同,亦为伏[特],单位符号
也是 V。电动势在电路中的表示方法如图 1.2.3 所示。

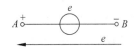

图 1.2.3　电压源上标注的
电动势

如果用图 1.2.3 中正负号的方式来表示电动势,其含义是
指从电源负极到正极的电位升为 e;如果用图 1.2.3 中箭头的
方式来表示电动势,其含义是指电源沿箭头方向的电位升为 e。

此外需要明确,电动势和电压是性质截然不同的两个概念。电动势描述的是电源内
部性质的物理量,表示电源负极到正极的电位升,干电池的电动势永远为正值。而电压则
是指电路元件(包括电源)上的电位降,可能是正值,也可能是负值。

有关电压进一步的讨论可参考附录 A。

1.2.3　端口

1.2.1 小节和 1.2.2 小节分别讨论了电路元件上的电流和电压,涉及的电路元件都
只有两个与外界进行交互的"通道"。在电路研究中对于元件内部的电磁场性质并不关心,
因此往往将其"封装"起来。该元件的电路特性仅通过其与外界进行交互的通道表现出来。
电路元件与电路其他部分的联接点称为端钮、端子或接线端(terminal)。例如在图 1.2.1、
图 1.2.2 和图 1.2.3 中,表示成小圆圈的点 A 和点 B 就称为端钮 A 和端钮 B。

虽然许多电路元件都只有两个接线端(称之为两接线端元件或二端元件),但电路中
还有一些元件,它们与外界进行交互的接线端多于两个(称之为多接线端元件或多端元
件)。常见的二端元件包括电阻、独立电源、二极管、电感和电容等,常见的多端元件包括
受控电源、金属氧化物半导体场效应晶体管(MOSFET)、理想运算放大器和理想变压
器等。

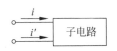

图 1.2.4　端口的概念

如果从电路的两个端钮看进去(参见图 1.2.4)满足式

$$i = -i' \qquad (1.2.6)$$

则这两个端钮被称为一个端口(port)。

显然,任何一个二端电路元件都可以看作是一个端口。

面对越来越复杂的电路,人们往往会将一部分电路封装起来。也就是说,往往(也许
仅是暂时的)不关心被封装那部分电路内部的电压和电流,而仅关心其外部特性。这种思
维方式有利于突出主要矛盾和构造更为复杂的系统。此时就很难用元件来称呼被封装的
这部分电路,称其为子电路不失为一种可行的方法。电路原理的许多结论在电气工程诸
多领域中都有应用,而在那里往往将被研究对象称为网络(network)或系统(system)。因
此在不致引起误解的前提下,电路原理课程中不区分电路、系统和网络,当然也不区分子
电路、子系统和子网络。

与外部电路只有一个端口相连的子电路被称作一端口网络(one-port network)或者二端网络(two-terminal network)。

与外部电路有两个端口相连的网络被称为二端口网络(two-port network)。二端口网络的两个端口都要满足式(1.2.6)。人们对二端口网络感兴趣的原因有二。首先,二端口网络是最简单的多端口网络,研究清楚二端口网络的性质对于了解多端口网络的性质很有帮助。其次,电路中许多多端元件或子电路都可用二端口的概念来进行建模。二端口网络(简称为二端口)一般用图1.2.5来表示。

图 1.2.5 二端口

二端元件上电流和电压的参考方向是可以任意指定的。如果考虑这两个参考方向之间的关系,则存在着两种情况,分别称为关联参考方向和非关联参考方向。

所谓关联参考方向(associated reference direction)指的是电流参考方向从电压参考方向正端指向负端的情况,而非关联参考方向(non-associated reference direction)则表示的是电流参考方向从电压参考方向负端指向正端的情况。在图1.2.6(a)中,电流和电压的参考方向是关联的,而(b)中电流和电压的参考方向是非关联的。易知,一个二端元件的电压参考方向和电流参考方向或为关联,或为非关联,二者必居其一。

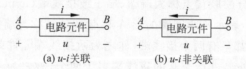

图 1.2.6 元件上电流和电压的参考方向

1.3 电路模型的建立和电路分析的基本观点

1. 电路模型的建立

1826年,欧姆提出用电阻来描述导体中电压与电流的关系。即

$$u = f(i) \tag{1.3.1}$$

如果式(1.3.1)所示为线性关系,则称其为线性电阻 R。关联参考方向下 u-i 关系式(即欧姆定律)为

$$u = Ri \tag{1.3.2}$$

如果对导体内部能量消耗的物理过程不感兴趣,则可用电阻模型来完整地描述该导体消耗能量的作用。

1832年,亨利提出用电感来描述线圈中磁链与电流的关系,即

$$\varPsi = f(i) \tag{1.3.3}$$

如果式(1.3.3)所示为线性关系,则称其为线性电感 L,关系式为

$$\varPsi = Li \tag{1.3.4}$$

根据法拉第电磁感应定律可知,$u\text{-}i$ 关联参考方向下,对线性电感有

$$u_L = L\frac{\mathrm{d}i_L}{\mathrm{d}t} \tag{1.3.5}$$

$$i_L(t) = i_L(t_0) + \frac{1}{L}\int_{t_0}^{t} u_L\,\mathrm{d}\tau \tag{1.3.6}$$

如果对线圈内部磁场能量的转换过程不感兴趣,可用电感模型来完整地描述该线圈以磁场形式储存能量的作用。

1778 年,伏打提出用电容来描述导体间电荷与电压的关系,即

$$q = f(u) \tag{1.3.7}$$

如果式(1.3.7)所示为线性关系,则称其为线性电容 C,关系式为

$$q = Cu \tag{1.3.8}$$

根据电流的定义可知,$u\text{-}i$ 关联参考方向下,对线性电容有

$$i_C = C\frac{\mathrm{d}u_C}{\mathrm{d}t} \tag{1.3.9}$$

$$u_C(t) = u_C(t_0) + \frac{1}{C}\int_{t_0}^{t} i_C\,\mathrm{d}\tau \tag{1.3.10}$$

如果对导体间电场能量的转换过程不感兴趣,可用电容模型来完整地描述该元件以电场形式储存能量的作用。

R、L、C 称为电路基本模型。本书第 2 章详细介绍电阻模型,第 5 章开始详细讨论电感模型和电容模型。

上述用电路基本模型来描述实际电路元件的方法会存在误差,这个误差是否可接受要视用该模型进行电路分析求得的结果与实际测量结果之间的误差是否可接受而定。

一个实际电路元件的电气关系可能很复杂,很难简单地建模为 R、L 或 C。如果人们构造出一个用若干 R、L、C 相互联接构成的电路,其电气关系与实际元件性能相当接近,则称建立了该实际元件的电路模型。1853 年汤姆逊用 R、L、C 串联电路模型对充有电荷的莱顿瓶的放电过程进行了成功的建模。

在电气工程学科的发展过程中,往往是实际元件和系统的产生促使新电路模型的出现。人们发明了变压器,电路理论中用互感线圈对其进行建模;当各种电子器件(如电子管、晶体管)出现以后,在电路理论中就以各种受控源对其进行建模;针对运算放大器的工作原理,可以用电路基本模型和受控源的联接对其进行建模……

总而言之,人们建立了电路基本模型,并通过这些模型的联接建立实际电路元件的模型,从而将实际电路转化为抽象的电路模型,随后就可用各种电路分析方法求解电路。

　　显然,同一电路元件可能从不同角度建立不同的电路模型,各个模型的精度和复杂程度也不尽相同。最终采用哪种模型取决于对实际电路的了解程度、对精度的要求和分析电路的能力。例如,对于一个由导线绕制的电感线圈来说,如果仅用于直流电路,则适合采用电阻模型;如果电路中包含交流电源,则适合采用电阻和电感的串联模型;随着交流电源频率的升高,需要将每匝线圈建立为电阻和电感串联的模型,并且考虑线匝之间和线匝对地的电容(称为寄生电容);如果电路中交流电源的频率非常高,则需要采用分布参数模型。

2. 电路分析的基本观点

　　下面以图 1.3.1 所示的干电池与灯泡构成的手电筒电路为例,讨论从实际电路到电路模型的抽象过程。

　　图 1.3.1 所示电路是日常生活中常见的一个简单电路。这是一个电路的正问题,即已知电路结构,求电路的解。在以下的讨论中始终假设开关闭合。

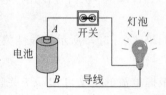

图 1.3.1　手电筒电路

　　严格地讲,这是一个必须从电磁学基本规律入手的问题。根据电磁学知识可以判断出这是一个恒定电流场。由于导线、开关、灯泡的电导率比其周围的空气电导率大得多,可认为该恒定电流场只存在于导线、开关、灯泡和电池之中。

　　由恒定电流场的电荷守恒定律可知

$$\oiint \boldsymbol{J} \cdot \mathrm{d}\boldsymbol{S} = 0 \tag{1.3.11}$$

其中 $\boldsymbol{J}$ 为微小面积 $\mathrm{d}\boldsymbol{S}$ 上的电流密度。

　　由恒定电流场的环路定律可知

$$\oint \boldsymbol{E} \cdot \mathrm{d}\boldsymbol{l} = 0 \tag{1.3.12}$$

其中 $\boldsymbol{E}$ 为恒定电流场中的电场强度。

　　式(1.3.11)和式(1.3.12)反映了该恒定电流场的基本物理规律。如果需要求解出 $\boldsymbol{J}$ 和 $\boldsymbol{E}$,还必须获得有关电灯泡和电池在恒定电流场中的规律。如果将灯丝视为理想的金属导体,则有介质性能方程

$$\boldsymbol{J} = \sigma \boldsymbol{E} \tag{1.3.13}$$

其中 σ 为电导率。

　　对于干电池,引入 $\boldsymbol{E}_{\mathrm{ne}}$ 来表征电池内部作用在单位正电荷上的非静电力,即电池的非静电场强度,则在电源内有

$$e = \int_B^A \boldsymbol{E}_{\mathrm{ne}} \cdot \mathrm{d}\boldsymbol{l} \tag{1.3.14}$$

其中 e 是电池的电动势。在图 1.3.1 中 B 表示电池的负极,A 表示电池的正极。

此外,电池的介质性能方程为

$$J = \sigma(E + E_{\mathrm{ne}})$$ (1.3.15)

求解式(1.3.11)~式(1.3.15)可以得到这个手电筒电路的解。这个求解过程是比较复杂的。此外,求解出来的电流密度 J 和电场强度 E 都是表征电磁场内部性质的物理量。人们更习惯采用黑箱(black box)方法来分析问题,即仅关心元件或系统与外界接触部分的物理量。在此问题中就是电路中流通的电流和元件两端的电压。电流和电压易于求解和测量,物理概念清晰,应用方便,因此人们希望能够将式(1.3.11)~式(1.3.15)转换为用电流和电压表示的关系。

首先对电路进行简化(或抽象),假设图1.3.2所示的模型可以表示图1.3.1的所有关键信息。在图1.3.2中,用电压 U_{S} 和内阻 R_{S} 来表示干电池的特性(由式(1.3.14)和式(1.3.15)抽象),用电阻 R_{L} 来表示电灯泡的特性(由式(1.3.13)抽象),用理想导线表示闭合开关和导线的特性,于是构成了手电筒电路的电路模型。称图1.3.2为手电筒电路的电路图。式(1.3.11)和式(1.3.12)可以在满足一定条件后分别

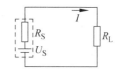

图 1.3.2　与图 1.3.1 物理电路对应的电路模型(电路图)

抽象为基尔霍夫电流定律和基尔霍夫电压定律。于是电路中流通的电流就可以通过式(1.3.16)简单地求解出来:

$$I = \frac{U_{\mathrm{S}}}{R_{\mathrm{L}} + R_{\mathrm{S}}}$$ (1.3.16)

上面这个从物理模型到电磁场模型再到电路模型的过程称为抽象过程。这种观点称为抽象观点(abstract perspective)。抽象是一种非常有效的分析和综合工具,在很多领域有着非常重要的应用。抽象的作用可从两个方面体现出来:通过突出主要矛盾来简化分析难度;通过隐藏不必要的信息来简化设计过程。前文已经利用手电筒电路的抽象过程说明了第一方面的作用,下面解释抽象第二方面的作用。读者在学习计算机程序设计时对函数、过程和对象的封装应该留有深刻印象。实际上,函数、过程和对象的封装都是一种抽象。通过这种抽象使得用户在使用函数、过程和对象时不必关心其内部编码。无论程序设计员水平如何,只要函数、过程和对象的外部接口满足了事先指定的要求,它们在构成更为复杂软件系统中的功能都是一样的(当然不同的程序设计水平会导致不同的程序执行效率)。

这里需要指出,本书后续章节不少情况下不涉及实际电路元件的建模过程,主要讨论元件的电路模型和由这些模型构成的电路图。因此在不引起混淆的情况下有时也称元件的电路模型为电路元件。

对于同一实际电路元件,可以抽象出不同的电路模型。各个模型的精度不同,复杂程度也不同。实际工程电路可能由大量元件构成,如果所有实际元件都采用非常精确的电

路模型,则会使得分析过程相当繁杂,不能适应工程实际的需要。因此必须考虑可接受的误差水平,在电路模型的精度和电路求解的方便程度上进行折中。这种分析思路被称为工程近似观点(engineering approximate perspective)。本书将以运算放大器(2.6节)、二极管(4.4节)和变压器(6.5节)等为例来简单讨论工程近似观点的应用。

　　此外,当电路中两个子电路在其端口上的电压电流关系相同时,称这两个子电路等效。也就是说,如果不考虑子电路内部的电压和电流,则这两个子电路对外的作用效果完全相同,因此在对整个电路进行分析时,这两个子电路可以相互替代。这种看待电路的观点称作等效观点(equivalent perspective)。下面用常见的一端口网络来举例说明等效观点。图1.3.3的(a)和(b)分别表示了两个一端口网络。

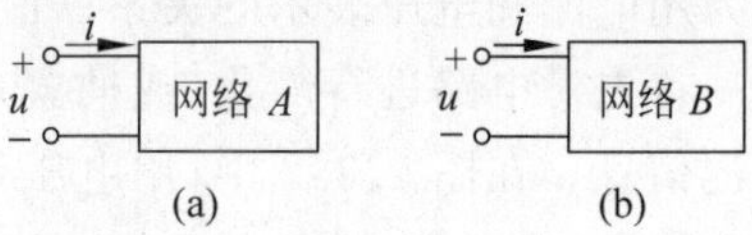

图 1.3.3　一端口网络的等效

　　网络 A 端口上的 u-i 关系为 $u = f_1(i)$,网络 B 端口上的 u-i 关系为 $u = f_2(i)$。这两个网络等效的充分必要条件为 $f_1 = f_2$。满足该条件时,两个网络相互替换不会影响电路中其他部分的电压和电流。

　　在电路原理课程中存在着大量的用等效观点来简化电路分析的实例,称之为等效化简或等效变换。人们研究等效变换的目的在于经过变换后的电路往往求解更容易、物理概念更清晰或者应用更方便。本书将从第2章开始不断讨论等效的观点。

　　抽象观点、工程近似观点和等效观点是电路分析与综合过程中经常应用的基本观点,读者应该在学习电路原理课程时认真体会并熟悉应用这些观点的例子。

1.4　电路用于信号处理

1.4.1　信号

　　信号(signal)是消息的表现形式。所谓消息是指运动或状态变化的直接反映,即待传输与处理的原始对象,如语音、图像或数据。消息是信号的具体内容。信号可表现为某种物理量随时间 t 变化的函数 $x(t)$,如声、光、位移、速度、电压、电流等。广义讲,一切运动或状态变化都可用数学抽象的方式表示为 $x(t)$,绘出的函数图形被称为信号的波形。要进一步理解信号与消息之间的关系还需引入"信息"的概念。通常,这3个名词很容易产生混淆,严格的讨论将在后续课程中给出,感兴趣的读者可阅读参考文献[8]和[9]。

　　如果信号的表达式是确定性的时间函数,则称其为确定性信号(deterministic signal),反之则称其为随机信号(stochastic signal)。确定性信号又可进一步分为周期信号(periodic signal)和非周期信号(nonperiodic signal)。如果每隔一定时间间隔后信号的

波形就重复一次,则该确定性信号被称为周期信号。周期信号满足

$$x(t) = x(t + nT) \quad n = 0, \pm 1, \pm 2, \cdots \tag{1.4.1}$$

式(1.4.1)中的最小 T 值称为信号的周期(period)。不具有周而复始性质的确定性信号称为非周期信号。电路原理课程中将较多讨论周期信号。

如果一个信号在时间轴上的取值是连续的,则称其为连续信号(continuous signal),否则称其为离散信号(discrete signal)。如果离散信号的取值是连续的,则称其为抽样信号(sample signal),否则称其为数字信号(digital signal)。时间和取值均为连续的信号称为模拟信号(analog signal)。

描述和研究信号的手段包括求取信号的表达式和特征量,对信号进行各种分解和变换等。这些内容将在本书和若干后续课程中重点讨论。

电压和电流都可以作为信号的载体。虽然求解出电压和电流随时间变化的表达式或曲线就已经完全表征了信号的所有信息,但人们还是对于一些能够表示信号特征的量感兴趣。实际情况中,有时完整地求解信号随时间变化的表达式比较困难,但可以用某种手段方便地获得其特征量。此外,某些时候仅对获得信号的特征量感兴趣,那么也就无需费时费力地求解其表达式了。

电路原理中关于电流和电压的特征量有很多种,本小节讨论平均值的概念,1.5.2 小节讨论有效值的概念,6.8 节讨论谐波的概念。

对于给定的周期信号来说,基本的特征量之一是平均值。一个电信号 x(可能是电流 i,也可能是电压 u)的平均值(average value)定义为

$$\bar{x} = \frac{1}{T} \int_0^T x(t) \, \mathrm{d}t \tag{1.4.2}$$

例 1.4.1 求图 1.4.1 所示电压信号的平均值。

解 图 1.4.1 所示为幅值不随时间改变的电压信号。虽然很难得到这种信号的周期,但可以进行一些变化,将其看成是无数个高度为 A,持续时间为 T 的方波信号前后相加的结果,其中周期 T 是任意指定的。图 1.4.2 表示了这种分解方法。

图 1.4.1 例 1.4.1 图

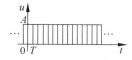

图 1.4.2 理想直流信号的分解

根据图 1.4.2,由式(1.4.2)可知

$$\bar{u} = \frac{1}{T} \int_0^T A \, \mathrm{d}t = A$$

即图 1.4.1 所示电压信号的平均值等于其瞬时值。

例 1.4.2　求图 1.4.3 所示周期方波电流信号的平均值。

解　由式(1.4.2)得

$$\bar{i} = \frac{1}{T}\int_0^\tau A\mathrm{d}t = \frac{A\tau}{T}$$

在信号分析中,通常将方波信号在一个周期内有正值部分的时间与周期的比值作为方波信号的一个特征量,称作占空比(duty ratio)。图 1.4.3 所示信号的占空比为 τ/T。

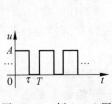

图 1.4.3　例 1.4.2 图

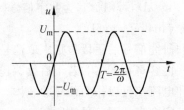

图 1.4.4　例 1.4.3 图

例 1.4.3　求图 1.4.4 所示正弦电压信号 $u = U_\mathrm{m}\sin(\omega t)$ 的平均值。

解　正弦信号的周期为 $T = 2\pi/\omega$,于是根据式(1.4.2)可知

$$\bar{u} = \frac{\omega}{2\pi}\int_0^{\frac{2\pi}{\omega}} U_\mathrm{m}\sin(\omega t)\mathrm{d}t = \frac{U_\mathrm{m}}{2\pi}\cos(\omega t)\bigg|_{\frac{2\pi}{\omega}}^{0} = 0$$

即正弦信号的平均值为零。

正弦信号是电气工程领域常见的信号。这种信号的平均值为零,因此很难用平均值这一特征量来比较不同的正弦信号。为了反映正弦信号的特征,人们提出了绝对平均值(average absolute value)的概念,即

$$|\bar{x}| = \frac{1}{T}\int_0^T |x(t)|\,\mathrm{d}t \tag{1.4.3}$$

由表达式可见 $|\bar{x}|$ 是先求绝对值再求平均值。

例 1.4.4　求正弦电流信号 $i = I_\mathrm{m}\sin(\omega t)$ 的绝对平均值。

解　由式(1.4.3)得

$$|\bar{i}| = \frac{\omega}{2\pi}\int_0^{\frac{2\pi}{\omega}} |I_\mathrm{m}\sin(\omega t)|\,\mathrm{d}t = I_\mathrm{m}\frac{\omega}{\pi}\int_0^{\frac{\pi}{\omega}}\sin(\omega t)\mathrm{d}t = I_\mathrm{m}\frac{1}{\pi}\cos(\omega t)\bigg|_{\frac{\pi}{\omega}}^{0} = 0.637I_\mathrm{m}$$

直流和交流是电路分析中两个非常重要的概念。顾名思义,直流电流(direct current)指的是始终不改变方向的电流,交流电流(alternating current)指的是方向随时间发生改变的电流。在电路原理课程中经常讨论一种特殊的直流电流,即理想直流电流(ideal direct current)。理想直流电流的方向和大小均不随时间发生改变,通常将其记为 I。还有一种特殊的交流电流也是经常讨论的,即正弦交流电流(sinusoidal alternating current),记为 $i(t) = I_\mathrm{m}\sin(\omega t + \psi_i)$。类似地还有直流电压、交流电压、理想直流电压、正弦交流电压等。

电压和电流是信号的载体,因此也有直流信号和交流信号的概念。

工程实际中遇到的信号是比较复杂的。为了便于分析和处理信号,往往需要对信号进行分解,对不同性质的信号分别进行分析和处理,然后进行整合。最简单的分解方法就是将信号分成理想直流信号与平均值为零的交流信号之和。以图 1.4.3 所示信号为例,可分解为图 1.4.5 中(a)和(b)两个信号之和。

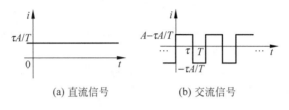

(a) 直流信号   (b) 交流信号

图 1.4.5 信号的分解

分解后得到的直流信号称为该信号的直流分量,得到的交流信号称为该信号的交流分量。基于这种分解的思想,国际电工委员会(IEC)在电工标准中规定直流电流(电压)是不随时间变化的电流(电压),交流电流(电压)是平均值为零的周期电流(电压)。

由于正弦信号便于产生和分析,再加上其自身也存在许多有利于信号处理的特性,因此人们往往将图 1.4.5(b)所示的交流信号进一步利用傅里叶级数分解为若干正弦信号之和,然后分别进行分析和处理。这部分内容将在第 6 章详细讨论。

1.4.2 利用电路处理信号的实例

下面以图 1.4.6 所示的无线通信系统为例说明电路如何产生、传输和处理电信号。这里的方框图只是简化的示意说明,实际系统更为复杂。

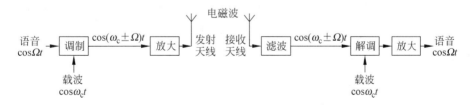

图 1.4.6 无线通信系统

要想利用无线通信系统进行语音传输,首先需要将语音信号通过话筒等声电传感器转换为电信号。人类语音信号的频率主要在几百至几千 Hz 之间。根据电磁波理论,天线的尺寸应与所发射的电磁波波长接近。将音频信号直接发射到空中需要上百公里长的天线,实际上不可能实现。因此需要将这些低频的音频信号通过电路搬移到某一较高频率附近,该过程称为调制。这里较高频率的信号称为载波,该电路称为调制电路。调制完毕的信号被放大后即可通过天线辐射出去。图 1.4.6 中以 $\cos\Omega t$ 表示单频语音，$\cos\omega_c t$ 为载波，此处满足 $\omega_c \gg \Omega$。例如 Ω 约为几百至几千 Hz，而 ω_c 可能是几百千 Hz 至几十 MHz。显然，电磁波辐射的信号频率是在 ω_c 附近占据很窄的一段频率范围，在图 1.4.6 中，即为 $(\omega_c - \Omega) \sim (\omega_c + \Omega)$。可以将不同的待传输信号调制到不同载波频率附近，然后同时进行传输。这样在接收端就不会相互干扰。

如果期望接收某一特定信号，在接收端需要用一种电路（滤波器）将相应的载波频率附近的信号选择出来，然后将此信号经过解调电路恢复到语音频率范围，再通过放大电路之后驱动音箱等电声转换器即可还原语音。

从上面这个过程可以看出，无线通信系统的各个重要部分均需要特定功能的电路来实现。虽然要真正理解这一系统的全部工作过程尚需多门后续课程的学习，但是本课程的许多章节将为此打下最重要的基础。例如，在 4.6 节将介绍放大器原理，4.7.3 小节给出利用非线性电阻产生和频与差频信号的方法，6.3 节和 6.4 节研究滤波器的选频功能。电子线路课程和高频电子线路课程将介绍更多用于信号处理的电路。

1.5 电路用于能量处理

描述电路工作状态的参量主要是电压、电流和功率。在 1.2 节已初步介绍了电压、电流的定义和参考方向等基本概念。本节引出利用电路处理能量的基本原理，关注电路中对功率的描述。为此先讨论功率的定义与计算，然后引出有效值的概念，最后介绍利用电路处理能量的实例。

1.5.1 功率

图 1.2.6(a)所示的二端元件在任意时刻吸收的瞬时功率(instantaneous power)为其单位时间内吸收的电能。由电流和电压的定义可得

$$p(t) = \frac{\mathrm{d}w}{\mathrm{d}t} = \frac{\mathrm{d}w}{\mathrm{d}q} \cdot \frac{\mathrm{d}q}{\mathrm{d}t} = u(t)i(t) \tag{1.5.1}$$

式(1.5.1)表示在电压电流关联参考方向下元件吸收的功率。$p(t) > 0$ 表明元件实际吸收功率；$p(t) < 0$ 表明元件实际发出功率。易知在电压电流关联参考方向下二端元件发出的功率为 $p(t) = -u(t)i(t)$。$p(t) > 0$ 表明元件实际发出功率；$p(t) < 0$ 表明元件实际吸收功率。

图 1.2.6(b)所示的二端元件在电压电流为非关联参考方向下吸收的瞬时功率为

$$p(t) = -u(t)i(t) \tag{1.5.2}$$

二端元件在电压电流为非关联参考方向下发出的瞬时功率 $p(t) = u(t)i(t)$。

常用 $p_{吸}$ 和 $p_{发}$ 表示二端元件或子电路吸收和发出的功率。功率的单位名称是

瓦[特],单位符号是 W。由式(1.5.1)和式(1.5.2)可知,国际单位制中功率的单位也可表示为伏安(V・A)。常用的功率单位还有 mW、kW、MW 和 GW 等。易知 $1W = 10^3 mW = 10^{-3} kW = 10^{-6} MW = 10^{-9} GW$。电子电路中常见的功率大小为几毫瓦至几千瓦,而电力系统中常见的功率大小为几千瓦至几千兆瓦。

有关功率进一步的讨论可参考附录 A。

例 1.5.1 关联参考方向下某二端元件的电流为 $i(t) = I_m \sin(\omega t + \psi_i)$,电压为 $u(t) = U_m \sin(\omega t + \psi_u)$,求该元件吸收的瞬时功率。

解 由式(1.5.1),元件吸收的瞬时功率为

$$p_{吸}(t) = u(t)i(t) = U_m \sin(\omega t + \psi_u) I_m \sin(\omega t + \psi_i)$$
$$= \frac{1}{2} U_m I_m [\cos(\psi_u - \psi_i) - \cos(2\omega t + \psi_u + \psi_i)]$$

例 1.5.2 关联参考方向下某元件的电流为理想直流电流,即 $i = I$,电压也为理想直流电压,即 $u = U$,求该元件吸收的瞬时功率。

解 该元件吸收的瞬时功率为

$$p_{吸}(t) = u(t)i(t) = UI$$

在电流和电压的讨论中采用了平均值作为它们的一种特征量。类似地,也可以建立平均功率的概念。如果电压和电流都是周期信号,而且其周期相同(均为 T),易知瞬时功率也是周期信号。定义平均功率(average power)为

$$P = \frac{1}{T} \int_0^T p(t) dt \tag{1.5.3}$$

瞬时功率表示某一时刻元件吸收(发出)功率的情况,而平均功率则表示在一个周期内元件吸收(发出)功率的平均值。由于电气工程中经常使用平均功率这一概念,因此在不引起误解情况下,往往将其简称为功率。通常用 $P_{发}$ 表示元件发出的平均功率,$P_{吸}$ 表示元件吸收的平均功率。

例 1.5.3 求例 1.5.1 所述元件吸收的平均功率。

解 综合例 1.5.1 结论和式(1.5.3)可知

$$P_{吸} = \frac{1}{T} \int_0^T p_{吸}(t) dt = \frac{1}{T} \int_0^T \frac{1}{2} U_m I_m [\cos(\psi_u - \psi_i) - \cos(2\omega t + \psi_u + \psi_i)] dt$$
$$= \frac{1}{2} U_m I_m \cos(\psi_u - \psi_i) = \frac{1}{2} U_m I_m \cos\varphi$$

其中 $\varphi = \psi_u - \psi_i$ 为相位差。

例 1.5.3 的结果说明,如果元件上的电压和电流均为同频正弦量,则元件吸收的平均功率仅取决于电流和电压的幅值以及二者之间的相位差 φ。如果 $\varphi = 0$,即电流和电压同相位,此时元件吸收的平均功率取得最大值,为 $\frac{1}{2} U_m I_m$。如果 $\varphi = \pm \pi/2$,即电流与电压正交,此时元件吸收的平均功率为零。

例 1.5.4 求例 1.5.2 所述元件吸收的平均功率。

解 采用类似于例 1.4.1 的方法,将电流和电压的理想直流分解为无穷多个周期为 T、幅值分别为 I 和 U 的首尾相连的方波,由式(1.5.3)可得

$$P_{吸} = \frac{1}{T}\int_0^T UI\,\mathrm{d}t = UI$$

例 1.5.4 的结果说明理想直流电路中瞬时功率等于平均功率。

1.5.2　电压和电流的有效值

对于周期信号来说,除瞬时值以外,已经介绍了平均值和绝对平均值这两个特征量。在本小节中将导出一个新的特征量——有效值。

根据欧姆定律,理想直流电流 I 在电阻 R 上产生的电压为 $U=RI$,电阻吸收的功率为 $P=UI=RI^2$。假设有一个周期为 T 的电流 $i(t)$,该电流作用在电阻 R 上所产生的电压为 $u(t)=Ri(t)$,则电阻吸收的瞬时功率为 $p(t)=u(t)i(t)=Ri(t)^2 \geqslant 0$。这表明电流始终对电阻 R 做功。假设在一个周期 T 内,电流 $i(t)$ 在电阻 R 上做功的效果(如发热程度)和某个理想直流电流 I 在电阻 R 上做功的效果相同,则将这个理想直流电流 I 的数值称作周期电流 $i(t)$ 的有效值(effective value)。下面来推导电流 I 与周期电流 $i(t)$ 的关系。

在一个周期内,电流 $i(t)$ 在电阻 R 上所做的功为

$$W_1 = \int_0^T p(t)\,\mathrm{d}t = \int_0^T i(t)^2 R\,\mathrm{d}t$$

在相同的时间段内,理想直流电流 I 在电阻 R 上所做的功为

$$W_2 = \int_0^T I^2 R\,\mathrm{d}t = I^2 RT$$

根据做功效果相同的假设,有

$$I = \sqrt{\frac{1}{T}\int_0^T i(t)^2\,\mathrm{d}t} \tag{1.5.4}$$

由于 I 由 $i(t)$ 先平方,再平均,再开方得到,因此也称其为周期电流 $i(t)$ 的方均根(root-mean-square, rms)值[①]。

类似地,对于周期电压 $u(t)$,也可以定义其有效值或方均根值 U 为

$$U = \sqrt{\frac{1}{T}\int_0^T u(t)^2\,\mathrm{d}t} \tag{1.5.5}$$

例 1.5.5 求理想直流电流 $i=I_d$ 的有效值。

解 将理想直流电流看成由无数个高度为 I_d、持续时间为 T 的方波信号前后相加,其中周期 T 随意指定。由式(1.5.4)可得

---

① 方均根值的命名规则和式(1.4.3)绝对平均值的命名规则相同,即按照对信号处理的先后顺序。有趣的是,英文的命名规则与中文相反。

$$I = \sqrt{\frac{1}{T}\int_0^T I_d^2 \, dt} = \sqrt{\frac{1}{T}I_d^2\int_0^T \, dt} = I_d$$

即理想直流信号的有效值等于其瞬时值。

例 1.5.6　设正弦电压为 $u(t)=U_m\sin(\omega t-\psi_u)$，求其有效值 U。

解　由式(1.5.4)可知

$$
\begin{aligned}
U &= \sqrt{\frac{1}{T}\int_0^T u(t)^2 \, dt} \\
&= \sqrt{\frac{1}{T}\int_0^T U_m^2\sin^2(\omega t-\psi_u) \, dt} \\
&= \sqrt{\frac{U_m^2}{2T}\int_0^T (1-\cos(2\omega t-2\psi_u)) \, dt} \\
&= \frac{U_m}{\sqrt{2}}
\end{aligned}
\tag{1.5.6}
$$

即 $U_m=\sqrt{2}U$。将 $U_m=\sqrt{2}U$ 和 $I_m=\sqrt{2}I$ 代入例 1.5.3 功率的表达式中可知，元件吸收的平均功率可以方便地用有效值来表示，即

$$P_{吸} = UI\cos\varphi \tag{1.5.7}$$

通常将正弦量写成有效值的形式，即正弦电流表示为 $i(t)=\sqrt{2}I\sin(\omega t-\psi_i)$，正弦电压表示为 $u(t)=\sqrt{2}U\sin(\omega t-\psi_u)$。

1.5.3　利用电路处理能量的实例

下面以图 1.5.1 所示含高压直流的交流电力系统为例说明电路如何产生、传输和处理电能的。

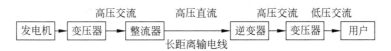

图 1.5.1　含高压直流的交流电力系统

能量可以有各种不同的形式，比如化学能、光能、声能、机械能、热能、核能、电能等。由于电能的产生、传输、分配和使用比其他形式的能量更为简便和安全，因此电能得到普遍应用。自然界中的电能(如闪电)难以直接为人所用，所以需要用某种装置将其他形式的能量转换为电能。目前常见的方式是用其他形式的能量推动某个机械装置旋转(称为原动机)，再让原动机带动发电机转子旋转，产生旋转磁场，使得固定的线圈不断切割磁力线。根据法拉第电磁感应定律，电能就源源不断地产生了。这就是交流发电机的基本原理。由于机械旋转装置的转速有限，因此电能的产生和传输一般都以在较低频率下进行。我国电力系统采用 50Hz，美国采用 60Hz。

受到绝缘等方面的限制,发电机发出的交流电有效值一般为几 kV 至十几 kV。如果直接将其在输电线上进行传输,则会损失较多电能。为此人们研制了变压器,可方便地改变交流电压的有效值,降低线路损耗。世界上主要电力骨干网的电压有效值一般为500kV。在电能接收端利用一系列变压器降低电压,即可获得不同有效值的电压,便于不同用户使用。我国家庭中的交流电压有效值为 220V,美国为 110V。出于对性能和经济性的考虑,人们研制了能够同时产生幅值和角频率相同、相位相差 120°的 3 个电源的发电机,称为三相发电机或三相电源。大型三相发电机的输出功率接近 1GW。

由交流发电机、变压器、输电线和用电设备等构成的系统称为交流电力系统,这是目前世界上最主要的电力系统构成方式。由于交流电力系统在占地、损耗和稳定性等方面存在一定问题,同时高压大功率开关取得了长足进步,人们研制出将大功率交流电转换为直流电的装置(称为整流器)和将大功率直流电转换为交流电的装置(称为逆变器),可实现直流电能的传输。由变压器、整流器、逆变器和输电线等装置构成的系统称为高压直流输电系统。

从上面这个过程可以看出,电能产生、传输和分配的各个环节均需要具有特定功能的电路来实现。本书 4.7.1 小节讨论整流器的基本原理,6.2 节讨论正弦激励作用下动态电路的稳态响应,6.5 节介绍变压器的原理及应用,6.7 节研究三相电路的分析方法。电力电子技术课程和电机学课程将介绍更多用于能量处理的电路。

1.6　电路的分类

正确掌握电路的分类对于选择正确的电路分析方法至关重要,本节讨论电路的分类。

1. 电阻电路与动态电路

将电阻的电压电流关系、电感和电容积分形式的电压电流关系重写为式(1.6.1)、式(1.6.2)和式(1.6.3):

$$i(t) = \frac{u(t)}{R} \tag{1.6.1}$$

$$i_L(t) = i_L(t_0) + \frac{1}{L}\int_{t_0}^{t} u_L \mathrm{d}\tau \tag{1.6.2}$$

$$u_C(t) = u_C(t_0) + \frac{1}{C}\int_{t_0}^{t} i_C \mathrm{d}\tau \tag{1.6.3}$$

式(1.6.1)表明,t 时刻流经电阻的电流只与该时刻电阻两端的电压有关。这种元件称为无记忆元件。

式(1.6.2)表明,t 时刻流经电感的电流与 t_0 时刻的电感电流有关,即电感能够“记住”t_0 时刻的电流。类似地,电容能够“记住”t_0 时刻的电压。这种元件称为记忆元件。电感和电容的记忆性质曾被用来构建模拟计算机的存储器。

在电路中,习惯上将可以提供能量或信号的元件称作源(source),同时将对能量或信号进行传输、分配和处理的元件称作负载或负荷(load)。求解负载仅由电阻构成的电路需要列写若干代数方程。这种电路被称为电阻电路或静态电路。求解负载包含电感和电容的电路需要列写微分或积分方程,求出的解与 t 相关。这种电路被称为动态电路。本书第 2～4 章讨论电阻电路分析,第 5～6 章讨论动态电路分析。

2. 线性电路与非线性电路

要想判断一个电气系统是否线性,需要定义该系统的激励(excitation)x 和响应(response)y,两者之间满足 $y=f(x)$。如果电气系统中激励 x 和响应 y 的关系满足式

$$ay_1 = f(ax_1) \tag{1.6.4}$$

和

$$y_1 + y_2 = f(x_1 + x_2) \tag{1.6.5}$$

则称该系统为线性系统,否则称其为非线性系统。式中 x_1 和 x_2 分别是 x 的两个不同取值,$y_1 = f(x_1)$,$y_2 = f(x_2)$,a 是任意常数。式(1.6.4)称为线性系统的齐次性(homogeneity),式(1.6.5)称为线性系统的可加性(additivity)。综合齐次性和可加性可以得到线性系统更为简洁的定义

$$ay_1 + by_2 = f(ax_1 + bx_2) \tag{1.6.6}$$

由式(1.6.4)和式(1.6.5)易知,如果线性系统只有 1 个激励和 1 个响应,则其关系必为过原点但不与坐标轴重合的直线。

二端电路元件也是一个电气系统,其激励和响应之间必然满足某种函数关系。如果该函数满足式(1.6.4)和式(1.6.5),则称该元件为线性元件(linear element),否则称其为非线性元件(nonlinear element)。电路基本量 u、i、q、Ψ 均可能是电气系统的激励或响应。式(1.3.2)描述的 $u=Ri$、式(1.3.4)描述的 $\Psi=Li$ 和式(1.3.8)描述的 $q=Cu$ 中,R、L 和 C 分别是线性电阻、线性电感和线性电容。

如果根据元件约束和电路定律列写出描述电路的方程(可能是代数方程、微分方程或积分方程)为线性方程,则该电路被称为线性电路(linear circuit),如果列写出的方程为非线性方程,则该电路被称为非线性电路(nonlinear circuit)。本书的大多数章节讨论线性电路的分析,第 4 章介绍几种非线性电阻并讨论非线性电阻电路的分析方法。

3. 时变电路与非时变电路

存在着这样一类电路元件,其参数随着时间变化,这种元件称为时变元件(time variant element)。参数不随时间变化的元件称为非时变元件或时不变元件(time invariant element)。负载均为非时变元件的电路称为非时变电路或时不变电路(time invariant circuit)。一般来讲,负载包含时变元件的电路称为时变电路(time variant circuit)。

机械运动是获得时变元件最常见的方法。在 Disco 舞厅里,DJ(调音师)往往会用手

调整电位器以不断变化音乐的节奏和音量,从而达到调整现场氛围的效果。随着 DJ 不断调整电位器,其阻值不断发生改变,这个电位器可看作一个时变元件。核电站中利用碳棒插入反应堆的深浅来控制反应的剧烈程度,进而调整核电站发电量的大小。从较长的时间段来考虑,碳棒必然会不断做往复运动,从而造成了核反应堆参数的时变。电机学课程中将介绍转子的旋转导致线圈互感参数时变的例子。本书仅讨论非时变电路的分析,对时变电路分析感兴趣的读者可阅读参考文献[6]。

4. 无源电路与有源电路

对于关联参考方向下的一端口网络来说,设其端口电压 $u(-\infty)=0$,电流 $i(-\infty)=0$,如果对于任意的 t 都有

$$\int_{-\infty}^{t} u(\tau)i(\tau)\mathrm{d}\tau \geqslant 0 \qquad\qquad (1.6.7)$$

则称该电路为无源电路(passive circuit),否则称其为有源电路(active circuit)。前面讨论过任何二端元件均可看做一端口网络,因此也可以根据式(1.6.7)定义无源元件(passive element)和有源元件(active element)。

对于电阻来说,将关联参考方向下 $u\text{-}i$ 关系 $u=Ri$ 代入式(1.6.7),可知

$$\int_{-\infty}^{t} u(\tau)i(\tau)\mathrm{d}\tau = R\int_{-\infty}^{t} i^2(\tau)\mathrm{d}\tau \geqslant 0$$

上式对任意 $i(t)$ 均不小于零,因此电阻为无源元件。

将关联参考方向下电容的 $u\text{-}i$ 关系 $i_C=C\dfrac{\mathrm{d}u_C}{\mathrm{d}t}$ 代入式(1.6.7),可知

$$\int_{-\infty}^{t} u(\tau)i(\tau)\mathrm{d}\tau = C\int_{-\infty}^{t} u_C\mathrm{d}(u_C) = \frac{1}{2}Cu_C^2(t) \geqslant 0$$

上式对任意 $u_C(t)$ 均不小于零,因此电容为无源元件。类似地,电感也是无源元件。2.2节将进一步讨论无源电路与有源电路的特征。

5. 集总参数电路与分布参数电路

在前面讨论的电路模型中,流经元件的电流和元件上的电压都不是元件空间尺度的函数,即元件的模型是一个完整不可分割的整体。如果细致地考虑电路元件的建模,则情况要复杂得多。下面以图 1.6.1 所示电路为例来说明这一点。

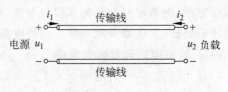

图 1.6.1　传输线

图 1.6.1 所示的传输线上流过电流,即在其周围产生磁场,两传输线之间也会产生电场。这些电场和磁场都是沿线分布的。此外,传输线本身流过的电流会消耗能量,传输线之间也存在泄漏电流,同样消耗能量。人们常用电阻对元件中的能量消耗建模,电感对元件中的磁场建模,电容对元件中的电场建模。遵循这个思路可以将传输线划分为无穷多段,长

度为 dx 的导线用电阻 $R_0 dx$ 和 $G_0 dx$ 来建模能量消耗,用电容 $C_0 dx$ 来建模电场,用电感 $L_0 dx$ 来建模磁场,由此得到的电路模型如图 1.6.2 所示,其中,R_0、G_0、C_0 和 L_0 分别是传输线单位长度的电阻、电导、电容和电感。

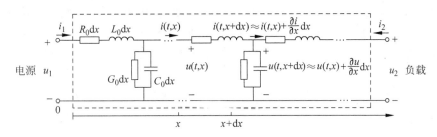

图 1.6.2　传输线的分布参数模型

图 1.6.2 中的虚线部分称为传输线的分布参数模型(distributed parameter model),由分布参数模型构成的电路称为分布参数电路(distributed parameter circuit)。图示的分布参数电路中,流经传输线的电流和传输线上的电压均为距离 x 的函数。在一些应用场合中需要考虑元件的分布参数模型。

随频率的增加,传输线周围电场和磁场的影响越来越大,必须适时考虑其分布参数模型。由于频率与波长成反比关系,因此一般认为在元件的空间尺度和电源发出电磁波波长可比时,需要建立其分布参数模型。线路长度与工作波长可比的传输线往往称为长线。例如我国电力系统采用 50 Hz 正弦作为电源电压的波形。电磁波在空气和输电线中的传输速度约为 3×10^8 m/s,波长为 $\lambda = v/f = 3 \times 10^8/50 = 6000$ km。因此接近 1000 km 的输电线就需要用分布参数建模。需要指出,长线的"长"指的是与工作波长可比,而非实际长度。发射 1 GHz 频率电磁波的天线即使只有 10 cm 长,也需要用分布参数模型(即长线)来建模。

另一种需要考虑分布参数的情况是泄漏电流不可忽略。在图 1.5.1 中高压直流输电线路中电容和电感的影响很小,但由于电压等级很高,泄漏电流不可忽略,因此也必须建立其分布参数模型。

图 1.6.2 所示的传输线分布参数模型能够比较精确地描述其电磁关系,但求解分布参数电路需要列写并求解偏微分方程,是比较麻烦的。在很多情况下忽略其中一些次要因素能够带来电路求解上的便利。如果传输线间能量的泄漏是可以忽略的,则并联电阻可忽略;如果传输线间的电场也是可以忽略的,则并联电容也可忽略。于是图 1.6.2 就可近似为电阻和电感串联的电路模型。如果仅对两端的电压电流感兴趣,则经过等效变换后可得到图 1.6.3 所示电路。当然如果传输线中的磁场还可以忽略,

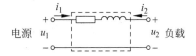

图 1.6.3　传输线的集总参数模型

可得到传输线的电阻模型；如果传输线中的损耗也可忽略，可得到传输线的理想导线模型。

从本质上讲，对于一个电路元件来说，如果其工作时内部电场和磁场的作用效果只体现在接线端上，即元件内部的电场和磁场作用可视为"集中"在元件内，则可以建立其集总参数模型或集中参数模型(lumped parameter model)，图1.6.3中的虚线部分就是传输线的一种集总参数模型。由集总参数模型构成的电路称为集总参数电路或集中参数电路(lumped parameter circuit)。

本书仅讨论集总参数电路，对分布参数电路分析感兴趣的读者可阅读参考文献[1]和[7]。

除了上述分类方法之外，还可以根据信号的特征将电路分为模拟电路和数字电路。产生和处理数字信号的系统或电路称为数字系统或数字电路，产生和处理模拟信号的系统或电路称为模拟系统或模拟电路。本书既以较多篇幅讨论模拟电路，同时也对数字电路进行初步介绍。

前面从不同角度出发讨论了电路的分类。需要指出，同一元件可分属于上述若干类电路模型，同一电路也可分属于上述若干类电路。例如前面讨论的手电筒电路中的电阻R_L是线性非时变集总参数模型，该电路是线性非时变集总参数电阻电路。

习题

1.1　某二端电路元件中流经的电流和端电压采用非关联参考方向，其电流、电压分别如题图1.1中虚线、实线所示。试求：

(1) 该元件端电压、流经电流的表达式；

(2) 该元件端电压、流经电流的平均值；

(3) 该元件端电压、流经电流的有效值；

(4) 该元件吸收的瞬时功率；

(5) 该元件发出的平均功率。

1.2　求题图1.2所示电压的平均值和有效值，图中曲线部分为正弦。

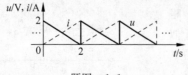

题图　1.1

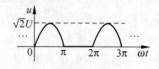

题图　1.2

1.3 求题图 1.3 所示电压的平均值和有效值,图中曲线部分为正弦。

1.4 可以用天线延长线的方法来增加收音机的收听效果。已知天线延长线和天线共长 1.5m,当收音机调到 103.9MHz 时,问天线延长线端部和收音机输入端的瞬时电流是否相等?

1.5 已知流经 3Ω 电阻的电流如题图 1.5 所示,求电阻两端的电压波形。

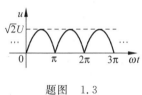

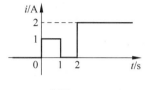

题图　1.3　　　　　　　　　　　　　题图　1.5

1.6 已知 0.5μF 电容两端的电压波形如题图 1.6 所示,求流经电容的电流波形。

1.7 已知流经 $2k\Omega$ 电阻的电流为题图 1.7 所示的正弦,求电阻两端的电压波形。

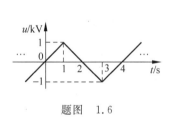

题图　1.6

1.8 已知流经 2mH 电感的电流为题图 1.8 所示的正弦,求电感两端的电压波形。

1.9 在同一幅图中画出下列波形: $(1)\sin\left(t+\dfrac{\pi}{4}\right)$;

$(2)\sin\left(2t+\dfrac{\pi}{4}\right)$; $(3)\sin\left(\dfrac{1}{2}t+\dfrac{\pi}{4}\right)$; $(4)\cos\left(t+\dfrac{\pi}{4}\right)$。

1.10 某计算机采用了主频为 2GHz 的 CPU。CPU 为正方形,边长为 2.65cm。电磁波在半导体中的传播速度为真空中的一半。求 CPU 一端与其对角线上另一端正弦波的相位差(设电磁波沿对角线传输)。

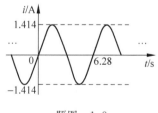

题图　1.8

参考文献

[1] 江缉光.电路原理.北京: 清华大学出版社,1997

[2] Agarwal A,Lang J. Foundations of Analog and Digital Electronic Circuits. Morgan Kaufmann, 2005

[3]　王先冲.电工科技简史.北京：高等教育出版社,1995

[4]　狄苏尔,葛守仁.电路基本理论.北京：人民教育出版社,1979

[5]　法肯伯尔格.网络分析.北京：科学出版社,1982

[6]　肖达川,陆文娟.线性时变电路原理简介.北京：高等教育出版社,1989

[7]　邱关源,罗先觉.电路.第5版.北京：高等教育出版社,2006

[8]　郑君里.教与写的记忆——信号与系统评注.北京：高等教育出版社,2005

[9]　朱雪龙.应用信息论基础.北京：清华大学出版社,2001

第 *2* 章　简单电阻电路分析

　　本章介绍若干电路基本模型,讨论电阻电路分析的基本方法和若干应用。模型方面,本章讨论电阻、独立电源、受控电源的性质,引出 MOSFET 的开关-电阻模型和开关-电流源模型,介绍运算放大器和理想运算放大器的输入输出关系。电路分析方法方面,首先通过基尔霍夫定律获得电路分析的一般性方法,其次从等效观点出发介绍电阻和电源的等效变换。应用方面,介绍用 MOSFET 构成的数字系统的基本单元——门电路和用运算放大器构成的各种运算电路。

2.1　电阻

　　如果一个二端元件上电压和电流呈代数关系,同时在 $i=0$ 时 $u=0$(即 u-i 平面上的特性曲线过原点),则称该元件为电阻(resistance)。通过 1.6 节的讨论可以知道,电阻可能是线性的或非线性的(取决于元件上电压和电流是否呈线性关系),也可能是时变的或非时变的(取决于电阻参数是否会随着时间而改变)。电气工程领域用到最多的是线性非时变电阻。因此除非特别说明,在本书中的电阻一般指线性非时变电阻。关联参考方向下,线性非时变电阻的 u-i 关系(也称为电阻的元件约束)为

$$u = Ri \tag{2.1.1}$$

其中 R 为电阻元件的阻值。

　　如果一段均匀金属材料的截面积为 S,长度为 L,电导率为 σ,则其电阻值为

$$R = \frac{L}{\sigma S} \tag{2.1.2}$$

另一个经常使用的参数是电阻率 ρ,$\rho = 1/\sigma$。

　　有关电阻进一步的讨论可参考附录 A。

2.1.1　电路中的电阻模型

　　电路中电阻模型如图 2.1.1 所示[①]。

　　与电阻密切相关的另一个概念是电导(conductance)。线性电阻 R 与线性电导 G 是互为倒数的关系,即 $G=1/R$。因此在图 2.1.1 所示的关联参考方向下,有

---

① 英美书籍中电阻往往用—◇◇◇◇—这样的符号来表示。

$$i = Gu \tag{2.1.3}$$

电阻的单位名称是欧［姆］，单位符号是 Ω。由式(2.1.1)可知，国际单位制中电阻的单位名称也可以表示为伏/安。因此有 $1\Omega = 1\text{V/A}$。常用的电阻单位还有 mΩ、kΩ 和 MΩ 等。易知 $1\Omega = 10^3\text{m}\Omega = 10^{-3}\text{k}\Omega = 10^{-6}\text{M}\Omega$。电路中常用的电阻大小为几 mΩ 至几 MΩ 之间。电导的单位是西［门子］，单位符号[①]是 S。

易知图 2.1.2 所示的电阻非关联参考方向下 u-i 关系如下：

$$u = -Ri \tag{2.1.4}$$

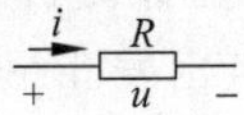

图 2.1.1　关联参考方向下的电阻 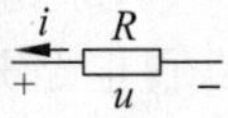　　　　图 2.1.2　非关联参考方向下的电阻

在电路分析中，经常将二端元件的电压和电流关系(u-i 关系)画在一幅图上。关联参考方向下电阻的 u-i 关系如图 2.1.3 所示。根据图 2.1.3 和式(2.1.1)可知，直线的斜率为 $\tan\theta = R > 0$。

非关联参考方向下电阻的 u-i 关系如图 2.1.4 所示。根据图 2.1.4 和式(2.1.4)可知，直线的斜率为 $\tan\theta = -R < 0$。

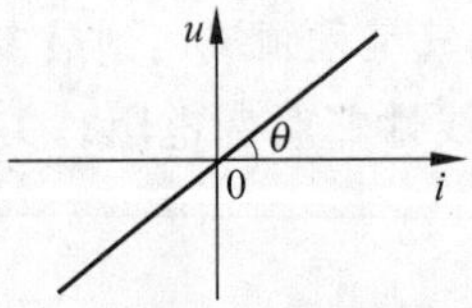

图 2.1.3　关联参考方向下电阻的 u-i 关系 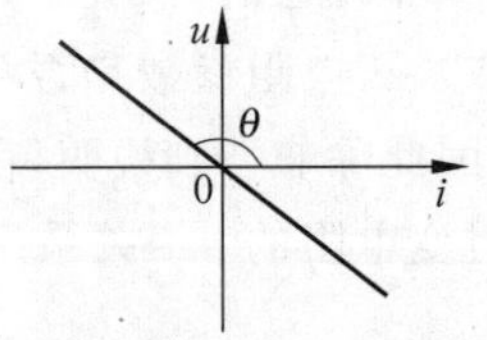　　　图 2.1.4　非关联参考方向下电阻的 u-i 关系

从图 2.1.3 出发，讨论两种极限情况下的电阻。由于 $\tan\theta = R$，因此当 $R = 0$ 时，势必造成 $\theta = 0$，此时的电阻接线端上电压始终为零，称这种状态为短路(short circuit)。短路时的 u-i 关系如图 2.1.5 所示。

在从图 1.3.1 到图 1.3.2 的物理模型到电路模型的建模过程中并未讨论联接电源、开关和电灯之间连线的模型。这是因为，根据经验，这些连线除了使得电流持续流通以外对电路的电磁关系几乎没有影响，换句话说，这些连线的电阻均为零。这就是工程方法的一种应用。

由此可以引入一种特殊的电阻模型——理想导线(ideal wire)。理想导线的作用就是使电流可以持续流通，它对电路的电压和电流不产生任何影响。图 2.1.5 就是理想导

---

① 由于电导是电阻的倒数，因此有时候英美书籍会称电导为 Mho，即电阻单位 Ohm 颠倒过来，其符号则是 ℧。

线的 u-i 关系。

另一种极限情况与短路相对,称为开路(open circuit)。当 $R=\infty$ 时,势必造成 $\theta=\pi/2$,此时电阻接线端上电流始终为零。开路时的 u-i 关系如图 2.1.6 所示。

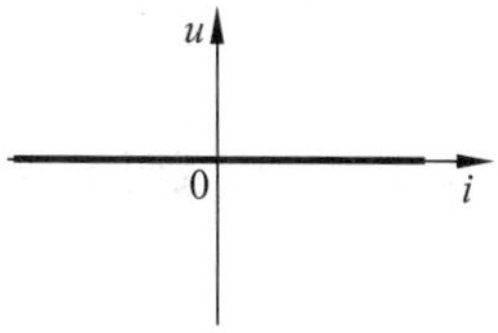

图 2.1.5　短路时的 u-i 关系 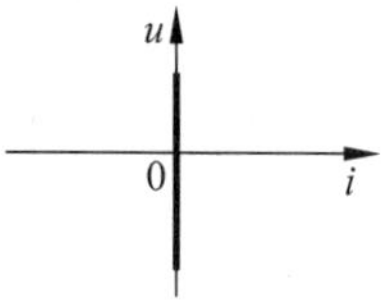　　　　　　图 2.1.6　开路时的 u-i 关系

下面来讨论电阻的功率。由式(1.5.1)和式(2.1.1)可知,关联参考方向下,电阻吸收的瞬时功率为

$$p = i^2 R = u^2/R \tag{2.1.5}$$

电导吸收的瞬时功率为

$$p = u^2 G = i^2/G \tag{2.1.6}$$

非关联参考方向下,利用式(1.5.2)和式(2.1.4)同样可以得到上面的结论。

应当指出,虽然电气工程中用到许多线性电阻,但是非线性电阻也得到广泛应用。其中一种最常见的非线性电阻就是二极管(diode)。二极管的电路模型如图 2.1.7 和式(2.1.7)所示。

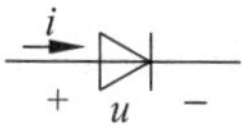

图 2.1.7　二极管的电路符号

$$i = I_\text{S}(\text{e}^{u/U_\text{TH}} - 1) \tag{2.1.7}$$

其中,U_TH 为常数(典型值为 25mV),I_S 称为二极管的反向饱和电流(硅二极管的典型 I_S 值为 10^{-12}A)。由式(2.1.7)可以看出,二极管的电压和电流呈近似指数关系。包含二极管这样的非线性电阻电路的分析方法将在第 4 章作进一步介绍。

到目前为止,在关联参考方向下讨论的电阻 u-i 关系都在平面的第一和第三象限,这意味着电阻总是正的。有时候需要在一定的电压和电流范围内实现 u-i 关系位于第二和第四象限的电阻,即负电阻。2.6 节中将在等效观点的指导下用理想运算放大器来分析具有负电阻性质的电路。4.5 节中将进一步讨论负电阻。

必须指出,并非所有二端元件上电压电流都有代数关系。电容和电感这两种重要元件的电压和电流间就表现为微分或积分关系。

2.1.2　分立与集成电路中的电阻元件

在电气工程实践中,人们生产和使用了大量具有电阻性质的实际元件,称之为电阻器(resistor)。也就是说,作为二端元件,电阻器上的电压和电流表现为过原点的代数关系。

最常见的电阻器是线性电阻器,本小节余下部分讨论的都是线性电阻器并将其简称为电阻器。

电阻器的元件参数包括标称阻值、误差、温度系数和额定功率等。电阻器的体积差别很大。贴片电阻的尺寸在毫米的数量级,同时经常可以见到长度为 1m 的功率电阻。电阻器的体积主要取决于其额定功率。

由式(2.1.2)可知,对于长度为 L,截面积为 S 的电阻器来说,其阻值为

$$R = \rho \frac{L}{S} \qquad (2.1.8)$$

其中 ρ 为电阻率。

各种材料的电阻率各不相同。此外,随着温度的变化,材料的电阻率也发生变化,从而导致电阻器的阻值发生变化。一般金属材料的电阻率与温度的关系为

$$\rho_T = \rho_0 (1 + \alpha T) \qquad (2.1.9)$$

其中 ρ_T 和 ρ_0 分别为材料在温度为 $T\,℃$ 和 $0\,℃$ 时的电阻率,α 称作电阻温度系数。几种常用材料的 $0\,℃$ 电阻率与温度系数如表 2.1.1 所示。

表 2.1.1 几种常见材料的 0℃ 电阻率与温度系数[9]

	银	铜	铝	钨	铁	碳	镍铬合金	镍铜合金
$\rho_0/\Omega \cdot m$	1.5×10^{-8}	1.6×10^{-8}	2.5×10^{-8}	5.5×10^{-8}	8.7×10^{-8}	3500×10^{-8}	110×10^{-8}	50×10^{-8}
$\alpha/℃^{-1}$	4.0×10^{-3}	4.3×10^{-3}	4.7×10^{-3}	4.6×10^{-3}	5.0×10^{-3}	-5.0×10^{-4}	1.6×10^{-4}	4.0×10^{-5}

从表 2.1.1 可以看出,相同条件下,由银、铜或铝所制造的电阻器阻值较小,由铁、碳或镍铬合金等所制造的电阻器阻值较大。因此一般用银、铜或铝制造导线,而用铁、碳或镍铬合金制造电阻丝。此外,镍铬合金和镍铜合金具有较小的电阻温度系数,适宜用来制造高温度稳定性电阻。注意到碳具有负的温度系数,即随着温度的增加,碳的电阻率将下降。

在实际应用时,需要考虑电阻器的额定功率。当电阻器的额定功率是实际承受功率的 1.5～2 倍以上时才能保证电阻器可靠使用。

上面讨论的电阻温度系数在温度不太低时成立。某些材料构成的电阻器的温度降到一定值后,其阻值可能迅速减小至零,即呈现短路的特性,此时称这种电阻器进入了超导状态。

根据制造原材料的不同,电阻器可分为碳膜电阻器、金属膜电阻器、金属氧化膜电阻器和线绕功率电阻器等许多种(如图 2.1.8 所示)。碳膜电阻器价格较低,最为常见,广泛应用于各种电子产品中;金属膜电阻器精度较高,温度系数较低,但价格较高;金属氧化膜电阻器价格低廉,承受功率的能力强,但阻值范围小;线绕电阻器精度高,温度系数低,但高频特性较差。

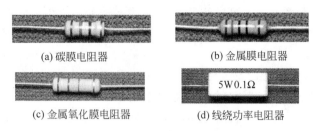

(a) 碳膜电阻器　　　　　　　　(b) 金属膜电阻器

(c) 金属氧化膜电阻器　　　　　　(d) 线绕功率电阻器

图 2.1.8　各种电阻器

前面讨论的都是在电路中单个使用的电阻器。这种单个使用的电路元件称为分立元件。与之相对应的是将若干晶体管集成在一块芯片中以实现比较复杂功能的集成电路。在集成电路中,某些电阻是由金属氧化物半导体场效应晶体管(MOSFET)来实现的。

无论是分立电阻器还是用 MOSFET 实现的电阻,在分析时都抽象为电阻模型。除特别指明的情况外,本书对这两种情况不加区分,电阻电路分析规律对这两种情况均适用。

2.2　电源

2.2.1　独立电源

实际电气系统中存在着一类二端元件,他们接线端上的电压或流经元件的电流仅由其内部的性质决定,与外接的元件或电路无关。干电池就是一个例子。一般将这类元件建模为独立电源(independent source),也可简称为独立源。能够保持接线端电压独立的元件称作独立电压源(independent voltage source),能够保持接线端电流独立的元件称作独立电流源(independent current source)。

独立电压源的符号如图 2.2.1 所示,u_S 为独立电压源的特征量。如果独立电压源两端的电压始终保持恒定值,则称其为理想直流独立电压源(ideal DC independent voltage source),可以表示为 $u = U_S$(也称为理想直流独立电压源的元件约束),其 $u\text{-}i$ 关系如图 2.2.2 所示。

图 2.2.1　独立电压源　　　　　图 2.2.2　理想直流独立电压源的 $u\text{-}i$ 关系

比较图 2.2.2 和图 2.1.5 可以发现,当独立电压源的 $U_S=0$ 时,其 $u\text{-}i$ 关系等效于短路的 $u\text{-}i$ 关系。也就可以说,电压为零的独立电压源可等效为短路,即此时独立电压源等效于理想导线。

独立电流源的符号如图 2.2.3 所示,i_S 为独立电流源的特征量。如果流经独立电流源电流始终保持恒定,则称其为理想直流独立电流源(ideal DC independent current source),可以表示为 $i=I_S$(也称为理想直流独立电流源的元件约束),其 $u\text{-}i$ 关系如图 2.2.4 所示。

图 2.2.3　独立电流源　　　　　　图 2.2.4　理想直流独立电流源的 $u\text{-}i$ 关系

与独立电压源类似可知,当独立电流源的 $I_S=0$ 时,其 $u\text{-}i$ 关系等效于开路的 $u\text{-}i$ 关系,即电流为零的独立电流源等效为开路。

有一点需要强调,独立电压源的电压 u_S 和独立电流源的电流 i_S 分别是二者的内部属性,不随接线端上参考方向的选取而变化,而他们接线端上的电压和电流则要取决于参考方向。

例 2.2.1　求图 2.2.5(a)中的电压 u 和(b)中的电流 i。

解　在图 2.2.5(a)中,u 是独立电压源电压的参考方向。根据独立电压源的性质可以判断出 $u=u_S$。同理,在图 2.2.5(b)中,i 是独立电流源电流的参考方向,而独立电流源的电流方向则为从下流向上,因此有 $i=-i_S$。

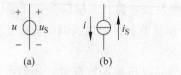　　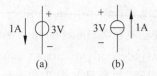

　　图 2.2.5　例 2.2.1 图　　　　　　　　图 2.2.6　例 2.2.2 图

例 2.2.2　求图 2.2.6(a)、(b)中独立电源发出的功率。

解　设图示电压电流方向为其参考方向。

图 2.2.6(a)中理想直流电压源采用关联参考方向,于是用式(1.5.1)计算其吸收的功率为 $P=1\times3=3\text{W}$,因此理想直流电压源发出的功率为 -3W。

图 2.2.6(b)中理想直流独立源采用非关联参考方向,于是用式(1.5.2)计算其吸收的功率为 $P=-1\times3=-3\text{W}$,因此理想直流电流源发出的功率为 3W。

从例 2.2.2 还可以得出另一个结论,即独立电源不一定总是发出功率。充电中的可充电电池就是独立电源吸收功率的一个例子。

独立电源是实际电气系统中源的电路模型。在实际电气系统中,独立源向负荷提供电能,从而使电路达到传输能量或处理信号的作用。干电池两端的电压基本不随负荷的变化而变化,可以看作理想直流独立电压源。麦克风是将声能转换为电能的元件,称之为声电传感器。麦克风两端的电压随着声音的强弱变化,但基本上与其电流无关,因此可看作独立电压源。太阳能电池是将光能转换为电能的元件,称之为光电传感器。太阳能电池上的电流随着光强不同而变化,但基本上与其两端电压无关,因此可看作独立电流源[12]。

2.2.2　受控电源

在前面讨论的电路模型中,独立电压源的电压由其内部特性决定,独立于电路的其他部分;独立电流源的电流由其内部特性决定,独立于电路的其他部分。对于电阻来说,既可以说电阻上的电压由流经电阻的电流决定,也可以说流经电阻的电流由电阻两端的电压决定。在电路中还存在着另一种重要情况,即某个元件上的电压由电路中其他部分的电压或电流决定,或者流经某个元件的电流由电路中其他部分的电压或电流决定。为了能够分析含这些元件的电路,人们将其建模为受控电源(controlled source,dependent source)模型,也可简称为受控源。

依控制量和受控量的不同,存在 4 种受控源,即压控电压源(voltage controlled voltage source,VCVS),压控电流源(voltage controlled current source,VCCS),流控电压源(current controlled voltage source,CCVS)和流控电流源(current controlled current source,CCCS)。

利用受控源可以实现多种类型的信号处理功能,最常见的例子就是放大器。它可以将微弱的电信号经受控源产生足够强度的电压或电流,而且可以满足一定范围内的失真要求。早期的电子管(电真空器件)、20 世纪 50 年代以后广泛使用的晶体管(又称为三极管,包括双极型和场效应型两大类)都是可以实现放大功能的实际电路元件,人们习惯用受控源对其进行建模。目前在大规模集成电路中仍然普遍采用以上两种类型的晶体管,其中场效应晶体管得到更为广泛的应用。2.3 节将详细讨论根据金属氧化物半导体场效应晶体管(MOSFET)的外特性将其建模为压控电流源的过程。

通过前面的讨论可以看出,受控源有两个组成部分:控制端口和输出端口。因此完整描述受控源要用到二端口网络。

如果控制量和受控量之间是线性关系,称这种受控源为线性受控源。控制端口和输出端口存在 4 种组合,因此存在 4 种线性受控源,其电路符号如图 2.2.7 所示。

图 2.2.7(a)和(c)中,控制量 u_1 是电路其他部分中任意两点间的电压,图 2.2.7(b)和(d)中 i_1 是其他部分中流经任意元件的电流。图 2.2.7(a)中 μ 是一个常数,没有量纲,称为转移电压比;图 2.2.7(b)中 r_m 是一个常数,具有电阻的量纲,称为转移电阻;

图 2.2.7(c)中 g_m 是一个常数,具有电导的量纲,称为转移电导;图 2.2.7(d)中 β 是一个常数,没有量纲,称为转移电流比。

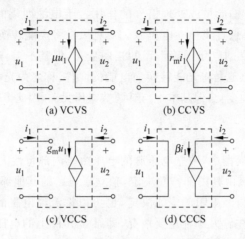

图 2.2.7　线性受控源的电路模型

第 1 章用式(1.6.7)给出无源元件定义并得出结论:电阻、电容和电感均为无源元件。

对于独立电压源来说,设 $u_S = U_S$,代入式(1.6.7)有

$$\int_{-\infty}^{t} u(\tau)i(\tau)\mathrm{d}\tau = U_S \int_{-\infty}^{t} i(\tau)\mathrm{d}\tau$$

如果独立电压源给一个电阻供电,则关联参考方向下 $i(t) < 0$,即上式 < 0,对应着独立电压源发出能量。这个结论对独立电流源也成立。因此独立源是有源元件。

现在以压控电压源为例考虑受控源。虽然图 2.2.7(a)所示压控电压源为二端口网络,但由于其控制端开路,不吸收能量,因此依然可以用式(1.6.7)来判断其是否有源。将压控电压源的控制关系代入式(1.6.7),得

$$\int_{-\infty}^{t} u(\tau)i(\tau)\mathrm{d}\tau = \mu \int_{-\infty}^{t} u_1(\tau)i_2(\tau)\mathrm{d}\tau$$

显然上式不能确保对任意 t 均不小于 0。这个结论对其他受控源也成立,因此受控源是有源元件。

分析含受控源电路时需要注意,虽然受控源从名称上看是电源,但其性质和独立源有本质的差别。这一点从 2.3 节对 MOSFET 进行压控电流源建模的过程可以看出。

2.3　金属氧化物半导体场效应晶体管(MOSFET)

金属氧化物半导体场效应晶体管 MOSFET (metal-oxide-semiconductor-field-effect-transistor)是一类应用非常广泛的电气元件。该元件的应用范围从微电子(CPU 中包含

了非常多的 MOSFET)一直延伸至电力电子(大功率电力电子电路中也经常使用 MOSFET),涉及了数字系统(可以用 MOSFET 制成数字系统的基本单元——门电路)和模拟系统(可以用 MOSFET 制成模拟系统的基本单元——放大电路)。MOSFET 可简化为 3 接线端元件,图 2.3.1 给出了在本书中使用的 MOSFET 符号。

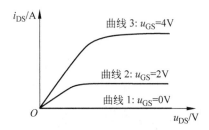

图 2.3.1 MOSFET 的电路符号

图 2.3.1 所示的是一个 N 沟道增强型 MOSFET 的电气符号[1],它的 3 个接线端分别称为栅极(gate,G),源极(source,S)和漏极(drain,D)。

由于 MOSFET 结构上的特点,没有流经栅极的电流,即栅极始终开路。因此可以把 D-S 之间看做一个二端元件,研究其 u-i 关系。人们发现 MOSFET 栅极和源极之间的电压 u_{GS} 会对 D-S 间 u-i 关系产生影响,如图 2.3.2 所示。

图 2.3.2 MOSFET 的电气特性

根据图 2.3.2,可以发现 MOSFET 如下几方面的电气特性。

(1) 比较图 2.1.6 和图 2.3.2 曲线 1 可知,$u_{GS}=0$ 的时候,D-S 之间开路,称其为截止区。

(2) 随着 u_{GS} 增加,D-S 之间不再开路。使得 D-S 之间不再开路的 u_{GS} 电压阈值为 U_T,典型值为 1V。即 $u_{GS}>U_T$ 时,D-S 之间不再开路。

(3) $u_{GS}>U_T$ 时,D-S 之间可以粗略地分为 2 个区域:斜线区域和水平线区域。

(4) 比较图 2.1.3 和图 2.3.2 曲线 2 和曲线 3 的斜线部分可知,在某 u_{GS} 下,斜线区域的 D-S 之间等效为一个电阻,称其为电阻区。

(5) 比较图 2.2.4 和图 2.3.2 曲线 2 和曲线 3 的水平部分可知,水平线区域的 D-S 之间相当于一个电流源,称其为恒流区。

(6) 图 2.3.2 曲线 2 和曲线 3 对应的电流源流出的电流值与 u_{GS} 有关,即受控于 u_{GS}。进一步的分析表明,u_{GS} 和 i_{DS} 之间是非线性关系,即

---

① 其他类型 MOSFET 的电气符号和电气性质将在后续课程中详细讨论。

$$i_{DS} = \frac{K(u_{GS} - U_T)^2}{2} \qquad (2.3.1)$$

其中 K 为一个常数,典型值为 $1mA/V^2$。

（7）观察曲线 2 和曲线 3 从电阻到压控电流源的变化过程可知,对于某一 u_{GS} 来说,u_{DS} 大于某一阈值后,D-S 间即表现为受控源,这个阈值为 $u_{GS} - U_T$。

综合以上讨论可获得 MOSFET 的电路模型,如图 2.3.3 所示。其中图 2.3.3(a)表示,如果满足 $u_{GS} > U_T$ 和 $u_{DS} < u_{GS} - U_T$,则开关闭合,D-S 间表现为电阻,因此称其为 MOSFET 的开关-电阻模型；图 2.3.3(b)表示如果满足 $u_{GS} > U_T$ 和 $u_{DS} > u_{GS} - U_T$,则开关闭合,D-S 间表现为压控电流源,因此称其为 MOSFET 的开关-电流源模型。

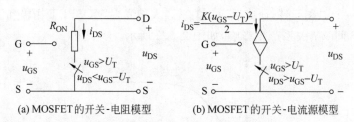

(a) MOSFET 的开关-电阻模型　　(b) MOSFET 的开关-电流源模型

图 2.3.3　MOSFET 的两个等效模型

灵活应用 MOSFET 的开关-电阻模型和开关-电流源模型可构造出许多非常有用的电路。2.4 节将讨论含 MOSFET 电路的分析,2.9 节介绍利用 MOSFET 的开关-电阻模型来分析数字系统的基本单元——门电路,4.6 节研究确定 MOSFET 模型的方法,并介绍利用 MOSFET 的开关-电流源模型来分析模拟系统的基本单元——放大器。

2.4　基尔霍夫定律

从本节开始讨论电路分析的一般规律。前文已述,待分析的电路一般用电路图来表示。因此有必要在这里介绍几个表示电路结构的名词。

支路(branch)　若干元件无分岔地首尾相连构成一个支路。例如图 2.4.1 所示电路有个 6 支路。支路两端的电压称作支路电压(branch voltage),流经支路的电流称作支路电流(branch current)。支路电压和支路电流统称为支路量。

节点(node)　3 个或更多支路的联接点称为节点[1]。例如图 2.4.1 所示电路有 4 个节点。为了便于分析,一般会指定某个节点为参考节点(reference node)。节点与参考节点之间的电压称为节点电压(node voltage)。

---

① 也可定义每个二端元件构成一个支路,支路的端点为节点。这两种定义方法从本质上讲是一样的。本书的定义方法更适用于手工列写电路方程。

将一个电路的节点编号、支路编号以及支路与节点的联接关系称为电路的拓扑结构 (topology structure)。电路的拓扑结构和元件的 $u\text{-}i$ 关系共同构成了对电路的描述。

回路(loop)　由支路构成的闭合路径称作电路的回路。在图 2.4.1 所示电路中,支路 1—2—3 构成一个回路,支路 2—3—6—5 构成一个回路,支路 1—6—5 构成一个回路,支路 2—4—5 构成一个回路,支路 3—6—4 构成一个回路,支路 1—6—4—2 构成一个回路,支路 1—3—4—5 构成一个回路。

如果一个电路在一个平面或球面上可以画成没有支路彼此交叉的形式,则这个电路称作平面电路。反之,如果无论怎样都无法避免支路交叉,则称这个电路为立体电路。图 2.4.1 是个平面电路,图 2.4.2 是个立体电路。

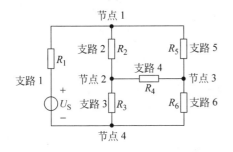

图 2.4.1　电路的支路和节点

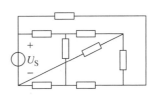

图 2.4.2　立体电路

对于一个平面电路来说,可以认为支路将电路所在的平面划分为若干的网孔(mesh)或网格(grid)。图 2.4.1 所示电路中,支路 1—3—2、2—4—5、3—4—6 构成了 3 个网孔。

附录 B 介绍了电路图中其他几个概念和有关电路图的两种矩阵。

2.4.1　基尔霍夫电流定律(KCL)

基尔霍夫电流定律(Kirchhoff current law,KCL)[①]　集总参数电路任意时刻流出任意节点电流的代数和为零,即

$$\sum i = 0 \tag{2.4.1}$$

如果将式(2.4.1)等号左边符号为负的电流移动到等号右边,则 KCL 可以写为

$$\sum_{\text{out}} i = \sum_{\text{in}} i \tag{2.4.2}$$

即流出某节点的电流之和等于流入该节点的电流之和。

例 2.4.1　求图 2.4.3 所示电路中的电流 i。

解　在节点上利用式(2.4.1),得到

---

① 1845 年,年仅 21 岁的德国人 G. R. Kirchhoff 提出了基尔霍夫电压定律和基尔霍夫电流定律。

$$i+1+(-1)-(-2)-0.5=0$$

求解上式得到 $i=-1.5\mathrm{A}$。

或者在节点上利用式(2.4.2),得到

$$i+1+(-1)=-2+0.5$$

求解上式同样得到 $i=-1.5\mathrm{A}$。

如果在选取闭合曲面的时候不仅包含一个节点,而是包含一个子电路,如图 2.4.4 所示。可以把图示电路中被包围子电路看作一个广义节点(generalized-node)或超节点(super-node)。广义节点或超节点同样满足 KCL,即

$$\sum_{j=1}^{k} i_j = 0 \tag{2.4.3}$$

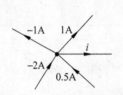

图 2.4.3　例 2.4.1 图

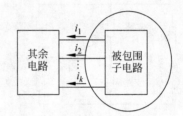

图 2.4.4　广义节点的 KCL

2.4.2　基尔霍夫电压定律(KVL)

基尔霍夫电压定律(Kirchhoff voltage law,KVL)　集总参数电路任意时刻沿任意回路电压降的代数和为零,即

$$\sum u = 0 \tag{2.4.4}$$

在实际使用中,还存在另一种 KVL 记忆方法。如果将式(2.4.4)等号左边符号为负的电压移动到等号右边,则 KVL 可以写为

$$\sum_{\mathrm{down}} u = \sum_{\mathrm{up}} u \tag{2.4.5}$$

即任意回路中电压降的代数和等于电压升的代数和。

例 2.4.2　求图 2.4.5 所示电路中的电压 u。

解　在图 2.4.5 所示的回路中,以顺时针作为电压降的方向并利用式(2.4.4),得到

$$-1+2-u=0$$

求解上式得到 $u=1\mathrm{V}$。

以相同的回路,利用式(2.4.5)得到

$$-1+2=u$$

求解上式,同样得到 $u=1\text{V}$。

这结果也表明了这样一个事实,即电路中任意两点间的电压与路径无关。

如前所述,节点电压定义为节点与参考节点之间的电压。在图 2.4.6 所示的电路中节点 a、b 和参考节点之间未必有直接的联接关系。在由 $a-b-$ 地构成的虚拟回路中应用 KVL 和节点电压的定义,可知

$$u_{ab} = u_a - u_b \qquad\qquad (2.4.6)$$

这是用节点电压表示的 KVL。

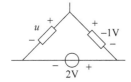
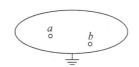

图 2.4.5　例 2.4.2 图　　　　　　　图 2.4.6　虚拟回路的 KVL

有关基尔霍夫定律进一步的讨论可参考附录 A。

2.4.3　用 KCL、KVL 和元件约束来求解电路

本小节通过例子来说明如何利用 KCL、KVL 和元件约束来求解电路。

原则上讲,对于有 b 个支路的电路来说,每个支路都确定一个元件约束方程(即该支路端钮上满足的 u-i 关系),如果能根据 KCL 和 KVL 列写出另外 b 个独立方程,就可以求解出所有的 $2b$ 个支路量(即 b 个支路电压和 b 个支路电流),从而完成电路分析。这种方法被称为 $2b$ 法。不过大多数电路分析问题有更简单的求解方法。

例 2.4.3　求图 2.4.7 所示电路中的电压 U_1、U_2 和电流 I_1、I_2,以及每个元件吸收的功率。

解　根据图中理想直流独立电流源的电流方向和电流 I_1 和 I_2 的参考方向,可知

$$I_1 = -2\text{A}, \quad I_2 = 2\text{A}$$

在电阻元件上应用欧姆定律可知

$$U_2 = 5 \times 2 = 10\text{V}$$

在电路中顺时针应用 KVL,可知

$$U_2 - 2 - U_1 = 0$$

代入 U_2,得

$$U_1 = 8\text{V}$$

电流源上电压和电流采用的是非关联参考方向,该元件吸收的功率为

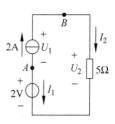

图 2.4.7　例 2.4.3 图

$$P_1 = -U_1 \times 2 = -16\text{W}$$

即电流源发出 16W 的功率。电压源上电压和电流采用关联参考方向,该元件吸收的功率为

$$P_2 = 2 \times I_1 = -4\text{W}$$

即电压源发出 4W 的功率。电阻上电压电流采用的是关联参考方向,该元件吸收的功率为

$$P_3 = U_2 \times I_2 = 10 \times 2 = 20\text{W}$$

观察例 2.2.6 中求得的 P_1、P_2 和 P_3 的数值关系,可知

$$P_1 + P_2 + P_3 = 0$$

即该电路中各元件吸收的功率代数和为零。

例 2.4.4　求图 2.4.8 所示电路中的电压 U_1、U_2 和电流 I_1、I_2,以及每个元件吸收的功率。

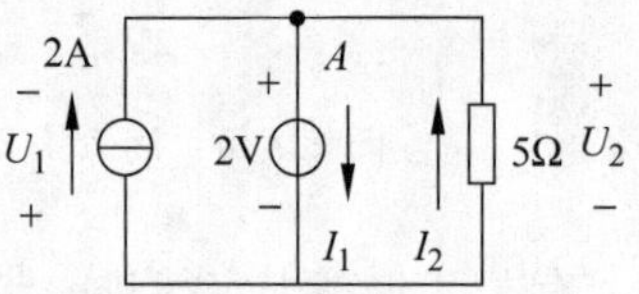

解　根据图中理想直流独立电压源的电压方向和电压 U_1、U_2 的参考方向可知(即在图中左右两个网孔中应用 KVL)

图 2.4.8　例 2.4.4 图

$$2 + U_1 = 0, \quad U_2 - 2 = 0$$

可以解得

$$U_1 = -2\text{V}, \quad U_2 = 2\text{V}$$

在电阻元件上应用欧姆定律,可得

$$I_2 = -2/5 = -0.4\text{A}$$

在节点 A 上应用 KCL 可得

$$I_1 = 2 + I_2$$

代入 I_2 值,解得

$$I_1 = 1.6\text{A}$$

电流源上电压和电流采用的是关联参考方向,该元件吸收的功率为

$$P_1 = U_1 \times 2 = -4\text{W}$$

即电流源发出 4W 的功率。电压源上电压和电流采用的也是关联参考方向,该元件吸收的功率为

$$P_2 = 2 \times I_1 = 3.2\text{W}$$

电阻上电压电流采用非关联参考方向,该元件吸收的功率为

$$P_3 = -U_2 \times I_2 = -2 \times (-0.4) = 0.8\text{W}$$

例 2.4.3 和例 2.4.4 得到了相同的结论,即电路中所有元件吸收的功率代数和为零。下面利用 KCL 和 KVL 来证明这个结论。

设电路有 n 个节点和 b 条支路,分别用 u_k 和 $i_k (k=1,2,\cdots,b)$ 来表示支路电压和支

路电流。不失一般性,设 u_k 和 i_k 取关联参考方向。用 $u_{nj}(j=1,2,\cdots,n)$ 来表示节点电压[1]。要证明

$$\sum_{k=1}^{b} u_k i_k = 0 \tag{2.4.7}$$

即集总参数电路中所有元件吸收的瞬时功率的代数和为零。

利用 KVL 可知,支路压降等于支路两端的电位差,即

$$u_k = u_{n\alpha} - u_{n\beta}$$

其中支路电压 u_k 的"＋"号标在节点 α 上,"－"号标在节点 β 上。将上式代入式(2.4.7),等号左边部分得到

$$\sum_{k=1}^{b} u_k i_k = \sum_{\text{所有支路}} (u_{n\alpha} - u_{n\beta}) i_k = \sum_{\text{所有支路}} (u_{n\alpha} - u_{n\beta}) i_{\alpha\beta} = \sum_{\text{所有支路}} (u_{n\alpha} i_{\alpha\beta} + u_{n\beta} i_{\beta\alpha})$$

考察上式可知,共有 $2b$ 项相加,每一项是某节点电压和从该节点流出的一个支路电流的乘积。由于电路中有 n 个节点,因此可以将这 $2b$ 项分成 n 类,每类中具有相同的节点电压。例如对于第 j 类即第 j 个节点,有

$$u_{nj} i_{j1} + u_{nj} i_{j2} + \cdots + u_{nj} i_{jm} = u_{nj} \sum_{l=1}^{m} i_{jl} = 0$$

其中 m 为与节点 j 直接相连的节点数量。上式最后一个等号利用了 KCL。由于所有的 n 个节点都存在这样的关系,因此式(2.4.7)得证。

需要指出,式(2.4.7)的证明过程仅利用了 KCL 和 KVL,与元件约束无关。也就是说,这个结论对任何集总参数电路都成立。

例 2.4.5　求图 2.4.9 所示电路中的 I_1。

解　观察图 2.4.9 可知,I_1 和 I_2 是两个关键的支路量。因此如果能够列写 2 个独立的方程,变量为 I_1 和 I_2,就可以方便地完成电路分析。在电路的上节点应用 KCL,中间网孔中应用 KVL,得

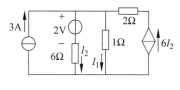

图 2.4.9　例 2.4.5 图

$$\begin{cases} I_1 + I_2 = 3 + 6I_2 \\ 2 + 6I_2 = I_1 \end{cases}$$

求解得 $I_1 = 8\text{A}, I_2 = 1\text{A}$。

例 2.4.6　含线性压控电流源的电路如图 2.4.10 所示,其中 Δu_i 为输入信号,Δu_o 为输出信号,g_m 为常数。求电压放大倍数 $k = \dfrac{\Delta u_o}{\Delta u_i}$。

解　图 2.4.10 所示电路即第 4 章中讨论的 MOSFET 共源放大器的小信号电路模型。在线性压控电流源所在的回路中应用 KVL,有

_____

① 令参考点为第 n 个节点,其节点电压为 $u_{nn} = 0$。

$$k = \frac{\Delta u_{\mathrm{o}}}{\Delta u_{\mathrm{i}}} = \frac{-R_{\mathrm{L}} \Delta i}{\Delta u_{\mathrm{i}}} = \frac{-R_{\mathrm{L}} g_{\mathrm{m}} \Delta u_{\mathrm{i}}}{\Delta u_{\mathrm{i}}} = -R_{\mathrm{L}} g_{\mathrm{m}}$$

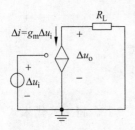

图 2.4.10　例 2.4.6 图

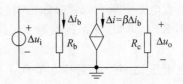

图 2.4.11　例 2.4.7 图

例 2.4.7　含线性流控电流源的电路如图 2.4.11 所示，其中 Δu_{i} 为输入信号，Δu_{o} 为输出信号，β 为常数。求电压放大倍数 $k = \dfrac{\Delta u_{\mathrm{o}}}{\Delta u_{\mathrm{i}}}$。

解　图 2.4.11 所示电路为双极型晶体管共射放大器的小信号电路模型。在线性流控电流源所在的回路中应用 KVL，有

$$k = \frac{\Delta u_{\mathrm{o}}}{\Delta u_{\mathrm{i}}} = \frac{-R_{\mathrm{c}} \Delta i}{\Delta u_{\mathrm{i}}} = \frac{-R_{\mathrm{c}} \beta \Delta i_{\mathrm{b}}}{\Delta u_{\mathrm{i}}} = \frac{-R_{\mathrm{c}} \beta}{\Delta u_{\mathrm{i}}} \frac{\Delta u_{\mathrm{i}}}{R_{\mathrm{b}}} = -\beta \frac{R_{\mathrm{c}}}{R_{\mathrm{b}}}$$

例 2.4.8　求图 2.4.12 所示电路中的 U_{DS}。

解　图 2.4.12 所示电路是含非线性压控电流源的例子。这个电路是第 4 章中讨论的 MOSFET 共源放大器工作点计算电路。在非线性压控电流源输出端口所在的回路中应用 KVL 和非线性受控源 $u\text{-}i$ 关系，有

$$\begin{cases} U_{\mathrm{DS}} = U_{\mathrm{s}} - I_{\mathrm{DS}} R_{\mathrm{L}} \\[2mm] I_{\mathrm{DS}} = \dfrac{K(U_{\mathrm{GS}} - U_{\mathrm{T}})^2}{2} \end{cases}$$

可解得

$$U_{\mathrm{DS}} = U_{\mathrm{s}} - R_{\mathrm{L}} \frac{K(U_{\mathrm{GS}} - U_{\mathrm{T}})^2}{2}$$

例 2.4.9　图 2.4.13 中，所有支路电压与电流采用关联参考方向。求电流 $I_1 \sim I_6$。

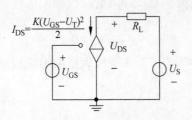

图 2.4.12　例 2.4.8 图

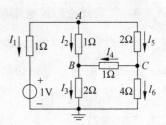

图 2.4.13　例 2.4.9 图

解　从电源端看入，A 点和地间的 5 个电阻构成了一个 H 型或桥型的子电路，可将其称为桥式电路或电桥。将电流 $I_1 \sim I_6$ 对应的支路分别称为支路 1～支路 6，支路上的电压分别为电压 $U_1 \sim U_6$。于是需要求解 12 个变量。在 6 条支路上应用支路约束，分别得到 6 个方程：

$$U_1 = 1 + I_1$$
$$U_2 = I_2$$
$$U_3 = 2I_3$$
$$U_4 = I_4$$
$$U_5 = 2I_5$$
$$U_6 = 4I_6$$

在节点 A、B、C 上应用 KCL，得到 3 个方程：

$$I_1 + I_2 + I_5 = 0$$
$$-I_2 + I_3 - I_4 = 0$$
$$I_4 - I_5 + I_6 = 0$$

在图中所示的 3 个网孔中应用 KVL 得到 3 个方程：

$$U_1 - U_2 - U_3 = 0$$
$$U_2 - U_4 - U_5 = 0$$
$$U_3 + U_4 - U_6 = 0$$

联立上述 12 个方程即可求解出 $I_1 \sim I_6$。显然手工求解这样的线性代数方程非常麻烦。

从例 2.4.9 的分析过程可以发现以下 3 点值得注意。

(1) 对于 6 条支路 4 个节点的电路来说，列写了 6 个元件性质方程，3 个 KCL 方程和 3 个 KVL 方程。一般来说，任意 n 节点 b 支路的连通电路中可列写出 $n-1$ 个独立的 KCL 方程和 $b-n+1$ 个独立的 KVL 方程[①]，再加上 b 个独立的元件约束方程，从理论上讲可以求解出 $2b$ 个支路量，这就是 $2b$ 法分析电路的理论基础。

(2) 随着电路规模的增加，直接利用 $2b$ 法进行手工求解变得越来越困难。当然可以利用 MATLAB® 等数值计算软件非常方便地完成代数方程的求解。但不难想象，对于结构非常复杂的问题来说，如果每个电路都需要求解 $2b$ 个方程，则计算机的存储能力和计算能力可能成为瓶颈。因此非常有必要研究减小方程数量的方法，2.5 节将讨论对电路进行等效变换以减少列写方程数量的方法；3.1 节将讨论以 b 个支路电流为变量列写方程的支路电流法；3.2 节将讨论以 $n-1$ 个节点电压为变量列写 KCL 方程的节点电压法；

---

①　关于 n 节点 b 支路的电路中可列写出 $n-1$ 个独立的 KCL 方程，读者可参考附录 B 中关于关联矩阵 $\boldsymbol{A}$ 的讨论；关于 n 节点 b 支路的电路中可列写出 $b-n+1$ 个独立的 KVL 方程，读者可参考关于基本回路矩阵 $\boldsymbol{B}_f$ 的讨论。

3.3 节将讨论以 $b-n+1$ 个回路电流为变量列写 KVL 方程的回路电流法。这些方法可以显著减少方程的数量。

（3）同样是由于比较复杂的电路难以用手工求解，人们开发了许多计算机软件来辅助电路分析过程。这些软件实现了电子设计自动化(electronic design automation，EDA)，极大地提高了电路分析与设计的效率和水平，其中最著名的就是 Spice(simulation program with integrated circuits emphasis)软件[1]。还有一种简单易学的 EDA 软件 Electronics Workbench (EWB)。EWB 使用了 Spice 的算法，其界面友好，功能适合电路原理课程需要。

2.5　电路的等效变换

例 2.4.9 是一个耐人寻味的例子，这个例子既说明了应用 KCL、KVL 和元件约束可以进行电路分析，也说明了这样做需要列写 $2b$ 个独立的方程，方程列写和求解的工作量都相当大。实际上，有时只对电路中的某些支路量感兴趣，这时完全求解出所有支路量的值没有太大的意义。综合以上理由，很有必要研究如何比较简便地求解电路。等效变换就是这样一种求解手段。此外，等效变换有时还可以揭示电路的一些本质特征。本节介绍的有关电阻等效变换和电源等效变换的结论将在后续章节中反复使用。与此同时，作者更希望读者由此对等效的概念有较深入的认识。

2.5.1　电阻等效变换

第 1 章中定义了二端网络，即与外部电路只有两个接线端相连的网络。一般来说，不含独立源的二端网络可以用一个电阻来等效，如图 2.5.1 所示。如果这个二端网络(即图 2.5.1 中的 P 网络)的端子是某个功能电路的输入端，则该电阻可称为入端电阻。图 2.5.1 中

$$R_{eq} = \frac{u}{i} \tag{2.5.1}$$

图 2.5.1　不含独立源二端网络的等效电阻

也就是说，如果能够找到图 2.5.1 所示不含独立源二端网络端口的电压与电流之比，就可确定其等效的入端电阻。

---

[1]　1975 年由加利福尼亚大学伯克利分校开发。

对于不含独立源的二端网络来说,综合应用本小节讨论的电阻等效变换方法可求出其等效电阻,从而可大大简化电路分析过程。

1. 电阻元件的串联

n 个电阻元件的串联(serial connection)如图 2.5.2 所示。

首先,根据元件顺序首尾相联的特点可知流经每个电阻的电流均为 i。其次,根据 KVL,二端网络的端电压等于 n 个电阻上电压的代数和。在图 2.5.2 所示的参考方向下,有

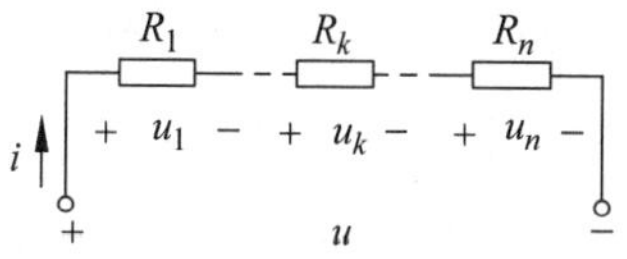

$$u = u_1 + \cdots + u_k + \cdots + u_n \qquad (2.5.2)$$

图 2.5.2　n 个电阻元件串联

第二,在每个电阻上均有

$$u_k = R_k i \quad k = 1, 2, \cdots, n \qquad (2.5.3)$$

将上述 3 个结论进行整理可以得到下面的表达式:

$$u = (R_1 + \cdots + R_k + \cdots + R_n)i \qquad (2.5.4)$$

由式(2.5.4)可知,n 个串联电阻端口电压和电流为线性代数关系,因此可以表示为等效电阻的形式,即

$$R_{eq} = \frac{u}{i} = R_1 + \cdots + R_k + \cdots + R_n \qquad (2.5.5)$$

即串联电阻的等效电阻为所有电阻阻值之和。

接下来讨论串联电阻的分压关系。由式(2.5.3)和式(2.5.4)可知

$$\frac{u_k}{u} = \frac{R_k}{R_{eq}} \qquad (2.5.6)$$

即串联电阻值越大,其上的分压也越大。具体地对于 2 个串联的电阻,有

$$u_1 = \frac{R_1}{R_1 + R_2} u, \quad u_2 = \frac{R_2}{R_1 + R_2} u \qquad (2.5.7)$$

2. 电阻元件的并联

n 个电阻元件的并联(parallel connection)如图 2.5.3 所示。

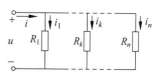

类似于 n 个电阻串联的讨论,由 KVL 知并联电阻两端的电压相同,均为 u。由 KCL 知流经接线端的干路电流等于 n 条支路电流之代数和,在图 2.5.3 所示参考方向下有

图 2.5.3　n 个电阻元件并联

$$i = i_1 + \cdots + i_k + \cdots + i_n \qquad (2.5.8)$$

每个电阻上 u-i 关系同式(2.5.3)。将上述 3 个结论进行整理可知

$$i = (1/R_1 + \cdots + 1/R_k + \cdots + 1/R_n)u \qquad (2.5.9)$$

即

$$\frac{1}{R_{eq}} = \frac{i}{u} = \frac{1}{R_1} + \cdots + \frac{1}{R_k} + \cdots + \frac{1}{R_n} \quad (2.5.10)$$

用电导可表示为

$$G_{eq} = G_1 + \cdots + G_k + \cdots + G_n \quad (2.5.11)$$

接下来讨论并联电阻的分流关系。由式(2.5.3)和式(2.5.9)可知

$$\frac{i_k}{i} = \frac{1/R_k}{1/R_{eq}} = \frac{G_k}{G_{eq}} \quad (2.5.12)$$

即并联电阻值越小(电导越大),其上的分流也越大。具体地对于 2 个并联的电阻,有

$$i_1 = \frac{R_2}{R_1 + R_2} i, \quad i_2 = \frac{R_1}{R_1 + R_2} i \quad (2.5.13)$$

有时候电阻之间的联接关系既不是串联,也不是并联。平衡电桥和 Y-Δ 变换就是用等效的观点来化简复杂联接电阻网络的有效手段。

3. 平衡电桥

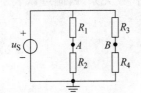

图 2.5.4　关于平衡电桥的讨论

在图 2.5.4 所示电路中,根据前面的讨论,2 个串联电阻的分压关系为

$$u_A = \frac{R_2}{R_1 + R_2} u_S, \quad u_B = \frac{R_4}{R_3 + R_4} u_S \quad (2.5.14)$$

在式(2.5.14)中,如果

$$R_1 R_4 = R_2 R_3 \quad (2.5.15)$$

易知 $u_A = u_B$。

在一个电路中,如果断开的两点的电位相同,即两点间电压为 0,则用某个元件将这两点联接起来不会对电路中的支路量产生任何影响。同理,如果电路中有某个支路的电流为 0,则将该支路断开不会对电路中的支路量产生任何影响。因此,在满足式(2.5.15)的条件下,无论 A 和 B 间是开路、短路,还是联接任何二端元件或网络,都不会改变电路中的支路量。称这种状态为电桥平衡(bridge circuit equilibrium),这种子电路称为平衡电桥(equilibrate bridge)。

应用电桥平衡,可以方便地分析例 2.4.9。由图 2.4.13 可知,由于 $1 \times 4 = 2 \times 2$,因此该子电路为平衡电桥。根据前面的讨论可知 $I_4 = 0$。若想分析其他支路量,将第 4 支路短路或开路均可。

如果将第 4 支路短路,从独立电压源两端看入的等效电阻为 $[1 + 1 /\!/ 2 + 2 /\!/ 4]\Omega = 3\Omega$;如果将第 4 支路开路,从独立电压源两端看入的等效电阻为 $[1 + (1+2) /\!/ (2+4)]\Omega = 3\Omega$。接下来可以方便地求得干路电流,用分流关系求得支路电流。无论采用哪种方式,都可以将原来不是串并联的电阻网络简化为串并联电阻网络,从而大大简化了电路分析的过程。

4. Y-Δ 等效变换

前面讨论的都是二端电阻网络的等效,这里讨论三端电阻网络的等效。两个网络等效的充分必要条件是这两个网络在接线端上的电压和电流关系相同。

图 2.5.5(a)所示电路为 Δ 接电阻电路,图 2.5.5(b)所示电路为 Y 接电阻电路。

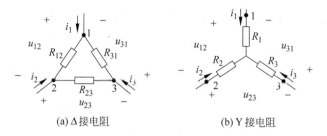

(a) Δ 接电阻　　　　　　　　　　(b) Y 接电阻

图 2.5.5　Y-Δ 变换

讨论电阻的 Y-Δ 等效变换,就是讨论在满足怎样的条件下,图 2.5.5(a)和图 2.5.5(b)在接线端 1、2、3 上表现出来的 u-i 关系是相同的。

对于图 2.5.5(a)所示电路来说,应用 KCL、KVL 和元件约束,得到下列关系:

$$i_1 = u_{12}/R_{12} - u_{31}/R_{31} \tag{2.5.16}$$

$$i_2 = u_{23}/R_{23} - u_{12}/R_{12} \tag{2.5.17}$$

$$i_3 = u_{31}/R_{31} - u_{23}/R_{23} \tag{2.5.18}$$

$$i_1 + i_2 + i_3 = 0 \tag{2.5.19}$$

$$u_{12} + u_{23} + u_{31} = 0 \tag{2.5.20}$$

对于图 2.5.5(b)所示电路来说,应用 KCL、KVL 和元件约束,得到下列关系:

$$u_{12} = R_1 i_1 - R_2 i_2 \tag{2.5.21}$$

$$u_{23} = R_2 i_2 - R_3 i_3 \tag{2.5.22}$$

$$u_{31} = R_3 i_3 - R_1 i_1 \tag{2.5.23}$$

$$i_1 + i_2 + i_3 = 0 \tag{2.5.24}$$

$$u_{12} + u_{23} + u_{31} = 0 \tag{2.5.25}$$

需要指出,式(2.5.16)～式(2.5.20)不是独立的,式(2.5.21)～式(2.5.25)也不是独立的。这样表示的原因是便于进行 Δ 接电阻电路和 Y 接电阻电路的比较。

如果图 2.5.5(a)和图 2.5.5(b)所示电路是等效的,则它们在接线端 1、2、3 上表现的 u-i 关系应该是一致的。

对于式(2.5.16)～式(2.5.20),将 u_{12}、u_{23}、u_{31} 作为未知量进行求解,可得

$$u_{12} = \frac{R_{12}R_{31}i_1 - R_{23}R_{12}i_2}{R_{12} + R_{23} + R_{31}} \tag{2.5.26}$$

$$u_{23} = \frac{R_{23}R_{12}i_2 - R_{31}R_{23}i_3}{R_{12} + R_{23} + R_{31}} \qquad (2.5.27)$$

$$u_{31} = \frac{R_{31}R_{23}i_3 - R_{12}R_{31}i_1}{R_{12} + R_{23} + R_{31}} \qquad (2.5.28)$$

比较式(2.5.26)和式(2.5.21),式(2.5.27)和式(2.5.22),式(2.5.28)和式(2.5.23)可知,要想与 Y 接电阻等效,△ 接电阻必须满足下列关系:

$$R_1 = \frac{R_{12}R_{31}}{R_{12} + R_{23} + R_{31}} \qquad (2.5.29)$$

$$R_2 = \frac{R_{23}R_{12}}{R_{12} + R_{23} + R_{31}} \qquad (2.5.30)$$

$$R_3 = \frac{R_{31}R_{23}}{R_{12} + R_{23} + R_{31}} \qquad (2.5.31)$$

　　类似地,从式(2.5.21)~式(2.5.25)出发,将 i_1、i_2、i_3 作为未知量进行求解,与式(2.5.16)~式(2.5.18)进行比较,可知要想与 △ 接电阻等效,Y 接电阻必须满足下列关系:

$$R_{12} = R_1 + R_2 + \frac{R_1 R_2}{R_3} \qquad (2.5.32)$$

$$R_{23} = R_2 + R_3 + \frac{R_2 R_3}{R_1} \qquad (2.5.33)$$

$$R_{31} = R_3 + R_1 + \frac{R_3 R_1}{R_2} \qquad (2.5.34)$$

　　如果图 2.5.5(a)中 △ 接电阻均相等,为 $R_{12} = R_{23} = R_{31} = R_\Delta$,根据式(2.5.29)~式(2.5.31)可知

$$R_1 = R_2 = R_3 = \frac{R_\Delta}{3} \qquad (2.5.35)$$

如果图 2.5.5(b)中 Y 接电阻均相等,为 $R_1 = R_2 = R_3 = R_Y$,根据式(2.5.32)~式(2.5.34)可知

$$R_{12} = R_{23} = R_{31} = 3R_Y \qquad (2.5.36)$$

例 2.5.1　分析图 2.5.6 所示电路。

　　解　从电源向电阻网络看过去,图 2.5.6 所示电路为桥式电路,不存在简单的串并联关系。如果 $R = 1\text{k}\Omega$,则电桥平衡,电路分析得到大大简化。但对于一般的 R 来说,不存在电桥平衡关系。因此可以考虑使用 Y-△ 变换。

　　如果将图 2.5.6 中上面网孔的 △ 接电阻转换为 Y 接电阻,图 2.5.6 即变换为如图 2.5.7 所示电路。

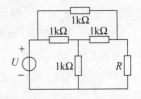

图 2.5.6　例 2.5.1 图

另一方面,如果将图 2.5.6 中间的 Y 接电阻转换为 △ 接电阻,图 2.5.6 即变换为如图 2.5.8 所示电路。

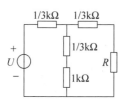

图 2.5.7 例 2.5.1 进行 △→Y 变换后的
等效电路

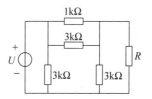

图 2.5.8 例 2.5.1 进行 Y→△ 变换后的
等效电路

图 2.5.7 和图 2.5.8 均为电阻简单串并联电路,接下来的分析就比较简单了。

需要指出,等效是对于变换以外的子电路而言的,变换后得到的子电路内部和变换前子电路内部是不等效的。对于图 2.5.7 所示电路来说,独立电压源、1kΩ 电阻和 R 电阻上的电压电流与图 2.5.6 电路中的独立电压源、1kΩ 电阻和 R 电阻上的电压电流相同,其他元件的支路量则一般不相同。对于图 2.5.8 所示电路来说,独立电压源、1kΩ 电阻和 R 电阻上的电压电流与图 2.5.6 电路中的独立电压源、1kΩ 电阻和 R 电阻上的电压电流相同,其他元件的支路量则一般不相同。

5. 含电阻和受控源二端网络的等效电阻

对于含电阻和受控源的二端网络来说,如果受控源的控制量在网络中,则一般可以将该网络等效为一个电阻。如果能够将含电阻和受控源二端网络的端口电压和电流表示成线性的关系,则很容易求得其等效电阻。为了达到这个目的,可以有意识地在端口上施加一个独立电压源(电压为 U),应用 KCL、KVL 和元件约束,最终达到用 U 来表示流经此独立电压源电流 I 的目的;类似地,也可以有意识地在端口上施加一个独立电流源(电流为 I),应用 KCL、KVL 和元件约束,最终达到用 I 来表示此独立电流源两端的电压 U 的目的。这两种方法分别称为加压求流和加流求压。由于电路的性质(如含电阻和受控源二端网络的等效电阻)只与电路内部结构及参数有关,与外接激励无关,因此无论加压求流还是加流求压,都能够求出等效电阻。

例 2.5.2 求图 2.5.9 所示二端网络的等效电阻。

解 用加压求流法。在接线端上加上独立电压源,得到的电路如图 2.5.10 所示。

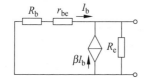

图 2.5.9 例 2.5.2 图

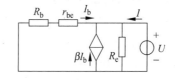

图 2.5.10 加压求流法分析例 2.5.2

应用 KCL、KVL 和元件约束,可知

$$(R_b + r_{be})I_b = -U \atop I = \dfrac{U}{R_e} - \beta I_b - I_b \Big\}$$

消去 I_b 得

$$R_{eq} = \frac{U}{I} = \frac{1}{\dfrac{1}{R_e} + \dfrac{1+\beta}{R_b + r_{be}}} = R_e \mathbin{/\mkern-5mu/} \frac{R_b + r_{be}}{1+\beta}$$

2.5.2 电源等效变换

类似于前面小节的电阻等效变换,本小节讨论二端网络中包含电源情况下的等效变换。

1. 理想独立源的串联

在例 2.4.3 中用 KCL、KVL 和元件约束求解了 3 个元件相互串联的电路。下面求解一个类似的电路并将其与例 2.4.3 所示电路的解进行比较。

例 2.5.3 求图 2.5.11 所示电路中电压 U_1、U_2 和电流 I_2。

解 根据理想直流独立电流源的性质易知 $I_2 = 2A$,应用欧姆定律得到 $U_2 = 10V$,应用 KVL 得到 $U_1 = 10V$。

比较图 2.5.11 和图 2.4.7 所示电路的解,可以得到以下两条结论:

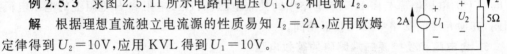

图 2.5.11 例 2.5.3 图

(1) 2V 理想直流独立电压源(与 2A 理想直流独立电流源串联)存在与否不影响 5Ω 电阻上的电压和电流。换句话说,从 5Ω 电阻向电源端看,图 2.4.7 中两个串联的独立源等效为一个独立源,与图 2.5.11 相同。

(2) 对比例 2.4.3 和例 2.5.3 的计算结果可知,去掉与其串联的其他电源以后,独立电流源两端的电压发生了变化,从而使得其发出的功率发生了变化。

综合上面的讨论可以得出如下结论:

(1) 如果二端网络由独立电流源和其他二端元件或子网络串联而成,则将其等效为独立电流源后对外电路支路量的求解没有影响。

(2) 二端网络中与独立电流源串联的其他二端元件或子网络能够影响独立电流源两端的电压,从而影响其输出功率。

上述结论可以方便地由图 2.5.12 所示电路及其 u-i 关系看出。图 2.5.12(a) 中,由于独立电流源的作用,使得从端口看入的 u-i 关系只能为图 2.5.12(b) 所示。

需要指出,在一些特殊情况下(如图 2.5.12(a) 中的二端元件为一个独立电流源,其电流值不等于 I_S),可能出现不满足 KCL 的现象,这种电路称为病态电路。产生这种现象有两个原因。其一是特别设计的电路,这种电路没有物理背景,一般不对其进行研究。另一种情况是从实际电路中抽象出的电路出现上述矛盾。产生矛盾的原因就在于抽象的过程是一个突出主要矛盾,忽略次要矛盾的过程。这个过程带来的误差有时候是可以忽略的,但在有些情况下忽略就会产生这样的矛盾。在这种情况下就不能进行这样的抽象,必须重新建立实际电路的模型。

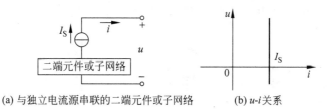

(a) 与独立电流源串联的二端元件或子网络   (b) u-i 关系

图 2.5.12   与独立电流源串联的二端元件或子网络及其 u-i 关系

对于多个独立电压源串联的情况,可用 KVL 进行分析。

分析图 2.5.13(a)所示电路可知

$$u = u_{S1} + \cdots + u_{Sn}$$

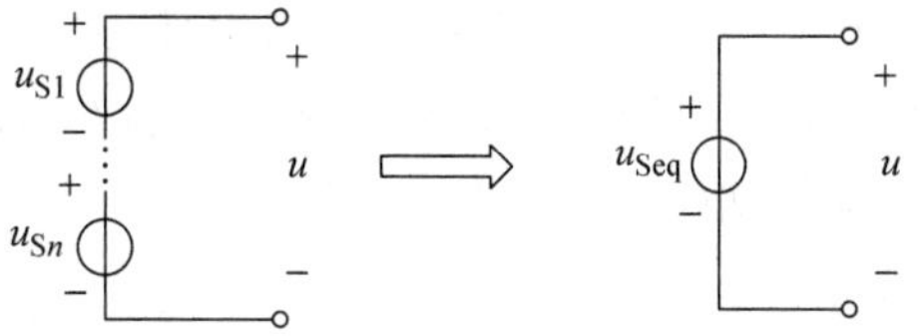

(a)n个串联的独立电压源   (b) 对外等效的独立电压源

图 2.5.13 n 个串联的独立电压源及其对外等效

分析图 2.5.13(b)所示电路可知

$$u = u_{Seq}$$

如果图 2.5.13(a)和(b)等效,则必然有

$$u_{Seq} = u_{S1} + \cdots + u_{Sn} \qquad (2.5.37)$$

即 n 个串联的独立电压源对外等效为一个独立电压源,其电压为 n 个独立电压源电压的代数和。

2. 理想独立源的并联

例 2.5.4   求图 2.5.14 所示电路中电压 U_2 和电流 I_1、I_2。

解   根据理想直流独立电压源的性质易知 $U_2 = 2V$,应用欧姆定律得到 $I_2 = -0.4A$,从而 $I_1 = -0.4A$。

同样可以比较例 2.5.4 和例 2.4.4 的结果,并从中得出以下

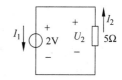

图 2.5.14   例 2.5.4 图

两条结论：

（1）如果二端网络由独立电压源和其他二端元件或子网络并联而成，则将其等效为独立电压源对外电路支路量的求解没有影响。

（2）二端网络中与独立电压源并联的其他二端元件或子网络能够影响流经独立电压源的电流，从而影响其输出功率。

上述结论可以方便地由图 2.5.15 所示电路及其 u-i 关系看出。

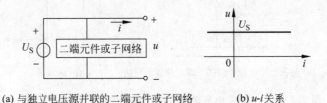

(a) 与独立电压源并联的二端元件或子网络　　　　(b) u-i 关系

图 2.5.15　与独立电压源并联的二端元件或子网络及其 u-i 关系

图 2.5.15(a) 中，由于独立电压源的作用，使得从端口看入的 u-i 关系只能为图 2.5.15(b) 所示。

同样，在一些特殊情况下（图 2.5.15(a) 中的二端元件为一个独立电压源，其电压值不等于 U_S），可能出现不满足 KVL 的现象，这种电路也是病态电路。

对于多个独立电流源并联的情况，可用 KCL 进行分析。如图 2.5.16 所示，采用类似 n 个独立电压源串联的分析方法，易知

$$i_{Seq} = i_{S1} + \cdots + i_{Sn} \tag{2.5.38}$$

即 n 个并联的独立电流源对外等效为一个独立电流源，其电流为 n 个独立电流源电流的代数和。

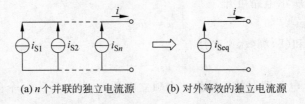

(a) n 个并联的独立电流源　　　(b) 对外等效的独立电流源

图 2.5.16　n 个并联的独立电流源及其对外等效

例 2.5.5　求图 2.5.17 所示电路的最简等效电路。

解　综合应用前面讨论的结果和式（2.5.37）、式（2.5.38），得最简等效电路如图 2.5.18 所示。

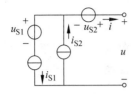

图 2.5.17　例 2.5.5 图　　　图 2.5.18　图 2.5.17 所示电路的最简等效电路

3. 实际独立源模型及其等效变换

前面讨论的都是理想独立源模型。实际情况中有时不能忽略电源的内阻，因此有必要讨论实际独立源的模型及其等效变换。

实际独立电压源和实际独立电流源的电路模型可分别用图 2.5.19(a) 和 (b) 来表示。

(a) 实际独立电压源的电路模型　　　(b) 实际独立电流源的电路模型

图 2.5.19　实际独立电压源和独立电流源的电路模型

在图 2.5.19(a) 中应用 KVL 和元件特性，可写出端口上的 u-i 关系为

$$u = U_\mathrm{S} - R_\mathrm{S}i \tag{2.5.39}$$

在图 2.5.19(b) 中应用 KCL 和元件特性，可写出端口上的 u-i 关系为

$$i = I_\mathrm{S} - G_\mathrm{S}u \tag{2.5.40}$$

式 (2.5.39) 和式 (2.5.40) 所示的 u-i 关系分别如图 2.5.20(a) 和 (b) 所示。

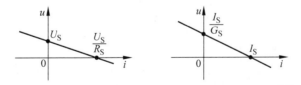

(a) 实际独立电压源的 u-i 特性　　　(b) 实际独立电流源的 u-i 特性

图 2.5.20　实际独立电压源和实际独立电流源的 u-i 特性

下面来研究在什么条件下图 2.5.19(a)、(b) 所示电路是等效的。电路等效的充分必要条件是接线端上的 u-i 关系相同。无论从式 (2.5.39) 和式 (2.5.40) 的对比，还是从图 2.5.20(a) 和 (b) 的对比都可以发现，图 2.5.19(a) 和 (b) 所示电路等效的充分必要条件是

$$\begin{cases} U_S = I_S/G_S \\ R_S = 1/G_S \end{cases} \text{或} \begin{cases} I_S = U_S/R_S \\ G_S = 1/R_S \end{cases} \tag{2.5.41}$$

应用式(2.5.41)将实际独立电压源与实际独立电流源进行相互变换的过程称为电源等效变换。掌握了实际独立电源的等效变换能够比较方便地求解一些电路。

例 2.5.6　求图 2.5.21 所示电路中的 I。

解　此题直接应用 KVL＋KCL＋元件特性分析将比较繁琐。采用等效变换的观点，两个实际独立电流源进行等效变换，得到的电路如图 2.5.22 所示。

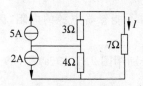
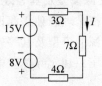

图 2.5.21　例 2.5.6 图　　　　　图 2.5.22　图 2.5.21 经等效变换后的电路图

图 2.5.22 可方便地用 KVL 求解，易知

$$I = \frac{15 - 8}{3 + 7 + 4} = 0.5(\text{A})$$

4. 最大功率传输

如果二端网络只含独立源和线性电阻，则经过等效变换一般可表示为图 2.5.23 虚线中子电路所示的形式，即可将其看作一个等效的电源。其中 R_S 称为电源内阻，U_S 称为电源开路电压。在端口上添加负载电阻 R_L。下面讨论当 R_S 和 U_S 一定时 R_L 获得最大功率的条件。

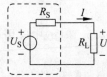

图 2.5.23　最大功率传输

由图 2.5.23 和功率公式有

$$P_L = I^2 R_L = \left(\frac{U_S}{R_S + R_L}\right)^2 R_L$$

以 R_L 为变量，对 P_L 求导得

$$\frac{\mathrm{d}P_L}{\mathrm{d}R_L} = U_S^2 \frac{R_S - R_L}{(R_S + R_L)^3}$$

显然 $R_S = R_L$ 时有 $\dfrac{\mathrm{d}P_L}{\mathrm{d}R_L} = 0$。求 P_L 的二次导数为

$$\frac{\mathrm{d}^2 P_L}{\mathrm{d}R_L^2} = 2U_S^2 \frac{R_L - 2R_S}{(R_S + R_L)^4}$$

因此当 $R_S = R_L$ 时有 $\dfrac{\mathrm{d}^2 P_L}{\mathrm{d}R_L^2} < 0$。故 $R_S = R_L$ 是 R_L 获得最大功率的充要条件，此时 R_L 获得的最大功率为

$$P_{\max} = \frac{U_S^2}{4R_S}, \quad \text{当且仅当} \quad R_L = R_S \tag{2.5.42}$$

容易验证,虽然此时负载获得最大功率,但对于电源的能量传输来说,效率并不高,只有 50%。

5. 受控源的等效变换

为了进一步深化对等效概念的理解,不妨讨论受控源的等效变换。下面分析图 2.5.24 所示电路的端口 u-i 关系。

图 2.5.24 中 U_1 为压控电流源的控制量,它在被分析的二端网络以外。即如果对图 2.5.24 进行等效变换,不会影响 U_1。应用 KCL 和欧姆定律可知图 2.5.24 所示电路的端口 u-i 关系为

$$I = 0.5U - 2U_1 \tag{2.5.43}$$

如果把图 2.5.24 所示电路中的压控电流源看做独立电流源(电流为 $2U_1$),则可对其进行电源等效变换,可得到图 2.5.25 所示电路。

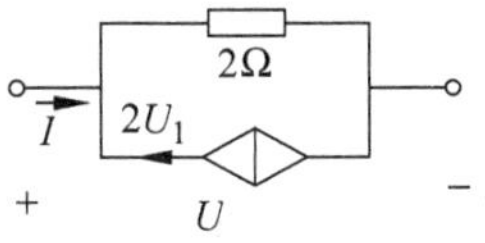

图 2.5.24　受控源的等效变换 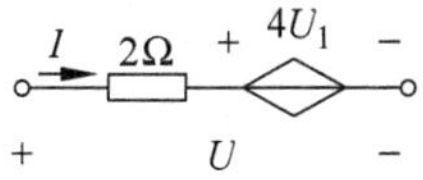　　　　图 2.5.25　图 2.5.24 所示电路的等效变换

应用 KVL 和欧姆定律可知,图 2.5.25 所示电路的端口 u-i 关系为

$$U = 2I + 4U_1 \tag{2.5.44}$$

比较式(2.5.43)和式(2.5.44)可知,图 2.5.24 和图 2.5.25 所示的电路在端口上的 u-i 关系相同,这两个电路是等效的。

由此可以得到结论,可以对受控源进行电源等效变换,前提是变换前后不能使受控源的控制量发生变化。

2.6　运算放大器

运算放大器(operational amplifier,Op Amp)是一种模拟系统中最常见的集成电路,由几十个晶体管构成。它可以进行模拟信号的各种运算,例如对模拟信号进行放大就是一种最简单的运算。

在数字计算机出现之前,20 世纪 40～50 年代曾经流行用模拟系统来完成加、减、乘、除、平方、开方、微分、积分等计算功能。人们把这种装置称为模拟计算机。运算放大器就是实现模拟计算机的重要组成部分。虽然模拟计算机目前已经不复存在,但用模拟系统对信号进行运算的思想和技术依然在大量电子工程和电力工程中得到广泛应用。20 世

纪 60 年代以来,运算放大器的集成度越来越高,稳定性越来越好。

2.6.1 运算放大器及其电气特性

由于运算放大器在模拟信号处理中有重要的作用,世界上大多数集成电路生产厂商(如美国的国家半导体公司、德州仪器公司、菲利普半导体公司等)都生产多种特性、型号的运算放大器,以适应不同的应用场合。例如有的运算放大器精度很高,有的温度稳定性很好,有的输出功率大,有的处理信号的频率高等。常见的运放放大器型号有 LM324、μA741 等。不同的应用场合往往决定了同一型号运算放大器有不同的外形封装。此外,为了进一步节省体积,生产厂商往往将几个运算放大器放到一个集成电路中,从而形成了各种不同接口的运算放大器集成电路。图 2.6.1 显示了几种运算放大器的管脚和封装。

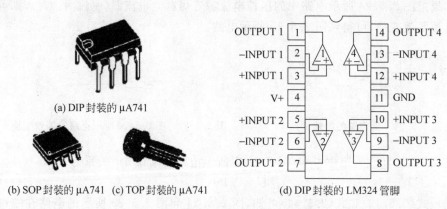

(a) DIP 封装的 μA741

(b) SOP 封装的 μA741   (c) TOP 封装的 μA741

(d) DIP 封装的 LM324 管脚

图 2.6.1   运算放大器的常见封装方式

图 2.6.1 的(a)~(c)中每个集成电路只包含 1 个运算放大器,而在图 2.6.1(d)中,一个集成电路包含了 4 个运算放大器。

从上面的介绍可以看出,不同厂商生产的功能接近的运算放大器的外形和管脚有很大的差别,因此在使用某个具体的运算放大器之前需要仔细阅读其使用指南(DataSheet)。集成电路的 DataSheet 均可从生产厂商网站上免费下载。

本书中运算放大器的电路符号如图 2.6.2 所示。其中与 a 相连的接线端称为反相输入端(inverting input),用"$-$"号表示;与 b 相连的接线端称为同相输入端或非反相输入端(noninverting input),用"$+$"号表示;与 o 相连的接线端称为输出端,用"$+$"号表示;与参考点相连的接线端称为接地端;与电源相连的接线端称为电源端,用 V_{cc} 表示。不过在大多数情况下,分析含运算放大器电路并不需要画出供电电源,因此往往将运算放大器简画为图 2.6.2(b)所示。

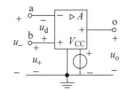 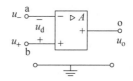

(a) 运算放大器的电路符号　　　(b) 简化的运算放大器电路符号

图 2.6.2　运算放大器的电路符号

运算放大器的主要电气参数包括：

(1) 供电电压(supply voltage) V_{CC}

运算放大器内部由若干晶体管组成。晶体管需要直流电源供电方能正常工作。不同运算放大器的供电方式和供电电压不尽相同,有的需要＋15V,有的需要＋33V,有的需要±33V 等。多种不同的供电方式和供电电压为用户提供了丰富的选择,用户可以根据实际应用场合选择合适的运算放大器。

(2) 开环放大倍数(open loop voltage gain) A

运算放大器最基本的功能就是放大,因此开环放大倍数是运算放大器最重要的性能指标之一。其电气特性如式(2.6.1)所示：

$$u_o = A(u_+ - u_-) = Au_d \tag{2.6.1}$$

其中 u_d 为运算放大器同相输入端与反相输入端的电压差。不同运算放大器的 A 不相同,从 10^5 至 10^7 均有可能,而且同一运算放大器的 A 还会随温度的变化而变化。

(3) 输入电阻(input resistance) R_i

从运算放大器的反相输入端和同相输入端看入的等效电阻。不同运算放大器的输入电阻也不相同,但基本上都在 MΩ 的数量级。

(4) 输出电阻(output resistance) R_o

从运算放大器的输出端和接地端看入的等效电阻。其数值基本上是 Ω 的数量级。

(5) 饱和电压(saturate voltage) U_{sat}

根据式(2.6.1),运算放大器的输出电压与 u_d 成线性关系。但由于制造和供电方面的限制,这种线性关系在一定范围内成立,即不是所有的输入 u_d 都能够产生 Au_d 的输出。运算放大器的实际输入输出特性和近似特性如图 2.6.3 所示。

由图 2.6.3 可以看出,当输入 u_d 在 $(-U_{ds} \sim +U_{ds})$ 范围内时,式(2.6.1)成立,这个工作区域称为线性区。当 $u_d > +U_{ds}$ 时,运算放大器的输出为恒定的 U_{sat},对外相当于一个独立电压源,这个工作区域

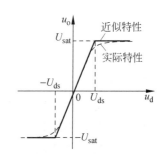

图 2.6.3　运算放大器的输入输出特性

称为正向饱和区。当 $u_d < -U_{ds}$ 时,运算放大器的输出为恒定的 $-U_{sat}$,对外也相当于一个独立电压源,这个工作区域称为反向饱和区。举例来说,如果某运算放大器的 $A = 10^5$,$U_{sat} = 13V$,则易知 $U_{ds} = 0.13mV$。

上述 5 个电气参数是关于运算放大器的基本电气参数,影响其运行的其他电气参数还包括:输入失调电压、输入失调电流、输入偏置电流、压摆率(或转换速率)、增益带宽积、共模抑制比、静态功耗等。这些参数对运算放大器工作的影响将在模拟电子线路课程中讨论,读者也可阅读参考文献[13]。

通过对上述 5 个电气参数的讨论可以总结出直流或低频应用场合下运算放大器的电路模型,如图 2.6.4(a)所示。

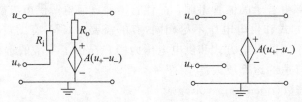

(a) 运算放大器的低频受控源模型　　　(b) 运算放大器的低频简化受控源模型

图 2.6.4　运算放大器的低频受控源模型

图 2.6.4(a)中的 R_i 值为 MΩ 的数量级,R_o 值为 Ω 的数量级。如果在包含运算放大器的电路中电阻都使用 kΩ 数量级,即比运算放大器的输入电阻小很多,比输出电阻大很多,那么从工程的观点来看,运算放大器的输入电阻近似于 ∞,而输出电阻近似于 0。由此可得到简化的运算放大器低频等效电路,如图 2.6.4(b)所示。

下面来讨论如何用运算放大器实现信号放大的功能。如果将运算放大器与信号源直接相连,则构成图 2.6.5 所示电路。

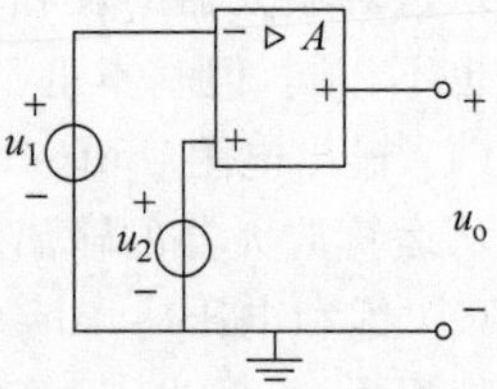

根据式(2.6.1),图 2.6.5 是能够实现信号的放大作用的,即有

$$u_o = A(u_2 - u_1)$$

图 2.6.5　直接将信号源与运算放大器相连

但基于以下 3 点原因,这种运算放大器电路并不实用。

(1) u_1 和 u_2 的差取值范围太小,输入输出电压相差太大

前面分析饱和电压时曾经计算过,如运算放大器的 $A = 10^5$,$U_{sat} = 13V$,则 $U_{ds} = 0.13mV$,也就是说,需要 $|u_2 - u_1| < 0.13mV$,这显然是难以做到的。即使满足了这项要求,输入电压和输出电压的幅值相差 10^5 倍,这种电路是很难正常工作的。

(2) 不同运算放大器的开环增益相差很大

不同运算放大器的 A 从 10^5 到 10^7 均有可能。因此只能针对一种输入情况努力地寻

找与之匹配的运算放大器方能构成满足要求的放大电路。

（3）运算放大器的开环增益随温度的变化而变化

即使满足了上述（1）、（2）两个条件，如果温度发生变化，也不能维持放大电路正常工作。

因此要想使得运算放大器在很多场合都能够正常使用，需要将一部分输出引回到输入，这种电路联接方式称为反馈[①]（feedback）。如果将一部分输出引到运算放大器的反相输入端，则称为负反馈（negative feedback），如果将一部分输出引到运算放大器的同相输入端，则称为正反馈（positive feedback）。

例 2.6.1　分析图 2.6.6(a)给出的含负反馈运算放大器的电路，求电压放大倍数 u_o/u_i。

解　图 2.6.6(b)给出了将运算放大器用图 2.6.4(b)简化受控源模型替代后的电路。

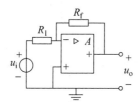
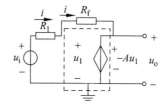

(a) 负反馈运算放大器电路　　　　　(b) 负反馈运算放大器的简化含受控源电路模型

图 2.6.6　负反馈运算放大器电路及其简化含受控源电路模型

在图 2.6.6(b)中有 u_i、u_1、u_o 和 i 共 4 个变量。希望求解出 u_o/u_i，因此需要列写 3 个独立的方程。分别应用 KCL、KVL 和元件约束，可得

$$\begin{cases} i = \dfrac{u_i - u_1}{R_1} \\ i = \dfrac{u_1 - u_o}{R_f} \\ -Au_1 = u_o \end{cases} \rightarrow \quad \frac{u_o}{u_i} = -\frac{AR_f}{(R_f + R_1) + AR_1} \qquad (2.6.2)$$

前已述及不同运算放大器的 A 从 10^5 到 10^7 均有可能，同时在包含运算放大器的电路中电阻都使用 kΩ 数量级。结合上述两个条件，由工程观点可知，如果运算放大器的开环增益 A 很大，则

$$\frac{u_o}{u_i} = -\frac{AR_f}{(R_f + R_1) + AR_1} \approx -\frac{R_f}{R_1} \qquad (2.6.3)$$

也就是说，图 2.6.6 所示电路的信号放大倍数与运算放大器的开环增益无关！只需根据

---

① 反馈的概念不仅应用在运算放大器电路中，在模拟电子线路和自动控制原理等课程中将给出反馈概念的准确描述并详细地讨论各种反馈的方式及其对性能的影响。

需要选择适当的电阻,使其比值等于所需的放大倍数即可。

下面回顾一下引入负反馈后,前面讨论的影响运算放大器实际应用的 3 个障碍是否还存在。首先,对运算放大器输入电压的要求比没有反馈低得多,只要满足 $-U_{sat} < u_i \dfrac{R_f}{R_1} < U_{sat}$ 即可,同时输入电压和输出电压在接近的数量级上。其次,不同运算放大器的开环增益和随温度变化的性质与图 2.6.6 所示电路的信号放大倍数无关,只要运算放大器的开环增益足够大即可。综合上述讨论可以看出,引入负反馈后,运算放大器可以应用于许多实际场合。

此外,负反馈对确保运算放大器始终工作于线性区是很有必要的。以图 2.6.6(a)为例来讨论负反馈对噪声的抑制作用。噪声是无处不在的。假设只在图 2.6.6(a)的输出端突然产生了一个正的小噪声。由于反馈的存在,这个正噪声的一部分会影响输入。由于是负反馈,这个输出端的小正噪声使得运算放大器的反相输入端电压有微小的增加。而运算放大器是将 $u_+ - u_-$ 放大 A 倍的电路元件。由于 u_+ 端电压不变,u_- 端电压有微小的增加,因此运算放大器的输出有微小的降低,从而抵消了输出端正的小噪声对电路的影响。

从上面的分析可以看出,负反馈对于运算放大器工作在线性区是至关重要的。当然,有时候希望运算放大器工作于正向或反向饱和区,这时就需要引入正反馈。此外还可以用不加任何反馈的运算放大器作电压比较器。

2.6.2　含负反馈理想运算放大器电路的分析

从图 2.6.6 所示电路的分析过程可以看出,如果把每个含负反馈运算放大电路都改画为含压控电压源的电路,一定可以利用 KCL、KVL 和元件约束求出电路的解。但这样做往往比较麻烦。在实际工程应用中需要比较快速的含负反馈运算放大电路分析方法。于是人们提出了理想运算放大器的模型。

理想运算放大器(ideal operational amplifier)是对运算放大器模型的进一步抽象。如果运算放大器同时满足以下 3 个条件[①],则成为理想运算放大器:

(1) 输入电阻 R_i 为 ∞;

(2) 输出电阻 R_o 为 0;

(3) 开环放大倍数 A 为 ∞。

如果选择开环放大倍数比较大的运算放大器,同时在包含运算放大器的电路中始终使用 kΩ 数量级的电阻,则在工程误差允许的范围内可以将其看做理想运算放大器。理想运算放大器的电路符号如图 2.6.7 所示。

---

① 在模拟电子线路课程中还要讨论理想运算放大器的其他条件。

对比图 2.6.7 和图 2.6.2(b)可知,理想运算放大器的电路符号除开环放大倍数为 ∞ 外,与运算放大器的相同。

易知理想运算放大器的输入输出特性如图 2.6.8 所示。

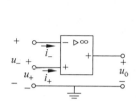

图 2.6.7　理想运算放大器的电路符号

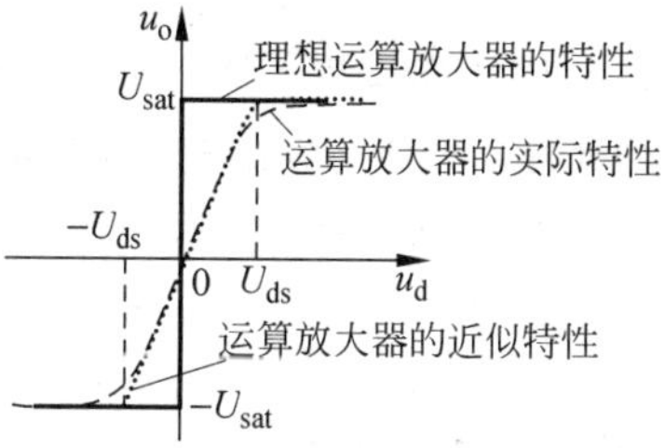

图 2.6.8　理想运算放大器的输入输出特性

下面来讨论为什么负反馈理想运算放大器电路分析起来比较简单。

首先,根据理想运算放大器的性质(1),有

$$i_+ = i_- = 0 \qquad\qquad (2.6.4)$$

即理想运算放大器的反相输入端和同相输入端均没有电流流入,就像开路时两点间没有电流流过的情况一样,称之为"虚断"。

其次,根据理想运算放大器的性质(2)和式(2.6.1),可知

$$\infty \cdot (u_+ - u_-) = u_o \in [-U_{sat}, +U_{sat}] \qquad\qquad (2.6.5)$$

由于在本小节中始终讨论理想运算放大器处于线性工作区,因此必然有

$$u_+ = u_- \qquad\qquad (2.6.6)$$

即理想运算放大器的反相输入端和同相输入端等电位,就像短路时两点电位相等的情况一样,称之为"虚短"。一定要注意,虚短仅指反相输入端和同相输入端等电位,并没有用理想导线将其短路。

应用式(2.6.4)和(2.6.6)就可以方便地分析含负反馈理想运算放大器的电路。

例 2.6.2　分析图 2.6.9 所示的电压跟随器。

解　根据虚短可知: $u_i = u_+ = u_- = u_o$。

图 2.6.9 所示电路实现了输出电压和输入电压相同的功能,即输出电压能够跟随输入电压,因此得名。电压跟随器的输入电阻为 ∞,而输出电阻为 0,因此它能够很好地将信号源电路与负载电路隔离,消除了负载效应。

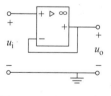

图 2.6.9　电压跟随器

例 2.6.3　分析图 2.6.6(a)所示的反相比例放大器。

解　重画图 2.6.6(a),如图 2.6.10 所示。

应用虚断,由式(2.6.4)可知 $i_+ = i_- = 0$。应用虚短,由式(2.6.6)可知 $u_+ = u_- = 0$。

在反相输入端应用 KCL 得到 $i_1 = i_2$，在包含 R_1 和 R_f 的子电路中应用 KVL 和欧姆定律，得到

$$\frac{u_i - 0}{R_1} = \frac{0 - u_o}{R_f} \Rightarrow u_o = -\frac{R_f}{R_1} u_i \tag{2.6.7}$$

图 2.6.10 电路实现了输入信号的反相比例放大，因此得名。比较例 2.6.3 和例 2.6.1 的分析过程可以发现，应用虚短和虚断来分析含负反馈理想运算放大器的电路比将运算放大器用压控电压源替代后分析等效电路要简单得多。

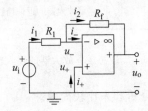
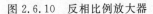
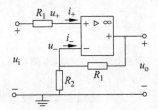

图 2.6.10　反相比例放大器　　　　　　图 2.6.11　同相比例放大器

例 2.6.4　分析图 2.6.11 所示的同相比例放大器。

解　应用虚断，由式(2.6.4)可知 $i_+ = i_- = 0$。应用虚短，由式(2.6.6)可知 $u_i = u_+ = u_-$。

由于 $i_- = 0$，因此 R_1 和 R_2 构成了分压电路，因此有

$$u_i = \frac{R_2}{R_1 + R_2} u_o \Rightarrow u_o = \left(1 + \frac{R_1}{R_2}\right) u_i \tag{2.6.8}$$

图 2.6.11 电路实现了输入信号的同相比例放大，因此得名。观察式(2.6.8)可以发现，同相比例放大器的放大倍数一定大于 1。请读者思考放大倍数小于 1 的同相比例放大器的构成方法。

例 2.6.5　分析图 2.6.12 所示的反相加法器。

解　应用虚断，由式(2.6.4)可知 $i_+ = i_- = 0$。应用虚短，由式(2.6.6)可知 $u_+ = u_- = 0$。在运算放大器反相输入端应用 KCL，在所有电阻上应用 KVL 和欧姆定律，得到

$$\frac{u_1 - 0}{R_1} + \frac{u_2 - 0}{R_2} + \frac{u_3 - 0}{R_3} = \frac{0 - u_o}{R_f} \Rightarrow u_o = -\left(\frac{R_f}{R_1} + \frac{R_f}{R_2} + \frac{R_f}{R_3}\right) u_i \tag{2.6.9}$$

式(2.6.9)中的 $\frac{R_f}{R_1}$，$\frac{R_f}{R_2}$，$\frac{R_f}{R_3}$ 分别是 u_1、u_2 和 u_3 进行反相加法的权重。如果取 $R_f = R_1 = R_2 = R_3$，则可实现 $-(u_1 + u_2 + u_3)$ 的运算，因此图 2.6.12 所示电路称为反相加法器。请读者思考用现有的手段构成同相加法器的方法。

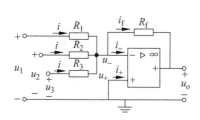

图 2.6.12　反相加法器

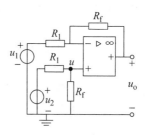

图 2.6.13　减法器

例 2.6.6　分析图 2.6.13 所示的减法器。

解　应用虚断、虚短并在运算放大器反相输入端应用 KCL,得

$$\frac{u_1 - u}{R_1} = \frac{u - u_o}{R_f}$$

应用虚断并在运算放大器同相输入端应用分压关系,得

$$u = \frac{R_f}{R_1 + R_f} u_2$$

联立上面 2 式可消去中间变量 u,得到

$$u_o = -\frac{R_f}{R_1} (u_1 - u_2) \tag{2.6.10}$$

图 2.6.13 电路实现了输入信号的相减运算,因此得名。

例 2.6.7　分析图 2.6.14 所示的压控电流源。

解　应用虚断,由式(2.6.4)可知 $i_+ = i_- = 0$。因此从理想运算放大器输出端流出的电流无分岔地流过 R_1。应用虚短,由式(2.6.6)可知 $u_- = u_+ = u_i$。在 R_1 上应用欧姆定律,有

$$i = \frac{u_i}{R_1} \tag{2.6.11}$$

也就是说,流过负载的电流与负载阻值 R_L 无关,只受到 u_i/R_1 的影响,因此该电路是一个压控电流源电路。

例 2.6.8　分析图 2.6.15 所示的负电阻。

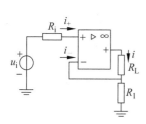

图 2.6.14　电流源

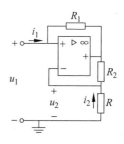

图 2.6.15　负电阻

解　应用虚短,由式(2.6.6)可知

$$u_1 = u_+ = u_- = u_2$$

在 R 电阻上应用欧姆定律,可知

$$u_2 = -i_2 R$$

在从理想运算放大器同相输入端经 R_1 到输出端,再经 R_2 到反相输入端的回路中应用 KVL,利用虚短和虚断可知

$$i_1 R_1 = i_2 R_2$$

联立上述 3 个方程并消去中间变量 u_2 和 i_2,得到从 u_1 两端看入的等效电阻为

$$R_i = \frac{u_1}{i_1} = -\frac{R_1}{R_2} R \tag{2.6.12}$$

由于 R_1、R_2 和 R 均为实际正电阻,因此从 u_1 两端看入的等效电阻是负的。负电阻有多种实现方法,图 2.6.15 给出了其中一种。

需要指出,能够用虚短来分析含负反馈理想运算放大器电路的前提是式(2.6.5)成立,即运算放大器处于线性区。如果运算放大器输入的幅值较大,使得理论输出的幅值超过 $\pm U_{sat}$,则式(2.6.5)不再成立,即虚短也不再成立了。例如,在例 2.6.3 中,如果 $U_{sat} = 10\text{V}$,$u_i = -2\text{V}$,同时 $R_f/R_1 = 10$,则虚短不再成立,式(2.6.7)不再成立,运算放大器的输出为 $U_{sat} = 10\text{V}$。

2.6.3　其他含理想运算放大器电路的分析

1. 电压比较器

从 2.6.1 小节对图 2.6.5 所示电路的讨论可知,直接把两个信号接到运算放大器的反相输入端和同相输入端是不能起到正常的信号放大作用的。不过根据此时运算放大器的输出特点可以将其用于比较两个信号的大小。图 2.6.5 中,如果 $u_1 > u_2$,则输出 $-U_{sat}$,反之亦然。只要 $u_1 - u_2 > 0$,运放始终输出 $-U_{sat}$。这个特性非常适合做信号检测,称这种电路为电压比较器,如图 2.6.16 所示。

图 2.6.16 中 u_{ref} 被称为参考电压。只要输入 $u_i > u_{ref}$,则输出 u_o 即为 $-U_{sat}$,反之亦然。图 2.6.17 给出了 $u_{ref} = 0$(即同相输入端接地)情况下电压比较器的传输特性。

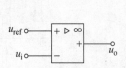

图 2.6.16　由理想运算放大器构成的
　　　　　　电压比较器

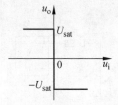

图 2.6.17　电压比较器的传输特性

除检测电压信号外,电压比较器还可用于检测电流信号,如图 2.6.18 所示。

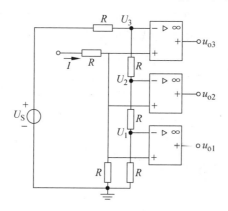

图 2.6.18　电流检测电路

图 2.6.18 中,由于理想运算放大器输入电阻为无穷大,因此虚断仍然成立。U_1、U_2 和 U_3 分别为 $U_S/4$、$U_S/2$ 和 $3U_S/4$。如果 $\dfrac{U_S}{4R} > I$,则所有输出为 $-U_{sat}$;如果 $\dfrac{U_S}{2R} > I > \dfrac{U_S}{4R}$,则 u_{o1} 为 $+U_{sat}$,u_{o3} 和 u_{o2} 为 $-U_{sat}$;如果 $\dfrac{3U_S}{4R} > I > \dfrac{U_S}{2R}$,则 u_{o1} 和 u_{o2} 为 $+U_{sat}$,u_{o3} 为 $-U_{sat}$;如果 $I > \dfrac{3U_S}{4R}$,则所有输出为 $+U_{sat}$。因此该电路实现了电流检测的功能。如果需要更为细致的检测,可进一步增加电压比较器的数量。

2. 含正反馈理想运算放大器的电路

如果将图 2.6.6(a)中运放的两个输入端调换一下,则得到含正反馈运算放大器电路,如图 2.6.19 所示。

电路分析如下。由于噪声是无处不在的,可假设只在图 2.6.19 的输出端突然产生了一个正的小噪声。由于反馈的存在,这个正噪声的一部分会影响输入。由于是正反馈,这个输出端的小正噪声使得运算放大器的同相输入端电压有微小的增加。而运算放大器是将 $u_+ - u_-$ 放大 A 倍的电路元件。

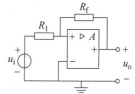

图 2.6.19　含正反馈运算放大器电路

由于 u_- 端电压不变,u_+ 端电压有微小的增加,因此运算放大器的输出也有微小的增加,从而加剧了输出端正的小噪声对电路的影响,最终使得输出达到 $+U_{sat}$。反过来,如果输出端突然产生了一个负的小噪声,由于正反馈的影响也会使得输出达到 $-U_{sat}$。因此正反馈运算放大器的输出始终为 $+U_{sat}$ 或 $-U_{sat}$,从而起不到信号放大的作用。

对于含正反馈理想运算放大器来说,其输入电阻为无穷大,因此虚断仍然成立。由于是正反馈,运放的输出始终为$+U_{\text{sat}}$或$-U_{\text{sat}}$,不存在$\infty \cdot (u_+ - u_-) = u_0 \in [-U_{\text{sat}}, +U_{\text{sat}}]$的关系,因此虚短不再成立。分析含正反馈理想运算放大器电路时一般需要假设输出为$+U_{\text{sat}}$,再利用虚断和 KCL、KVL 即可求得电路的解。下面以正反馈理想运算放大器构成的滞回比较器为例,来分析正反馈理想运算放大器电路。

3. 滞回比较器

滞回比较器的电路如图 2.6.20 所示。

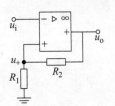

图 2.6.20 中 R_2 构成了正反馈。假设运放输出为$+U_{\text{sat}}$,根据虚断有

$$u_+ = \frac{R_1}{R_1 + R_2} U_{\text{sat}} \tag{2.6.13}$$

显然,在运放输出正饱和的假设下,$u_i < \dfrac{R_1}{R_1 + R_2} U_{\text{sat}}$时运放的输

图 2.6.20　滞回比较器

出始终为$+U_{\text{sat}}$。一旦 u_i 增加至大于$\dfrac{R_1}{R_1 + R_2} U_{\text{sat}}$,由于 R_2 构成

的正反馈的作用,使得运放输出变为$-U_{\text{sat}}$。此时根据虚断有

$$u_+ = -\frac{R_1}{R_1 + R_2} U_{\text{sat}} \tag{2.6.14}$$

在这种输出条件下,当 $u_i > -\dfrac{R_1}{R_1 + R_2} U_{\text{sat}}$时运放的输出始终为$-U_{\text{sat}}$。一旦 u_i 减小至小

于$-\dfrac{R_1}{R_1 + R_2} U_{\text{sat}}$,由于 R_2 构成的正反馈的作用,又使得运放输出变为$+U_{\text{sat}}$。根据上述分

析结果,可绘制出图 2.6.20 所示滞回[①]比较器的传输特性,如图 2.6.21 所示。

图 2.6.21 中$\pm \dfrac{R_1}{R_1 + R_2} U_{\text{sat}}$称为滞回电压,二者之差称为滞回宽度。实际应用中可以

通过改变 R_1 和 R_2 来获得需要的滞回电压。对比图 2.6.17 和图 2.6.21 可知,滞回比较器输入电压增加或减少到滞回电压后比较器的输出才发生改变,这一特性可以在检测信号时在一定程度上消除噪声的干扰。

图 2.6.22 给出了图 2.6.16 所示电压比较器(同相输入端接地)和图 2.6.20 所示滞回比较器输入接有噪声信号时的输出,其中 u_{o1} 表示电压比较器的输出,u_{o2} 表示滞回比较器的输出。

---

① 与许多其他技术术语一样,“滞回”源于希腊语,含义是“延迟”或“滞后”,或阻碍前一状态的变化。工程中常用“滞回”描述非对称操作,即从 A 到 B 和从 B 到 A 是互不相同的。在磁现象、非可塑性形变以及比较器电路中都存在滞回。

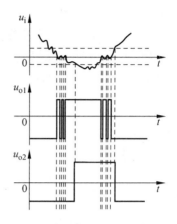

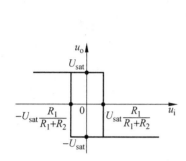

图 2.6.21　滞回比较器的传输特性　　　　图 2.6.22　待检测信号有噪声时电压比较器
　　　　　　　　　　　　　　　　　　　　　　　　　和滞回比较器的输出

从图 2.6.22 所示波形可以看出：滞回比较器在一定程度上抑制了输入信号中噪声
的干扰。目前绝大多数实际比较器中都带有滞回电路。除信号检测外，滞回比较器还可
用于产生周期信号，5.4.3 小节将详细讨论利用滞回比较器产生方波信号的电路。

2.7　二端口网络

2.3 节介绍了 3 端元件 MOSFET，2.6 节讨论了运算放大器。运算放大器可能由若
干 MOSFET 构成，但在使用时，人们并不关心其内部 MOSFET 的工作情况，只考虑接线
端上的 u-i 关系。基于这个思想，2.6 节并没有深入分析运算放大器内部电路，而是针对
其外特性，讨论了若干信号运算和放大电路的分析方法。这种抽象的观点是分析和设计
复杂电路的前提。本节进一步进行抽象，讨论一种特殊的 4 端网络——二端口网络在端
口上的 u-i 关系。

电气工程中的有源器件(如晶体管)、滤波器、微波电路、变压器、传输线等元件或子电
路均可用二端口网络模型进行分析。

2.7.1　二端口网络的参数和方程

1. 二端口网络

式(1.2.6)给出了端口的定义，通常称其为端口条件。2.5 节中讨论了很多一端口网
络的性质和等效变换规律。本节中讨论包含两个端口的网络——二端口网络。对多端口
网络感兴趣的读者可阅读参考文献[14]。

在工程实际中研究信号及能量的传输和变换时，经常遇到如图 2.7.1 所示的电路。

如果线性无独立源四端网络的 4 个接线端能够构成一个二端口,则该四端网络称为二端口网络(two-port network)或简称为二端口[①],如图 2.7.2 所示。左边的 u_1 和 i_1 构成端口 1,右边的 u_2 和 i_2 构成端口 2。图 2.7.2 也给出了本书中二端口网络的端口支路量的参考方向。有时候把端口 1 称为信号或能量的输入端口,端口 2 称为信号或能量的输出端口。

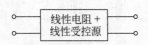

图 2.7.1　线性无独立源四端网络

图 2.7.2　二端口网络

如果两个二端网络之间只有一个四端网络相连(如图 2.7.3 所示),则根据广义 KCL 易知,1—1′间构成一个端口,2—2′间构成另一个端口。因此该四端网络是一个二端口网络。

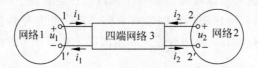

图 2.7.3　两个二端网络间只有四端网络相连

但如果还有其他元件将两个二端网络联接起来(如图 2.7.4 所示),则情况可能发生变化。

在图 2.7.4 中,利用广义 KCL 可知,虚线内的电路构成一个二端口网络。但仔细考察网络 3 可知,一般情况下,接线端 1 和接线端 2 之间并不等电位,因此有电流 i 流过电阻 R,应用 KCL 可知

$$i_1' = i_1 - i$$
$$i_2' = i_2 + i$$

如果 $i \neq 0$,则 $i_1' \neq i_1$,$i_2' \neq i_2$。因此网络 3 不构成二端口网络。

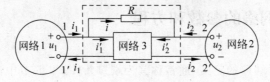

图 2.7.4　端口条件被破坏

---

① 二端口网络的概念是 Franz Breisig 于 1920 年提出的。

通过上面的讨论可以得出结论：在二端口网络的两个端口之间联接支路可能会破坏原有的端口条件，使其不再成为二端口网络。因此对于一般的四端网络来说，如果想用二端口网络的分析和综合方法对其进行抽象，则需要验证其是否满足端口条件。

三端网络可以看做二端口网络。设两个二端网络之间只有一个三端网络相连，如图 2.7.5 所示。

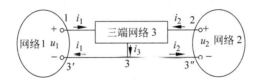

图 2.7.5　两个二端网络间只由三端网络相连

由图 2.7.5 可知，三端网络的接线端 3 作为公共端，与网络 1 和网络 2 分别联接于接线端 $3'$ 和接线端 $3''$。在网络 1 的 1—$3'$ 和网络 2 的 2—$3'$ 上应用广义 KCL 可知，该三端网络构成一个二端口网络。

这一结论可以进一步推广，即有公共端的 $n+1$ 端网络可看做 n 端口网络。

对于图 2.7.2 所示的二端口网络来说，人们仅对其端口的 u-i 关系感兴趣。二端口网络存在 u_1、i_1、u_2、i_2 这 4 个端口支路量。一般来说，可以用 2 组 u-i 关系来描述其端口特性，每个端口特性都是用 2 个支路量来表示另外 2 个支路量。于是，对于一个二端口网络来说，可能有如下的 6 种 u-i 关系，如表 2.7.1 所示。

表 2.7.1　二端口的 6 种 u-i 关系

自变量		因变量	
u_1	u_2	i_1	i_2
i_1	i_2	u_1	u_2
u_2	i_2	u_1	i_1
u_2	i_1	u_1	i_2
u_1	i_1	u_2	i_2
u_1	i_2	u_2	i_1

2. G 参数和方程

对于一个二端口网络，如果用 u_1 和 u_2 来表示 i_1 和 i_2，则可以写成如下的形式：

$$\begin{bmatrix} i_1 \\ i_2 \end{bmatrix} = \begin{bmatrix} G_{11} & G_{12} \\ G_{21} & G_{22} \end{bmatrix} \begin{bmatrix} u_1 \\ u_2 \end{bmatrix} \tag{2.7.1}$$

其中，G_{11}、G_{12}、G_{21}、G_{22} 为二端口网络确定的参数。由式 (2.7.1) 可知，这些参数具有电导的量纲，因此称这些参数为 G 参数，参数矩阵 $\boldsymbol{G} = \begin{bmatrix} G_{11} & G_{12} \\ G_{21} & G_{22} \end{bmatrix}$ 为电导参数矩阵或 G 参数

矩阵,式(2.7.1)为 G 参数方程。

接下来分两种情况讨论如何求 G 参数矩阵。

第一种情况是二端口内部电路未知,只能够通过测量端口的电压和电流来间接获得其电导参数矩阵。如果二端口网络允许被短路,则可以依次在每个端口上施加独立电压源,将另一个端口短路,测量此时端口上的电压和电流,并求出电导参数矩阵。

如果在端口 2 上施加一个电压 u_2,对端口 1 进行短路(如图 2.7.6(a)所示),即 $u_1 = 0$,于是式(2.7.1)可简化为 $i_1 = G_{12} u_2$,$i_2 = G_{22} u_2$。如果能够测量出此时的 u_2、i_1 和 i_2,则有

$$\left. \begin{aligned} G_{12} &= \frac{i_1}{u_2} \bigg|_{u_1=0} \\ G_{22} &= \frac{i_2}{u_2} \bigg|_{u_1=0} \end{aligned} \right\} \qquad (2.7.2)$$

同理,在端口 1 上施加一个电压 u_1,对端口 2 进行短路(如图 2.7.6(b)所示),可求出

$$\left. \begin{aligned} G_{11} &= \frac{i_1}{u_1} \bigg|_{u_2=0} \\ G_{21} &= \frac{i_2}{u_1} \bigg|_{u_2=0} \end{aligned} \right\} \qquad (2.7.3)$$

其中 G_{11} 和 G_{22} 称为入端电导(同一端口电流与电压的比值),G_{12} 和 G_{21} 称为转移电导(不同端口电流与电压的比值)。由于上述方法利用端口短路来求参数,因此电导参数矩阵有时也称为短路参数矩阵。由于这种方法需要做实验并根据测量结果才能获得二端口的参数,因此这种方法称为实验测定法。

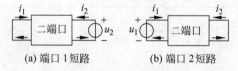

(a) 端口 1 短路   (b) 端口 2 短路

图 2.7.6　求 G 参数矩阵

第二种情况是二端口内部电路已知,这时可以利用 KCL、KVL 和元件特性来推导出端口上的电压电流关系,即用 u_1 和 u_2 来表示 i_1 和 i_2。

对于图 2.2.7(c)所示的 VCCS 来说,其端口 u-i 关系可以表示为 G 参数方程,即

$$\begin{bmatrix} i_1 \\ i_2 \end{bmatrix} = \begin{bmatrix} 0 & 0 \\ g_m & 0 \end{bmatrix} \begin{bmatrix} u_1 \\ u_2 \end{bmatrix}$$

例 2.7.1　求图 2.7.7 所示电路的 G 参数。

解　根据式(2.7.1),需要列写 2 个独立的 u-i 方程。由于 G 参数是用电压来表示电流,因此比较适合列写独立的 KCL 方程,分别在 G_b 两端的节点上应用 KCL,得到

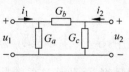

图 2.7.7　例 2.7.1 图

$$i_1 = u_1 G_a + (u_1 - u_2)G_b = (G_a + G_b)u_1 - G_b u_2$$

$$i_2 = u_2 G_c + (u_2 - u_1)G_b = -G_b u_1 + (G_b + G_c)u_2$$

因此有 $G_{11} = G_a + G_b, G_{22} = G_c + G_b, G_{12} = G_{21} = -G_b$。读者也可用实验测定法来分别求 4 个 G 参数。

例 2.7.1 的答案中有

$$G_{12} = G_{21} \qquad\qquad (2.7.4)$$

这种二端口称为互易二端口(reciprocal two-port)。互易二端口中仅有 3 个独立参数。

图 2.7.7 所示电路是互易二端口并非巧合,应用第 3 章介绍的互易定理可知:由线性电阻构成的二端口一定是互易二端口,反之则未必成立[①]。

进一步地,如果互易二端口中两个端口互换后外特性完全一样,则称其为对称二端口(symmetrical two-port)。下面用一个端口施加电压源激励,另一个端口短路来说明这个定义。在图 2.7.6(a)所示电路中,根据式(2.7.1),响应为

$$i_2^1 = G_{22} u_2, \quad i_1^1 = G_{12} u_2$$

其中电流的下标表示端口,上标表示第 1 次施加激励。同理,在图 2.7.6(b)所示电路中,响应为

$$i_2^2 = G_{21} u_1, \quad i_1^2 = G_{11} u_1$$

所谓两个端口互换后外特性完全一样,指的就是在图 2.7.6(a)和(b)所示电路中当 $u_1 = u_2$ 时,有 $i_1^1 = i_2^2, i_2^1 = i_1^2$,即无论激励施加在哪个端口上,激励施加端口上的响应和相对端口上的响应是不变的。因此得到对称二端口的充分必要条件为

$$\left. \begin{aligned} G_{12} &= G_{21} \\ G_{11} &= G_{22} \end{aligned} \right\} \qquad\qquad (2.7.5)$$

对称二端口中仅有 2 个独立参数。满足式(2.7.5)的二端口称为电气对称二端口。再来思考图 2.7.7 所示电路。如果 $G_a = G_c$,则其电导参数矩阵满足式(2.7.5),该电路是对称二端口。另一方面,从结构上来看,此时该电路从端口 1 和端口 2 看入的拓扑结构和元件参数完全一样,因此必然满足两个端口互换后外特性完全一样。这种情况称为结构对称二端口。显然,结构对称二端口一定是电气对称二端口,但结构不对称的二端口也有可能是电气对称二端口。

例 2.7.2　判断图 2.7.8 所示电路是否为对称二端口。

解　显然,该电路是结构不对称的。由于该电路完全由线性电阻构成,因此是互易二端口。接下来只需讨论是否满足 $G_{11} = G_{22}$。用实验测定法来求其 G 参数。将端口 1 和端口 2 分别短路得到图 2.7.9。

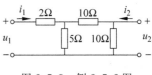

图 2.7.8　例 2.7.2 图

①　本书第 3 章将给出证明。

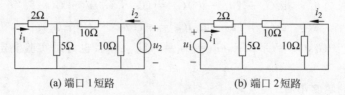

(a) 端口 1 短路　　　　　　　　(b) 端口 2 短路

图 2.7.9　用实验测定法求图 2.7.8 所示电路的 G 参数矩阵

应用式(2.7.2),得

$$G_{22} = 1/[(2 /\!/ 5 + 10) /\!/ 10] = 3/16 = 0.1875(S)$$

应用式(2.7.3),得

$$G_{11} = 1/(10 /\!/ 5 + 2) = 3/16 = 0.1875(S)$$

因此图 2.7.9 所示电路是电气对称的,是对称二端口。

例 2.7.3　求图 2.7.10 所示电路的 G 参数。

解　分别在 G_b 两端的节点上应用 KCL,得

$$i_1 = u_1 G_a + (u_1 - u_2)G_b = (G_a + G_b)u_1 - G_b u_2$$

$$i_2 = -gu_1 + (u_2 - u_1)G_b = -(g + G_b)u_1 + G_b u_2$$

因此有 $G_{11} = G_a + G_b$,$G_{22} = G_b$,$G_{12} = -G_b$,$G_{21} = -g - G_b$。

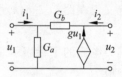

图 2.7.10　例 2.7.3 图

由例 2.7.3 可知,包含受控源的二端口网络一般不是互易二端口,即有 4 个独立参数。

3. R 参数和方程

在二端口网络中,如果用 i_1 和 i_2 来表示 u_1 和 u_2,则可以写成如下的形式:

$$\begin{bmatrix} u_1 \\ u_2 \end{bmatrix} = \begin{bmatrix} R_{11} & R_{12} \\ R_{21} & R_{22} \end{bmatrix} \begin{bmatrix} i_1 \\ i_2 \end{bmatrix} \tag{2.7.6}$$

其中,R_{11}、R_{12}、R_{21}、R_{22} 为二端口网络确定的参数。由式(2.7.6)可知,这些参数具有电阻的量纲,因此称这些参数为 R 参数,参数矩阵 $\boldsymbol{R} = \begin{bmatrix} R_{11} & R_{12} \\ R_{21} & R_{22} \end{bmatrix}$ 为电阻参数矩阵或 R 参数矩阵,式(2.7.6)为 R 参数方程。

考虑式(2.7.1),如果式(2.7.1)所示方程的系数矩阵不奇异,则可以将 u_1 和 u_2 作为未知量,求解式(2.7.1)得到

$$u_1 = \frac{1}{G_{11}G_{22} - G_{12}G_{21}}(G_{22}i_1 - G_{12}i_2) \left.\begin{array}{l} \\ \\ \\ \end{array}\right\}$$

$$u_2 = \frac{1}{G_{11}G_{22} - G_{12}G_{21}}(-G_{21}i_1 + G_{11}i_2) \tag{2.7.7}$$

比较式(2.7.6)和式(2.7.7),并应用式(2.7.4),可知 R 参数表示的互易二端口条件为

$$R_{12} = R_{21} \tag{2.7.8}$$

类似地,容易知道 R 参数表示的对称二端口条件为

$$\left. \begin{array}{l} R_{12} = R_{21} \\ R_{11} = R_{22} \end{array} \right\} \tag{2.7.9}$$

如果矩阵 $\boldsymbol{R}$ 和矩阵 $\boldsymbol{G}$ 非奇异,则有

$$\left. \begin{array}{l} \boldsymbol{R} = \boldsymbol{G}^{-1} \\ \boldsymbol{G} = \boldsymbol{R}^{-1} \end{array} \right\} \tag{2.7.10}$$

类似于电导参数矩阵,求电阻参数矩阵也分成两种情况来讨论。

第一种情况是二端口内部电路未知,只能够通过测量端口的电压电流来间接获得其电阻参数矩阵。如果二端口网络允许被开路,则可以依次在每个端口上施加独立电流源,将另一个端口开路,测量此时端口上的电压和电流,并求出电阻参数矩阵。设在端口 2 上施加一个电流 i_2,对端口 1 进行开路,即 $i_1 = 0$,于是式(2.7.6)可简化为 $u_1 = R_{12} i_2$,$u_2 = R_{22} i_2$。如果能够测量出此时的 i_2、u_1 和 u_2,则有

$$\left. \begin{array}{l} R_{12} = \dfrac{u_1}{i_2} \bigg|_{i_1 = 0} \\[3mm] R_{22} = \dfrac{u_2}{i_2} \bigg|_{i_1 = 0} \end{array} \right\} \tag{2.7.11}$$

同理,在端口 1 上施加一个电流 i_1,对端口 2 进行开路,可求出

$$\left. \begin{array}{l} R_{11} = \dfrac{u_1}{i_1} \bigg|_{i_2 = 0} \\[3mm] R_{21} = \dfrac{u_2}{i_1} \bigg|_{i_2 = 0} \end{array} \right\} \tag{2.7.12}$$

其中 R_{11} 和 R_{22} 称为入端电阻(同一端口电压与电流的比值),R_{12} 和 R_{21} 称为转移电阻(不同端口电压与电流的比值)。由于上述方法利用端口开路来求参数,因此电阻参数矩阵有时也称为开路参数矩阵。

第二种情况是二端口内部电路已知,则可以利用 KCL、KVL 和元件特性来推导出端口上的电压电流关系,即用 i_1 和 i_2 来表示 u_1 和 u_2。

对于图 2.2.7(b)所示的 CCVS 来说,其端口 u-i 关系可以表示为 R 参数方程

$$\begin{bmatrix} u_1 \\ u_2 \end{bmatrix} = \begin{bmatrix} 0 & 0 \\ r_{\mathrm{m}} & 0 \end{bmatrix} \begin{bmatrix} i_1 \\ i_2 \end{bmatrix}$$

例 2.7.4　求图 2.7.11 所示电路的 R 参数。

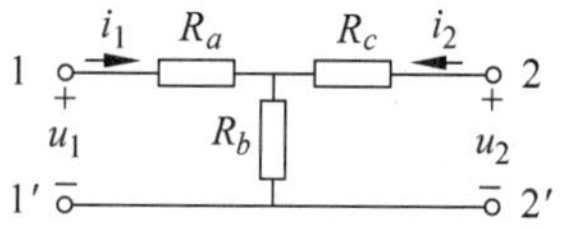

解　根据式(2.7.6),需要列写 2 个独立的 u-i 方程。由于电阻参数矩阵是用电流来表示电压,因此比较适合列写独立的 KVL 方程。分别在 1—R_a—R_b—$1'$ 回路和 2—R_c—

图 2.7.11　例 2.7.4 图

R_b-2' 上应用 KVL，得到

$$u_1 = i_1 R_a + (i_1 + i_2)R_b = (R_a + R_b)i_1 + R_b i_2$$

$$u_2 = i_2 R_c + (i_1 + i_2)R_b = R_b i_1 + (R_b + R_c)i_2$$

因此有 $R_{11} = R_a + R_b$，$R_{22} = R_c + R_b$，$R_{12} = R_{21} = R_b$。读者也可用实验测定法来分别求 4 个 R 参数。

图 2.7.11 所示电路完全由线性电阻构成，因此是互易二端口，有 $R_{12} = R_{21}$。此外，当 $R_a = R_c$ 时，该电路电气对称，同时结构对称，是对称二端口。

下面用二端口参数和方程的观点来重新看待电阻的 Y-△ 变换。将图 2.5.5(a) 所示的 △ 接电阻重画为图 2.7.12(a) 所示的 Π 接电阻，将图 2.5.5(b) 所示的 Y 接电阻重画为图 2.7.12(b) 所示的 T 接电阻。Π 接电阻和 T 接电阻在通信电路、三相电力电路中均有广泛的应用。

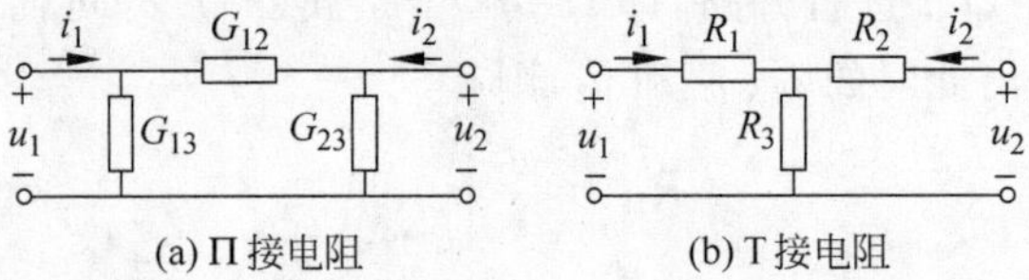

(a) Π 接电阻   (b) T 接电阻

图 2.7.12　从二端口参数和方程的观点来看待电阻的 Y-△ 变换

由例 2.7.1 结论可知，图 2.7.12(a) 所示 Π 接电阻电路的 G 参数方程为

$$i_1 = (G_{13} + G_{12})u_1 - G_{12}u_2$$

$$i_2 = -G_{12}u_1 + (G_{12} + G_{23})u_2$$

由例 2.7.4 结论可知，图 2.7.12(b) 所示 T 接电阻电路的 R 参数方程为

$$u_1 = (R_1 + R_3)i_1 + R_3 i_2$$

$$u_2 = R_3 i_1 + (R_3 + R_2)i_2$$

利用式 (2.7.7) 并进行对应项的参数比较，可方便地得到式 (2.5.29)～式 (2.5.31)。反过来应用 R 参数方程到 G 参数方程的推导，也可方便地得到式 (2.5.32)～式 (2.5.34)。

4. T 参数和方程

对式 (2.7.1) 进行变化，则可得到下式 (用 u_2 和 i_2 来表示 u_1 和 i_1)：

$$\left.\begin{array}{l} u_1 = -\dfrac{G_{22}}{G_{21}}u_2 + \dfrac{1}{G_{21}}i_2 \\[3mm] i_1 = \left(G_{12} - \dfrac{G_{11}G_{22}}{G_{21}}\right)u_2 + \dfrac{G_{11}}{G_{21}}i_2 \end{array}\right\} \qquad (2.7.13)$$

写成矩阵形式为[1]

---

[1]　2.7.3 小节解释了公式中 i_2 系数为 −1 的原因。

$$\begin{bmatrix} u_1 \\ i_1 \end{bmatrix} = \begin{bmatrix} T_{11} & T_{12} \\ T_{21} & T_{22} \end{bmatrix} \begin{bmatrix} u_2 \\ -i_2 \end{bmatrix} \tag{2.7.14}$$

其中，T_{11}、T_{12}、T_{21}、T_{22} 为二端口网络确定的参数。由式(2.7.14)可知，T_{11} 和 T_{22} 没有量纲，T_{12} 具有电阻的量纲，T_{21} 具有电导的量纲。式(2.7.14)描述了二端口的一端对另一端的影响(即信号的传输过程)，因此称这些参数为 T 参数(T 为英文 Transmission 的字头)，称参数矩阵 $\boldsymbol{T} = \begin{bmatrix} T_{11} & T_{12} \\ T_{21} & T_{22} \end{bmatrix}$ 为传输参数矩阵或 T 参数矩阵，式(2.7.14)为 T 参数方程。

比较式(2.7.13)和式(2.7.14)，并应用式(2.7.4)可知，互易二端口用 T 参数表示的条件为

$$T_{11} T_{22} - T_{12} T_{21} = 1 \tag{2.7.15}$$

类似地，容易知道对称二端口用 T 参数表示的条件为

$$T_{11} T_{22} - T_{12} T_{21} = 1, \quad T_{11} = T_{22} \tag{2.7.16}$$

类似于电导参数矩阵，求传输参数矩阵也分成两种情况来讨论。

第一种情况是二端口内部电路未知，只能够通过测量端口的电压电流来间接获得其 T 参数矩阵。如果端口 2 允许被开路和短路，则可以分别将端口 2 开路和短路，测量此时端口 1 的电压和电流，并求出传输参数矩阵。设在端口 1 上施加一个电压 u_1，对端口 2 进行开路，即 $i_2 = 0$，则式(2.7.14)可简化为 $u_1 = T_{11} u_2$，$i_1 = T_{21} u_2$。如果能够测量出此时的 u_1、i_1 和 u_2，则有

$$\left. \begin{aligned} T_{11} &= \frac{u_1}{u_2} \Big|_{i_2 = 0} \\ T_{21} &= \frac{i_1}{u_2} \Big|_{i_2 = 0} \end{aligned} \right\} \tag{2.7.17}$$

同理，在端口 1 上施加一个电流 i_1，对端口 2 进行短路，可求出

$$\left. \begin{aligned} T_{12} &= \frac{u_1}{-i_2} \Big|_{u_2 = 0} \\ T_{22} &= \frac{i_1}{-i_2} \Big|_{u_2 = 0} \end{aligned} \right\} \tag{2.7.18}$$

第二种情况是二端口内部电路已知，则可以利用 KCL、KVL 和元件特性来推导出端口上的电压电流关系，即用 u_2 和 i_2 来表示 u_1 和 i_1。

对于图 2.2.7(a)所示的 VCVS 来说，其端口 u-i 关系可以表示为 T 参数的形式

$$\begin{bmatrix} u_1 \\ i_1 \end{bmatrix} = \begin{bmatrix} 1/\mu & 0 \\ 0 & 0 \end{bmatrix} \begin{bmatrix} u_2 \\ -i_2 \end{bmatrix}$$

例 2.7.5 求图 2.7.13 所示电路的 T 参数。

解 直接列写 u_2 和 i_2 来表示 u_1 和 i_1 的方程有些困难。但可以可以根据 KCL 和

KVL 列写独立的方程,经过推导得出 T 参数方程。类似于例 2.7.4 的思路,列写 2 个 KVL 方程,得到

$$u_1 = 3i_1 + 2i_2$$
$$u_2 = 2i_1 + 4i_2$$

经变换可得

$$u_1 = 1.5u_2 - 4i_2$$
$$i_1 = 0.5u_2 - 2i_2$$

整理上式得:$T_{11}=1.5$,$T_{12}=4\Omega$,$T_{21}=0.5$S,$T_{22}=2$。读者也可用实验测定法来分别求 4 个 T 参数。

显然,图 2.7.13 中电路由线性电阻构成,因此是互易二端口,这一点可通过式(2.7.15)进行验证。但由于 $T_{11} \neq T_{22}$,因此不是对称二端口。

下面用 T 参数的观点来重新分析一下例 2.6.8 所示的负电阻电路。将图 2.6.15 重画,如图 2.7.14 所示。

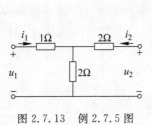

图 2.7.13 例 2.7.5 图

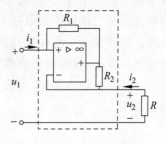

图 2.7.14 负电阻电路

根据线性工作区负反馈运算放大器的虚短和虚断,容易分析出图 2.7.14 虚线框中二端口的 T 参数方程为

$$\begin{bmatrix} u_1 \\ i_1 \end{bmatrix} = \begin{bmatrix} 1 & 0 \\ 0 & -R_2/R_1 \end{bmatrix} \begin{bmatrix} u_2 \\ -i_2 \end{bmatrix}$$

再考虑到负载电阻 R 的 u-i 关系 $u_2 = -Ri_2$,易知

$$R_i = \frac{u_1}{i_1} = -\frac{R_1}{R_2}R < 0$$

进一步的分析表明,如果二端口网络的 T 参数方程满足以下两式,则可以实现负电阻:

$$\begin{bmatrix} u_1 \\ i_1 \end{bmatrix} = \begin{bmatrix} -k & 0 \\ 0 & 1 \end{bmatrix} \begin{bmatrix} u_2 \\ -i_2 \end{bmatrix} \tag{2.7.19}$$

$$\begin{bmatrix} u_1 \\ i_1 \end{bmatrix} = \begin{bmatrix} 1 & 0 \\ 0 & -k \end{bmatrix} \begin{bmatrix} u_2 \\ -i_2 \end{bmatrix} \tag{2.7.20}$$

满足式(2.7.19)的二端口称为电压反向型负电阻变换器,满足式(2.7.20)的二端口称为电流反向型负电阻变换器。显然图 2.7.14 中虚线部分二端口是一个电流反向型负电阻变换器。

5. H 参数及其他

除已介绍的 3 种参数外,有时在分析电子器件的小信号电路模型时需要用 i_1 和 u_2 来表示 u_1 和 i_2,即

$$\begin{bmatrix} u_1 \\ i_2 \end{bmatrix} = \begin{bmatrix} H_{11} & H_{12} \\ H_{21} & H_{22} \end{bmatrix} \begin{bmatrix} i_1 \\ u_2 \end{bmatrix} \tag{2.7.21}$$

这种方程称为 H 参数方程,H 为英文 Hybrid 的字头。其中,H_{11}、H_{12}、H_{21}、H_{22} 为二端口网络确定的参数。由式(2.7.21)可知,H_{12} 和 H_{21} 没有量纲,H_{11} 具有电阻的量纲,H_{22} 具有电导的量纲。

需要指出,H 参数方程用 i_1 和 u_2 来表示 u_1 和 i_2 的方式是有其物理意义的。如图 2.7.15 所示为双极型晶体管的电路符号和小信号电路模型[①]。

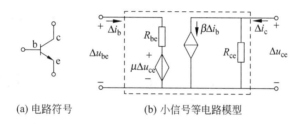

(a) 电路符号   (b) 小信号等电路模型

图 2.7.15   双极型晶体管的电路符号及其小信号电路模型

在图 2.7.15(b)左边子电路中应用 KVL,右边子电路中应用 KCL。易知,图 2.7.15(b)所示电路的 H 参数方程为

$$\begin{bmatrix} \Delta u_{be} \\ \Delta i_c \end{bmatrix} = \begin{bmatrix} R_{be} & \mu \\ \beta & 1/R_{ce} \end{bmatrix} \begin{bmatrix} \Delta i_b \\ \Delta u_{ce} \end{bmatrix} \tag{2.7.22}$$

对比式(2.7.21)和式(2.7.22)可知,双极型晶体管小信号电路模型的每个 H 参数均有其物理意义。

对于图 2.2.7(d)所示的 CCCS 来说,其端口 u-i 关系可以表示为 H 参数方程的形式,即

$$\begin{bmatrix} u_1 \\ i_2 \end{bmatrix} = \begin{bmatrix} 0 & 0 \\ \beta & 0 \end{bmatrix} \begin{bmatrix} i_1 \\ u_2 \end{bmatrix}$$

类似于前面的讨论,读者可自行推导 H 参数矩阵的求法、互易条件和对称条件。

---

① 第 4 章将详细讨论小信号电路模型。

前面讨论的都是用 2 个支路量来表示另外 2 个支路量。在高频场合,一方面电路不再能够用集总参数模型表示,另一方面不能随意对端口进行短路和开路操作,因此难以用上述参数进行描述。根据分布参数电路的一些特点,人们利用能量的反射和透射提出了 S 参数,解决了高频情况下二端口参数的定义和测量问题。对 S 参数感兴趣的读者可阅读参考文献[15]。

接下来讨论为什么要研究这么多种类型的二端口参数及其方程。对于一个实际电路来说,往往不清楚其内部的拓扑联接和元件参数,只能够通过测量外特性对其进行建模和描述。因此针对某个实际的二端口电路,要视哪些端口支路量方便测量和哪些端口能够被短路或开路来求其二端口参数。此外,不是所有二端口网络都存在所有的参数,图 2.7.16 所示电路就是 2 个例子[①]。

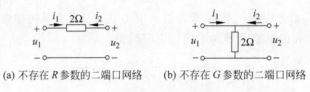

　　(a) 不存在 R 参数的二端口网络　　　(b) 不存在 G 参数的二端口网络

图 2.7.16　不存在某些参数的二端口网络

前面已经介绍过,人们研究二端口网络的主要目的就是为了对电路进行抽象,从而便于分析和构造更复杂的电路。除此之外,还有另外一方面的考虑。在获得某个实际电路后,如果希望对其进行仿制或改进却无法获得其电路原理图,则可以考虑测量其接线端上的电压电流关系,从而完成对该电路的建模。在此之后,只需构造出接线端电压电流关系和原电路一样的等效电路即可用另一种方式实现具有相同功能的电路。这种思路称为反向工程,是当前微电子和软件工程中的一个研究热点。在 2.7.2 小节中将应用反向工程的思想,研究获得二端口参数后如何构造出具有该参数的等效电路。

2.7.2　二端口网络的等效电路

很显然,构造已知参数的二端口网络的等效电路是不唯一的。这些相互等效的电路只是在端口的电压电流关系上一致。

对于 R 参数来说,有

$$u_1 = R_{11}i_1 + R_{12}i_2 \tag{2.7.23}$$
$$u_2 = R_{21}i_1 + R_{22}i_2 \tag{2.7.24}$$

式(2.7.23)表示一个 KVL 关系。等式左边为端口 1 上的电压,因此可以在端口 1 上构造一个串联联接的电路。类似地,也可以在端口 2 上构造一个串联联接的电路。其中的

转移电阻和异端电流的乘积可用流控电压源来表示。得到的等效电路如图 2.7.17 所示。

从图 2.7.17 容易看出，二端口网络吸收的功率为

$$p = u_1 i_1 + u_2 i_2 \qquad (2.7.25)$$

此外还可以构造出只包含 1 个受控源的 R 参数等效电路。

如果是互易二端口，则可以用 3 个电阻来构造其等效电路。根据例 2.7.4 的结论容易知道，如果是互易二端口（即 $R_{12} = R_{21}$），则可以构造出 T 形等效电路[①]，如图 2.7.18 所示。其中，$R_b = R_{12} = R_{21}$，$R_a = R_{11} - R_{12}$，$R_c = R_{22} - R_{21}$。

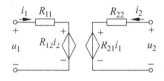
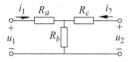

图 2.7.17　R 参数的一种等效电路　　图 2.7.18　互易二端口 R 参数的一种等效电路

对于 G 参数来说，有

$$i_1 = G_{11} u_1 + G_{12} u_2 \qquad (2.7.26)$$
$$i_2 = G_{21} u_1 + G_{22} u_2 \qquad (2.7.27)$$

式(2.7.26)表示一个 KCL 关系。等式左边为端口 1 上的电流，因此可以在端口 1 上构造一个并联联接的电路。类似地，也可以在端口 2 上构造一个并联联接的电路。其中的转移电导和异端电压的乘积可用压控电流源来表示。得到的等效电路如图 2.7.19 所示。

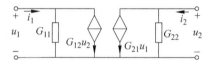

图 2.7.19　G 参数的一种等效电路

此外还可以构造出只包含 1 个受控源的 G 参数等效电路。

如果是互易二端口，则可以用 3 个电阻来构造其等效电路。根据例 2.7.1 的结论容易知道，如果是互易二端口（即 $G_{12} = G_{21}$），则可以构造出等效电路[②]如图 2.7.20 所示。其中，$G_b = -G_{12} = -G_{21}$，$G_a = G_{11} + G_{12}$，$G_c = G_{22} + G_{21}$。

对于 T 参数来说，没有直接的拓扑结构相对应，但可以通过参数比较的方法求得等效电路。

---

① 当然也可以构造出 Π 形等效电路，但 R 参数构造 T 形等效电路更方便。

② 当然也可以构造出 T 形等效电路，但 G 参数构造 Π 形等效电路更方便。

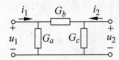
图 2.7.20　互易二端口 G 参数的
一种等效电路

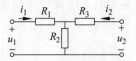
图 2.7.21　互易二端口 T 参数的
一种等效电路

例 2.7.6　求用 T 参数方程表示的互易二端口的等效电路。

解　由题知为互易二端口,因此可用 3 个电阻元件来构成。不妨将 3 个电阻元件接成 T 形,如图 2.7.21 所示。

用例 2.7.5 的方法求图 2.7.21 所示电路的 T 参数方程,得到

$$u_1 = \left(1 + \frac{R_1}{R_2}\right)u_2 + \left(R_1 + R_3 + \frac{R_1 R_3}{R_2}\right)(-i_2)$$

$$i_1 = \frac{1}{R_2}u_2 + \left(1 + \frac{R_3}{R_2}\right)(-i_2)$$

而 T 参数二端口方程可写为

$$u_1 = T_{11}u_2 - T_{12}i_2$$

$$i_1 = T_{21}u_2 - T_{22}i_2$$

由于是互易二端口,因此只需比较函数关系简单的 3 个参数,可知

$$T_{11} = 1 + \frac{R_1}{R_2}, \quad T_{21} = \frac{1}{R_2}, \quad T_{22} = 1 + \frac{R_3}{R_2}$$

求解上面 3 个方程,得

$$R_1 = \frac{T_{11} - 1}{T_{21}}, \quad R_2 = \frac{1}{T_{21}}, \quad R_3 = \frac{T_{22} - 1}{T_{21}}$$

2.7.3　二端口网络的联接

在获得二端口网络的参数后,就完成了对其进行抽象建模的过程,可以在此基础上进一步分析和构造更为复杂的电路。利用二端口构造更为复杂的电路主要有 3 种方法:级联、并联和串联。

1. 二端口的级联及其参数关系

将一个二端口的输出端直接与另一个二端口的输入端相连则构成了两个二端口的级联关系,如图 2.7.22 所示。

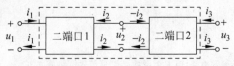

图 2.7.22　二端口的级联

很显然,在图 2.7.22 中,二端口 1 的输出电压等于二端口 2 的输入电压,二端口 1 的输出电流与二端口 2 的输入电流大小相等方向相反。

如果用 T 参数来描述两个二端口,则其电压电流关系可分别写为

$$\begin{bmatrix} u_1 \\ i_1 \end{bmatrix} = T_1 \begin{bmatrix} u_2 \\ -i_2 \end{bmatrix}$$

$$\begin{bmatrix} u_2 \\ -i_2 \end{bmatrix} = T_2 \begin{bmatrix} u_3 \\ -i_3 \end{bmatrix}$$

观察上面两式可知,如果将两个级联的二端口抽象为一个二端口(图 2.7.22 虚线部分),则其端口电压电流关系可写为

$$\begin{bmatrix} u_1 \\ i_1 \end{bmatrix} = T_1 \begin{bmatrix} u_2 \\ -i_2 \end{bmatrix} = T_1 T_2 \begin{bmatrix} u_3 \\ -i_3 \end{bmatrix} = T \begin{bmatrix} u_3 \\ -i_3 \end{bmatrix} \tag{2.7.28}$$

其中

$$T = T_1 T_2 \tag{2.7.29}$$

不难看出,上述两个二端口网络级联的关系可推广至 n 个二端口网络级联。

2. 二端口的并联及其参数关系

将两个二端口的输入端并联,输出端也并联,则这两个二端口构成并联关系,如图 2.7.23 所示。

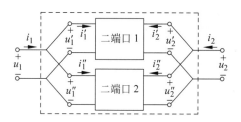

图 2.7.23　二端口的并联

如果用 G 参数来描述两个二端口,则其电压电流关系可分别写为

$$\begin{bmatrix} i'_1 \\ i'_2 \end{bmatrix} = G' \begin{bmatrix} u'_1 \\ u'_2 \end{bmatrix}$$

$$\begin{bmatrix} i''_1 \\ i''_2 \end{bmatrix} = G'' \begin{bmatrix} u''_1 \\ u''_2 \end{bmatrix}$$

在左边和右边的并联处应用 KVL,可知

$$u_1 = u'_1 = u''_1, \quad u_2 = u'_2 = u''_2$$

在左边和右边的并联处应用 KCL 可知

$$i_1 = i_1' + i_1'', \quad i_2 = i_2' + i_2''$$

综合利用上面各式可知,如果将两个并联的二端口抽象为一个二端口(图 2.7.23 虚线部分),则其端口电压电流关系可写为

$$\begin{bmatrix} i_1 \\ i_2 \end{bmatrix} = \begin{bmatrix} i_1' \\ i_2' \end{bmatrix} + \begin{bmatrix} i_1'' \\ i_2'' \end{bmatrix} = (\boldsymbol{G}' + \boldsymbol{G}'') \begin{bmatrix} u_1 \\ u_2 \end{bmatrix} = \boldsymbol{G} \begin{bmatrix} u_1 \\ u_2 \end{bmatrix} \tag{2.7.30}$$

其中

$$\boldsymbol{G} = \boldsymbol{G}' + \boldsymbol{G}'' \tag{2.7.31}$$

不难看出,上述两个二端口网络并联的关系可推广至 n 个二端口网络并联。

需要指出,两个二端口并联时,其端口条件可能被破坏,此时上述关系式不再成立。但具有公共端的二端口将公共端并联在一起不会破坏端口条件。

3. 二端口的串联及其参数关系

将两个二端口的输入端串联,输出端也串联,则这两个二端口构成串联关系,如图 2.7.24 所示。

如果用 R 参数来描述两个二端口,则其电压电流关系可分别写为

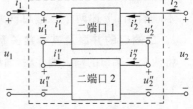

图 2.7.24 二端口的串联

$$\begin{bmatrix} u_1' \\ u_2' \end{bmatrix} = \boldsymbol{R}' \begin{bmatrix} i_1' \\ i_2' \end{bmatrix}$$

$$\begin{bmatrix} u_1'' \\ u_2'' \end{bmatrix} = \boldsymbol{R}'' \begin{bmatrix} i_1'' \\ i_2'' \end{bmatrix}$$

在端口串联处应用 KCL,可知

$$i_1 = i_1' = i_1'', \quad i_2 = i_2' = i_2''$$

在端口串联处应用 KVL,可知

$$u_1 = u_1' + u_1'', \quad u_2 = u_2' + u_2''$$

综合利用上面各式可知,如果将两个串联的二端口抽象为一个二端口(图 2.7.24 虚线部分),则其端口电压电流关系可写为

$$\begin{bmatrix} u_1 \\ u_2 \end{bmatrix} = \begin{bmatrix} u_1' \\ u_2' \end{bmatrix} + \begin{bmatrix} u_1'' \\ u_2'' \end{bmatrix} = (\boldsymbol{R}' + \boldsymbol{R}'') \begin{bmatrix} i_1 \\ i_2 \end{bmatrix} = \boldsymbol{R} \begin{bmatrix} i_1 \\ i_2 \end{bmatrix} \tag{2.7.32}$$

其中

$$\boldsymbol{R} = \boldsymbol{R}' + \boldsymbol{R}'' \tag{2.7.33}$$

不难看出,上述两个二端口网络串联的关系可推广至 n 个二端口网络串联。

类似地,两个二端口串联时,其端口条件可能被破坏,此时上述关系式就不再成立。但具有公共端的二端口在公共端进行串联不会破坏端口条件。

2.8　数字系统的基本概念

第 1 章已经介绍过,产生和处理数字信号的系统称为数字系统(digital system)或数字电路(digital circuit)。产生和处理模拟信号的系统称为模拟系统(analog system)或模拟电路(analog circuit)。计算机就是一个二进制数字系统。计算机采用二进制数字系统的原因主要有两点。其一在于二进制数字系统能很方便地和逻辑系统结合起来。其二在于物理上实现具有两个稳态值的数字系统基本元器件比较容易。

人类感官接收的信号多为连续信号,如声音、图像等。当然也有一些离散信号,如人口统计数据、银行利率等。早期的信号传输与处理技术都是直接对连续信号进行操作的。因而电路的组成也由按连续时间函数工作的基本元件构成。随着信息科学技术研究与应用的发展,人们发现利用离散系统传输与处理信号具有许多优点。如果把连续信号经抽样转换为离散信号(数字信号),对于信息传输与处理都会带来很大方便。因此,在当代信息科学领域中数字系统占据了最主要的地位。模拟系统的直接应用虽然在逐步减少,但却是实际系统中必不可少的组成部分。二者不可割裂。从对于电路工作原理的认知过程来看,数字系统的入门学习更加容易。综合考虑以上因素,在本书中将讨论模拟系统和数字系统的基本原理,使读者能全面了解当代电路与系统的实际应用现状。

电路的作用在于处理电能与电信号。本节和 2.9 节讨论如何用数字系统来处理信号。在信号的产生、传输和处理过程中不可避免地会受到噪声的影响。噪声的来源很复杂。温度、压力、外部电磁波都有可能在电路元件内部产生噪声。更糟糕的是噪声可能在信号的处理过程中被逐级放大,最终影响到真正的信号。因此研究信号处理必须研究噪声处理。图 2.8.1 显示了纯净的和受到噪声影响的正弦电压信号。从图中可以看出,噪声使得信号失真了。对应于某一时间点来说,纯净信号的值和受到噪声影响信号的值是不一样的。

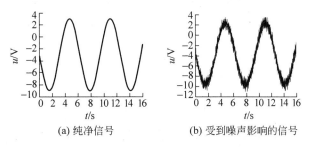

(a) 纯净信号　　　　　　(b) 受到噪声影响的信号

图 2.8.1　信号对噪声的影响

　　要想消除或减弱噪声的影响,有两种思路。其一是进行滤波,即将噪声通过某个电路或某些信号处理手段滤去。本书第 6 章将简单介绍滤波,更详细的滤波的知识将在数字信号处理、模拟电子线路等课程中介绍。其二是对信号进行某些处理,使其抵抗噪声的能力大大增强。本小节讨论的数字系统就是这方面的一个例子。

　　图 2.8.2 表示了一个数字信号的序列 0−1−0−1−0−……这个序列只在偶数秒上有定义,其取值只有 0V 和 5V 两种。可以将 0V 对应逻辑 0 或假,5V 对应逻辑 1 或真。

　　从图 2.8.2 可以看出,数字信号是没有办法精确实现的。由于噪声的存在,没有办法精确地在偶数秒上发出信号,也没有办法精确地产生 0V 和 5V 的信号。但如果采用下面的信号传输方式,则有效地避免了这个问题。

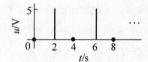

图 2.8.2　数字信号

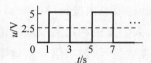

图 2.8.3　实际传送数字信号的信号

　　在图 2.8.3 所示信号中,在偶数秒取值,同时认为如果信号的值大于 2.5V,则信号表示 1 或逻辑真;如果信号的值小于 2.5V,则信号表示 0 或逻辑假。图 2.8.4 表示图 2.8.3 所示信号受到噪声干扰后的效果。

　　根据前面的取值约定可以看出,即使噪声导致无法在精确的时间点获取精确的信号值,只要噪声不是太大,电路依然可以传送数字信号的序列 0−1−0−1−0−……,如图 2.8.4 所示。因此数字系统可以大大提高信号抵抗噪声的能力!

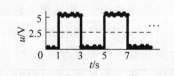

图 2.8.4　受到噪声影响后实际传送的数字信号

　　二进制数字系统与逻辑系统有天然的密切联系。本节将讨论如何处理各种逻辑信号。

　　对逻辑信号的处理有几种最基本的运算方法:非(式(2.8.1))、与(式(2.8.2))、或(式(2.8.3))。

$$Y_1 = \overline{A} \tag{2.8.1}$$

$$Y_2 = AB \tag{2.8.2}$$

$$Y_3 = A + B \tag{2.8.3}$$

　　表 2.8.1 给出了对逻辑信号 A 取非运算,对逻辑信号 A 和 B 取与运算和或运算的结果,该表称为真值表。从表 2.8.1 可以看出,对逻辑信号取非、与、或运算得到的结果还是逻辑信号。

表 2.8.1　逻辑信号的基本运算

A	B	$\overline{A}$	AB	$A+B$
1	1	0	1	1
0	0	1	0	0
1	0	0	0	1
0	1	1	0	1

从表 2.8.1 可以看出,A 与 $\overline{A}$ 始终逻辑相反;当且仅当 A 和 B 均为真时,AB 为真;当且仅当 A 和 B 均为假时,$A+B$ 为假。

非、与、或是最基本的逻辑计算单元。所有的逻辑计算均可由这 3 个基本计算单元构成。例如 A 表示"今天是晴天",则 $\overline{A}$ 表示"今天不是晴天";B 表示"我心情好",则 AB 表示"今天是晴天而且我心情好";$A+B$ 表示"今天是晴天或者我心情好"。

由式(2.8.1)~式(2.8.3)的组合构成了逻辑表达式。逻辑表达式和真值表可以进行相互转换。例如得到逻辑表达式 $A(B+C)$,可以用 3 个步骤得到真值表。第 1 步:制表。真值表有 $n+1$ 列,2^n+1 行。n 表示逻辑表达式中的逻辑变量数。第 2 步:写出逻辑表达式中所有逻辑变量的组合(共 2^n 种),填写在表中。第 3 步:根据每行的逻辑变量取值和逻辑关系求出逻辑输出,填写在表中。

根据上述步骤得到的真值表如表 2.8.2 所示。

表 2.8.2　$A(B+C)$ 的真值表

A	B	C	$A(B+C)$
0	0	0	0
0	0	1	0
0	1	0	0
0	1	1	0
1	0	0	0
1	0	1	1
1	1	0	1
1	1	1	1

反过来,也可以根据真值表得到逻辑表达式。例如获得了表 2.8.2 所示的真值表后,可以用 3 个步骤得到逻辑表达式。

第 1 步:写出所有使得输出为逻辑真的输入的组合方式。由表 2.8.2 可知,在 $A=1$,$B=0$,$C=1$ 时,逻辑表达式 $A\overline{B}C$ 的输出为 1。同理 $AB\overline{C}$ 和 ABC 分别表示了另外两种使得输出为 1 的输入组合。

第 2 步:将这些组合用或运算联接起来。即只要 A、B、C 的逻辑取值使得 $A\overline{B}C$、

$AB\bar{C}$ 和 ABC 其中之一获得逻辑真即可,这符合真值表中只有 3 行输出为 1 的事实。得到 $A\bar{B}C+AB\bar{C}+ABC$。

第 3 步:利用某种方法化简得到逻辑表达式。从第 2 步得到的逻辑表达式和 $A(B+C)$ 看起来毫无关系,但进一步的逻辑推导表明[①],二者表示的逻辑含义是相同的。

在得到逻辑表达式(或真值表)后,就可以利用现有的若干逻辑基本单元(与、或、非门)来实现这些表达式。几种最常用的逻辑门如表 2.8.3 所示,这些逻辑门对应的真值表如表 2.8.4 所示。

表 2.8.3　几种最常用的逻辑门

表达式	本书符号	国标符号	表达式	本书符号	国标符号
$Y=\bar{A}$ 反相器	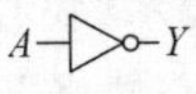	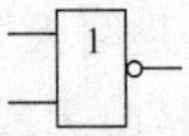	$Y=A+B$ 或门		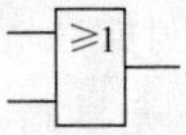
$Y=A$ 缓冲器	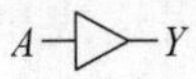	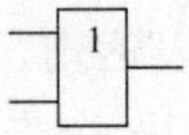	$Y=\overline{AB}$ 与非门	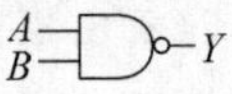	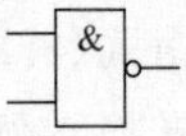
$Y=AB$ 与门	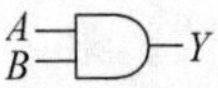	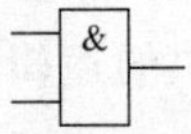	$Y=\overline{A+B}$ 或非门		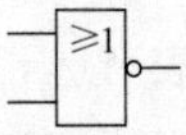

表 2.8.4　几种最常用逻辑门的真值表

A	B	$Y=\bar{A}$	$Y=A$	$Y=\overline{AB}$	$Y=AB$	$Y=\overline{A+B}$	$Y=A+B$
0	0	1	0	1	0	1	0
0	1	1	0	1	0	0	1
1	0	1	1	0	0	0	1
1	1	0	1	0	1	0	1

从表 2.8.3 可以看出,反相器和缓冲器有逻辑非的关系。从图上来看,缓冲器输出加个圈即表示反相器。类似地,与门和与非门有逻辑非关系,与门输出加个圈即表示与非门;或门和或非门有逻辑非关系,或门输出加个圈即表示或非门。

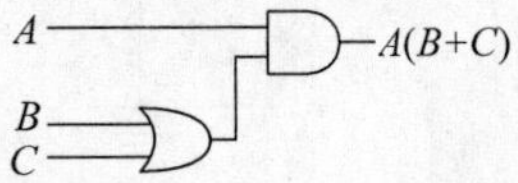

如果要构成 $A(B+C)$ 的逻辑系统,只需将逻辑门按图 2.8.5 联接起来即可。

图 2.8.5　$A(B+C)$ 的构成

有了上述最基本的逻辑关系,就可以构造一些有实际意义的小系统了。以联合国安理会常任理事国对提案的投票为例。联合国安理会有 5 个常任理事国(中、美、俄、法、英)。安理会的任何提案都需要这 5 个常任理事国投票表决,任何一个理事国投反对票都

---

① 数字电子线路课程中将详细讨论如何化简逻辑表达式,在本课程中读者只需从真值表写出逻辑表达式即可。

将否决提案。为了简单起见,假设每个理事国只有两种投票方式:赞成(对应逻辑 1)或反对(对应逻辑 0)。容易看出,必须所有理事国投赞成票方能使提案通过,即投票结果是 5 个逻辑输入的与运算。对提案投票的结果可以写出逻辑表达式

$$Y = ABCDE \tag{2.8.4}$$

其中 $A \sim E$ 分别表示每个理事国的投票结果。

通过前面的讨论可以看出,如果能够制造出几种最常用的逻辑门,就可以实现各种复杂的逻辑信号处理电路。这些逻辑信号处理电路有一个共同的特点,就是电路的逻辑输出只取决于当前电路的逻辑输入,这种逻辑电路称为组合逻辑电路。此外还存在另一种逻辑电路,其未来的逻辑输出与当前的逻辑输入和当前的逻辑输出都有关系,这种逻辑电路称为时序逻辑电路。计算机就是由若干的组合逻辑电路和时序逻辑电路组成的。

2.9　用 MOSFET 构成数字系统的基本单元——门电路

本节讨论如何利用 N 沟道增强型 MOSFET 来构成逻辑系统的基本单元——门电路(反相器、与非门和或非门等),并由此实现逻辑信号的非、与、或运算。

要想构成反相器,就需要构成这样一个信号处理系统,使得输入信号为逻辑 0 时,输出信号为逻辑 1;输入信号为逻辑 1 时,输出信号为逻辑 0。图 2.9.1 就是用 MOSFET 构成的反相器电路。

在图 2.9.1 中,U_S 是 5V 电压源,R_L 一般为几十 kΩ。U_GS 代表逻辑输入,U_DS 代表逻辑输出。下面来验证图 2.9.1 是否能够实现反相器的功能。

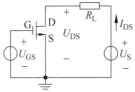

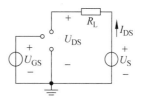

图 2.9.1　用 MOSFET 构成反相器　　　　图 2.9.2　输入为逻辑 0 时反相器的电路模型

首先,当输入 U_GS 为 0V(逻辑 0)时,根据 2.3 节介绍 MOSFET 的电气性质(1),图 2.9.1 可改画为图 2.9.2。从图 2.9.2 可知,此时的输出

$$U_\mathrm{DS} = U_\mathrm{S} \tag{2.9.1}$$

因此实现了输入为逻辑 0 时输出为逻辑 1。

另外,当输入 U_{GS} 为 5V(逻辑 1)时,满足 $u_{GS} > U_T$,根据 MOSFET 的电气性质(4)[①],图 2.9.1 可改画为图 2.9.3。从图 2.9.3 可知,此时的输出

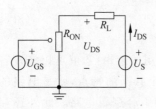

图 2.9.3　输入为逻辑 1 时反相器
的等效电路

$$U_{DS} = \frac{R_{ON}}{R_{ON} + R_L} U_S \qquad (2.9.2)$$

R_{ON} 的阻值约为几百 Ω,而 R_L 一般为几十 kΩ,因此根据式(2.9.2)计算出来的输出 U_{DS} 很接近 0V。如果约定小于 2.5V 均表示逻辑 0,则实现了输入为逻辑 1 时输出为逻辑 0。

显然,只有输入为逻辑 1 时,反相器电路才消耗功率,为

$$P_{inv} = \frac{U_S^2}{R_{ON} + R_L} \qquad (2.9.3)$$

在这种情况下,MOSFET 消耗的功率为

$$P_{MOSFET} = U_S^2 \frac{R_{ON}}{(R_{ON} + R_L)^2} \qquad (2.9.4)$$

几乎所有的逻辑门都需要 U_S 供电,因此在画电路图时就可以将其省略,同时习惯用 U_i 和 U_o 来分别表示 U_{GS} 和 U_{DS},形成如图 2.9.4 所示的形式。

用两级反相器就可以方便地构成缓冲器,如图 2.9.5 所示。

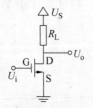

图 2.9.4　反相器

图 2.9.5　用反相器构成缓冲器

缓冲器对信号的可靠传输是非常有必要的。事实上,信号在传输的过程中幅值都会衰减得越来越小,从而使得发送端的逻辑 1 有可能在接收端被理解为逻辑 0。缓冲器将幅值比较低的逻辑 1 信号调整为 5V 的逻辑 1 信号,从而增加了信号传输的距离,是很有实际意义的逻辑门电路。

要想构成与非门,就需要构成这样一个信号处理系统,使得两个输入信号均为逻辑 1 时,输出信号为逻辑 0;其余情况下,输出信号为逻辑 1。图 2.9.6 就是用 MOSFET 构成的与非门(NAND)电路。很显然,只要 A 或 B 有一个输入为逻辑 0,输出 Y 即为逻辑 1。

---

①　在第 4 章中将详细讨论为什么这里应用 MOSFET 的性质(4)而不是性质(5)。本章中读者只需要知道输入为 5V 时,MOSFET 的 D-S 之间可看做电阻即可。

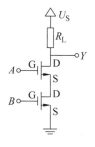

图 2.9.6　与非门

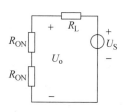

图 2.9.7　输入均为逻辑 1 时与非门器
的电路模型

在输入 A 和 B 均为逻辑 1 时,与非门的电路模型如图 2.9.7 所示。从图 2.9.7 可知,此时的输出

$$U_{o} = \frac{2R_{ON}}{2R_{ON} + R_{L}}U_{S} \tag{2.9.5}$$

同理,由于 R_{ON} 的阻值约为几百 Ω,而 R_{L} 一般为几十 $k\Omega$,因此根据式(2.9.5)计算出来的输出 U_{o} 很接近 0 V。再加上小于 2.5 V 均表示逻辑 0,因此实现了两个输入均为逻辑 1 时输出为逻辑 0。

类似于反相器,读者也可以自行分析与非门的功率消耗和构成与非门的 MOSFET 的功率消耗。

利用与非门和反相器,可以构成与门,如图 2.9.8 所示。

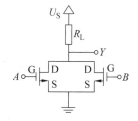

图 2.9.8　用与非门和反相器构成与门

要想构成或非门,则需要构成这样一个信号处理系统,使得两个输入信号均为逻辑 0 时,输出信号为逻辑 1;其余情况下,输出信号为逻辑 0。图 2.9.9 就是用 MOSFET 构成的或非门(NOR)电路。

易知,如果 A 和 B 均为逻辑 0,输出 Y 为逻辑 1。根据前面关于反相器的分析可知,只要 A 或 B 有一个输入为逻辑 1,输出 Y 即为逻辑 0。

当 A 和 B 均为逻辑 1 时,或非门的电路模型如图 2.9.10 所示。

图 2.9.9　或非门

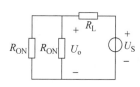

图 2.9.10　输入均为逻辑 1 时或非门器的
电路模型

　　类似于反相器和与非门,读者也可以自行分析或非门
的功率消耗和构成或非门的 MOSFET 的功率消耗。

图 2.9.11　用或非门和反相器
构成或门

　　利用或非门和反相器,可以构成或门,如图 2.9.11
所示。

　　在以上各种门电路基础上,可以构成更为复杂的数字系统。下面以式(2.8.4)所示简化
的联合国安理会常任理事国提案投票系统为例,讨论如何用 MOSFET 来构成这一系统。

　　构成这样的系统有两种方法。一种方法是将式(2.8.4)所示的 5 个输入的与门转换
为若干 2 输入与门、或门和单输入反相器的组合;另一种方法就是直接用 MOSFET 来构
成 5 输入与门。下面讨论第 2 种方法。

　　根据对图 2.9.6 和图 2.9.8 的讨论可知,可以先构成一个 5 输入的与非门,使其输出
与反相器的输入相连,即构成了 5 输入的与门。进一步将每个国家的投票按钮设计为一
个单刀双掷开关,投票的结果设计为一个发光二极管,则这个简化的投票系统可以用
图 2.9.12 所示电路来实现。

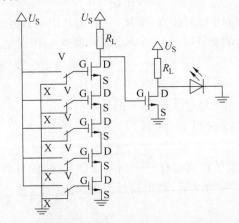

图 2.9.12　简化的联合国安理会常任理事国提案投票系统

　　图 2.9.12 中每个单刀双掷开关置于 V 侧表示同意,置于 X 侧表示反对。发光二极
管两端电压为 5V 时发光,表示此时提案通过。

　　从应用的角度来讲,在本节中用 MOSFET 构成了数字系统的基本单元——反相器、
与非门和或非门,并用 MOSFET 的开关-电阻模型进行了分析。在构成基本单元的基础
上,可以进一步构成非常复杂的数字系统。例如 Prescott 内核的奔腾 4 CPU 就是由约
10^8 个晶体管构成的,其中大部分是 MOSFET。

　　从模型的角度来讲,本节讨论了 MOSFET 开关-电阻模型的应用。简言之,
MOSFET 可作为 3 端可控开关。这个性质在微电子领域得到广泛应用。与此同时,在电
力电子领域中,能够承受高电压大电流的高速 MOSFET 开关也是处理电能的有效工具。

　　从分析方法的角度来讲,本节讨论了含三端元件 MOSFET 电路的基本分析方法,即

根据 U_{GS} 的大小分成两种情况来讨论,每种情况下都是一个线性电阻电路。第 4 章将更为详细地讨论含 MOSFET 电路的分析方法。

习题

2.1　题图 2.1 中每个方框表示 1 个二端元件。已知 $u_1 = 2V$, $u_3 = 3V$, $u_4 = 1V$, $i_1 = 1A$, $i_3 = 2A$。(1)求其他各电压、电流;(2)求每个元件吸收的功率;(3)求电路中所有元件吸收的功率之和并对此进行解释。

2.2　求题图 2.2 所示电路中各点的电压 u_a、u_b、u_c、u_d、u_e、u_f、u_g、u_h、u_i、u_j。

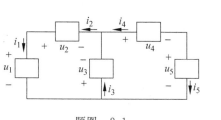

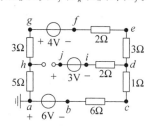

题图　2.1　　　　　　　　　　　　　　　题图　2.2

2.3　分别求题图 2.3 所示电路中电压 U 和电流 I。

2.4　画题图 2.4 所示电路端口的 u-i 关系图,其中 U_S、I_S、R_S 均大于零。

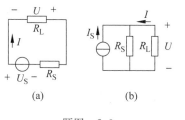

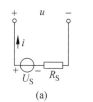

　　(a)　　　　　　　　(b)　　　　　　　　　　(a)　　　　　　　　(b)

题图　2.3　　　　　　　　　　　　　　　题图　2.4

2.5　画题图 2.5 所示电路端口的 u-i 关系图。

2.6　求题图 2.6 所示电路中的电压 U_{ab}。

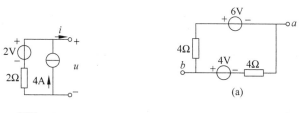

题图　2.5　　　　　　　　　　　　　　　题图　2.6

2.7　求题图 2.7 所示电路中所标出的各电压和电流。

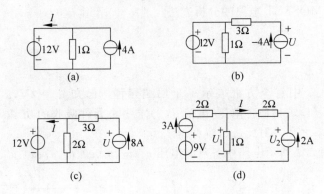

题图　2.7

2.8　求题图 2.8 电路中的电压 U 和电流 I。

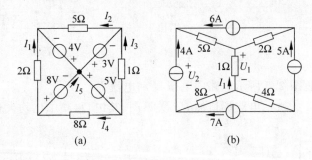

题图　2.8

2.9　已知题图 2.9 所示电路中流过 40Ω 电阻中的电流为 2A，求电流源电流 I_S。

2.10　求题图 2.10 所示电路中的电压 U_1 和电流 I_1。

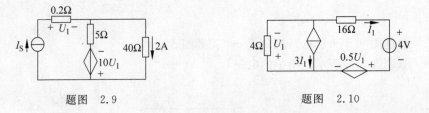

题图　2.9　　　　　　　　　　题图　2.10

2.11　关联参考方向下，电阻的 $\alpha>90°$ 代表什么物理意义？从图书馆或参考书上找到 3 条关于 $\alpha>90°$ 的电阻的信息。

2.12　求题图 2.12 电路中的电流 I。

2.13　求题图 2.13 电路中的节点电压 U_1、U_2、U_3。

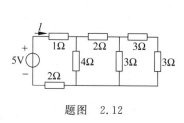

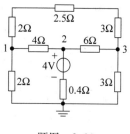

题图　2.12　　　　　　　　　题图　2.13

2.14　求题图 2.14 所示电路中的电压 U。

2.15　求题图 2.15 电路中的电压 U_1 和电流 I_1。

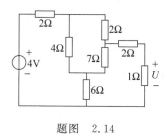

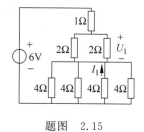

题图　2.14　　　　　　　　　题图　2.15

2.16　求题图 2.16 所示各电路的等效电阻 R_{ab}。

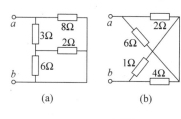

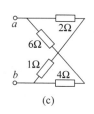

(a)　　　　　　　　(b)　　　　　　　　(c)

题图　2.16

2.17　求题图 2.17 所示各电路的等效电阻 R。

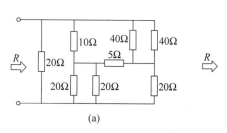

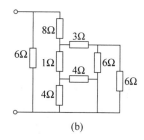

(a)　　　　　　　　　　　　　　(b)

题图　2.17

2.18 求题图 2.18 所示电路的等效电阻 R。

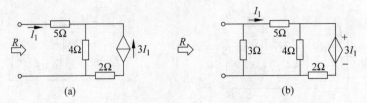

(a) (b)

题图 2.18

2.19 将题图 2.19 中各电路化成最简单形式。

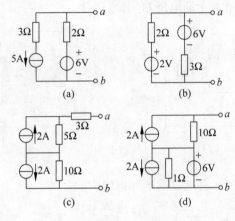

(a) (b)

(c) (d)

题图 2.19

2.20 将题图 2.20 中各电路化成最简单形式。

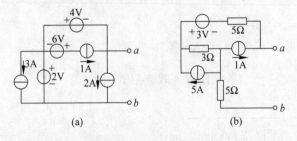

(a) (b)

题图 2.20

2.21 求题图 2.21 所示电路中的电流 I。

2.22 求题图 2.22 所示电路中的电压 u_{AB}。

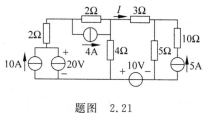

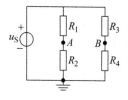

题图　2.21　　　　　　　　　　题图　2.22

2.23　试求题图 2.23 所示电路中的电压 U_{ab}。

2.24　电路如题图 2.24 所示。试求：(1)电压 U、U_1；(2)电流源发出的功率。

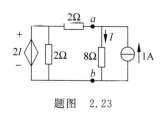

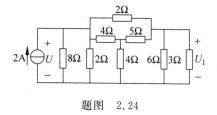

题图　2.23　　　　　　　　　　题图　2.24

2.25　题图 2.25 所示电路中 R 为多少时能够获得最大功率？并求此最大功率。

2.26　若要使题图 2.26 中电流 $I=0$，则电阻 R_x 应取多大的值？

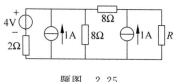

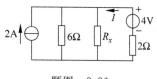

题图　2.25　　　　　　　　　　题图　2.26

2.27　求题图 2.27 所示电路中的电流 I。

2.28　如何用负反馈运算放大器电路实现放大倍数小于 1 的同相放大？

2.29　已知题图 2.29 所示电路中，电压源 $u_S(t)=3\sin100t$ V，求电流 $i(t)$。

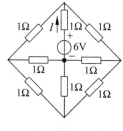

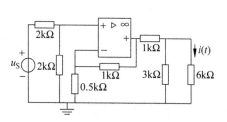

题图　2.27　　　　　　　　　　题图　2.29

2.30　求题图 2.30 电路中的 I。

2.31　已知电路如题图 2.31 所示,(1)求输出电压 U_o;(2)求从电压源 U_S 两端看进去的入端电阻 R_i。

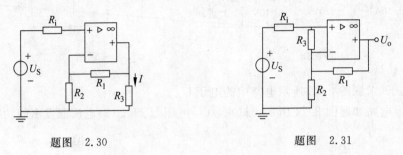

　　题图　2.30　　　　　　　　　　　　　题图　2.31

2.32　题图 2.32 所示电路中电压 u_1 和 u_2 为已知,求输出电压 u_o。

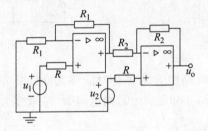

题图　2.32

2.33　运算放大器电路如题图 2.33 所示,(1)求电压增益 U_o/U_S;(2)求由电压源 U_S 两端看进去的入端电阻 R_i。

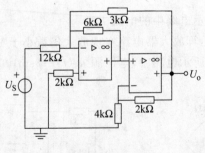

题图　2.33

2.34　已知题图 2.34 所示电路中电压 u_1 和 u_2 已知,求输出电压 u_o。

2.35　判断题图 2.35 所示电路的作用。(提示:利用电压比较器的性质求 u_i 取不同值时各个运放的输出。)

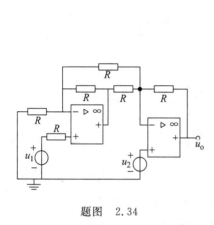

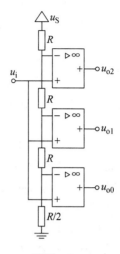

题图　2.34　　　　　　　　　题图　2.35

2.36　求题图 2.36 所示各电路的电导参数矩阵 G。

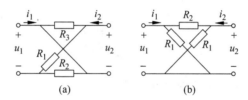

题图　2.36

2.37　求题图 2.37 所示电路的电阻参数矩阵 R。

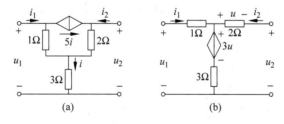

题图　2.37

2.38　已知题图 2.38(a)所示电路是一个二端口网络。求：

(1) 此二端口网络的传输参数矩阵 T；

(2) 在此二端口网络的两端接上电源和负载,如题图 2.38(b)所示。此时电流 $I_2 = 2\text{A}$。根据 T 参数计算 U_{S1} 及 I_1。

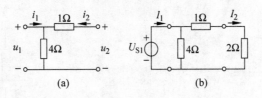

题图 2.38

2.39 (1)用一个受控源实现电导参数矩阵 **G** 的等效电路,并证明该等效电路的端口方程就是电导参数矩阵方程。

(2)用一个受控源实现电阻参数矩阵 **R** 的等效电路,并证明该等效电路的端口方程就是电阻参数矩阵方程。

2.40 用 5V 电源、N 沟道 MOSFET 和电阻器构成一个半加器。半加器的输入为两个待求和的二进制量 X 和 Y。输出有两个二进制量:和 S 与进位 A。进位就是当一位二进制无法表示当前数值时,向更高级增加的量,例如当 $X=1$, $Y=1$ 时 $S=0$, $A=1$。对应着

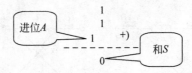

(提示:仿造投票表决系统的构造方法。)

2.41 计算用 N 沟道 MOSFET 构成的两输入 NAND 门和两输入 NOR 门消耗的最大功率。(注意:要求计算的是门消耗的功率,而不是 MOSFET 消耗的功率。)

2.42 已知题图 2.42 所示电路中,d_0 和 $\bar{d}_0$、d_1 和 $\bar{d}_1$、d_2 和 $\bar{d}_2$ 分别互为逻辑反的关系。判断该电路的作用。(提示:制表,填写出 d_0、d_1 和 d_2 所有组合状态下运放的输出,从中总结规律。)

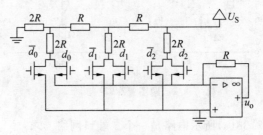

题图 2.42

参考文献

[1]　江缉光.电路原理.北京:清华大学出版社,1997

[2]　Agarwal A,Lang J. Foundations of Analog and Digital Electronic Circuits. Morgan Kaufmann, 2005

[3]　邱关源.电路.第 4 版.北京:高等教育出版社,1999

[4]　李瀚荪.简明电路分析基础.北京:高等教育出版社,2002

[5]　周守昌.电路原理.第 2 版.北京:高等教育出版社,2004

[6]　Alexander C K,Sadiku M N O. Fundamentals of Electric Circuits. 2nd. McGraw-Hill,2003

[7]　Hayt W H, Kemmerly J E, and Durbin S M. Engineering Circuit Analysis. 6th. McGraw-Hill, 2002

[8]　阎石.数字电子技术基础.第 4 版.北京:高等教育出版社,1998

[9]　《无线电》编辑部.无线电元器件精汇.北京:人民邮电出版社,2000

[10]　刘征宇.电子电路设计与制作.福州:福建科学技术出版社,2003

[11]　赵凯华,陈熙谋.电磁学.第 2 版.北京:高等教育出版社,1985

[12]　Rashid M H.电力电子技术手册.北京:机械工业出版社,2004

[13]　Franco.基于运算放大器和模拟集成电路的电路设计.西安:西安交通大学出版社,2004

[14]　周庭阳.n 端口网络.北京:高等教育出版社,1991

[15]　董树义.微波测量.北京:国防工业出版社,1985

第 3 章　线性电阻电路的分析方法和电路定理

本章介绍电路分析中的基本方法和几个重要的定理。电路分析的基本任务是列写电路方程,解出电路变量的值。依据方程中的未知变量名称,分别有支路电流法、节点电压法和回路电流法等求解方法。它们是分析求解电路的基本方法。本章还要介绍叠加定理、替代定理、戴维南定理、诺顿定理、特勒根定理和互易定理,最后介绍有关对偶的概念和对偶原理。

3.1　支路电流法

在第 2 章中讨论了具有 b 条支路 n 个节点电路的分析方法——$2b$ 法。该法是选用 b 条支路的电压和电流为变量,列出 $2b$ 个独立方程,其中包含了 b 个支路电压与电流关系方程、$(n-1)$ 个 KCL 方程和 $(b-n+1)$ 个 KVL 方程,进而解出 b 个支路电压变量和 b 个支路电流变量。

为了减少方程数量,将 b 个支路电压、电流关系 $u=f(i)$ 代入 $(b-n+1)$ 个 KVL 方程,再与 $(n-1)$ 个 KCL 方程联立,得到以支路电流为变量的 b 个方程,可解出 b 个支路电流变量,此方法称为支路电流法(branch current method)。支路电流法是以支路电流为变量,列写出两类方程,一类是 $(n-1)$ 个独立节点的 KCL 方程,另一类是用支路电流表示的 $(b-n+1)$ 个回路电压方程。共有 b 个独立方程,可解出 b 个支路电流变量。

当电路中出现无并联电阻的电流源支路时,因为该支路的电压不能用支路的电流表出,直接应用支路电流法有困难。

仍以例 2.4.9 来说明支路电流法。该例电路为图 3.1.1,图中所示电路中有 4 个节点,可以列出 4 个 KCL 方程,但只有 3 个是独立的,设④节点为参考节点。①、②、③节点满足的 KCL 方程(电流以流出节点为正)如下:

$$\left.\begin{array}{ll} \text{节点 ①} & I_1 + I_2 + I_5 = 0 \\ \text{节点 ②} & -I_2 + I_3 - I_4 = 0 \\ \text{节点 ③} & I_4 - I_5 + I_6 = 0 \end{array}\right\} \qquad (3.1.1)$$

还需 3 个独立的 KVL 方程才能求出 6 个电流变量。3 个独立的 KVL 方程对应 3 个独立回路。独立回路的选取有多种方式。对于平面电路而言,可以选取网孔作为独立回路。另一个简单可行的方法是:每选取一个新回路时,使

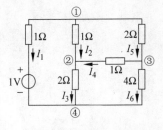

图 3.1.1　支路电流法

此回路包含一个新的电流变量,则新回路的 KVL 方程中至少包含一个新的变量,这个方程不可能由已列出的方程组合得出,因此是独立方程。此方法不仅适用于平面电路,对于非平面电路也适用。应注意到,用这种方法选取回路是方程独立的充分条件。

在图 3.1.1 中选 3 个网孔为独立回路,按顺时针方向列 KVL 方程,有

$$\left.\begin{array}{l} -I_1 + I_2 + 2I_3 = 1 \\ -I_2 + 2I_5 + I_4 = 0 \\ -2I_3 - I_4 + 4I_6 = 0 \end{array}\right\} \tag{3.1.2}$$

式(3.1.1)的 3 个独立 KCL 方程和式(3.1.2)的 3 个独立 KVL 方程就是求解 6 个电流变量所需的方程。

对于有 b 条支路 n 个节点的电路,支路电流法的列写过程归纳如下:

(1) 设定各支路电流的参考方向。

(2) 选 $(n-1)$ 个节点列 KCL 方程。

(3) 选 $(b-n+1)$ 个独立回路。对于平面电路,可选网孔为独立回路。一般地,也可按每新选一个回路增加一条新支路的原则来选取独立回路。

(4) 对独立回路列 KVL 方程。

(5) 求解联立方程得支路电流。

支路电流法是以支路电流为变量列方程,对于支路数很多的电路,由于求解的联立方程数很多,手工求解会很繁,往往在支路数少的电路中应用。但这并不意味支路法不重要,支路法是分析电路的基础。

3.2　节点电压法

支路电流法是以支路电流作为变量列写方程,虽说与 $2b$ 法相比,变量数目有所减少,但支路电流法需要列写 KCL 和 KVL 两种形式的方程,仍有不便之处。本节介绍节点电压法,该方法进一步减少了分析电路所需的独立方程数。

节点电压法是以节点电压为变量列写方程而命名的。在电路中任意选定一个节点作为参考节点(reference node),假设其电位为零,电路中其他各节点到参考节点的电压称为节点电压。由电位的单一性可知,设定的节点电压必然自动满足 KVL。下面以图 3.2.1 所示电路说明之。

图 3.2.1(a)示出电场中 3 点电位分别为 φ_A、φ_B、φ_C,图 3.2.1(b)中假设节点 C 的电位 $\varphi_C = 0$,用接地符号表示。那么,A 节点电压 $U_A = \varphi_A -$

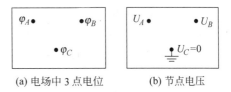

(a) 电场中 3 点电位　　　(b) 节点电压

图 3.2.1　节点电压与 KVL

$\varphi_C = \varphi_A$，B 节点电压 $U_B = \varphi_B - \varphi_C = \varphi_B$，对图 3.2.1(b)中 3 点组成的回路应用 KVL，得

$$(U_A - U_B) + U_B - U_A = 0$$

显然上式恒等于零，即节点电压满足 KVL。也就是说在以节点电压为未知变量分析电路时，不必列写回路 KVL 方程，只要列写 $(n-1)$ 个节点的 KCL 方程即可。由于每条支路与两个节点相关联，支路电压就是这两个节点电压之差，而支路电流与支路电压之间存在线性关系，因此支路电流可由节点电压表示(除两个节点间仅是理想电压源外)，于是可得以节点电压为独立变量的 $(n-1)$ 个节点的 KCL 方程，称为节点方程。求解节点方程得到节点电压，由节点电压可求出支路电压、电流和支路吸收的功率。这就是节点电压法的基本思想。

　　下面先以具体例子来说明如何用节点电压法建立方程，并通过例子归纳出以节点电压为变量列写电路方程的规律。应用此规律通过观察电路可以直接列出所需的方程，不必再由列节点 KCL 入手去列写方程。

　　例 3.2.1　电路如图 3.2.2 所示。以节点电压 U_{n1}、U_{n2}、U_{n3} 为变量用节点电压法列写求解节点电压所需的方程。

　　解　图 3.2.2 所示电路中有 3 个独立节点①、②、③，节点电压分别为 U_{n1}、U_{n2} 和 U_{n3}，以此为变量对三个节点分别列写 KCL 方程。设流出节点的电流为正，则有下述方程：

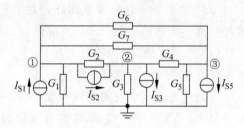

图 3.2.2　例 3.2.1 图

节点①

$$G_1 U_{n1} - I_{S1} + G_2(U_{n1} - U_{n2}) + I_{S2} + G_6(U_{n1} - U_{n3}) + G_7(U_{n1} - U_{n3}) = 0$$

节点②

$$G_2(U_{n2} - U_{n1}) - I_{S2} + G_3 U_{n2} + I_{S3} + G_4(U_{n2} - U_{n3}) = 0$$

节点③

$$G_4(U_{n3} - U_{n2}) + G_5 U_{n3} + I_{S5} + G_6(U_{n3} - U_{n1}) + G_7(U_{n3} - U_{n1}) = 0$$

$$(3.2.1)$$

整理式(3.2.1)，得

节点①　$(G_1 + G_2 + G_6 + G_7)U_{n1} - G_2 U_{n2} - (G_6 + G_7)U_{n3} = I_{S1} - I_{S2}$

节点②　$-G_2 U_{n1} + (G_2 + G_3 + G_4)U_{n2} - G_4 U_{n3} = I_{S2} - I_{S3}$

节点③　$-(G_6 + G_7)U_{n1} - G_4 U_{n2} + (G_4 + G_5 + G_6 + G_7)U_{n3} = -I_{S5}$

$$(3.2.2)$$

不妨将式(3.2.2)写为矩阵形式,即

$$\begin{bmatrix} G_{11} & G_{12} & G_{13} \\ G_{21} & G_{22} & G_{23} \\ G_{31} & G_{32} & G_{33} \end{bmatrix} \begin{bmatrix} U_{n1} \\ U_{n2} \\ U_{n3} \end{bmatrix} = \begin{bmatrix} I_{Sn1} \\ I_{Sn2} \\ I_{Sn3} \end{bmatrix} \tag{3.2.3}$$

式(3.2.3)是求解节点电压 U_{n1}、U_{n2} 和 U_{n3} 所需方程的矩阵形式。

将式(3.2.3)与式(3.2.2)作一比较,并观察电路的联接关系,可归纳出仅含有电导与电流源组成的电路节点电压法方程的列写规律。式(3.2.3)系数矩阵的对角线元素 $G_{11}=G_1+G_2+G_6+G_7$,$G_{22}=G_2+G_3+G_4$ 和 $G_{33}=G_4+G_5+G_6+G_7$ 分别是联接到节点①、节点②与节点③上的所有电导之和,称为各节点的自电导(self-conductance)。称非对角线元素 $G_{12}=G_{21}=-G_2$,$G_{13}-G_{31}=-(G_6+G_7)$ 和 $G_{23}=G_{32}=-G_4$ 为互电导(mutual conductance)。互电导在数值上等于联接在两个非参考节点之间的所有电导之和并冠以负号。式(3.2.3)等号右边列向量中元素 $I_{Sn1}=I_{S1}-I_{S2}$,$I_{Sn2}=I_{S2}-I_{S3}$ 和 $I_{Sn3}=-I_{S5}$ 分别是流入节点①、②、③电流源电流的代数和,指向节点的电流源电流取为正,背离节点的电流源电流取为负。

自电导恒为正,互电导恒为负,这是基于各独立节点的电压均设为对参考节点的电压,并在列节点 KCL 方程时做了流出节点电流为正的假设。取本例①节点进行分析。假设只有①节点的电压单独作用,其他节点电压设为 0,那么①节点电流中有一项为从联接到该节点的各电导元件流出的电流 $(G_1+G_2+G_6+G_7)U_{n1}$。假设只有②节点的电压单独作用,其他节点电压设为 0,同样会有经联接②节点各电导元件流出的电流 $(G_2+G_3+G_4)U_{n2}$,其中 G_2U_{n2} 是由节点②流向节点①的电流,该电流对于①节点电流方程的贡献为 $-G_2U_{n2}$。在写节点方程时把电流前的正、负号纳入电导,于是就有自电导恒为正,互电导恒为负。

式(3.2.3)等号左边表示从电阻支路流出节点的电流,等号右边表示从电流源支路流入节点的电流。流入节点电流等于流出节点电流,满足基尔霍夫的电流定律。

上面例子中只含有电导和电流源。当某条支路含有电压源时,可先将电压源和电阻串联支路等效变换成电流源和电导并联支路后,仍按式(3.2.3)形式直接写出方程。

例 3.2.2 用节点电压法列写求解图 3.2.3(a)所示电路的节点电压所需的方程。

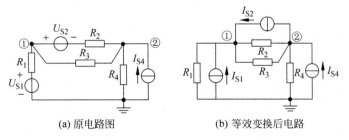

(a) 原电路图 (b) 等效变换后电路

图 3.2.3 例 3.2.2 图

解　设节点电压为 U_{n1}、U_{n2}。

将电压源与电阻串联支路做电源等效变换,如图 3.2.3(b)所示。其中,$I_{S1}=U_{S1}/R_1$,$I_{S2}=U_{S2}/R_2$,方向如图中所示。观察电路联接关系,在①节点联有 R_1、R_2、R_3,①节点的自电导为这 3 个电阻倒数之和。②节点联有 R_2、R_3、R_4,②节点的自电导为这 3 个电阻倒数之和。①、②节点之间接有电阻 R_2、R_3,互电导为这两个电阻倒数和的负数。再观察流入节点的电流源电流的情况,流入①节点的电流源电流为$(U_{S1}/R_1)+(U_{S2}/R_2)$,流入②节点的电流源电流为 $I_{S4}-(U_{S2}/R_2)$,据此可直接写出下面的方程:

$$\begin{bmatrix} \dfrac{1}{R_1}+\dfrac{1}{R_2}+\dfrac{1}{R_3} & -\left(\dfrac{1}{R_2}+\dfrac{1}{R_3}\right) \\[2mm] -\left(\dfrac{1}{R_2}+\dfrac{1}{R_3}\right) & \dfrac{1}{R_2}+\dfrac{1}{R_3}+\dfrac{1}{R_4} \end{bmatrix} \begin{bmatrix} U_{n1} \\[2mm] U_{n2} \end{bmatrix} = \begin{bmatrix} \dfrac{U_{S1}}{R_1}+\dfrac{U_{S2}}{R_2} \\[2mm] I_{S4}-\dfrac{U_{S2}}{R_2} \end{bmatrix}$$

上式中等号右边包含有两部分,一部分是原电路中电流源的电流,“+”、“−”取号仍以电流源电流的参考方向来定;另一部分是经电源等效变换后得到的等效电流源,它的大小就等于电压源除以串联的电阻值,当电压源“+”极性连在该节点时取为“+”,因为等效电流源的电流指向该节点,否则取为负。

归纳例 3.2.1 和例 3.2.2 的求解过程,将之推广到有$(n+1)$个节点、仅含有电阻(电导)、电流源与有串联电阻的电压源支路的电路,比照式(3.2.3)形式,得

$$\begin{bmatrix} G_{11} & G_{12} & \cdots & G_{1k} & \cdots & G_{1n} \\ G_{21} & G_{22} & \cdots & G_{2k} & \cdots & G_{2n} \\ \vdots & \vdots & & \vdots & & \vdots \\ G_{k1} & G_{k2} & \cdots & G_{kk} & \cdots & G_{kn} \\ \vdots & \vdots & & \vdots & & \vdots \\ G_{n1} & G_{n2} & \cdots & G_{nk} & \cdots & G_{nn} \end{bmatrix} \begin{bmatrix} U_{n1} \\ U_{n2} \\ \vdots \\ U_{nk} \\ \vdots \\ U_{nn} \end{bmatrix} = \begin{bmatrix} I_{Sn1} \\ I_{Sn2} \\ \vdots \\ I_{Snk} \\ \vdots \\ I_{Snn} \end{bmatrix} \qquad (3.2.4)$$

式中,$G_{kk}(k=1,2,\cdots,n)$为第 k 个独立节点的自电导,数值上等于联接到第 k 个节点所有电导之和,恒为正。$G_{ij}(i,j=1,2,\cdots,n,i\neq j)$为节点 i 和节点 j 之间的互电导,数值上等于联接在第 i 和第 j 个节点间的所有电导之和并冠以负号。$I_{Snk}(k=1,2,\cdots,n)$是流入 k 节点的电流源(包括作电源等效变换后的电流源)电流的代数和,若电流源电流参考方向指向节点取为“+”,若背离节点则取为“−”。

上述以节点电压为变量列写独立 KCL 方程,通过求解节点电压完成电路分析的方法称做节点电压法(node voltage method)。

在仅含电阻、电压源和电流源的电路中,因为互电导 $G_{ij}=G_{ji}$,式(3.2.4)系数矩阵是对称矩阵。

例 3.2.3 图 3.2.4 所示电路是用 MOSFET 实现的差分放大器在仅有差模输入时的小信号模型。用节点电压法求差模小信号的增益 u_o/u_d。

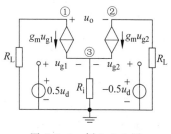

图 3.2.4 例 3.2.3 图

解 图 3.2.4 所示电路中包含有电阻、电压源和压控电流源。对于含有受控电源的电路列写节点 KCL 方程时,先把受控源当作独立源对待,仍可用前面归纳的一般规律来列写。节点方程为

$$
\left.
\begin{aligned}
\text{节点 ①} \quad & \frac{1}{R_L}U_{n1} = -g_m u_{g1} \\[2mm]
\text{节点 ②} \quad & \frac{1}{R_L}U_{n2} = -g_m u_{g2} \\[2mm]
\text{节点 ③} \quad & \frac{1}{R_i}U_{n3} = g_m u_{g1} + g_m u_{g2}
\end{aligned}
\right\} \tag{3.2.5}
$$

式(3.2.5)所示方程是应用节点电压法得到的,但还不是最终所要的方程,此方程中还有 2 个非节点电压变量 u_{g1} 和 u_{g2}。将 u_{g1} 和 u_{g2} 用节点电压来表示,得

$$u_{g1} = 0.5u_d - U_{n3}$$
$$u_{g2} = -0.5u_d - U_{n3}$$

将上面两式代入式(3.2.5),经整理后得

$$
\left.
\begin{aligned}
& \frac{1}{R_L}U_{n1} - g_m U_{n3} = -0.5g_m u_d \\[2mm]
& \frac{1}{R_L}U_{n2} - g_m U_{n3} = 0.5g_m u_d \\[2mm]
& \left(\frac{1}{R_i} + 2g_m\right)U_{n3} = 0
\end{aligned}
\right\} \tag{3.2.6}
$$

求解式(3.2.6),得差模小信号的增益

$$u_o/u_d = -g_m R_L$$

由本例可知,由于电路中存在着受控源,方程系数不再对称。

对含有受控源电路应用节点电压法列写方程的步骤归纳如下:

(1) 先将受控源当成独立电源,按仅含电阻和独立电源电路列写方程的规律列出方程。

(2) 找出控制量和节点电压的关系方程。

(3) 整理得到以节点电压为独立变量的方程。

倘若电路中有与理想电流源串联的电阻或有与理想电压源并联的电阻,那么此类电阻对于用节点法列写的方程系数有何贡献呢? 这个问题请读者结合本章习题进行思考,

这里不再举例说明。

电路中有时会出现两个节点之间连有纯电压源的支路。由于电压源无串联电阻,直观地看在自电导和互电导中会有零的倒数项存在,使得我们无法直接写出节点方程。其原因在于电压源支路中电流无法用节点电压直接表示出来。对此类电路在应用节点电压法进行分析时,可以通过参考节点的灵活选取、增设电压源支路电流、引入广义节点或超节点的概念等方法给予解决。下面通过例子具体说明。

例 3.2.4　用节点电压法列写求解图 3.2.5 所示电路节点电压所需的方程。

解法一　本例所示电路有 4 个节点,习惯做法将节点④设为参考节点,这样选取的结果在节点②和节点③之间出现了无串联电阻的独立电压源支路。为解决此问题,不妨换个思路,将参考点设在③节点,如图 3.2.6 所示。

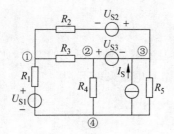 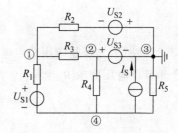

图 3.2.5　例 3.2.4 图　　　　　　　　图 3.2.6　例 3.2.4 解法一

节点②的电压可直接写出为

$$U_{n2} = U_{S3} \tag{3.2.7}$$

只需对节点①、④列写 KCL 方程,有

$$\left.\begin{array}{l}\left(\dfrac{1}{R_1} + \dfrac{1}{R_2} + \dfrac{1}{R_3}\right)U_{n1} - \dfrac{1}{R_3}U_{n2} - \dfrac{1}{R_1}U_{n4} = \dfrac{U_{S1}}{R_1} - \dfrac{U_{S2}}{R_2} \\[3mm] -\dfrac{1}{R_1}U_{n1} - \dfrac{1}{R_4}U_{n2} + \left(\dfrac{1}{R_1} + \dfrac{1}{R_4} + \dfrac{1}{R_5}\right)U_{n4} = -\dfrac{U_{S1}}{R_1} - I_S\end{array}\right\} \tag{3.2.8}$$

将式(3.2.7)代入式(3.2.8),整理后得

$$\left(\dfrac{1}{R_1} + \dfrac{1}{R_2} + \dfrac{1}{R_3}\right)U_{n1} - \dfrac{1}{R_1}U_{n4} = \dfrac{U_{S1}}{R_1} - \dfrac{U_{S2}}{R_2} + \dfrac{U_{S3}}{R_3}$$

$$-\dfrac{1}{R_1}U_{n1} + \left(\dfrac{1}{R_1} + \dfrac{1}{R_4} + \dfrac{1}{R_5}\right)U_{n4} = -\dfrac{U_{S1}}{R_1} + \dfrac{U_{S3}}{R_4} - I_S$$

当电路中只含有一个无串联电阻的电压源连在两个节点间时,将参考节点选在该电压源的负极是一种很好的处理方法。这样既避免了对连有电压源正极性节点列写 KCL 方程,又使求解电路的方程数得以减少。

解法二　如将参考节点选在④节点,又如何来列写方程呢?

节点法是以节点电压为变量,但列的方程是关于节点的 KCL 方程。由于电压源支路中电流是由外电路决定的,可以先假设一个电流变量 I,如图 3.2.7 中所示。

列写①、②、③节点的 KCL 方程,有

节点①　$\left(\dfrac{1}{R_1}+\dfrac{1}{R_2}+\dfrac{1}{R_3}\right)U_{n1}-\dfrac{1}{R_3}U_{n2}-\dfrac{1}{R_2}U_{n3}=\dfrac{U_{S1}}{R_1}-\dfrac{U_{S2}}{R_2}$　　　　(3.2.9)

节点②　$-\dfrac{1}{R_3}U_{n1}+\left(\dfrac{1}{R_3}+\dfrac{1}{R_4}\right)U_{n2}=I$　　　　(3.2.10)

节点③　$-\dfrac{1}{R_2}U_{n1}+\left(\dfrac{1}{R_2}+\dfrac{1}{R_5}\right)U_{n3}=I_S-I+\dfrac{U_{S2}}{R_2}$　　　　(3.2.11)

上面 3 个方程除了 3 个节点电压变量外还有一个未知变量 I,4 个未知变量需要列写 4 个独立方程才能得以求解。应增加的补充方程为节点电压和电压源电压之间的约束关系,即

$$U_{n2}-U_{n3}=U_{S3}\qquad\qquad (3.2.12)$$

式(3.2.9)~式(3.2.12)就是求解节点电压所需的方程。

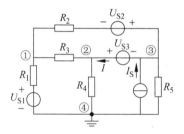

图 3.2.7　例 3.2.4 解法二

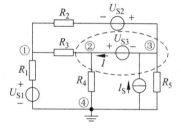

图 3.2.8　例 3.2.4 解法三

解法三　将节点②、③和电压源 U_{S3} 组成的闭合面看成一个广义节点(超节点),如图 3.2.8 所示。

对于节点①仍可以由前面归纳的规律列写方程,有

$$\left(\frac{1}{R_1}+\frac{1}{R_2}+\frac{1}{R_3}\right)U_{n1}-\frac{1}{R_3}U_{n2}-\frac{1}{R_2}U_{n3}=\frac{U_{S1}}{R_1}-\frac{U_{S2}}{R_2}\qquad (3.2.13)$$

广义节点给出了节点电压和电压源电压之间的约束关系,有

$$U_{n2}-U_{n3}=U_{S3}\qquad\qquad (3.2.14)$$

对广义节点列写 KCL 方程,得

$$-\left(\frac{1}{R_2}+\frac{1}{R_3}\right)U_{n1}+\left(\frac{1}{R_3}+\frac{1}{R_4}\right)U_{n2}+\left(\frac{1}{R_2}+\frac{1}{R_5}\right)U_{n3}=I_S+\frac{U_{S2}}{R_2}\quad (3.2.15)$$

式(3.2.13)~式(3.2.15)就是求解节点电压所需的方程。

将解法二和解法三中所列方程进行比较,可以看出将式(3.2.10)与式(3.2.11)相加就可得到式(3.2.15)。若题目未要求解出电压源中电流,用广义节点(超节点)的概念列写方程比设电流变量的方法更为简洁。

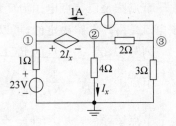

图 3.2.9　例 3.2.5 图

例 3.2.5　电路如图 3.2.9 所示,用节点电压法求图示电路中各节点的电压。

解　图 3.2.9 所示电路中有 3 个独立节点,其中节点①、②和流控电压源构成广义节点,可列出节点电压和流控电压源之间的约束方程

$$U_{n1} - U_{n2} = 2I_x \tag{3.2.16}$$

对广义节点列出 KCL 方程,有

$$U_{n1} + \left(\frac{1}{2} + \frac{1}{4}\right)U_{n2} - \frac{1}{2}U_{n3} = \frac{23}{1} + 1 \tag{3.2.17}$$

对节点③可列出方程

$$-\frac{1}{2}U_{n2} + \left(\frac{1}{2} + \frac{1}{3}\right)U_{n3} = -1 \tag{3.2.18}$$

由于电路中包含有受控源,还需补充一个控制量与节点电压的关系式

$$I_x = \frac{1}{4}U_{n2} \tag{3.2.19}$$

将式(3.2.19)代入式(3.2.16),整理后可得

$$\left.\begin{array}{l} U_{n1} - \dfrac{3}{2}U_{n2} = 0 \\[2mm] U_{n1} + \dfrac{3}{4}U_{n2} - \dfrac{1}{2}U_{n3} = 24 \\[2mm] -\dfrac{1}{2}U_{n2} + \dfrac{5}{6}U_{n3} = -1 \end{array}\right\}$$

联立求解上面的方程组,得各节点电压分别为

$$U_{n1} = 18\text{V}$$
$$U_{n2} = 12\text{V}$$
$$U_{n3} = 6\text{V}$$

节点法也常用来分析含运算放大器的电路,举例如下。

例 3.2.6　电路如图 3.2.10 所示,求图示理想运算放大器电路的输出电压 u_o。

解　图 3.2.10 所示电路包含两个运算放大器,有 6 个独立节点。其中节点②、⑤的电压就是电源电压,为已知数,节点③、⑥连在放大器的输出端,因此只需要在①、④节点列写节点方程。

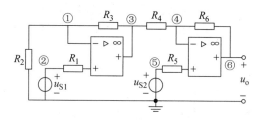

图 3.2.10　例 3.2.6 图

节点①　　　　　　　　　　　$\left(\dfrac{1}{R_2}+\dfrac{1}{R_3}\right)u_1-\dfrac{1}{R_3}u_3=0$

节点④　　　　　　　　　　　$\left(\dfrac{1}{R_4}+\dfrac{1}{R_6}\right)u_4-\dfrac{1}{R_4}u_3-\dfrac{1}{R_6}u_0=0$

上面方程中有 4 个未知数,由运算放大器虚短性质可知

$$u_1=u_2=u_{S1}$$

$$u_4=u_5=u_{S2}$$

将 u_{S1}、u_{S2} 分别代换①、④节点方程中的 u_1、u_4,求解方程组可得输出电压为

$$u_o=\left(1+\frac{R_6}{R_4}\right)u_{S2}-\frac{R_6}{R_4}\left(1+\frac{R_3}{R_2}\right)u_{S1}$$

　　节点电压法以节点电压为未知变量,对独立节点列 KCL 方程,解出节点电压。对于小规模电路用节点电压法手工列写方程规律性很强,易于掌握。节点电压法在电路分析中得到广泛的应用,尤其适用于支路数多、节点少的电路。在大规模电路分析时,所采用的通用软件如 Spice 也是基于节点法编制的。

3.3　回路电流法

　　节点电压法以自动满足 KVL 的节点电压为未知变量来建立方程,对于具有 b 条支路 n 个节点的电路只需建立 $(n-1)$ 个独立方程。

　　根据电流的连续性,可以假设一个电流仅在指定的回路中循顺时针或反时针方向流动,如图 3.3.1 所示,称为回路电流(loop current)。对于图 3.3.1 中每个节点,回路电流流入一次又流出一次,因此回路电流在节点上自动满足 KCL。如对于图 3.3.1 中 a 节点的 KCL 方程为

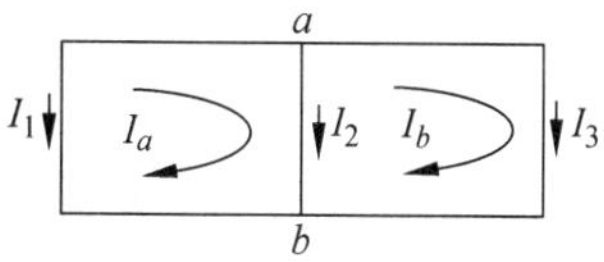

图 3.3.1　回路电流示意图

$$I_a-I_a+I_b-I_b=0$$

上式恒等于零。

　　支路电流和回路电流有着一定的关系,当某支路只有一个回路电流流过时,该支路电

流就是回路电流；当有多个回路电流流过某个支路时，支路电流就等于这些回路电流的代数和。图 3.3.1 所示电路中支路电流和回路电流的关系为

$$I_1 = -I_a$$
$$I_2 = I_a - I_b$$
$$I_3 = I_b$$

这里要强调的是回路电流是假想的电流，在电路中并不存在的。它无法用电流表测量得到，真正能测量的电流只能是支路电流。

由于回路电流自动满足 KCL。若以回路电流作为独立变量建立方程就没有必要再列 KCL 方程，只需列写 KVL 方程即可。回路电流法（loop current method）就是以假设的回路电流为变量来建立方程。对于有 b 条支路 n 个节点的电路，独立的 KVL 方程数为 $(b-n+1)$，即有 $(b-n+1)$ 个独立的回路，只需对 $(b-n+1)$ 个独立回路列写 KVL 方程，解该联立方程组就可得回路电流。由于某条支路的电流是流经该支路的所有回路电流的代数和，因此，支路电流可由回路电流表示出来，然后进一步可求支路电压和功率。这就是用回路电流法求解电路的基本思想。

下面先以具体的例子来说明回路电流法，并通过例子归纳出以回路电流为变量列写方程的规律。应用此规律，结合观察电路可以直接列出所需方程。

例 3.3.1 用回路电流法求图 3.3.2 所示电路中各支路电流 I_1、I_2 和 I_3。

解 本例所示电路为平面电路，有 2 个网孔，显然有 2 个独立回路。设回路电流为 I_a、I_b，方向如图 3.3.2 所示。对两个回路分别列写 KVL 方程，选循行方向和回路电流方向一致。

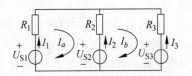

图 3.3.2 例 3.3.1 图

$$\left.\begin{array}{l} 回路\ a \quad -U_{S1} + R_1 I_a + R_2(I_a - I_b) + U_{S2} = 0 \\ 回路\ b \quad -U_{S2} + R_2(I_b - I_a) + R_3 I_b + U_{S3} = 0 \end{array}\right\} \quad (3.3.1)$$

整理式(3.3.1)，得

$$\left.\begin{array}{l} (R_1 + R_2)I_a - R_2 I_b = U_{S1} - U_{S2} \\ -R_2 I_a + (R_2 + R_3)I_b = U_{S2} - U_{S3} \end{array}\right\} \quad (3.3.2)$$

不妨将式(3.3.2)写为矩阵形式，

$$\begin{bmatrix} R_1 + R_2 & -R_2 \\ -R_2 & R_2 + R_3 \end{bmatrix} \begin{bmatrix} I_a \\ I_b \end{bmatrix} = \begin{bmatrix} U_{S1} - U_{S2} \\ U_{S2} - U_{S3} \end{bmatrix} \quad (3.3.3)$$

式(3.3.3)中系数矩阵对角线元素 $R_{11} = R_1 + R_2$ 是回路 a 中所有电阻之和，$R_{22} = R_2 + R_3$ 是回路 b 中所有电阻之和，R_{11}、R_{22} 分别称为回路 a、b 的自电阻（self-resistance）。由于在列写 KVL 方程时设定了循行方向为回路电流的方向，因此自电阻上产生的电压降总是正的。把电压降的正、负归入电阻，于是自电阻恒为正。非对角线元素 $R_{12} = R_{21} = -R_2$ 是

回路 a 与回路 b 的公共电阻,称为互电阻(mutual resistance)。同样把电压降的正、负归入电阻,于是互电阻可能正,也可能负。当公共电阻上两个回路电流为同一方向时,互电阻为正;当公共电阻上两个回路电流为相反方向时,互电阻为负。式(3.3.3)等号右边电压向量中的元素表示每个回路中所有电压源沿回路电流方向电压升的代数和,回路 a 中电压源的电压升为 $U_{S1}-U_{S2}$,回路 b 中电压源的电压升为 $U_{S2}-U_{S3}$。

总而言之,式(3.3.3)等号左边表示沿回路电流方向在电阻上的压降,等号右边表示沿回路电流方向在电源上的压升,显然电阻上压降代数和等于电源上压升代数和。

将此规律推广到有 b 条支路、l 个独立回路的仅含有电阻和独立电压源的电路,可得到以回路电流 $I_{lk}(k=1,2,\cdots,l)$ 为独立变量的回路电压方程,即

$$
\begin{bmatrix}
R_{11} & R_{12} & \cdots & R_{1k} & \cdots & R_{1l} \\
R_{21} & R_{22} & \cdots & R_{2k} & \cdots & R_{2l} \\
\vdots & \vdots & & \vdots & & \vdots \\
R_{k1} & R_{k2} & \cdots & R_{kk} & \cdots & R_{kl} \\
\vdots & \vdots & & \vdots & & \vdots \\
R_{l1} & R_{l2} & \cdots & R_{lk} & \cdots & R_{ll}
\end{bmatrix}
\begin{bmatrix}
I_{l1} \\ I_{l2} \\ \vdots \\ I_{lk} \\ \vdots \\ I_{ll}
\end{bmatrix}
=
\begin{bmatrix}
U_{Sl1} \\ U_{Sl2} \\ \vdots \\ U_{Slk} \\ \vdots \\ U_{Sll}
\end{bmatrix}
\tag{3.3.4}
$$

上式中,$R_{kk}(k=1,2,\cdots,l)$ 为第 k 个回路的自电阻,恒为正。$R_{ij}(i,j=1,2,\cdots,l,i\neq j)$ 为第 i 个回路与第 j 个回路的互电阻。当互电阻上两个回路的电流方向相同时,互电阻为正;相反时,互电阻为负;当两个回路不相邻时,互电阻为零。$U_{Slk}(k=1,2,\cdots,l)$ 是第 k 个回路中所有电压源沿回路电流方向的电压升的代数和。当电压源电压参考方向与回路电流方向相反时取为正,否则为负。

上述以回路电流为变量列写独立 KVL 方程,通过求解回路电流完成电路分析的方法称作回路电流法(loop current method)。

在仅含有电压源和电阻组成的电路中,因为互电阻 $R_{ij}=R_{ji}$,式(3.3.4)系数矩阵是对称矩阵。

对于平面电路而言,选择网孔电流作为未知变量求解电路称为网孔电流法(mesh current method)。用网孔电流法分析电路,列写方程的规律性较回路电流法的更强。当设定网孔电流方向均为顺(逆)时针时,由于相邻网孔电流在互电阻上方向一定相反,所以互电阻均为负。其他规律与回路电流法相同。

例 3.3.2　电路如图 3.3.3 所示。已知电压源 $U_{S1}=1.5\text{V}$,$U_{S4}=4\text{V}$,$U_{S5}=2\text{V}$,$U_{S6}=8\text{V}$,电阻 $R_1=5\Omega$,$R_2=3\Omega$,$R_3=2\Omega$,$R_4=4\Omega$,$R_5=1\Omega$,$R_6=3\Omega$。用回路电流法求电阻 R_4 中电流 I_4。

解　选网孔为独立回路,设网孔电流分别为 I_a、I_b 和 I_c,其参考方向如图 3.3.3 中所示。

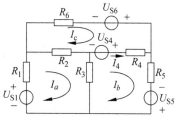

图 3.3.3　例 3.3.2 图

分析电路可知,网孔 a 的自电阻为 $(R_1+R_2+R_3)$,网孔 b 的自电阻为 $(R_3+R_4+R_5)$,网孔 c 的自电阻为 $(R_2+R_4+R_6)$,网孔 a 和网孔 b 之间的公共电阻为 R_3,网孔 a 和网孔 c 之间的公共电阻为 R_2,网孔 b 和网孔 c 之间的公共电阻为 R_4。每个互电阻上流过的两个网孔电流均为相反方向,则互电阻均为负。回路 a 的电压源电压升为 U_{S1},回路 b 的电压源电压升为 $U_{S4}+U_{S5}$,回路 c 的电压源电压升为 $U_{S6}-U_{S4}$。将如上结果按照式(3.3.4)形式写出,得

$$\begin{bmatrix} R_1+R_2+R_3 & -R_3 & -R_2 \\ -R_3 & R_3+R_4+R_5 & -R_4 \\ -R_2 & -R_4 & R_2+R_4+R_6 \end{bmatrix}\begin{bmatrix} I_a \\ I_b \\ I_c \end{bmatrix}=\begin{bmatrix} U_{S1} \\ U_{S4}+U_{S5} \\ U_{S6}-U_{S4} \end{bmatrix}$$

将题中条件代入上面式子,有

$$\begin{bmatrix} 10 & -2 & -3 \\ -2 & 7 & -4 \\ -3 & -4 & 10 \end{bmatrix}\begin{bmatrix} I_a \\ I_b \\ I_c \end{bmatrix}=\begin{bmatrix} 1.5 \\ 6 \\ 4 \end{bmatrix}$$

求解上面矩阵方程,解得网孔电流分别为

$$I_a=1\text{A}$$
$$I_b=2\text{A}$$
$$I_c=1.5\text{A}$$

电阻 R_4 中电流为

$$I_4=I_b-I_c=0.5\text{A}$$

例 3.3.3 电路如图 3.3.4 所示。已知电压源 $U_S=5\text{V}$,电阻 $R_1=1\Omega$,$R_2=2\Omega$,$R_3=2\Omega$,$R_4=1\Omega$,压控电压源控制系数 $\mu=2$。用网孔电流法求受控电压源的功率。

解 设网孔电流如图 3.3.4 所示。观察电路得网孔 a、b 的自电阻分别为 $(R_1+R_2+R_3)$,(R_3+R_4),互电阻为 $-R_3$。在分析回路电压源的电压升时,先将受控电压源看作独立源,回路 a、b 的电压升分别为 $(U_S-\mu U_{R2})$,μU_{R2}。建立方程,得

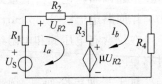

图 3.3.4 例 3.3.3 图

$$\left.\begin{array}{r} (R_1+R_2+R_3)I_a-R_3I_b=U_S-\mu U_{R2} \\ -R_3I_a+(R_3+R_4)I_b=\mu U_{R2} \end{array}\right\} \tag{3.3.5}$$

上面两个方程中有三个未知变量,还要增补一个方程,应该是控制量 U_{R2} 与回路电流的关系

$$U_{R2}=R_2I_a$$

将上式代入式(3.3.5),并代入题中数值,得

$$9I_a - 2I_b = 5 \atop -6I_a + 3I_b = 0 \Bigg\}$$
　　　　(3.3.6)

联立求解上式,得网孔电流分别为

$$I_a = 1\text{A}$$

$$I_b = 2\text{A}$$

则受控电压源发出的功率为

$$P = (I_b - I_a)\mu U_{R2} = 4\text{W}$$

由式(3.3.6)可以看出,当电路中含有受控源时,方程系数矩阵不再对称。

下面对含有电阻、独立电压源和受控电压源电路回路电流法列写方程步骤归纳如下:

(1) 将受控电压源当成独立源,按仅含电阻和独立电源的电路列写方程的规律列出方程。

(2) 找出控制量与回路电流的关系方程。

(3) 整理得到以回路电流为独立变量的方程。

当电路中含有电流源时,用回路电流法列写方程会遇到一点麻烦。原因是电流源的端电压是未知的。下面通过例子来说明此类电路的处理方法。

例 3.3.4　电路如图 3.3.5 所示。用回路电流法求解各支路电流。

解法一　本例所示电路有 3 个独立回路,虽有多种组合的选择,但由于电路中存在电流源支路,在选择独立回路时,使电流源支路只被 1 个回路所包含会给列写方程带来方便。设定 3 个回路电流 I_a、I_b 和 I_c,如图 3.3.6 所示。

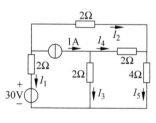

图 3.3.5　例 3.3.4 图

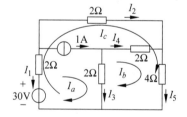

图 3.3.6　例 3.3.4 解法一

因为电流源支路只有 1 个回路电流流过,显然有

$$I_a = 1\text{A}$$

这样,未知变量个数减少了 1 个,只需对 b、c 两个回路列方程,有

回路 b　$-2 + 8I_b + 4I_c = 0$

回路 c　$2 + 4I_b + 8I_c = 30$

联立求解上面方程组,得

$$I_b = -2\text{A}$$

$$I_c = 4.5\text{A}$$

由回路电流得各支路电流分别为

$$I_1 = -I_a - I_c = -5.5\text{A}$$
$$I_2 = I_c = 4.5\text{A}$$
$$I_3 = I_a - I_b = 3\text{A}$$
$$I_4 = I_b = -2\text{A}$$
$$I_5 = I_b + I_c = 2.5\text{A}$$

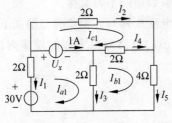

图 3.3.7　例 3.3.4 解法二

解法二　选网孔电流为未知变量,如图 3.3.7 所示。

由于电流源处于相邻网孔的公共支路上,电流源对该相邻网孔的电流起了约束作用,但是仍需设电流源的端电压 U_x 以便列写回路电压方程,U_x 的参考方向如图 3.3.7 所示。3 个网孔的电压方程分别为

$$\left.\begin{array}{l} 4I_{a1} - 2I_{b1} = 30 - U_x \\ -2I_{a1} + 8I_{b1} - 2I_{c1} = 0 \\ -2I_{b1} + 4I_{c1} = U_x \end{array}\right\} \qquad (3.3.7)$$

式(3.3.7)有 3 个方程,4 个未知变量,要增补的方程就是电流源电流对相邻网孔电流的约束关系,即

$$I_{a1} - I_{c1} = 1 \qquad (3.3.8)$$

联立求解式(3.3.7)和式(3.3.8),得网孔电流

$$I_{a1} = 5.5\text{A}$$
$$I_{b1} = 2.5\text{A}$$
$$I_{c1} = 4.5\text{A}$$

进而得各支路电流

$$I_1 = -I_{a1} = -5.5\text{A}$$
$$I_2 = I_{c1} = 4.5\text{A}$$
$$I_3 = I_{a1} - I_{b1} = 3\text{A}$$
$$I_4 = I_{b1} - I_{c1} = -2\text{A}$$
$$I_5 = I_{b1} = 2.5\text{A}$$

解法三　将式(3.3.7)中第 1 个方程和第 3 个方程相加,得

$$4I_{a1} - 4I_{b1} + 4I_{c1} = 30$$

上式也可由图 3.3.8 虚线所示的回路得到。该回路由共有同一个电流源的 2 个网孔组成,称做广义网孔(generalized-mesh)或超网孔(super-mesh)。一个超网孔给出了两种约束,一个是电流源的电流和相邻的两个网孔电流之间的约束,另一个是超网孔本身的

KVL 方程。

对于本例,在设定了超网孔后,可以建立 1 个 KCL 方程和 1 个 KVL 方程

$$\left.\begin{array}{l} I_{a1} - I_{c1} = 1 \\ 4I_{a1} - 4I_{b1} + 4I_{c1} = 30 \end{array}\right\} \tag{3.3.9}$$

再在 b 网孔列 1 个 KVL 方程,

$$-2I_{a1} + 8I_{b1} - 2I_{c1} = 0$$

联立求解式(3.3.9)和上式,得

$$I_{a1} = 5.5\text{A}$$

$$I_{b1} = 2.5\text{A}$$

$$I_{c1} = 4.5\text{A}$$

得支路电流

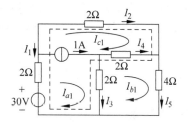

图 3.3.8 例 3.3.4 解法三

$$I_1 = -I_{a1} = -5.5\text{A}$$

$$I_2 = I_{c1} = 4.5\text{A}$$

$$I_3 = I_{a1} - I_{b1} = 3\text{A}$$

$$I_4 = I_{b1} - I_{c1} = -2\text{A}$$

$$I_5 = I_{b1} = 2.5\text{A}$$

例 3.3.5 用回路电流法求解图 3.3.9 所示电路中的网孔电流 I_1、I_2 和 I_3。

解 图 3.3.9 所示电路中回路 1 和回路 3 有公共受控电流源,构成了一个超网孔。

对超网孔用 KVL,有

$$2I_1 + 12I_3 - 6I_2 = 6 \tag{3.3.10}$$

对受控源支路,有

$$I_1 - I_3 = 0.5U \tag{3.3.11}$$

对网孔 2 用 KVL,有

$$-2I_1 + 8I_2 - 4I_3 = 0 \tag{3.3.12}$$

控制量与网孔电流的关系为

$$U = 2I_2 \tag{3.3.13}$$

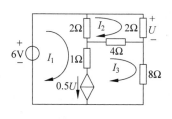

图 3.3.9 例 3.3.5 图

由式(3.3.10)～式(3.3.13),得到

$$I_1 = 1.2\text{A}$$

$$I_2 = 0.6\text{A}$$

$$I_3 = 0.6\text{A}$$

回路电流法也是分析电路的基本方法。对于回路少、节点多的电路宜用回路法。回路电流法也常用来分析含有晶体管的电路。网孔电流法只适用于平面电路,对于非平面电路可以采用节点电压法或回路电流法。

3.4　叠加定理和齐性定理

由线性元件和独立电源组成的电路称为线性电路。不管选用电路中电压或电流变量来列写电路方程,最终得到的是一组线性方程。由代数知识易知,方程的解具有可加性和齐次性。这个性质反映到电路分析中即为响应(电路中电流或两点间电压)和激励(独立电源)之间满足可加性(additivity property)和齐次性(homogeneity property),称可加性为叠加性质(superposition property),称齐次性为比例性质。

3.4.1　叠加定理

先用例子来说明线性电路中响应和激励之间满足的可加性。

例 3.4.1　图 3.4.1 所示电路中有 3 条支路,每条支路有 1 个电导和 1 个电流源并联组成。试分析节点电压 U_A 与电流源激励间的关系。

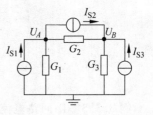

图 3.4.1　例 3.4.1 图

解　由节点电压法可得到响应(节点电压 U_A、U_B)与激励(独立电流源)之间关系方程为

$$\left.\begin{array}{c} (G_1 + G_2)U_A - G_2 U_B = I_{S1} - I_{S2} \\ - G_2 U_A + (G_2 + G_3)U_B = I_{S2} + I_{S3} \end{array}\right\}$$

联立求解上面方程,得节点电压 U_A

$$U_A = \frac{G_2 + G_3}{G_1 G_2 + G_1 G_3 + G_2 G_3} I_{S1} - \frac{G_3}{G_1 G_2 + G_1 G_3 + G_2 G_3} I_{S2} + \frac{G_2}{G_1 G_2 + G_1 G_3 + G_2 G_3} I_{S3}$$

$$(3.4.1)$$

节点电压 U_A 由 3 项组成,每一项均为一个具有电阻量纲的比例系数和电流源的乘积。式(3.4.1)表明了线性电路中节点电压是各电流源 I_{S1}、I_{S2} 和 I_{S3} 的线性组合。

在图 3.4.1 所示电路中,分别令其中一个电流源作用,其余两个电流源不作用(即将电流源进行开路处理),可得到 3 个子电路,如图 3.4.2(a)、(b)和(c)所示。对该 3 个子电路分别进行节点电压分析,可得

$$U_{A1} = \frac{G_2 + G_3}{G_1 G_2 + G_1 G_3 + G_2 G_3} I_{S1} \tag{3.4.2}$$

$$U_{A2} = - \frac{G_3}{G_1 G_2 + G_1 G_3 + G_2 G_3} I_{S2} \tag{3.4.3}$$

$$U_{A3} = \frac{G_2}{G_1 G_2 + G_1 G_3 + G_2 G_3} I_{S3} \tag{3.4.4}$$

式(3.4.2)、式(3.4.3)和式(3.4.4)分别是式(3.4.1)等号右边的第一项、第二项和第三

项。由此可得出结论,由 3 个电流源共同作用产生的节点电压等于每个电流源单独作用
在该节点上产生的电压之和。

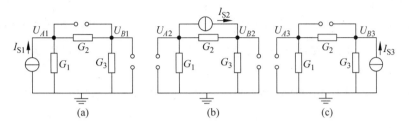

图 3.4.2　例 3.4.1 的 3 个子电路

下面将上面的分析推广到一般的线性电路。设线性电路有 b 条支路,每条支路由 1
个电导和电流源并联组成;有 n 个独立节点,节点电压分别为 U_1、U_2、$\cdots$、U_k、$\cdots$、U_n,则可
列出下面的以节点电压为变量的方程:

$$\left.\begin{aligned}
G_{11}U_1 + G_{12}U_2 + \cdots + G_{1k}U_k + \cdots + G_{1n}U_n &= I_{S11} \\
G_{21}U_1 + G_{22}U_2 + \cdots + G_{2k}U_k + \cdots + G_{2n}U_n &= I_{S22} \\
\vdots \\
G_{k1}U_1 + G_{k2}U_2 + \cdots + G_{kk}U_k + \cdots + G_{kn}U_n &= I_{Skk} \\
\vdots \\
G_{n1}U_1 + G_{n2}U_2 + \cdots + G_{nk}U_k + \cdots + G_{nn}U_n &= I_{Snn}
\end{aligned}\right\} \tag{3.4.5}$$

求解线性方程组(3.4.5),得

$$U_k = \frac{\Delta_k}{\Delta} = \frac{\Delta_{1k}}{\Delta}I_{S11} + \frac{\Delta_{2k}}{\Delta}I_{S22} + \cdots + \frac{\Delta_{jk}}{\Delta}I_{Sjj} + \cdots + \frac{\Delta_{nk}}{\Delta}I_{Snn} \quad k = 1,2,\cdots,n \tag{3.4.6}$$

上式中,"Δ"为方程组(3.4.5)系数行列式,Δ_k 是以方程组等号右边列向量 $[I_{S11},I_{S22},\cdots,$
$I_{Sjj},\cdots,I_{Snn}]^{\mathrm{T}}$ 替换 Δ 中第 k 列向量后得到的 n 阶行列式,Δ_{jk} 为划去 Δ_k 中第 j 行
($j=1,2,\cdots,n$)和第 k 列的代数余子式。I_{Sjj} 是流入第 j($j=1,2,\cdots,n$)个节点的所有电
流源电流的代数和。由于 I_{Sjj} 中包含有电流源 I_{Sm}($m=1,2,\cdots,b$)中的若干项,将 I_{Sm} 各项
的系数合并,式(3.4.6)可改写成以各电流源 I_{Sm} 为独立变量的表示形式,即

$$U_k = \frac{1}{G_{k1}}I_{S1} + \frac{1}{G_{k2}}I_{S2} + \cdots + \frac{1}{G_{km}}I_{Sm} + \cdots + \frac{1}{G_{kb}}I_{Sb} = \sum_{m=1}^{b}\frac{1}{G_{km}}I_{Sm} \tag{3.4.7}$$

系数 $1/G_{km}$ 是式(3.4.6)中电流源 I_{Sm} 的各系数之和,具有电阻的量纲。系数 $1/G_{km}$ 仅由电
路的结构和参数决定,与电流源的电流大小无关。第 m 项 I_{Sm}/G_{km} 则表示电流源 I_{Sm} 单独
作用对 k 节点的电压所作的贡献 U_{km},式(3.4.7)表明了节点电压 U_k 等于各电流源单独

作用在 k 节点上所产生电压的代数和。

　　通过上面的例子证明了，线性电路中节点电压与作为激励的电流源之间满足可加性。若电路中包含电压源，可以通过电源等效变换将其转换为电流源。此外，一般来说由于支路电压和支路电流都可由节点电压的线性组合来表示，由此可以得出线性电阻电路中响应(电压或电流)与激励(电压源、电流源)之间满足可加性。线性电路的这个重要性质可用叠加定理来表述。

　　叠加定理(superposition theorem)　在一个具有唯一解的线性电阻电路中，各独立电源共同作用时，在任一支路中产生的电流(任意两点间的电压)等于各独立电源单独作用时在该支路中产生的电流(该两点间的电压)的代数和。

　　下面举例说明叠加定理的应用。

　　例 3.4.2　用叠加定理求图 3.4.3 所示电路中电阻 R_2 两端电压 U。

　　解　根据叠加定理，图 3.4.3 所示电路中电压 U 可分别由图 3.4.4(a)和(b)电路中电压 U' 和 U'' 叠加得到。

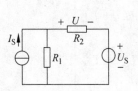

图 3.4.3　例 3.4.2 图

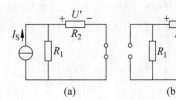

图 3.4.4　例 3.4.2 的两个子电路

　　图 3.4.4(a)所示电路中，电流源单独作用，电压源不作用，应将其两端短路。电阻 R_2 上电压为

$$U' = I_S \frac{R_1 R_2}{R_1 + R_2}$$

　　图 3.4.4(b)所示电路中，电压源单独作用，电流源不作用，应将其两端开路。由串联电阻分压得

$$U'' = -\frac{R_2}{R_1 + R_2} U_S$$

电阻 R_2 两端电压

$$U = U' + U'' = \frac{R_1 R_2}{R_1 + R_2} I_S - \frac{R_2}{R_1 + R_2} U_S = \frac{R_1 R_2 I_S - R_2 U_S}{R_1 + R_2}$$

　　例 3.4.3　电路如图 3.4.5 所示。图中各开关有两个不同位置，分别与电源正极或与地相接。已知电压源 $U_S = 12\text{V}$，求开关在图示位置时输出电压 U_o。

　　解　应用叠加定理，将图 3.4.5 所示电路分画为图 3.4.6(a)和(b)两个子电路。

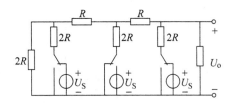

图 3.4.5 例 3.4.3 图

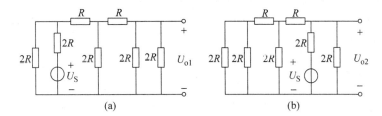

图 3.4.6 例 3.4.3 两个子电路

对图 3.4.6(a)所示电路作电源等效变换,其过程如图 3.4.7 所示。可求得电压

$$U_{o1} = \frac{1}{3} \times \frac{U_S}{4} = 1\text{V}$$

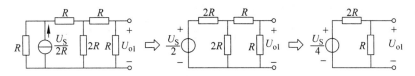

图 3.4.7 电源等效变换

图 3.4.6(b)所示电路经电阻串并联可得电路如图 3.4.8 所示。易得

$$U_{o2} = \frac{1}{3}U_S = 4\text{V}$$

根据叠加定理,输出电压为

$$U_o = U_{o1} + U_{o2} = 5\text{V}$$

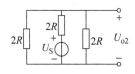

图 3.4.8 图 3.4.6(b)等效电路

图 3.4.5 所示电路是可以将数字量转换为模拟量的典型电路。假如认为开关接通电源状态为 1,开关与地相连为状态 0,本例的开关位置对应二进制数字 101,其输出模拟量电压为 5V。读者可自行设计开关的位置,得到不同数字量所对应的输出电压。

下面举例说明当电路中含有受控电源时,如何应用叠加定理。

例 3.4.4 用叠加定理求图 3.4.9 所示电路中电压 U 和电流 I。

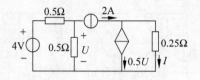

图 3.4.9　例 3.4.4 图

解　电压源和电流源单独作用的电路如图 3.4.10(a) 和 (b) 所示。在用叠加定理分析含有受控源电路时，受控源仍保留在电路中，其控制量和受控源之间的控制关系不变，只不过控制量不再是原电路中的 U，而分别是图 3.4.10(a) 和 (b) 所示电路中的 U_1 和 U_2。

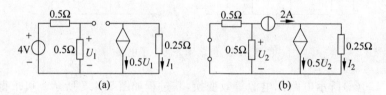

图 3.4.10　图 3.4.9 的两个子电路

观察图 3.4.10(a) 所示电路，由电阻分压得

$$U_1 = 2V$$

则

$$I_1 = -0.5U_1 = -1A$$

观察图 3.4.10(b) 所示电路，两个 0.5Ω 电阻并联，流过的电流为 2A，得

$$U_2 = -0.25 \times 2 = -0.5(V)$$

则

$$I_2 = 2 - 0.5U_2 = 2.25(A)$$

得

$$U = U_1 + U_2 = 2 - 0.5 = 1.5(V)$$

$$I = I_1 + I_2 = -1 + 2.25 = 1.25(A)$$

在本例计算中仅对独立电源进行了叠加处理，受控源作为电路元件被保留[①]。

————————————

①　从本质上讲，受控源的作用必须体现在含独立源电路中，因此受控源不参加叠加。有一种做法是将受控电源也看成是独立电源去参与叠加。由于受控电源中的控制量是一个未知变量，叠加结果中必然包含有该未知变量。那么，还需找出这个未知变量才能得出最终结果。一般情况下，未知变量的确定不是很容易的事情，这种做法未必简单。

例 3.4.5　用叠加定理求图 3.4.11 所示含运算放大器电路的输出电压 u_o。

解　图 3.4.11 所示电路虽含有运算放大器，仍可应用叠加定理计算输出电压。每个电压源单独作用的子电路如图 3.4.12 所示。

对于图 3.4.12(a)所示电路，由运算放大器虚断性质，可知放大器同相输入端和反相输入端输入电流 i_+、i_- 为零。应用虚短性质，得

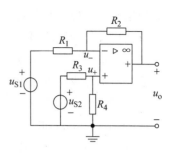

图 3.4.11　例 3.4.5 图

$$u_+ = u_- = 0$$

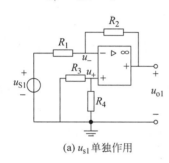
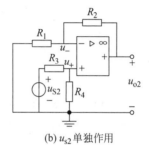

(a) u_{s1} 单独作用　　　　　　(b) u_{s2} 单独作用

图 3.4.12　两个子电路

于是

$$\frac{u_{o1} - 0}{R_2} = \frac{0 - u_{S1}}{R_1}$$

$$u_{o1} = -\frac{R_2}{R_1} u_{S1}$$

同理分析图 3.4.12(b)所示电路，得

$$u_- = u_+ = \frac{R_4}{R_3 + R_4} u_{S2}$$

$$\frac{u_{o2} - u_-}{R_2} = \frac{u_-}{R_1}$$

得

$$u_{o2} = \left(1 + \frac{R_2}{R_1}\right) u_- = \frac{R_4(R_1 + R_2)}{R_1(R_3 + R_4)} u_{S2}$$

由叠加定理得输出电压

$$u_o = u_{o1} + u_{o2} = -\frac{R_2}{R_1} u_{S1} + \frac{R_4(R_1 + R_2)}{R_1(R_3 + R_4)} u_{S2}$$

应用叠加定理有时能够把一个较为复杂的电路化为由电阻串并联的简单电路,以简化计算过程。但是假若串并联关系很复杂又含有受控源的话,计算也未必简单,所以只有在应用叠加定理后子电路较为简单,可方便地计算出待求量时才被采用。

叠加定理是线性电路中很重要的一个定理,它是推导其他一些电路定理的依据,也是第 6 章要讨论的周期性非正弦激励下求线性动态电路稳态响应的基本方法。在进行电路设计时,也常用到叠加的概念。

在应用叠加定理时应注意定理适用的范围。叠加定理只适用于求线性电路中的电压和电流,不能应用叠加定理求功率。例如,当电流 i_1 流过电阻 R,电阻吸收的功率 $P_1 = Ri_1^2$,电流 i_2 流过电阻 R,电阻吸收的功率 $P_2 = Ri_2^2$。假如有电流 $(i_1 + i_2)$ 流过电阻 R,吸收的功率 $P_{1+2} = R(i_1 + i_2)^2 \neq P_1 + P_2$。由于功率是电流(电压)的二次函数,电流(电压)与功率之间是非线性关系,所以不能用叠加定理求功率。类似地,对于非线性电路叠加定理也是不适用的。

总结一下:在应用叠加定理时,不作用的电压源的电压为零,用短路线来替代电压源。不作用的电流源的电流为零,将电流源移去后作开路处理。当电路中含有受控源时,由于受控源并不是电路的激励,它是受电路中电压(电流)控制的,一般将它保留在电路中。

3.4.2 齐性定理

齐性定理(homogeneous theorem) 对于一个具有唯一解的线性电阻电路,当电路中所有的独立电源都变化 k 倍,那么电路中各支路电流(任意两点间的电压)同样也变化 k 倍。

如果电路中只有一个独立电源作用,则齐性定理表示了这样一种关系,即电路中各支路电流(任意两点间的电压)与该电压源的电压(电流源的电流)成正比。或者说齐性定理表明电路中的响应与产生该响应的激励成正比。读者可以方便地应用叠加定理证明齐性定理,这里不再赘述。

例 3.4.6 求图 3.4.13 所示电路输出电流和电流源电流的比值 I/I_S。

解 由并联电阻分流,得

$$I_1 = \frac{R_3}{R_1 + R_3} I_S$$

$$I_2 = \frac{R_4}{R_2 + R_4} I_S$$

由 KCL,得

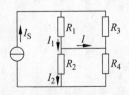

图 3.4.13 例 3.4.6 图

$$I = I_1 - I_2 = \left(\frac{R_3}{R_1 + R_3} - \frac{R_4}{R_2 + R_4} \right) I_\text{s} = \frac{R_2 R_3 - R_1 R_4}{(R_1 + R_3)(R_2 + R_4)} I_\text{s}$$

得

$$\frac{I}{I_\text{s}} = \frac{R_2 R_3 - R_1 R_4}{(R_1 + R_3)(R_2 + R_4)}$$

由上式可以看出,当电阻取不同数值时,比例系数可以是正数、负数或零。

例 3.4.7　求图 3.4.14 所示电路中输出端电阻上电流 I。

解　本例可由电源端开始应用电阻串、并联和分压或分流关系计算电流 I,但计算过程很繁琐。

不妨换一种思路进行分析。假设输出支路中电流 $I_1' = 1\text{A}$,如图 3.4.15 所示。

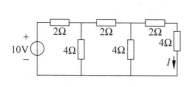

图 3.4.14　例 3.4.7 图

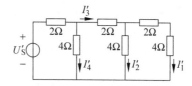

图 3.4.15　齐性定理

应用 KCL 和 KVL 可计算出产生 1A 电流所需电压源电压 U_s',得到比例系数 $k = U_\text{s}/U_\text{s}'$。由于该电路是线性电路,且只有 10V 独立电压源,由比例系数 k 可以求出任意输入电压值 U_s 产生的输出电流 I,

$$I = k I_1'$$

假设图 3.4.15 所示电路中流过电阻 4Ω 中的电流 $I_1' = 1\text{A}$,由 KCL、KVL 得出

$$I_2' = \frac{6 I_1'}{4} = 1.5\text{A}$$

$$I_3' = I_1' + I_2' = 2.5\text{A}$$

$$I_4' = \frac{2 I_3' + 6 I_1'}{4} = 2.75\text{A}$$

$$U_\text{s}' = 2(I_3' + I_4') + 4 I_4' = 21.5\text{V}$$

比例系数

$$k = \frac{10}{U_\text{s}'} = \frac{10}{21.5} = 0.465$$

根据齐性定理,由比例系数 k 可求出 10V 电压源产生的电流为

$$I = k I_1' = 0.465 \times 1 = 0.465(\text{A})$$

有时将以上的分析方法称为单位电流法,显然也可以用单位电压法进行计算。

例 3.4.8　图 3.4.16 所示电路方框中为含独立电源的线性电阻网络,已知当激励电

压源 $U_S = 5V$ 时,电阻 R_2 两端电压 $U_{R2} = 7V$;当激励电压
源 $U_S = 8V$ 时,电阻 R_2 两端电压 $U_{R2} = 10V$;若激励电压源
$U_S = 10V$,问此时电阻 R_2 两端电压 U_{R2} 是多少?

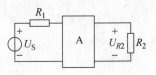

图 3.4.16   例 3.4.8 图

解 本题是多个独立电源作用于电路产生响应的问题,
可以用叠加定理将电源归结为方框内和方框外两部分加以
讨论。假设方框外电压源 $U_S = 1V$ 单独作用在电阻 R_2 两端
产生电压为 U_1;方框内电源单独作用在电阻 R_2 两端产生电压为 U_2。由齐性定理和叠加
定理得

$$5U_1 + U_2 = 7$$
$$8U_1 + U_2 = 10$$

解得 $U_S = 1V$ 单独作用在电阻 R_2 两端产生电压为 $U_1 = 1V$;方框内电源单独作用在电阻
R_2 两端产生电压为 $2V$。易得

$$U_{R2} = 10 \times 1 + 2 = 12(V)$$

本例计算中体现了线性电路线性性质(满足可加性和齐次性)。在分析计算此类问题
时,必需先假设变量再建立线性方程组求解。要注意其与求解数学问题的区别,也就是说
所设的变量(如本例中 U_1、U_2)应要有物理意义。

3.5 替代定理

替代定理是对电路进行等效变换的一种形式,是用电压源或电流源来等效替代某条
支路或部分电路,替代前后电路中各支路电压电流不发生变化。替代电路的应用较为广
泛,它不仅适用于线性电路,也可推广至非线性电路分析。

替代定理(substitution theorem) 给定任意一个电路,假设某一条支路两端的电压
为 U,流经该支路的电流为 I。则该支路可以用一个电压为 U 的独立电压源替代,电压源
的极性与原支路电压极性相同;该支路也可以用一个电流为 I 的独立电流源替代,电流
源的电流方向与流经原支路电流方向相同,替代后电路中各支路电压电流与替代前电路
中相应的变量相等。

先用一个例子来说明替代定理。图 3.5.1(a)所示电路中,可求出 ab 两点间的电压
为 $10V$,由 a 点流入右边端口的电流是 $2A$。那么,就可以用一个电流为 $2A$ 的电流源(如
图 3.5.1(b))或一个电压为 $10V$ 的电压源(如图 3.5.1(c))来替代 ab 右边的一端口电路,
替代前后 $7A$ 电流源的端电压和 2Ω 电阻的电压、电流相等。

替代定理的证明如下。不失一般性,在图 3.5.2(a)所示电路 a—b 右边支路中串接
两个电压相等、极性相反的独立电压源,如图 3.5.2(b)所示。令电压源的大小等于 ab 端

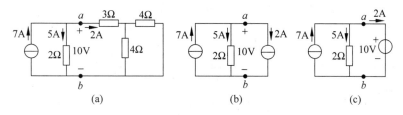

图 3.5.1　替代定理例图

口电压 U,显然电压源的接入不会影响原电路(ab 左边端口)中各支路电压、电流。
图 3.5.2(b)中 c 点和 b 点的电位相等,可将 c 和 b 两点短路,得到图 3.5.2(c)所示的电路。这样做不会影响电路其他部分的电压和电流,从而定理得以证明。类似地,可以证明用电流源替代的正确性。

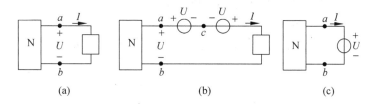

图 3.5.2　替代定理证明用图

　　也可以这样来理解替代定理。假设图 3.5.2(a)所示电路 ab 左边一端口中含有独立电源和电阻,其端口的伏安关系为 $u=U_0-R_0 i$。为简单起见,不妨假设右边一端口为电阻支路,有 $u=Ri$。这两条曲线在 ui 平面上交点处(P 点)的电压、电流就是端口电压、电流(U、I),如图 3.5.3 所示。用电压值为 U 的电压源或用电流值为 I 的电流源来替代右边电阻支路,反映到 u、i 平面上分别就是用过 P 点的平行于电流轴或电压轴的直线替代斜率为 R 的斜线,显然替代后左边一端口内各支路电压、电流不会发生改变。理论上可以用任意一条和 $u=U_0-R_0 i$ 只有在 P 点处有交点的伏安关系所代表的一端口来替代右边一端口,但用电压源或电流源做替代显然是最简单的。

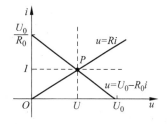

图 3.5.3　说明替代定理用图

　　需要指出,这里讨论的替代和第 2 章中讨论的等效不是一个概念。这里是指替代前后电路的工作点不变,而第 2 章中讨论的等效是指端口对外的 u-i 关系等效。

　　替代定理的应用举例如下。

　　例 3.5.1　已知图 3.5.4(a)所示电路方框内为线性电阻电路,5V 电压激励作用在

2Ω 电阻上产生的电压为 2V。求图 3.5.4(b)所示电路 2Ω 电阻上的电压 U。

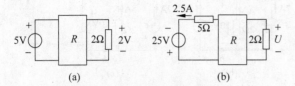

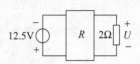

图 3.5.4　例 3.5.1 图　　　　　　　图 3.5.5　用替代定理求解例 3.5.1

解　将图 3.5.4(b)中 25V 电压源和 5Ω 电阻串联支路用 12.5V 电压源替代,如图 3.5.5 所示。由齐性定理可得 2Ω 电阻的电压为

$$U = -(12.5/5) \times 2 = -5(\text{V})$$

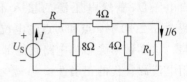

图 3.5.6　例 3.5.2 图

例 3.5.2　欲使图 3.5.6 所示电路中电阻 R_L 中的电流为电压源支路电流 I 的 1/6,求此电阻值。

解法一　将电压源所在支路用电流为 I 的电流源替代,并对 8Ω、4Ω、4Ω 3 个电阻进行 Δ-Y 等效变换,得图 3.5.7 所示电路。

由分流公式得

$$\frac{I}{6} = \frac{2I}{2 + 1 + R_\text{L}}$$

求解上式,得

$$R_\text{L} = 9\Omega$$

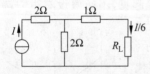　　　　　　　　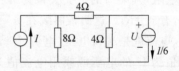

图 3.5.7　替代、变换后电路　　　　　　图 3.5.8　替代后电路

解法二　用电流为 I 的电流源替代电压源所在支路,用电流为 $I/6$ 的电流源替代电阻 R_L,如图 3.5.8 所示。

求出图 3.5.8 所示电路中电压 U,该电压就是电阻 R_L 的端电压,将此电压除以流经电阻 R_L 的电流,即可求出电阻值。

由叠加定理,得

$$U = \frac{8}{16}I \times 4 - \frac{12}{16} \times \frac{I}{6} \times 4 = 1.5I$$

$$R_\text{L} = \frac{U}{I/6} = \frac{1.5I}{I/6} = 9\Omega$$

在应用替代定理时,要注意替代前后两个电路中待求变量的解必须存在且唯一,否则替代定理不适用。此外还需要被替代的支路和电路中其他支路之间无耦合关系。

3.6　戴维南定理和诺顿定理

在分析一个复杂电路问题时,有时并不一定要得到电路中各条支路电流(电压),而是仅对某一部分电路中的电流(电压)感兴趣,此时就可以将感兴趣部分以外的剩余电路进行等效变换,使电路得以简化。本节要讨论的是剩余电路对外的等效电路。假如剩余电路是一个仅含有电阻的一端口,那么它对外的等效电路是一个电阻,其值可由电阻串联、并联关系或电阻 Δ-Y 等效变换得到。如果剩余电路是一个仅含有电阻和受控电源的一端口,那么它对外的等效电路也是一个电阻,端口的电压和电流的比值就是该电阻的阻值。对于含有独立电源和电阻的简单电路,总可以通过电源的等效变换和简单计算推得端口上电压和电流的关系,据此可得出它对外的等效电路。那么,一个含有多个独立电源、电阻和受控源的复杂电路,从它的任意端口看进去,其对外的等效电路是什么? 端口电压 u 和电流 i 的关系又是如何呢? 这就是本节要介绍的戴维南定理和诺顿定理所要叙述的内容。

3.6.1　戴维南定理

戴维南定理(Thevenin's theorem)[①]可描述如下。任意一个由线性电阻、线性受控源和独立电源组成的一端口电路(图 3.6.1(a))对外部的作用都可以用一个理想电压源 U_o 和电阻 R_i 的串联电路来等效(图 3.6.1(b)),此理想电压源在数值上等于一端口电路在端口处的开路电压(open-circuit voltage)u_{oc}(图 3.6.1(c)),电阻 R_i 是该端口内部所有独立电源不起作用时端口处的等效电阻(图 3.6.1(d))。

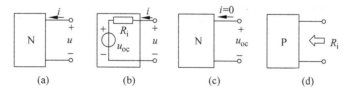

图 3.6.1　戴维南定理说明用图

图 3.6.1(b)所示电压源和电阻串联电路被称为戴维南等效电路(Thevenin's equivalent circuit)。图 3.6.1(d)所示的电阻 R_i 称为戴维南等效电阻(Thevenin's equivalent resistance)。

下面对戴维南定理做一般性证明。

---

① 由法国电报工程师 M. Leon Thevenin(1857—1926)于 1883 年提出。

图 3.6.2(a)所示一端口电路内部是含有电阻、独立电源和受控电源的线性电路,下面讨论端口电压、电流的关系。为了用电流 i 来表示端口电压 u,在端口加一个电流源激励[①],如图 3.6.2(b)所示。根据叠加定理,端口的电压 u 可以看作由端口内部所有独立源和外施电流源激励共同作用产生的,

$$u = u_1 + u_2$$

其中,电压 u_1 是端口内所有独立电源置零(图 3.6.2(c)所示)仅由外施电流源激励产生的电压,

$$u_1 = R_i i$$

式中 R_i 是图 3.6.2(c)所示电路中一端口的等效电阻。

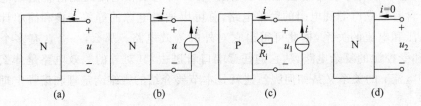

图 3.6.2 证明戴维南定理用图

电压 u_2 是外施电流源不作用,仅由端口内所有独立电源产生的电压,即为端口开路电压。即

$$u_2 = u_{oc}$$

根据叠加定理,有

$$u = u_1 + u_2 = u_{oc} + R_i i \qquad (3.6.1)$$

因此,无论端口内部电路结构多么复杂,端口上电压、电流可表示为式(3.6.1)所示的简单关系,也就是说可以将该一端口等效为一个电压源 u_{oc} 和一个电阻 R_i 相串联的电路(图 3.6.1(b))。当该一端口外接负载时,图 3.6.1(a)所示电路和图 3.6.1(b)所示电路对负载而言是相互等效的,如果将相同的负载接到这两个电路的端口上,则在负载上将得到相同的电压和电流。

戴维南等效电路包括一个电压源和一个电阻。电压源的电压是端口开路时的开路电压,可用节点电压法、回路电流法、叠加定理、简单电阻电路分析方法直接求得。戴维南等效电阻的求解方法将结合具体例子加以说明。

例 3.6.1 已知图 3.6.3 所示电路中,电压源 $U_S = 5\text{V}$,电流源 $I_S = 0.2\text{A}$,电阻 $R_1 = R_2 = 10\Omega$。求该一端口的戴维南等效电路。

---

① 应用替代定理,将端口电流 i 用电流源来替代也可得到图 3.6.2(b)所示电路。

解法一　图 3.6.3 所示电路中电压源 U_S 和电阻 R_1 串联，作电源等效变换得图 3.6.4(a)、(b)所示电路，再进行等效变换得图 3.6.4(c)所示电路。图 3.6.3 所示一端口的戴维南等效电路由 3.5V 电压源和电阻 5Ω 串联组成。端口电压和电流关系为

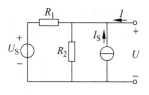

图 3.6.3　例 3.6.1 图

$$U = 3.5 + 5I$$

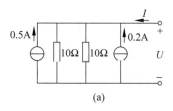 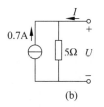 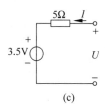

$$(a) \qquad\qquad (b) \qquad\qquad (c)$$

图 3.6.4　等效变换过程

解法二　先求图 3.6.3 所示电路的开路电压 U_{oc}(见图 3.6.5)。

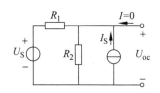

以图 3.6.5 中电压源负极所在节点为参考节点，列出如下方程：

$$\left(\frac{1}{R_1} + \frac{1}{R_2}\right)U_{oc} = \frac{U_S}{R_1} + I_S$$

整理上式并代入数值后，得开路电压

$$U_{oc} = 3.5\text{V}$$

图 3.6.5　求开路电压

再求图 3.6.3 所示电路的戴维南等效电阻 R_i。将电压源和电流源都置零，即将电压源移去后两端短路，将电流源移去后两端开路，得到求戴维南等效电阻的电路如图 3.6.6 所示。端口等效电阻为电阻 R_1 和 R_2 的并联值，即

$$R_i = \frac{R_1 R_2}{R_1 + R_2} = 5\Omega$$

图 3.6.3 所示电路的戴维南等效电路如图 3.6.7 所示。其端口电压、电流关系为

$$U = 3.5 + 5I$$

 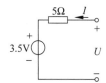

图 3.6.6　求等效电阻　　　　　　　图 3.6.7　戴维南等效电路

下面举例说明含有受控源的线性一端口电路的戴维南等效电路的求解方法。

例 3.6.2 求图 3.6.8 所示电路的戴维南等效电路。

解 先求端口开路电压(见图 3.6.9)U_{oc}。

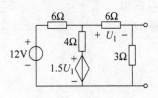

图 3.6.8 例 3.6.2 图

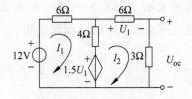

图 3.6.9 求开路电压

设回路电流为 I_1 和 I_2，方向如图 3.6.9 所示。分别列写两个回路的 KVL 方程，得

$$\left. \begin{array}{c} 10I_1 - 4I_2 = 12 - 1.5U_1 \\ -4I_1 + 13I_2 = 1.5U_1 \end{array} \right\} \qquad (3.6.2)$$

控制量与回路电流的关系为

$$U_1 = 6I_2 \qquad (3.6.3)$$

联立求解式(3.6.2)、式(3.6.3)，得

$$I_1 = 0.8\text{A}$$

$$I_2 = 0.8\text{A}$$

开路电压

$$U_{oc} = 3I_2 = 2.4\text{V}$$

再求戴维南等效电阻。将独立电压源 12V 置为零，移去后作短路处理，电路如图 3.6.10 所示。因为在求等效电阻时必须考虑受控源的作用，所以受控源仍需保留，不能将受控源如同独立电源一样进行开路或短路。

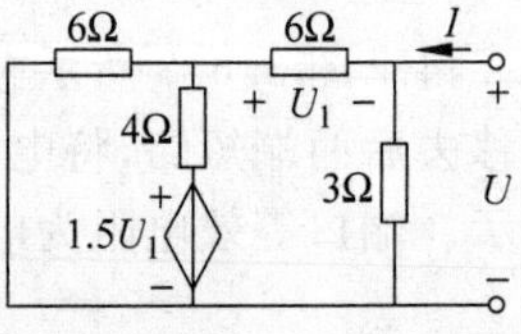

为求等效电阻，在端口施加一个电压 U，求出经电压正极性端流入端口电流 I，则电压 U 与电流 I 的比值即为端口的等效电阻。

图 3.6.10 求等效电阻

由 KCL 可得

$$I = \frac{U}{3} + \frac{U_1 + U}{6} + \frac{U_1 + U - 1.5U_1}{4} \qquad (3.6.4)$$

控制量

$$U_1 = 6\left(\frac{U}{3} - I\right) \qquad (3.6.5)$$

将式(3.6.5)代入式(3.6.4)，经整理可得

$$U = 1.5I$$

图 3.6.8 所示一端口电路的戴维南等效电阻

$$R_\mathrm{i} = \frac{U}{I} = 1.5\Omega$$

戴维南等效电路如图 3.6.11 所示。

　　求解戴维南等效电阻也可用端口开路电压 U_oc 和短路电流 I_sc 的比值而得到。这个结果很容易由戴维南等效电路得出。需要指出,短路电流的假设方向一定要正确,见图 3.6.12。显然,等效电阻

$$R_\mathrm{i} = \frac{U_\mathrm{oc}}{I_\mathrm{sc}} \tag{3.6.6}$$

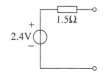

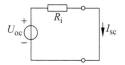

图 3.6.11　图 3.6.8 所示电路的戴维南等效电路　　　　图 3.6.12　短路电流方向

　　下面应用式(3.6.6)求例 3.6.2 的戴维南等效电阻。其中开路电压已经求出,为

$$U_\mathrm{oc} = 2.4\mathrm{V}$$

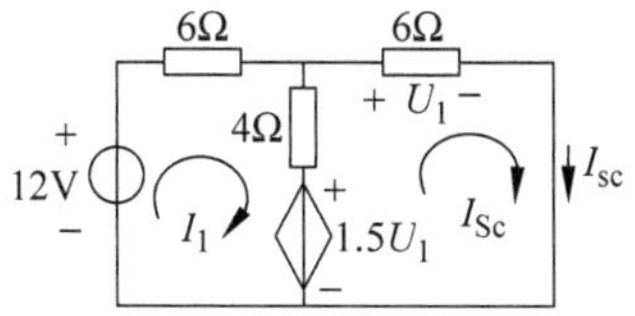

　　求端口短路电流 I_sc 的电路如图 3.6.13 所示。注意到 3Ω 电阻被短路,所以在图中不出现。

　　以所设回路电流 I_1 和 I_sc 为变量列写回路电压方程,得

图 3.6.13　求短路电流

$$\left.\begin{array}{l} 10I_1 - 4I_\mathrm{sc} = 12 - 1.5U_1 \\ -4I_1 + 10I_\mathrm{sc} = 1.5U_1 \end{array}\right\} \tag{3.6.7}$$

　　控制量

$$U_1 = 6I_\mathrm{sc} \tag{3.6.8}$$

求解式(3.6.7)和式(3.6.8),得短路电流

$$I_\mathrm{sc} = 1.6\mathrm{A}$$

戴维南等效电阻为

$$R_\mathrm{i} = \frac{U_\mathrm{oc}}{I_\mathrm{sc}} = \frac{2.4}{1.6} = 1.5(\Omega)$$

　　例 3.6.3　求图 3.6.14 所示一端口电路的戴维南等效电路,写出端口电压、电流的关系式并画出端口 $U\text{-}I$ 关系曲线。

　　解　将图 3.6.14 中受控电流源进行电源等效变换,得图 3.6.15 所示电路。

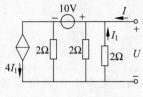

图 3.6.14　例 3.6.3 图

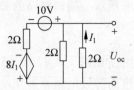

图 3.6.15　求开路电压

先求开路电压 U_{oc},列 KVL 方程

$$10 - 8I_1 + 2 \times 2I_1 + 2I_1 = 0$$

得

$$I_1 = 5A$$

开路电压

$$U_{oc} = -2I_1 = -10V$$

求戴维南等效电阻电路如图 3.6.16 所示。在端口上施加一电流源激励 I_x,求端口电压 U_x。由 KCL 得

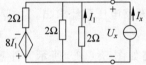

$$I_x + I_1 = \frac{1}{2}U_x + \frac{8I_1 + U_x}{2} \qquad (3.6.9)$$

又

图 3.6.16　求等效电阻

$$I_1 = -\frac{1}{2}U_x \qquad (3.6.10)$$

将式(3.6.10)代入式(3.6.9),整理后得

$$I_x = -\frac{U_x}{2}$$

则戴维南等效电阻

$$R_i = -2\Omega$$

戴维南等效电路如图 3.6.17(a)所示。端口电压和电流关系式为

$$U = -2I - 10$$

端口 U-I 关系曲线如图 3.6.17(b)所示。

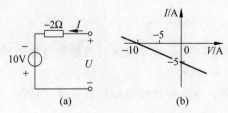

(a)　　　　　　(b)

图 3.6.17　戴维南等效电路与端口 U-I 关系曲线

本例中出现了戴维南等效电阻是负电阻的情况。由于电路中存在有受控源,这种情况是可能的。正电阻吸收功率,负电阻向外提供功率。

在对一个较大规模的电路进行分析时,可以用戴维南定理将其中部分电路进行等效变换,以达到简化电路的目的。尤其是在某些电路中,只要求某条支路的电压(电流)时,应用戴维南定理将起到事半功倍的作用。

例 3.6.4　电路如图 3.6.18 所示。

(1) 分别求电阻 $R=3\Omega$ 和 $R=8\Omega$ 时,流经电阻 R 中的电流 I_R。

(2) 试问电阻 R 为何值时,能获得最大功率?并求此最大功率。

解　求解本例的关键仍为求戴维南等效电路。分别将图 3.6.18 所示电路中电阻 R 左边和右边的一端口进行戴维南等效变换,如图 3.6.19(a)所示,再化简得到如图 3.6.19(b) 所示电路。

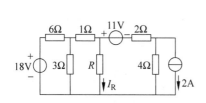

图 3.6.18　例 3.6.4 图

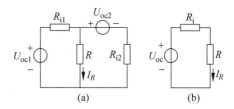

图 3.6.19　等效电路

经计算,得

$$U_{oc1} = \frac{3}{9} \times 18 = 6(V)$$

$$R_{i1} = 6 \mathbin{/\mkern-5mu/} 3 + 1 = 3(\Omega)$$

$$U_{oc2} = 11 - 2 \times 4 = 3(V)$$

$$R_{i2} = 2 + 4 = 6(\Omega)$$

$$U_{oc} = \frac{6}{9} \times 6 + \frac{3}{9} \times 3 = 5(V)$$

$$R_i = 6 \mathbin{/\mkern-5mu/} 3 = 2(\Omega)$$

流过电阻 R 的电流如下:

当 $R=3\Omega$ 时
$$I_R = \frac{5}{2+3} = 1(A)$$

当 $R=8\Omega$ 时
$$I_R = \frac{5}{2+8} = 0.5(A)$$

应用最大功率传输定理,由图 3.6.19(b)所示电路,可知当电阻 $R=2\Omega$ 时,电阻 R 可

获最大功率。最大功率

$$P_{\max} = \frac{U_{oc}^2}{4R_i} = \frac{25}{8} = 3.13(W)$$

例 3.6.5　电路如图 3.6.20 所示。求运算放大器输出电压 U_o。

解　应用戴维南定理对运算放大器输入电路(如图 3.6.21 所示)进行等效变换。

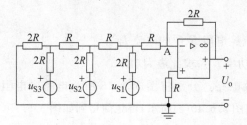

图 3.6.20　例 3.6.5 图

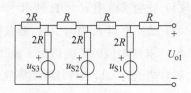

图 3.6.21　运算放大器输入电路

对图 3.6.21 所示电路自左向右作 3 次戴维南等效变换,变换过程依次如图 3.6.22(a)、(b)、(c)、(d)所示。其变换过程计算很简单,不再给出计算过程。

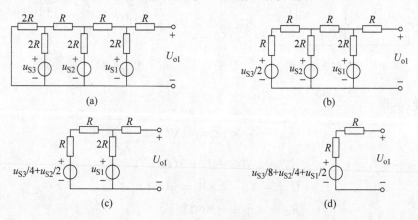

(a)　　　　　　　　　　　　　　　　(b)

(c)　　　　　　　　　　　　　　　　(d)

图 3.6.22　输入电路的戴维南等效电路

将上面得出的一端口的等效电路与运算放大器电路相连,得如图 3.6.23 所示的反相比例放大器电路。

图 3.6.23 所示的反相比例放大器的放大倍数为 -1,由此可得运算放大器输出电压

$$U_o = -(u_{S1}/2 + u_{S2}/4 + u_{S3}/8)$$

通过前面几个例子分析,读者对于如何求解一

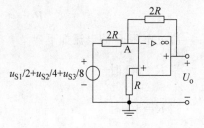

图 3.6.23　反相比例放大器电路

端口电路的戴维南等效电路的步骤和方法已有所了解。那么,在应用戴维南定理时还需要注意些什么呢? 不妨回顾一下该定理的证明过程,其中用到了叠加定理,那么这也就限制了该定理仅适用于线性电路,对于非线性电路是不适用的。但是,如果被等效端口的外部电路中存在非线性元件,只要作戴维南等效变换的电路是线性的,那么定理仍是适用的。另外,在应用戴维南定理求解外部电路中变量时,被等效变换的一端口电路是通过端口和外部电路相连的,也就是说两部分电路间是通过端口电流和电压建立联系的。当被等效的一端口内部和外部电路之间有控制量和受控源的控制关系时,无论端口内部是控制量或是受控源,经等效变换后均消失了,其结果使原电路中受控源与控制量之间的对应关系不再存在。所以,当被等效的电路与外部电路间存在着电路变量间控制关系时(控制量是端口的电压或电流除外),用经戴维南等效变换后的电路去计算外部电路中电压(电流)会导致错误的结果。最后指出,不是所有的一端口电路都存在戴维南等效电路的。例如一端口内部是电流源和电阻串联的支路,则该一端口的戴维南等效电路不存在。

3.6.2 诺顿定理

诺顿定理[①](Norton's theorem)可描述如下。任意一个由线性电阻、线性受控源和独立电源组成的一端口电路(图 3.6.24(a))对外部的作用都可以用一个理想电流源 I_{sc} 和电导 G_i 的并联电路来等效(图 3.6.24(b))。此理想电流源 I_{sc} 在数值上等于该一端口电路端口的短路电流(short-circuit current)(图 3.6.24(c)),电导 G_i 是该端口内部所有独立源不起作用时端口处的等效电导(图 3.6.24(d))。

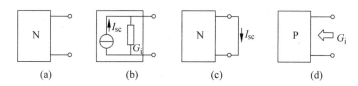

图 3.6.24 诺顿定理

仿照戴维南定理的证明,在端口处施加理想电压源,再应用叠加定理,就可以证明诺顿定理,这里不再赘述。

下面举例说明诺顿等效电路的求解过程。

例 3.6.6 求图 3.6.25 所示电路 ab 端口的诺顿等效电路。

解 求短路电流 I_{sc} 的电路如图 3.6.26(a)所示,将该电路

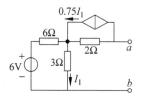

图 3.6.25 例 3.6.6 图

---

① 在戴维南定理发表 43 年后,1926 年由美国贝尔电话实验室工程师 E. L. Norton 提出。

改画为如图 3.6.26(b)所示。按图中所选回路电流列 KVL 方程,

$$\left.\begin{array}{l} 9I_1 + 6I_{sc} = 6 \\ 6I_1 + 8I_{sc} = 6 - 1.5I_1 \end{array}\right\}$$

解得

$$I_{sc} = 0.333\mathrm{A}$$

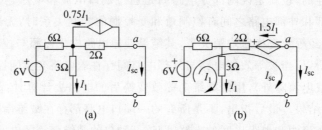

图 3.6.26　求短路电流

求诺顿等效电阻电路如图 3.6.27 所示。易知

$$I_1 = \frac{2}{3}I$$

$$U = 2(I - 0.75I_1) + 3I_1$$

整理得

$$U = 3I$$

诺顿等效电导

$$G_i = \frac{I}{U} = 0.333\mathrm{S}$$

图 3.6.25 所示电路的诺顿等效电路如图 3.6.28 所示。

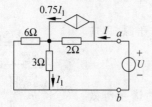

图 3.6.27　求等效电阻

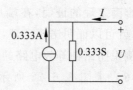

图 3.6.28　诺顿等效电路

实际上,直接将戴维南等效电路进行电源等效变换就可得到诺顿等效电路。因此,诺顿等效电导和戴维南等效电阻互为倒数关系,即

$$G_\mathrm{i} = \frac{1}{R_\mathrm{i}}, \quad R_\mathrm{i} = \frac{1}{G_\mathrm{i}}$$

开路电压与短路电流之间有如下关系：

$$i_\mathrm{sc} = \frac{u_\mathrm{oc}}{R_\mathrm{i}}, \quad u_\mathrm{oc} = R_\mathrm{i} i_\mathrm{sc}$$

诺顿定理适用范围与应用时注意的问题和戴维南定理相同,这里不再详述。不是所有的一端口电路都存在诺顿等效电路。当一端口电路的戴维南等效电阻为零时,即戴维南等效电路是电压源(电压源与电阻并联)时,显然其诺顿等效电路不存在。

3.7　特勒根定理

由前面的讨论已知,在同一电路中,支路电流 $[i_1, i_2, \cdots, i_\mathrm{b}]^\mathrm{T}$ 满足 KCL,支路电压 $[u_1, u_2, \cdots, u_\mathrm{b}]^\mathrm{T}$ 满足 KVL,在支路电流和电压取为关联参考方向下,有 $\sum\limits_{k=1}^{b} u_k i_k = 0$,即电路中所有元件吸收功率的代数和为零。3.7.2 小节中介绍的特勒根定理要讨论的是：分属于不同电路中满足 KCL 的电流和满足 KVL 的电压之间存在的数学关系。

3.7.1　具有相同拓扑结构的电路

图 3.7.1 中(a)和(b)所示的两个电路具有相同的支路数、节点数,而且支路和节点的联接关系也相同,称这两个电路具有相同的拓扑结构。

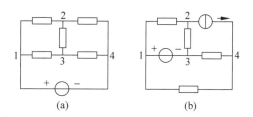

图 3.7.1　两个拓扑结构相同的电路

不考虑图 3.7.1 中所示(a)、(b)两个电路中支路元件的性质,仅考虑它们之间的联接方式。将对应的节点取相同的标号,可以把电路抽象为图 3.7.2(a)、(b)所示的拓扑图。两个电路的拓扑图相同。

设两个电路的对应支路取相同支路号,各支路电压、电流均取关联的参考方向。拓扑图中箭头方向表示原电路中电压、电流的参考方向,得到有向图如图 3.7.3(a)、(b)所示。

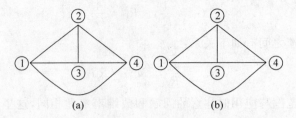

图 3.7.2   拓扑图

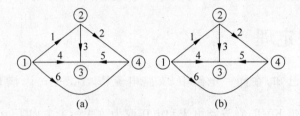

图 3.7.3   有向图

取图 3.7.3(a)各支路电压 u_k 乘以图 3.7.3(b)对应支路的电流 $\hat{i}_k$ 乘积的和,即

$$\sum_{k=1}^{6} (u_k \hat{i}_k) = u_1 \hat{i}_1 + u_2 \hat{i}_2 + u_3 \hat{i}_3 + u_4 \hat{i}_4 + u_5 \hat{i}_5 + u_6 \hat{i}_6$$

将上式中的支路电压用节点电压表示后,得

$$\sum_{k=1}^{6} (u_k \hat{i}_k) = (u_{n1} - u_{n2}) \hat{i}_1 + (u_{n2} - u_{n4}) \hat{i}_2 + (u_{n2} - u_{n3}) \hat{i}_3$$

$$+ (u_{n1} - u_{n3}) \hat{i}_4 + (u_{n4} - u_{n3}) \hat{i}_5 + (u_{n1} - u_{n4}) \hat{i}_6$$

$$= u_{n1}(\hat{i}_1 + \hat{i}_6 + \hat{i}_4) + u_{n2}(-\hat{i}_1 + \hat{i}_2 + \hat{i}_3)$$

$$+ u_{n3}(-\hat{i}_3 - \hat{i}_4 - \hat{i}_5) + u_{n4}(-\hat{i}_2 + \hat{i}_5 - \hat{i}_6) \qquad (3.7.1)$$

式(3.7.1)等号右边括号内分别是满足 KCL 的电流,显然有

$$\sum_{k=1}^{6} (u_k \hat{i}_k) = 0$$

3.7.2   特勒根定理

网络 N 和 $\hat{N}$ 具有相同的拓扑结构。作下面约定:(1)对应支路取相同的参考方向;
(2)各支路电压、电流均取关联的参考方向。

特勒根定理[①](Tellegen's theorem) 可描述如下。电路 $N(\hat{N})$ 的所有支路中每个支路的电压 $u_k(\hat{u}_k)$ 与电路 $\hat{N}(N)$ 对应的支路电流 $\hat{i}_k(i_k)$ 的乘积之和为零,即

$$\sum_{k=1}^{b} u_k \hat{i}_k = 0 \quad \text{和} \quad \sum_{k=1}^{b} \hat{u}_k i_k = 0$$

定理的证明如下。假设 k 支路联接在节点 α、β 之间。将图 3.7.4(a) 所示电路中 k 支路电压 u_k 和图 3.7.4(b) 所示电路中 k 支路电流 $\hat{i}_k$ 相乘,并将支路电压 u_k 写成节点电压之差 $(u_\alpha - u_\beta)$,得

图 3.7.4　特勒根定理的证明

$$u_k \hat{i}_k = (u_\alpha - u_\beta) \hat{i}_{\alpha\beta} = u_\alpha \hat{i}_{\alpha\beta} - u_\beta \hat{i}_{\alpha\beta} = u_\alpha \hat{i}_{\alpha\beta} + u_\beta \hat{i}_{\beta\alpha} \tag{3.7.2}$$

式中 $\hat{i}_{\alpha\beta}$ 表示流出节点 α 的电流,$\hat{i}_{\beta\alpha}$ 表示流出节点 β 的电流。若将图 3.7.4(a) 与 (b) 所示电路中所有支路对应的电压、电流相乘后再求和,得

$$u_1 \hat{i}_1 + u_2 \hat{i}_2 + \cdots + u_b \hat{i}_b \tag{3.7.3}$$

根据式 (3.7.2),将式 (3.7.3) 中的支路电压用节点电压表示,再把同一个节点电压前的各电流系数合并,得到如下形式的表达式(对于有 n 个节点的电路,等号右边有 n 项):

$$\sum_{k=1}^{b} u_k \hat{i}_k = u_{n1} \sum_{n1} \hat{i} + \cdots + u_{nk} \sum_{nk} \hat{i} + \cdots + u_{nn} \sum_{nn} \hat{i} = 0 \tag{3.7.4}$$

式中,$\displaystyle\sum_{nk} \hat{i}$ 表示流出节点 k 的所有支路电流和,显然等式 (3.7.4) 成立。同理可证

$$\sum_{k=1}^{b} \hat{u}_k i_k = 0$$

特勒根定理把一个电路中满足 KVL 的一组电压和另一个电路中的满足 KCL 的一组电流用数学形式联系起来。定理仅反映了这两组电压、电流之间满足的数学关系。式 (3.7.4) 中的乘积项具有功率的量纲,因此也称特勒根定理为特勒根似功率守恒定理 (Tellegen's quasi-power theorem)。

由证明过程可以看到,特勒根定理是从基尔霍夫定律推导得到的,因此应用范围非常普遍。它适用于任何集总参数电路,不论元件是线性还是非线性,时变还是非时变,激励源的种类是什么,特勒根定理总是成立的。特勒根定理是电路理论中一个重要的定理,经常用它证明其他的一些定理,如下面要介绍的互易定理在应用特勒根定理后证明就变得很简单。此外,可以将特勒根定理推广到其他集总系统中。

下面举例说明特勒根定理的应用。

例 3.7.1　已知电路如图 3.7.5 所示,图中方框内均为电阻。求电流 i_x。

---

① 特勒根定理于 1952 年命名。

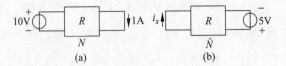

图 3.7.5　例 3.7.1 图

解　设电流 i_1 和 i_2 的方向(可以任意假设)如图 3.7.6 所示。

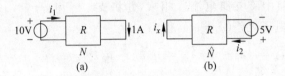

图 3.7.6　求解例 3.7.1 图

在应用特勒根定理时要注意到定理证明时给出的 2 个约定。具体到本例,方框外的两条对应支路的方向均设为由上指向下。那么,在写定理表达式时,图中凡参考方向不符合该约定的变量前均要添加负号,如电流 i_1、i_x 和 5V 电压。由特勒根定理,得

$$10 \times (-i_x) + 0 \times i_2 + \sum_{k=3}^{b} u_k \hat{i}_k = 0$$

$$0 \times (-i_1) + (-5) \times 1 + \sum_{k=3}^{b} \hat{u}_k i_k = 0$$

在电阻二端口网络中有

$$\sum_{k=3}^{b} u_k \hat{i}_k = \sum_{k=3}^{b} i_k R_k \hat{i}_k = \sum_{k=3}^{b} i_k \hat{u}_k$$

易得

$$-10 i_x = -5$$

$$i_x = 0.5 \text{A}$$

3.8　互易定理

互易性是线性物理系统的一个重要性质,线性电路仅是具有互易性的物理系统中的一类。电路中互易定理的表述有两种形式。

1. 互易定理(reciprocal theorem)的第一种形式

给定一个仅含有线性电阻的二端口,在 $11'$ 端口接入电压源激励 $u_{S1}(t)$,在 $22'$ 端口处有电流响应 $i_2(t)$,如图 3.8.1(a)所示;在 $22'$ 口端接入电压源激励 $u_{S2}(t)$,在输入端口 $11'$ 处有电流响应 $i_1(t)$,如图 3.8.1(b)所示。

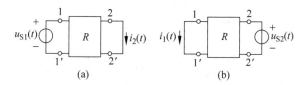

图 3.8.1　互易定理的第一种形式

互易定理表明

$$\frac{i_2(t)}{u_{S1}(t)} = \frac{i_1(t)}{u_{S2}(t)} \tag{3.8.1}$$

或

$$u_{S1}(t)i_1(t) = u_{S2}(t)i_2(t)$$

若 $u_{S2}(t) = u_{S1}(t)$，则 $i_1(t) = i_2(t)$。即在 11′端口所接的电压源在 22′端口产生的电流等于在 22′端口接同一个电压源时在 11′端口产生的电流。

互易定理可以用特勒根定理加以证明。设图 3.8.1(a)所示电路共有 b 条支路。方框内 $b-2$ 条支路的电压、电流分别记为 $u_k(t)$、$i_k(t)(k=3,\cdots,b)$；图 3.8.1(b)所示电路方框内与图 3.8.1(a)所示电路方框内各对应支路电压、电流记为 $\hat{u}_k(t)$、$\hat{i}_k(t)(k=3,\cdots,b)$。应用特勒根定理，得到

$$\left. \begin{array}{l} u_{S1}(t)i_1(t) + 0 + \displaystyle\sum_{k=3}^{b} u_k(t)\,\hat{i}_k(t) = 0 \\[2mm] 0 + u_{S2}(t)i_2(t) + \displaystyle\sum_{k=3}^{b} \hat{u}_k(t)i_k(t) = 0 \end{array} \right\} \tag{3.8.2}$$

图 3.8.1(a)、(b)电路方框内是同一个电阻电路，有

$$u_k(t)\,\hat{i}_k(t) = i_k(t)R\,\hat{i}_k(t) = i_k(t)\,\hat{u}_k(t)$$

式(3.8.2)上、下两式中求和号内各对应项相等，即和式相等

$$\sum_{k=3}^{b} u_k(t)\,\hat{i}_k(t) = \sum_{k=3}^{b} \hat{u}_k(t)i_k(t)$$

将式(3.8.2)中上、下两式相减，得

$$u_{S1}(t)i_1(t) = u_{S2}(t)i_2(t)$$

互易定理第一种形式得以证明。

2. 互易定理的第二种形式

给定一个仅含有线性电阻的二端口，在 11′端口接入电流源激励 $i_{S1}(t)$，在 22′端口处有电压响应 $u_2(t)$，如图 3.8.2(a)所示；在 22′端口接入电流源激励 $i_{S2}(t)$，在 11′端口处有电压响应 $u_1(t)$，如图 3.8.2(b)所示。

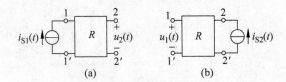

图 3.8.2　互易定理的第二种形式

互易定理表明

$$\frac{u_2(t)}{i_{S1}(t)} = \frac{u_1(t)}{i_{S2}(t)} \tag{3.8.3}$$

或

$$i_{S1}(t)u_1(t) = i_{S2}(t)u_2(t)$$

若接入的两个电流源相等，则在另一个端口产生的电压响应也相等，即

$$u_1(t) = u_2(t)$$

互易定理第二种形式的证明过程与第一种形式的证明类似，这里不再赘述了。

式(3.8.1)中 $i_2(t)/u_{S1}(t)$ 与 $i_1(t)/u_{S2}(t)$ 具有电导的量纲。实际上，它们就是图 3.8.1 所示二端口电路的短路电导参数矩阵中 G_{21} 与 G_{12}，G_{21} 是 $11'$ 端口到 $22'$ 端口的转移电导，G_{12} 是 $22'$ 端口到 $11'$ 端口的转移电导。

$$G_{21} = \left.\frac{i_2(t)}{u_{S1}(t)}\right|_{u_{S2}=0}, \quad G_{12} = \left.\frac{i_1(t)}{u_{S2}(t)}\right|_{u_{S1}=0}$$

当二端口短路电导参数满足 $G_{12} = G_{21}$ 时，该二端口具有互易性质，称之为互易二端口 (reciprocity two-port)。

同样地，式(3.8.3)中 $u_2(t)/i_{S1}(t)$ 与 $u_1(t)/i_{S2}(t)$ 具有电阻的量纲。实际上，它们就是图 3.8.1 所示二端口电路的开路电阻参数矩阵中 R_{21} 与 R_{12}，R_{21} 是 $11'$ 端口到 $22'$ 端口的转移电阻，R_{12} 是 $22'$ 端口到 $11'$ 端口的转移电阻。

$$R_{21} = \left.\frac{u_2(t)}{i_{S1}(t)}\right|_{i_{S2}=0}, \quad R_{12} = \left.\frac{u_1(t)}{i_{S2}(t)}\right|_{i_{S1}=0}$$

当二端口开路电阻参数满足 $R_{12} = R_{21}$ 时，该二端口具有互易性质，称之为互易二端口。

综上所述，短路电导参数矩阵 $\boldsymbol{G}$(开路电阻参数矩阵 $\boldsymbol{R}$)对称是二端口(可以推广到 n 端口)为互易二端口的充分必要条件。此外容易看出，由线性电阻构成的二端口网络是互易二端口。

下面举例说明互易定理的应用。

例 3.8.1　试判断由线性电阻和线性受控源组成的如图 3.8.3 所示二端口是否具有互易性。

解 列出图 3.8.3 所示二端口的短路电导参数方程

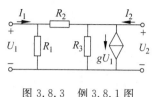

图 3.8.3 例 3.8.1 图

$$\left.\begin{array}{l} I_1 = \dfrac{U_1}{R_1} + \dfrac{U_1 - U_2}{R_2} \\[3mm] I_2 = gU_1 + \dfrac{U_2}{R_3} + \dfrac{U_2 - U_1}{R_2} \end{array}\right\}$$

经整理,得

$$\left.\begin{array}{l} I_1 = \left(\dfrac{1}{R_1} + \dfrac{1}{R_2}\right)U_1 - \dfrac{1}{R_2}U_2 \\[3mm] I_2 = \left(g - \dfrac{1}{R_2}\right)U_1 + \left(\dfrac{1}{R_3} + \dfrac{1}{R_2}\right)U_2 \end{array}\right\}$$

短路电导矩阵为

$$\boldsymbol{G} = \begin{bmatrix} \dfrac{1}{R_1} + \dfrac{1}{R_2} & -\dfrac{1}{R_2} \\[4mm] g - \dfrac{1}{R_2} & \dfrac{1}{R_2} + \dfrac{1}{R_3} \end{bmatrix}$$

它不是对称矩阵,据此可判断出图 3.8.3 所示二端口是非互易的。

通过此例可以看出,含有受控源的线性非时变电路一般情况下是非互易电路,但也存在特例。

例 3.8.2 电路如图 3.8.4 所示。求图中 2Ω 电阻中的电流 I_R。

解 本例是不平衡电桥电路,不易由分压、分流关系求得结果。不过可观察到,将 $a—b$ 看作端口 1,$c—d$ 看作端口 2,由 5 个电阻构成的二端口网络是互易二端口。不妨应用互易定理将 18V 电源和电流 I_R 互换位置,得到图 3.8.5 所示电路。

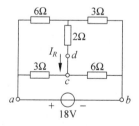

图 3.8.4 例 3.8.2 图

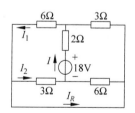

图 3.8.5 互易后电路

值得注意的是,在进行互换时,电路的结构和参数都不作改变,仅将电压源嵌入到待求电流支路中,电压源的电压方向与待求电流的方向一致(相反),原电压源所在支路短接,该支路电流就是待求电流,电流方向与原电压源电压方向一致(相反)。图 3.8.5 所示电路是一个简单电路,由电阻串、并联和分压、分流关系,得

$$I = \frac{18}{2 + 2(3 /\!/ 6)} = 3(\text{A})$$

$$I_1 = \frac{3}{9} I = 1(\text{A})$$

$$I_2 = \frac{6}{9} I = 2(\text{A})$$

得

$$I_R = I_1 - I_2 = -1(\text{A})$$

该电流就是图 3.8.4 所示电路中要求的 2Ω 电阻中的电流 I_R。

例 3.8.3　求图 3.8.6 所示电路中流经 2Ω 电阻的电流 I。

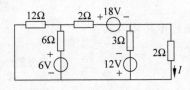

图 3.8.6　例 3.8.3 图

解　本例要求解 3 个电压源共同作用在 2Ω 电阻上产生的电流。可以应用叠加定理将把图 3.8.6 拆分成 3 个电路,如图 3.8.7(a)、(b)、(c)所示。

一种做法是分别求解 3 个子电路得电流 I_1、I_2、I_3,那么

$$I = I_1 + I_2 + I_3$$

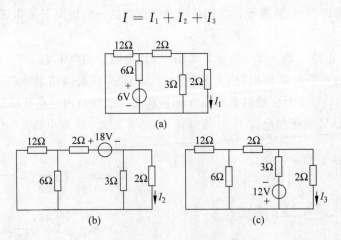

图 3.8.7　3 个子电路

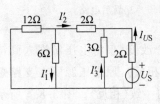

图 3.8.8　互易后电路

这样做的结果要求解 3 个电路,不简便。注意到将图 3.8.7(a)、(b)、(c)3 个子电路中电压源置零后的电路是相同的,且该电路具有互易性。对 3 个子电路分别应用互易定理后得到图 3.8.8 所示电路,不过注意电压源 U_S 大小不同。求出 U_S 作用下的电流 I_1'、I_2'、I_3',这 3 个电流各自乘以比例系数后相加就是流经 2Ω 电阻的电流 I。这样做

使问题的求解变得简单了,由求解 3 个电路转变成求解一个电路。

对图 3.8.8 所示电路进行分析计算,得

$$I_{US} = \frac{U_s}{2 + 3 \mathbin{/\!/} (2 + (6 \mathbin{/\!/} 12))} = \frac{1}{4} U_s$$

由分流得

$$I'_2 = -\frac{3}{3 + 2 + (6 \mathbin{/\!/} 12)} I_{US} = -\frac{1}{12} U_s$$

$$I'_1 = -\frac{12}{18} I'_2 = \frac{1}{18} U_s$$

$$I'_3 = -I_{US} - I'_2 = -\frac{1}{4} U_s + \frac{1}{12} U_s = -\frac{1}{6} U_s$$

2Ω 电阻中电流为

$$I = \frac{1}{18} \times 6 + \left(-\frac{1}{12}\right) \times 18 + \left(-\frac{1}{6}\right) \times 12 = -3.17 (\text{A})$$

其实本例通过电源等效变换进而化简电路可以很快求出答案。这里仅想通过本例说明互易定理应用的一个方面。把叠加定理和互易定理结合起来应用到多个电压源(电流源)作用但只需求解电路中某条支路电流(电压)的情况,往往可以减少计算工作量。这种分析思路在电路灵敏度分析中得到应用,有兴趣的读者可以阅读参考文献[11]。

例 3.8.4 已知图 3.8.9(a)、(b)所示两电路方框中为同一电阻网络。图(a)所示电路中 $U_{S1} = 2V$,$I_2 = 0.25A$,图(b)所示电路中 $U_{S2} = 10V$。求图(b)所示电路中 2Ω 电阻的端电压 U。

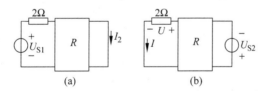

图 3.8.9 例 3.8.4 图

解 本例所示电路具有互易性。将图 3.8.9(a)中 2V 电压源和电流 I_2 互换位置(注意方向)得图 3.8.10 所示电路。

图 3.8.9(b)所示电路与图 3.8.10 所示电路仅激励大小、方向不同,由齐性性质易得

$$k = -\frac{10}{2}$$

则图 3.8.9(b)中电流为

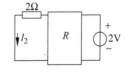

图 3.8.10 电压源和电流
互换后的电路

$$I = kI_2 = \left(-\frac{10}{2}\right) \times 0.25 = -1.25 \text{(A)}$$

电压为

$$U = 2 \times (-1.25) = -2.5 \text{(V)}$$

3.9 对偶电路和对偶原理

自然界中存在着很多相似的物理系统,虽然它们分属不同的范畴(如电学、力学等),但是描述各自系统的数学模型是属于同一类方程。在电路中,也存在着某种相似或对应的关系,譬如有电流 I 流过电阻 R 会产生电压 $U=RI$;有电压 U 作用于电导 G 会产生电流 $I=GU$。把电阻 R 换成对应的电导 G,电压 U 换成电流 I,电流 I 换成电压 U,则描述电阻特性关系 $U=RI$ 就换成了电导的特性关系 $I=GU$。电路中的这种相似称作对偶(dual)。这里,电阻与电导是对偶元件,电压与电流是对偶变量,$U=RI$ 与 $I=GU$ 是对偶关系式。在基尔霍夫定律的表述中,KCL 是针对节点的,$\sum i = 0$;KVL 是针对回路的,$\sum u = 0$。将电流 i 与电压 u 互换,节点和回路互换,KCL 与 KVL 的表述就可以互换,KCL 与 KVL 是一对对偶的定律。电路中还有对偶术语、对偶联接方式等,统称为对偶元素。表 3.9.1 中列出了一些对偶元素。

表 3.9.1　对偶元素表

术语	节点	网孔
	树支	连支
	开路	短路
变量	电压	电流
	节点电压	网孔电流
	树支电压	连支电流
元件	电阻	电导
	电感	电容
	电压源	电流源
联接方式	串联	并联
	星形	三角形
定律	KCL	KVL
定理	戴维南定理	诺顿定理
	互易定理形式 1	互易定理形式 2

如果描述两个电路的方程具有相同的形式,而方程中的变量可以用对偶的元素互换,则称这两个电路为对偶电路(duality circuit)。

图 3.9.1 所示电路中(a)和(b)互为对偶电路。

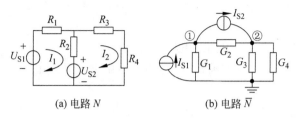

(a) 电路 N　　　　　　　(b) 电路 $\overline{N}$

图 3.9.1　对偶电路

对于图 3.9.1(a)所示电路用网孔电流法,列写出两个网孔的电压方程如下:

$$\left.\begin{aligned} (R_1 + R_2)I_1 - R_2 I_2 &= U_{S1} - U_{S2} \\ -R_2 I_1 + (R_2 + R_3 + R_4)I_2 &= U_{S2} \end{aligned}\right\} \tag{3.9.1}$$

对于图 3.9.1(b)所示电路用节点电压法,列写出两个节点的电流方程如下:

$$\left.\begin{aligned} (G_1 + G_2)U_1 - G_2 U_2 &= I_{S1} - I_{S2} \\ -G_2 U_1 + (G_2 + G_3 + G_4)U_2 &= I_{S2} \end{aligned}\right\} \tag{3.9.2}$$

式(3.9.1)和式(3.9.2)是具有相同形式的线性代数方程组,将式(3.9.1)中的电阻 R 换成电导 G,电流 I 换成电压 U,电压源 U_S 换成电流源 I_S,则式(3.9.1)就转换成了式(3.9.2)。反过来,将式(3.9.2)中的电导 G 换成电阻 R,电压 U 换成电流 I,电流源 I_S 换成电压源 U_S,则式(3.9.2)就转换成了式(3.9.1)。也就是说将两个表达式中对偶元素互换后,方程可以彼此转换。电路 N 和电路 $\overline{N}$ 互为对偶电路。

若抛开物理量的物理概念,当对偶元素数值相同时,如 $R_1 = G_1$,$U_{S1} = I_{S1}$,…,则式(3.9.1)的解与式(3.9.2)的解相同。对于图 3.9.1(a)、(b)所示两个电路而言,只需要求出图 3.9.1(a)所示电路的网孔电流解就可以写出图 3.9.1(b)所示电路的节点电压解。如果分析一个电路比较麻烦,但其对偶电路比较简单,则可以利用对偶性来减少分析电路的工作量[①]。

接下来讨论如何根据一个已知电路来求其对偶电路。由已知电路得到其对偶电路,一种方法是列出电路的网孔方程(节点方程),写出对偶的方程,再据此画出对偶电路。还有一种更简便的作图方法——打点法,可以由已知电路画出其对偶电路。

画图过程可以归纳为以下几步:

(1) 在电路网孔中打点,这些点与对偶电路中独立节点相对应。

(2) 在电路外打一点,这个点与对偶电路中参考节点相对应。

(3) 联接相邻网孔中的两个点,使每条连线与公共支路上一个元件相交,并画上对偶

_____

① 　这个思想在运筹学或数学实验课程中也有体现。

的元件。

　　（4）联接网孔中的点和电路外的点,使每条连线与外网孔上各个元件相交,并画上对偶元件。

　　经过以上 4 个步骤就可以得到原电路的对偶电路。

　　在网孔电流为顺时针设定的前提下,对偶电路中电压源和电流源的极性可以按如下的规则标定:

　　（1）原网孔中所包含的电压源沿顺时针方向电压是升高的,则在对偶电路中与之对偶的电流源方向应指向该网孔对应的节点。

　　（2）若网孔中所包含的电流源的电流方向和网孔电流方向一致,则在对偶电路中与之对偶的电压源的正极性落在该网孔对应的节点上。

　　例 3.9.1　画出图 3.9.2 所示电路的对偶电路。

　　解　该电路有两个网孔,分别在网孔内打点,标上①、②,它们对应于对偶电路中的独立节点①和②。在电路外面打一个点,该点对应于对偶电路中参考节点。穿过电阻 R_2 连线节点①、②,画上电导 G_2。穿过电压源 U_{S2} 连线节点①、②,画上电流源 I_{S2},电流源 I_{S2} 的方向应由节点①指向节点②。穿过电阻

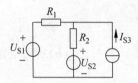

图 3.9.2　例 3.9.1 图

R_1 连线节点①和地节点,画上电导 G_1。穿过电压源 U_{S1},连线节点①和地节点,画上电流源 I_{S1},电流源 I_{S1} 的方向由地节点指向①节点。穿过电流源 I_{S3},连线节点②和地节点,画上电压源 U_{S3},电压的"＋"极性落在参考节点上。以上陈述过程如图 3.9.3 所示。重画后得到原电路的对偶电路,如图 3.9.4 所示。读者可建立图 3.9.2 所示电路网孔方程和图 3.9.4 所示电路的节点方程来验证所画对偶电路的正确性。

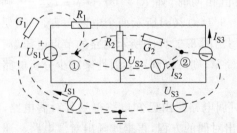

图 3.9.3　打点法画对偶电路图

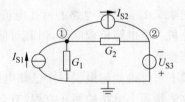

图 3.9.4　图 3.9.2 所示电路的对偶电路

　　有两个互为对偶的电路 N 和 $\overline{N}$,如果对电路 N 有结论(方程式)成立的话,则将其中的所有各电路变量、元件、联接方式等分别用与之对偶的元素替换后所得到的结论(方程式)对于电路 $\overline{N}$ 也是成立的。这就是对偶原理(principle of duality)。

　　因为电路 N 和 $\overline{N}$ 是对偶的,如果对电路 N 的结论被证明是成立的话,由于描述对偶的两个电路的数学形式是相同的,就可采用与前述证明过程相同的方法(引用对偶的概念)证明电路 $\overline{N}$ 中的结论成立。由电路 N 和 $\overline{N}$ 得出的结论互为对偶。例如,对一个含有

独立电源、线性电阻和受控源的电路,用戴维南定理表述可等效为电压源和电阻串联,用诺顿定理表述则被等效为电流源和电导的并联。两个定理的证明过程也是对偶的。

在应用时要注意,上面介绍的打点法求对偶电路只适用于平面电路。因为该法缘于网孔和节点的对偶。还需注意对偶电路和等效电路是两个完全不同的概念,不要混淆。

对偶的概念在网络分析和网络综合中有很多应用。

习题

3.1 用支路电流法求题图 3.1 所示电路中各支路电流。

3.2 用支路电流法求题图 3.2 所示电路中 12V、6V 电压源各自发出的功率。

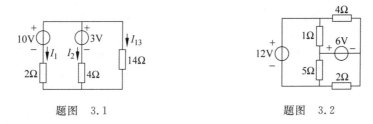

题图 3.1   题图 3.2

3.3 用节点电压法求题图 3.3 所示电路中各支路电流 $I_1 \sim I_6$。

3.4 用节点电压法求题图 3.4 所示电路中电流 I。

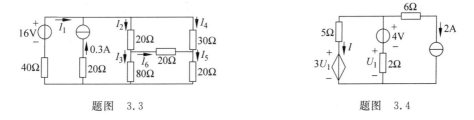

题图 3.3   题图 3.4

3.5 用节点电压法求题图 3.5 所示电路中独立电源发出的功率。

3.6 用节点电压法求题图 3.6 所示电路中节点电压 U_1、U_2。

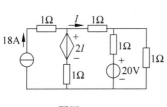 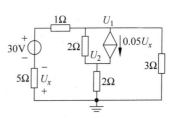

题图 3.5   题图 3.6

3.7　用节点电压法求题图 3.7 所示电路中电流 I_1、I_2。

3.8　用节点电压法求题图 3.8 所示电路中控制量电流 I_1、电压 U_1。

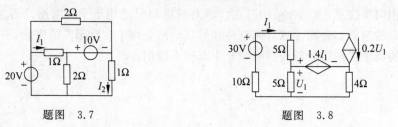

题图　3.7　　　　　　　　　　题图　3.8

3.9　求题图 3.9 所示运算放大器电路输出电压与输入电压的比值 u_o/u_i。

3.10　用回路电流法求题图 3.10 所示电路中各回路电流和 50V 电压源发出的功率。

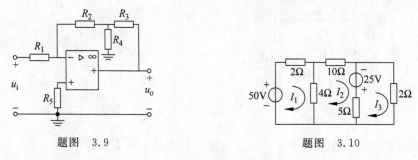

题图　3.9　　　　　　　　　　题图　3.10

3.11　用网孔电流法求题图 3.11 所示电路中各网孔电流和受控电压源吸收的功率。

3.12　用网孔电流法求题图 3.12 所示电路中 5Ω 电阻中电流 I。

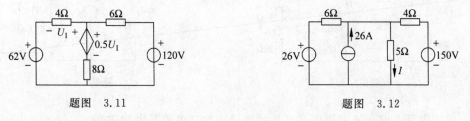

题图　3.11　　　　　　　　　　题图　3.12

3.13　用回路电流法求题图 3.13 所示电路中 15Ω 电阻上输出电压 U_o。

3.14　用叠加定理求题图 3.14 所示电路中电流 I。

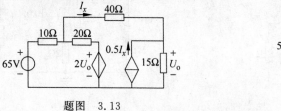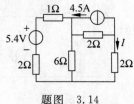

题图　3.13　　　　　　　　　　题图　3.14

3.15　用叠加定理求题图 3.15 所示电路中电压 U。

3.16　电路如题图 3.16 所示。当 $U_{S1}=8V$，$U_{S2}=12V$，$I_S=0$ 时，电流表的读数为 1.2A；当 $U_{S1}=10V$，$U_{S2}=6V$，$I_S=1.2A$ 时，电流表的读数为 1.2A；求当 $U_{S1}=12V$，$U_{S2}=3V$，$I_S=1.8A$ 时电流表的读数。

3.17　用叠加定理求题图 3.17 所示电路中电压 u_o。

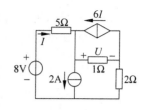

题图　3.15

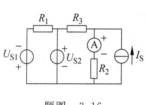

题图　3.16

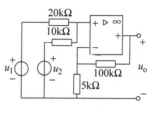

题图　3.17

3.18　题图 3.18 所示电路中方框 A 为含有独立电源线性电阻网络。已知 $U_S=1V$，$I_S=1A$ 时，电流 $I=6A$；$U_S=4V$，$I_S=3A$ 时，电流 $I=12A$；当 $U_S=5V$，$I_S=4A$ 时，电流 $I=16A$。问 $U_S=3V$，I_S 为多少时电流 $I=8A$？

3.19　电路如题图 3.19 所示。已知电流 $I=6A$，求网络 N 发出的功率。

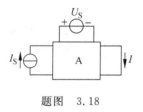

题图　3.18

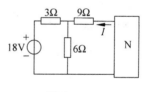

题图　3.19

3.20　已知题图 3.20 所示电路中流过电阻 R 的电流 $I=1A$，求电阻 R 的值。

3.21　题图 3.21 所示电路中方框 P 为电阻网络。当 $R=R_1$ 时，测得电压 $U_1=5V$，$U_2=2V$；当 $R=R_2$ 时，测得电压 $U_1=4V$，$U_2=1V$。求当电阻 R 被短路时，电流源 I_S 的端电压 U_1。

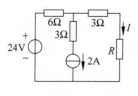

题图　3.20

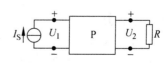

题图　3.21

3.22　电路如题图 3.22 所示,用戴维南定理分别求电阻 R 为 2Ω 和 4Ω 时电流 I。

3.23　用戴维南定理求题图 3.23 所示电路中电压 $U_。$。

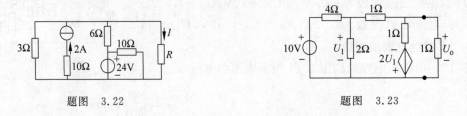

题图 3.22　　　　　　　　　　　　题图 3.23

3.24　用戴维南定理求题图 3.24 所示电路中 2Ω 电阻的电压 U。

3.25　试问题图 3.25 所示电路中电阻 R_L 为何值时能获得最大功率? 并求此最大功率。

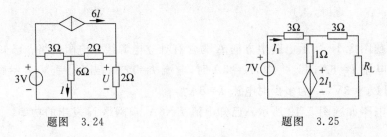

题图 3.24　　　　　　　　　　　　题图 3.25

3.26　电路如题图 3.26 所示,已知电压源电压 $U_S = 24V$。应用戴维南定理将运算放大器输入电路作等效变换,然后求运算放大器的输出电压 $U_。$。

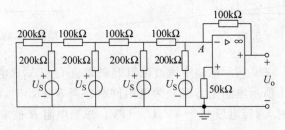

题图 3.26

3.27　题图 3.27 所示电路方框 A 中含有独立电源与线性电阻。开关 S_1、S_2 均为断开时,电压表的读数为 6V;当开关 S_1 闭合 S_2 断开时,电压表的读数为 4V。求当开关 S_1 断开 S_2 闭合时电压表的读数。

3.28　题图 3.28 所示电路方框 A 中含有独立电源与线性电阻。当 $R = 5Ω$ 时,$I = 1.6A$;当 $R = 2Ω$ 时,$I = 2A$。问当 R 为何值时,R 吸收功率最大? 并求此最大功率。

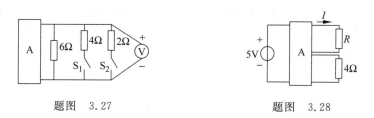

题图　3.27　　　　　　　　　　　题图　3.28

3.29　题图 3.29 所示电路中方框 P 为电阻网络。已知图(a)所示电路中 $U_\mathrm{S}=10\mathrm{V}$，$R_1=1\Omega$，$U_2=4/3\mathrm{V}$，$I_1=2\mathrm{A}$；图(b)所示电路中 $I_\mathrm{S}=2\mathrm{A}$，$R_2=4\Omega$，$U_1=12\mathrm{V}$，问电压 U_2 是多少?

3.30　题图 3.30 所示电路中方框 P 为电阻网络。已知图(a)所示电路中 $U_\mathrm{S1}=20\mathrm{V}$，$I_1=-10\mathrm{A}$，$I_2=2\mathrm{A}$；图(b)所示电路中 $U_\mathrm{S2}=10\mathrm{V}$，求 3Ω 电阻中电流。

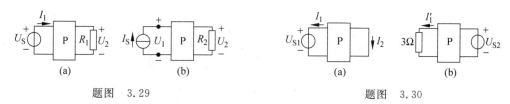

题图　3.29　　　　　　　　　　　题图　3.30

3.31　题图 3.31 所示电路中方框 R 为电阻网络。当 $U_\mathrm{S}=3\mathrm{V}$，$R_1=20\Omega$，$R_2=5\Omega$ 时测得 $I=1.2\mathrm{A}$，$I_1=0.1\mathrm{A}$，$I_2=0.2\mathrm{A}$；当 $U_\mathrm{S}=5\mathrm{V}$，$R_1=10\Omega$，$R_2=10\Omega$ 时测得 $I=2\mathrm{A}$，$I_2=0.2\mathrm{A}$。求此种情况下的电流 I_1。

3.32　求题图 3.32 所示二端口网络的 R 参数，并讨论该二端口的互易性。

3.33　求题图 3.33 所示二端口网络的 G 参数，并讨论该二端口的互易性。

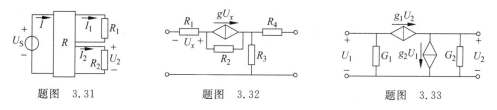

题图　3.31　　　　　　　　题图　3.32　　　　　　　　题图　3.33

3.34　用互易定理求题图 3.34 所示电路中电流表的读数。

3.35　参照例 3.8.3，用互易定理求题图 3.35 所示电路中电阻电流 I。

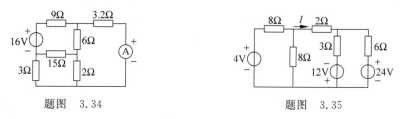

题图　3.34　　　　　　　　　　　题图　3.35

3.36　题图 3.36 所示电路中方框 P 为电阻网络。已知图(a)所示电路中 $U_S = 12V$，$U_2 = 8V$，$I_1 = 2A$；图(b)所示电路中 $I_S = 5A$，$R_1 = 2\Omega$，问流过电阻 R_1 中的电流 I 是多少？（建议不用特勒根定理）

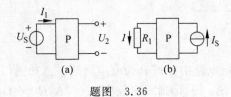

(a)　　　　　　(b)

题图　3.36

参考文献

[1]　江缉光. 电路原理. 北京：清华大学出版社，1997

[2]　邱关源. 电路. 第 4 版. 北京：高等教育出版社，1999

[3]　肖达川. 线性与非线性电路. 北京：科学出版社，1992

[4]　Alexander C K，Sadiku M N O. Foundations of Electronic Circuits. 2nd Ed. McGraw-Hill，2003

[5]　俞大光. 电工基础. 修订本. 北京：人民教育出版社，1965

[6]　林争辉. 电路理论. 第 1 卷. 北京：高等教育出版社，1988

[7]　陈希有. 电路理论基础. 北京：高等教育出版社，2004

[8]　周守昌. 电路原理. 第 2 版. 北京：高等教育出版社，2004

[9]　吴锡龙. 电路分析. 北京：高等教育出版社，2004

[10]　Agarwal A，Lang J. Foundations of Analog and Digital Electronic Circuits. Morgan Kaufmann，2005

[11]　特里克. 电路分析导论. 北京：人民教育出版社，1981

第 **4** 章　非线性电阻电路分析

本章讨论非线性电阻的性质,研究 4 种非线性电阻电路的分析方法:直接列方程求解法、图解法、分段线性法和小信号法。在此基础上讨论 MOSFET 的开关-电流源模型,研究 MOSFET 的工作点,用小信号法分析 MOSFET 构成的模拟系统基本单元——放大器。最后介绍非线性电阻的若干实际应用。

4.1　非线性电阻和非线性电阻电路

4.1.1　非线性电阻

关联参考方向下,线性电阻(linear resistance)的电路符号和 u-i 关系分别如图 4.1.1 和式(4.1.1)所示。

$$R = \frac{u}{i} = \tan\alpha = \text{const.} \tag{4.1.1}$$

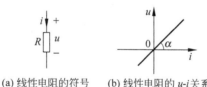

(a) 线性电阻的符号　　(b) 线性电阻的 u-i 关系

图 4.1.1　线性电阻

非线性电阻(nonlinear resistance)的电压电流呈非线性代数关系,可以一般性地表示为[1]

$$u = f(i) \tag{4.1.2}$$

或

$$i = g(u) \tag{4.1.3}$$

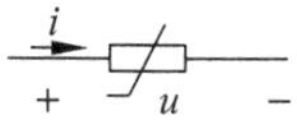

图 4.1.2　非线性电阻的符号　其电路符号如图 4.1.2 所示。

---

① 式(4.1.2)和式(4.1.3)都需要满足在 $i=0$ 时 $u=0$,即 u-i 特性曲线要过原点。根据附录 A 的讨论可知,电阻这一电路模型是对导体中的载流子在电场力驱动下定向运动能力的描述。没有电场,则没有电场力,也就没有电流。因此电阻模型的 u-i 特性曲线必须过原点。

整流二极管是一种最常用的非线性电阻,其电路符号和 u-i 关系分别如图 4.1.3 和式(4.1.4)所示,

$$i = I_\text{S}\,(\text{e}^{\frac{u}{U_\text{TH}}} - 1) \tag{4.1.4}$$

其中,U_TH 为常数(典型值为 25mV),I_S 称为整流二极管的反向饱和电流(硅二极管的典型 I_S 值为 10^{-12} A)。整流二极管应用十分广泛,有时简称为二极管。本章将讨论二极管的多种应用实例。

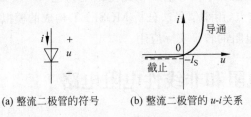

(a) 整流二极管的符号   (b) 整流二极管的 u-i关系

图 4.1.3   整流二极管

隧道二极管是另一种非线性电阻,其电路符号和 u-i 关系分别如图 4.1.4 和式(4.1.5)所示,

$$i = g(u) = a_0 u + a_1 u^2 + a_2 u^3 \tag{4.1.5}$$

其中 a_0、a_1、a_2 均为系数。观察隧道二极管的 u-i 特性曲线可以发现,给定一个电压可求出唯一对应的电流,反之则不然。这种非线性电阻称为"压控型"。另外,从图 4.1.4(b) 可以看出,在 u 为横轴,i 为纵轴的 u-i 平面上,特性曲线的形状类似字母 N,因此也可称为 N 形非线性电阻。

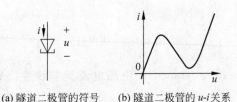

(a) 隧道二极管的符号   (b) 隧道二极管的 u-i关系

图 4.1.4   隧道二极管

充气二极管也是一种非线性电阻,其电路符号和 u-i 关系分别如图 4.1.5 和式(4.1.6)所示,

$$u = f(i) = a_0 i + a_1 i^2 + a_2 i^3 \tag{4.1.6}$$

其中 a_0、a_1、a_2 均为系数。观察充气二极管的 u-i 特性曲线可以发现,给定一个电流可求出唯一对应的电压,反之不然。这种非线性电阻称为"流控型"。类似地,也可称其为 S 形非线性电阻。

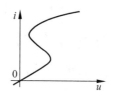

(a) 充气二极管的符号   (b) 充气二极管的 $u\text{-}i$ 关系

图 4.1.5 充气二极管

与线性电阻相比,非线性电阻有更为丰富的电气特性,因而具有广泛的应用价值。

1. 非线性电阻的 $u\text{-}i$ 关系不满足齐次性和可加性。

例 4.1.1 非线性电阻 $u\text{-}i$ 关系为 $u=f(i)=50i+0.5i^3$,用 $i_1=2\mathrm{A}$, $i_2=10\mathrm{A}$ 来验证该电阻是否满足齐次性和可加性。

解 齐次性和可加性的定义分别如式(1.6.4)和式(1.6.5)所示。

$i_1=2\mathrm{A}$ 时,$u=50\times2+0.5\times2^3=104\mathrm{V}$。

$i_2=10\mathrm{A}$ 时,$u=50\times10+0.5\times10^3=1000\mathrm{V}\neq104\times5$,因此不满足齐次性。

$i=i_1+i_2=12\mathrm{A}$ 时,$u=50\times12+0.5\times12^3=1464\mathrm{V}\neq104+1000$,因此不满足可加性。

非线性电阻不满足齐次性和可加性,因此叠加定理对非线性电阻电路不再适用。

2. 将非线性电阻的 $u\text{-}i$ 关系在某点进行泰勒展开,如果可忽略高阶项,则该点附近的小扰动及其响应之间为线性关系。

例 4.1.2 非线性电阻 $u\text{-}i$ 关系为 $u=f(i)=50i+0.5i^3$,激励为 $i=2.01\mathrm{A}$,求响应 u。

解
$$u=f(2+0.01)=50\times(2+0.01)+0.5\times(2+0.01)^3$$
$$=50\times2+0.5\times2^3+50\times0.01+0.5\times3\times2^2\times0.01$$
$$+0.5\times3\times2\times0.01^2+0.5\times0.01^3$$
$$\approx50\times2+0.5\times2^3+56\times0.01$$
$$=f(2)+56\times0.01(\mathrm{V})$$

图 4.1.6 表示了例 4.1.2 中激励和响应之间的关系。根据求解过程可知,在工作点 2A 附近忽略高阶项后,0.01A 激励及其响应 $56\times0.01\mathrm{A}$ 之间为线性关系,其中 56 为该非线性电阻 $u\text{-}i$ 关系在 2A 点泰勒展开的一阶系数。

例 4.1.2 的求解过程和图 4.1.6 表明,如果非线性电阻的激励为大直流与小交流信号之和,则在误差许可的范围内,可认为小交流信号作用在一个线性电阻上。该线性电阻的阻值为非线性电阻在直流激励处进行泰勒展开的一阶系数。非线性电

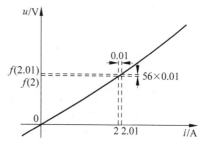

图 4.1.6 例 4.1.2 的图解分析

阻的这个特性非常有助于分析和设计小信号电路。

4.1.2 非线性电阻电路及其解存在唯一性

一般来讲,负载中包含非线性元件的电路列写出的方程为非线性方程,是非线性电路(nonlinear circuit)。

线性电阻电路的求解对应着线性代数方程组的求解。对于 n 个节点,b 个支路的电路来说,一般可以找到 $n-1$ 个独立的 KCL 方程和 $b-n+1$ 个独立的 KVL 方程,再加上 b 个元件约束,可以列写出 $2b$ 个独立线性代数方程,从而求出所有支路量的唯一解。与线性电阻电路不同,非线性电阻电路对应着非线性代数方程组,可能有多个解或没有解。

图 4.1.7(a)就是包含隧道二极管的多解电路。由图 4.1.7(b)所示的 $u\text{-}i$ 关系可以看出,该电路可能存在 A、B、C 这 3 个解。

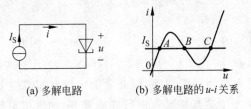

(a) 多解电路   (b) 多解电路的$u\text{-}i$关系

图 4.1.7 包含隧道二极管的多解电路

另一方面,非线性电阻也可能无解。图 4.1.8(a)就是包含整流二极管的无解电路。由图 4.1.8(b)所示的 $u\text{-}i$ 关系可以看出,该电路无解。

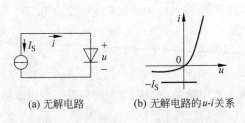

(a) 无解电路   (b) 无解电路的$u\text{-}i$关系

图 4.1.8 包含整流二极管的无解电路

由于非线性电阻电路存在多解和无解的可能,因此研究非线性电阻电路解的存在性和唯一性就成为很重要的问题。关于这方面有很多专门的讨论,读者可参考相应的书籍和论文,本书只介绍其中的一个充分条件,感兴趣的读者可阅读参考文献[7]和[8]。

首先需要定义严格递增电阻。如果在一个电阻的 $u\text{-}i$ 特性曲线上找任意 2 点 (u_1,i_1) 和 (u_2,i_2) 都满足

$$(u_2-u_1)\times(i_2-i_1)>0 \tag{4.1.7}$$

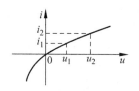

图 4.1.9　严格递增电阻

则该电阻称为严格递增电阻。图 4.1.9 给出了一个严格递增电阻的例子。不失一般性,在图中设 $u_2 > u_1$。

非线性电阻电路存在唯一解的一个充分条件是:电路中的每个电阻都是严格递增电阻,而且每个电阻的电压 $u \to \infty$ 时,相应的电流 $i \to \infty$,同时电路中不存在仅由独立电压源构成的回路和仅由独立电流源联接而成的节点[①]。

4.2　直接列方程求解非线性电阻电路

和线性电阻电路一样,原则上只需确定电路的拓扑结构和元件约束,就可以列写出关于支路量的代数方程,求解该方程即可得出电路的解。这种方法也称为解析法。但对于非线性电阻电路来说,方程的列写和求解都不像线性电阻电路那么容易。

例 4.2.1　求图 4.2.1 所示电路中的 u。

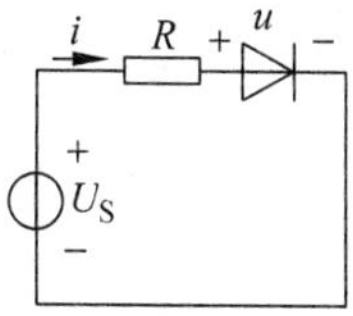

解　整流二极管的 u-i 关系如式(4.1.4)所示,应用 KVL 和元件特性可知

$$\frac{U_S - u}{R} = I_S (e^{\frac{u}{U_{TH}}} - 1)$$

显然,这是一个关于 u 的超越方程。目前人们没有方法能够得到这种方程的解析解。

图 4.2.1　例 4.2.1 图

第 3 章详细讨论了节点电压法和回路电流法。下面来研究这些方法在非线性电阻电路中的应用。

节点电压法要列写关于节点电压的 KCL 方程,元件约束和 KVL 关系都需要用节点电压来表示,因此非线性电阻应该是压控型的。

例 4.2.2　已知 $i_2 = u_2^5$, $i_3 = u_3^3$,用节点电压法列写图 4.2.2 所示电路的方程。

解　节点的选择如图 4.2.2 所示。在上面的节点应用 KCL、KVL 和元件约束,可知

$$\frac{u-2}{1} + (u-1)^5 + (u-4)^3 = 0$$

例 4.2.3　已知 $i_3 = 5u_3^3$, $i_4 = 10u_4^{\frac{1}{3}}$, $i_5 = 15u_5^{\frac{1}{5}}$,用节点电压法列写图 4.2.3 所示电路的方程。

解　节点的选择如图 4.2.3 所示。在 3 个节点上应用 KCL、KVL 和元件约束,可知

$$G_1 (u_{n1} - U_S) + G_2 (u_{n1} - u_{n3}) + 5 (u_{n1} - u_{n2})^3 = 0$$

$$-5 (u_{n1} - u_{n2})^3 + 10 (u_{n2} - u_{n3})^{\frac{1}{3}} + 15u_{n2}^{\frac{1}{5}} = 0$$

$$-10 (u_{n2} - u_{n3})^{\frac{1}{3}} - G_2 (u_{n1} - u_{n3}) - I_S = 0$$

---

①　更严格的描述应该是不存在仅由独立电流源构成的割集。关于割集,感兴趣的读者可阅读参考文献[1]。

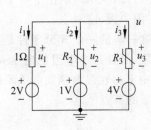
图 4.2.2   例 4.2.2 图

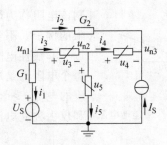
图 4.2.3   例 4.2.3 图

于是得到了 3 个关于节点电压的非线性代数方程,但通常需要利用数值手段并借助计算机才能求解。

仔细研究上述方程的列写过程可以发现,如果不是压控型非线性电阻,则列写节点电压方程比较困难。

回路电流法要列写关于回路电流的 KVL 方程,元件约束和 KCL 关系都需要用回路电流来表示,因此非线性电阻应该是流控型的。

例 4.2.4   已知 $u_3 = 20i_3^3$,用回路电流法列写图 4.2.4 所示电路的方程。

解   回路的选择如图 4.2.4 所示。在 2 个回路上应用 KCL、KVL 和元件约束,可知

$$2i_{l1} + 2(i_{l1} - i_{l2}) = 2$$
$$-2(i_{l1} - i_{l2}) + 20i_{l2}^3 = 0$$

于是得到了关于回路电流的非线性代数方程组,但通常需要用数值手段才能求解。

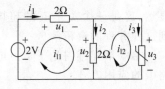
图 4.2.4   例 4.2.4 图

仔细研究上述方程列写过程可以发现,如果不是流控型非线性电阻,则列写回路电流方程比较困难。

至此讨论了非线性电阻电路方程的列写。一般来说,由此得到的非线性代数方程(组)无法求出解析解,因此必须研究其数值算法。在数值分析或数学实验课程中将讲授求解非线性代数方程(组)的数值方法,其中最主要的方法包括牛顿法、高斯-塞德尔迭代法等。MATLAB® 软件提供了 fsolve、fzero 等若干函数,可方便地以数值方式求解非线性代数方程(组)。

4.3   非线性电阻电路的图解法

现在从另一个角度来分析由二极管和电源构成的非线性电阻电路,如图 4.3.1 所示。从图 4.3.1 中 *A*-*B* 向左看得到的 *u*-*i* 关系为

$$u = U_\text{S} - R_\text{S}i$$

向右看得到的 $u\text{-}i$ 关系为

$$i = I_\text{S}\,(\mathrm{e}^{\frac{u}{U_\text{TH}}} - 1)$$

由于这两个子电路在接线端上的电压电流参考方向相同,可以在一幅图中画出这两个函数关系,如图 4.3.2 所示。

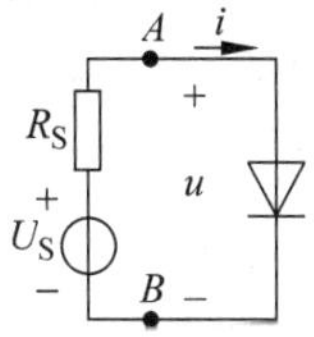

图 4.3.1　含二极管的电路

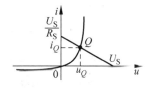

图 4.3.2　图 4.3.1 电路的图解法

图 4.3.2 中 $A\text{-}B$ 左边子电路 $u\text{-}i$ 特性曲线与 $A\text{-}B$ 右边子电路 $u\text{-}i$ 特性曲线的交点确定了该电路中非线性电阻两端的电压和流经非线性电阻的电流。通常称该点为工作点(quiescent point)或 Q 点(Q-point)。

图 4.3.2 中非线性电阻的 $u\text{-}i$ 特性曲线是根据其函数关系画出的。实际情况中往往还存在着另外一种情况,即并不清楚非线性电阻的工作机理,只是通过测量接线端的电压电流获得了一条 $u\text{-}i$ 特性曲线。根据前面的讨论可知,如果此时电路中只有 1 个非线性电阻,就可以先求从非线性电阻看入的戴维南等效电路,然后在同一坐标轴下画出非线性电阻的 $u\text{-}i$ 特性曲线和戴维南等效电路的 $u\text{-}i$ 特性曲线,二者的交点即确定了该非线性电阻两端的电压和流经非线性电阻的电流。这种方法被称为非线性电阻电路的图解法。

图解法的最大优点是直观、简便,因此在电子线路中得到广泛应用。稍后在 4.7 节中还要看到这种方法的实际应用。

4.4　非线性电阻电路的分段线性法

在实际测量出非线性电阻元件 $u\text{-}i$ 特性曲线后,既可以尝试用图解法分析电路,也可以对得到的特性曲线进行插值或拟合[①],求得其 $u\text{-}i$ 关系表达式,然后用列方程的方法来分析非线性电阻电路。

上述两种方法都会牺牲一定的精度。图解法在制图和读取工作点数据的时候可能出现误差,列方程法在插值或拟合时以及用数值方法求解非线性代数方程(组)时可能出现误差。

———————————

① 插值和拟合是数值分析或数学实验课程的概念,大致的意思是寻找一个函数来表示实际测量得到的若干点,使得产生的误差足够小。

下面换一种思路来考虑问题。既然很难找到精确求解非线性电阻电路的方法,不妨从简化非线性电阻的模型入手,使其 u-i 特性曲线在一定范围内是直线,整个 u-i 特性曲线变为连续的折线。这样得到的模型称为非线性电阻的分段线性模型,如图 4.4.1 所示。

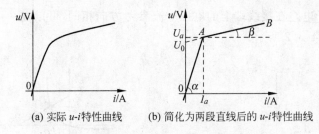

(a) 实际 u-i 特性曲线　　　(b) 简化为两段直线后的 u-i 特性曲线

图 4.4.1　非线性电阻 u-i 特性曲线的分段线性简化

这样对非线性电阻模型进行简化可以使分析过程明显简化。以图 4.4.1 为例,如果知道该非线性电阻工作在 0-A 段,则显然可以在原电路中用一个线性电阻替换这个非线性电阻,其阻值为

$$R_a = \tan\alpha \tag{4.4.1}$$

式(4.4.1)对应的子电路如图 4.4.2(a)所示。如果知道该非线性电阻工作在 A-B 段,则可以沿 $B \to A$ 方向延长该直线,使其与 u 轴交于 U_0 点。在原电路中可用一个线性电阻与独立电压源的串联替换这个非线性电阻,其 u-i 关系为

$$u = U_0 + iR_b, \quad R_b = \tan\beta \tag{4.4.2}$$

式(4.4.2)对应的子电路如图 4.4.2(b)所示。

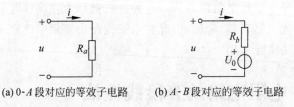

(a) 0-A 段对应的等效子电路　　　(b) A-B 段对应的等效子电路

图 4.4.2　图 4.4.1(b)对应的等效子电路

当然,用图 4.4.1(b)中的 0-A 和 A-B 两段直线来替代图 4.4.1(a)中的曲线将产生误差。是否采用这样的模型简化要视引起的误差是否在工程许可范围内而定。此外,如果对简化模型的精度不满意,也可以进一步增加折线的数量。采用这种方法,理论上可以满足任意精度的要求,但从下面的分析可以看出,电路的求解随分段数量的增加而越来越复杂。因此在应用分段线性法求解非线性电阻电路时需要在精度和方便程度中寻求折中。

现在剩下的问题只有一个:如何知道图 4.4.1(b)所示的分段线性电阻究竟工作在

哪一段?

要想回答这个问题,需要对图 4.4.1(b)所示的分段线性模型做进一步的研究。在 0-A 段,该非线性电阻可看做线性电阻是有条件的,条件为 $i<I_a$ 或 $u<U_a$。同样在 A-B 段,该非线性电阻可看做线性电阻和独立电压源串联也是有条件的,条件为 $i>I_a$ 或 $u>U_a$。于是可以比较完整地写出该非线性电阻的 u-i 关系,

$$\left.\begin{array}{ll} u = iR_a, & R_b = \tan\alpha, \quad i < I_a \\ u = U_0 + iR_b, & R_b = \tan\beta, \quad i > I_a \end{array}\right\} \tag{4.4.3}$$

式(4.4.3)[①]给出了对图 4.4.2(b)所示分段线性模型的完整描述。事先不知道该非线性电阻工作在哪段,只需任意假设其工作于某段,应用该段的线性等效模型,使得原电路成为线性电路,求解该电路得到线性模型的接线端电压和电流,判断接线端电压和电流是否满足该段的条件。如果条件满足,则假设成立,求解完毕;如果条件不满足,则假设不成立,再假设其工作于另一段,继续上述过程,直到求解完毕为止。这种基于"假设—检验"的方法对于求解含分段线性模型的非线性电阻电路十分有效。

需要指出,一方面由于非线性电阻电路本身可能多解或无解,另一方面用分段线性模型来代替原来的非线性模型也可能产生多解或无解,从而使得上述"假设—检验"过程可能得出该非线性元件满足多个区段条件或不满足任何区段条件的情况。对于这种情况的讨论超出了本书的范围。本节中始终假设非线性电阻电路本身存在唯一解,分段线性模型覆盖了非线性电阻所有工作范围,不会产生多解或无解的情况。

例 4.4.1　如图 4.4.3 所示,已知非线性电阻当 $i<1A$ 时 $u=2i$,$i>1A$ 时 $u=i+1$,求 u。

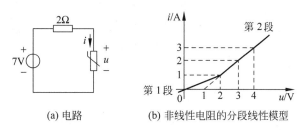

(a) 电路　　　　　　(b) 非线性电阻的分段线性模型

图 4.4.3　例 4.4.1 电路和非线性电阻的分段线性模型

解　假设非线性电阻工作在第 1 段,条件为 $i<1A$,得到的线性电阻电路如图 4.4.4(a)所示。容易求得 $i=1.75A>1A$,因此假设错误。

假设非线性电阻工作在第 2 段,条件为 $i>1A$,得到的线性电阻电路如图 4.4.4(b)所示。容易求得 $i=2A>1A$,因此假设正确。$u=1+2\times1=3(\mathrm{V})$。

---

① 式(4.4.3)中没有考虑 I_a 点的情况。其原因在于实际电路中 $i=I_a$ 的情况几乎不可能精确发生。当然也可以将式(4.4.3)中的"<"和">"修改为"≤"和"≥"。

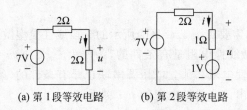

(a) 第1段等效电路　　(b) 第2段等效电路

图 4.4.4　例 4.4.1 电路在两段中的等效电路

前面介绍的是对实际测量的 $u\text{-}i$ 特性曲线进行分段线性简化的方法。实际上这种方法同样适用于已知 $u\text{-}i$ 函数关系的非线性电阻。下面来仔细研究对整流二极管的 $u\text{-}i$ 函数关系进行分段线性简化的方法。

整流二极管的 $u\text{-}i$ 函数关系为式(4.1.4)，在图 4.4.5 所示的参考方向下，某整流二极管的实际 $u\text{-}i$ 特性曲线如图 4.4.6 所示。

图 4.4.5　整流二极管的参考方向

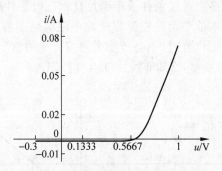

图 4.4.6　整流二极管的 $u\text{-}i$ 特性曲线

观察图 4.4.6 可以发现，u 小于某个数值时，i 基本上为 0，u 大于该值后，i 随 u 的增加而显著增加。

对图 4.4.6 所示 $u\text{-}i$ 特性曲线最直观的简化方法是将其分为两段(如图 4.4.7 所示)。在第 1 段中，二极管基本上没有流通电流(即开路)，而在第 2 段中，二极管可用线性电阻与电压源串联的电路来等效，这样得到的模型可表示为

$$\left.\begin{array}{ll} i = 0, & u < U_{sd} \\ u = U_{sd} + iR, & i > 0 \end{array}\right\} \qquad (4.4.4)$$

两段中的等效电路表示在图 4.4.7 中。称这种分段线性模型为模型 1。

式(4.4.4)中第 2 区段的 R 值的确定要视整流二极管的实际工作区域确定。此外第 2 区段的条件也可定为 $u > U_{sd}$。U_{sd} 称为二极管的导通电压。不同二极管的导通电压各

不相同。硅二极管的 U_{sd} 一般为 $0.6\mathrm{V}$，锗二极管的 U_{sd} 一般为 $0.2\mathrm{V}$。

观察图 4.4.7 中的第 2 区段可知等效电路中的 R 的阻值在几 Ω 的量级。如果整流二极管以外电路中电阻的阻值都远大于几 Ω 量级（如在 $k\Omega$ 以上），则在工程误差允许的范围内该电阻可近似为短路。从这个观点出发，可将图 4.4.6 所示 u-i 特性曲线分为两段（如图 4.4.8 所示）。在第 1 段中，二极管可用开路来等效，而在第 2 段中，二极管可用电压源来等效，这样得到的模型可表示为

$$\left.\begin{array}{ll} i = 0, & u < U_{sd} \\ u = U_{sd}, & i > 0 \end{array}\right\} \qquad (4.4.5)$$

两段中的等效电路表示在图 4.4.8 中。称这种分段线性模型为模型 2。

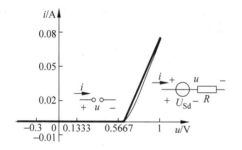

图 4.4.7　整流二极管的模型 1

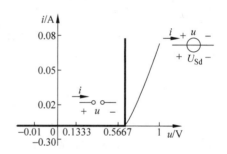

图 4.4.8　整流二极管的模型 2

当然，也可以从另一个角度来进一步简化图 4.4.7 所示的模型 1。如果整流二极管所在电路中所有元件两端的电压都远大于 U_{sd}，则在工程误差允许的范围内该电压源值可近似为 0。从这个观点出发，可将图 4.4.6 所示 u-i 特性曲线分为如图 4.4.9 所示的两段。在第 1 段中，二极管可用开路来等效，而在第 2 段中，二极管可用电阻来等效（当然其阻值要视整流二极管的实际工作区域而定），这样得到的模型可表示为

$$\left.\begin{array}{ll} i = 0, & u < 0 \\ u = Ri, & i > 0 \end{array}\right\} \qquad (4.4.6)$$

两段中的等效电路表示在图 4.4.9 中。称这种分段线性模型为模型 3。

最后，如果 U_{sd} 和 R 都可在工程误差允许的范围内忽略，则可将图 4.4.6 所示 u-i 特性曲线分为如图 4.4.10 所示的两段。在第 1 段中，二极管可用开路来等效，而在第 2 段中，二极管可用短路来等效，这样得到的模型可表示为

$$\left.\begin{array}{ll} i = 0, & u < 0 \\ u = 0, & i > 0 \end{array}\right\} \qquad (4.4.7)$$

两段中的等效电路表示在图 4.4.10 中。称这种分段线性模型为模型 4，有时也称其为理想二极管模型。

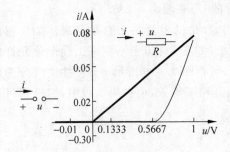

图 4.4.9　整流二极管的模型 3

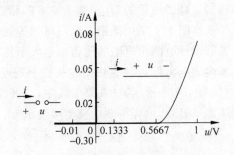

图 4.4.10　整流二极管的模型 4

显然,从模型 1 到模型 4,误差越来越大,但得到的模型越来越便于分析。这充分体现了实际工程问题中需要在精度和方便程度间进行折中的观点。

例 4.4.2　图 4.4.11 所示电路中 $u_S = 10\sin t$ V,分别用模型 4 和模型 2 来分析下面含硅整流二极管的电路——求二极管中的电流。

解　用"假设—检验"的方法进行分析。

(1) 用模型 4

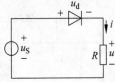

图 4.4.11　例 4.4.2 图

假设整流二极管等效为短路(条件为 $i>0$),有

$$i = \frac{u}{R} = \frac{10\sin t}{R}$$

显然当且仅当 $\sin t>0$ 时假设成立。

假设整流二极管等效为开路(条件为 $u_d<0$),有

$$u_d = 10\sin t$$

显然当且仅当 $\sin t<0$ 假设成立。

综上所述,$\sin t>0$ 时二极管等效为短路,$i=\dfrac{10\sin t}{R}$; $\sin t<0$ 时,二极管等效为开路。

(2) 用模型 2

假设整流二极管等效为开路(条件为 $u_d<0.6$V),有

$$u_d = 10\sin t \text{V}$$

显然当且仅当 $10\sin t<0.6$ 时假设成立。

假设整流二极管等效为电压源(条件为 $i>0$),此时的等效电路为如图 4.4.12 所示。

易知

图 4.4.12　例 4.4.2 电路的一种
　　　　　等效电路

$$i = \frac{10\sin t - 0.6}{R}$$

显然当且仅当 $10\sin t > 0.6$ 时假设成立。

综上所述，$10\sin t < 0.6$ 时二极管等效为开路；$10\sin t > 0.6$ 时，二极管等效为电压源，$i = \dfrac{10\sin t - 0.6}{R}$。

例 4.4.3 选择合适的二极管分段线性模型，求图 4.4.13 所示电路中的电流 i。设二极管 $U_{sd} = 0.6\text{V}$，导通后电阻为 $R = 10\Omega$。设 (1) $U_S = 15\text{V}$，$R_S = 2\text{k}\Omega$；(2) $U_S = 2\text{V}$，$R_S = 2\text{k}\Omega$；(3) $U_S = 2\text{V}$，$R_S = 40\Omega$。

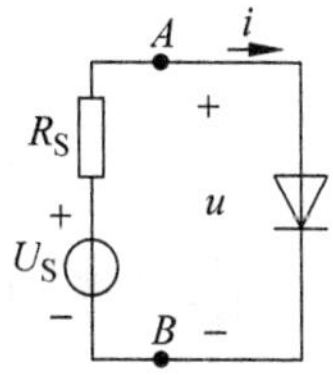

解 (1) $U_S \gg U_{sd}$，$R_S \gg R$，因此可用模型 4 分析。用"假设—检验"方法易知二极管导通，此时

$$i = \frac{15}{2000} = 7.5 \ (\text{mA})$$

图 4.4.13 例 4.4.3 图

(2) U_S 与 U_{sd} 相近，$R_S \gg R$，因此可用模型 2 分析。用"假设—检验"方法易知二极管导通，此时

$$i = \frac{2 - 0.6}{2000} = 0.7 \ (\text{mA})$$

(3) U_S 与 U_{sd} 相近，R_S 与 R 相近，因此可用模型 1 分析。用"假设—检验"方法易知二极管导通，此时

$$i = \frac{2 - 0.6}{40 + 10} = 28 \ (\text{mA})$$

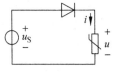

图 4.4.14 含 2 个分段线性模型的电路

由前面的讨论可知，在实际电路中确定和选择非线性电阻的分段模型需要考虑非线性电阻端口电压、电流和求解难度等方面的因素。

下面用二极管的模型 4 分析图 4.4.14 所示电路（其中的非线性电阻 u-i 特性如图 4.4.3(b) 所示）。

整流二极管的模型 4 有 2 个工作区段，非线性电阻也有 2 个工作区段。要想最终确定两个非线性电阻的真正工作点，需要分析图 4.4.15 所示的 4 个电路并验证是否满足条件。

如果电路中存在 n 个非线性电阻，第 i 个非线性电阻有 m_i 个工作区段，则采用"假设 — 检验"的方法可能需要分析 $\prod\limits_{i=1}^{n} m_i$ 个等效电路才能完成电路的分析。当然，如果对于非线性电阻的 u-i 关系非常熟悉，则往往可以去掉若干不可能的工作区段，从而大大简化求解过程。

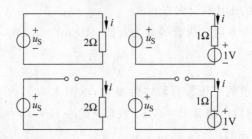

图 4.4.15　图 4.4.14 所示电路的 4 种等效电路

4.5　非线性电阻电路的小信号法

前面 3 节从不同的角度讨论了非线性电阻电路的解法。本节讨论一种特殊的情况,即存在小扰动的直流激励非线性电阻电路。这是实际工程中经常遇到的情况。在这种电路中,我们非常关心小扰动引起的响应。4.1 节讨论非线性电阻的特点时曾得出结论:如果非线性电阻的激励由直流和交流两部分组成,同时交流的工作范围比较小,则在其工作点附近可用线性电阻来近似。这就是本节用小信号法来分析存在小扰动的直流激励非线性电阻电路的基本出发点。

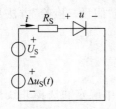

图 4.5.1　含二极管的非线性
电阻电路

下面以图 4.5.1 所示含二极管的非线性电阻电路为例说明小信号法的思路。图 4.5.1 中 U_S 是理想直流独立电压源,其作用是确保整流二极管始终处于导通状态,$\Delta u_S(t)$ 表示足够小的扰动,可看做小信号[①],R_S 表示电源的线性内阻。

对图 4.5.1 列写 KVL 方程,得到

$$U_S + \Delta u_S(t) = R_S i + u \tag{4.5.1}$$

下面分 3 步来分析图 4.5.1 所示电路。

第 1 步:仅考虑直流激励 U_S 的作用。这时不考虑小信号 $\Delta u_S(t)$,得到的非线性电阻电路如图 4.5.2 所示。

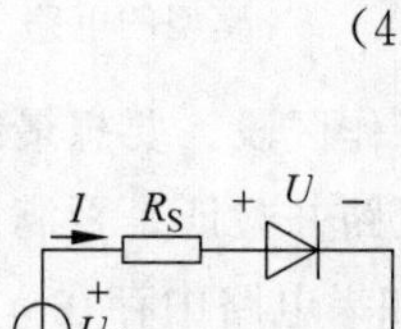

对图 4.5.2 列写 KVL 方程,得到非线性方程组

$$\left. \begin{array}{l} U_S = R_S I + U \\ I = I_S (e^{\frac{U}{U_{TH}}} - 1) \end{array} \right\} \tag{4.5.2}$$

图 4.5.2　图 4.5.1 所示电路
求工作点的电路

①　关于怎样的信号才是小信号,感兴趣的读者可参考文献:于歆杰,汪芙平,陆文娟. 什么是"小信号". 电气电子教学学报,2005,27(6):22～23

设求解出的二极管的工作点为 (U_0, I_0)。直流电压 U_0 与直流电流 I_0 确定了二极管的直流工作点(Q 点),实现这一直流工作点所需的直流电压源 U_S 称为偏置电压(biasing voltage)。第 1 步有时也称为求非线性电阻的工作点。

第 2 步:分析 $\Delta u_S(t)$ 的影响。

对于非线性函数 $f(x)$ 在 X_0 点进行泰勒展开并忽略高阶项后,可以表示为

$$f(x) \approx f(X_0) + f'(X_0)(x - X_0) \tag{4.5.3}$$

式(4.5.3)成立的前提是忽略高阶项后产生的误差足够小。对于绝大多数电气元件来说,只要 $x - X_0$ 足够小,这个假设都是成立的。

由于 U_S 和 $\Delta u_S(t)$ 的共同作用,二极管的激励为

$$u = U_0 + \Delta u(t) \tag{4.5.4}$$

其中 U_0 已求得,$\Delta u(t)$ 待求。对二极管的 u-i 关系在 U_0 点进行泰勒展开有

$$
\begin{aligned}
i(t) &= I_S(e^{\frac{U_0 + \Delta u(t)}{U_{TH}}} - 1) \\
&\approx I_S(e^{\frac{U_0}{U_{TH}}} - 1) + \left. \frac{\mathrm{d}i}{\mathrm{d}u} \right|_{u=U_0} \cdot \Delta u(t) \\
&= I_0 + \Delta i(t)
\end{aligned}
\tag{4.5.5}
$$

将式(4.5.4)和式(4.5.5)代入式(4.5.1),并利用式(4.5.2)进行化简得到

$$
\left.
\begin{aligned}
\Delta u_S(t) &= R_S \Delta i(t) + \Delta u(t) \\
\Delta i(t) &= \left. \frac{\mathrm{d}i}{\mathrm{d}u} \right|_{u=U_0} \cdot \Delta u(t) = g'(U_0) \cdot \Delta u(t)
\end{aligned}
\right\}
\tag{4.5.6}
$$

式(4.5.6)表示了一个线性电阻电路的 KVL 方程,其中有一个线性电阻的电阻值为 $\dfrac{1}{g'(U_0)}$。仔细观察式(4.5.6)还可以发现,如果把图 4.5.1 所示电路中的直流激励去掉,非线性电阻换为线性电阻 $\dfrac{1}{g'(U_0)}$,则可以构成满足式(4.5.6)的电路,如图 4.5.3 所示。

由于图 4.5.3 中只包含了小信号激励及响应,因此称为小信号电路。图 4.5.3 是一个线性电阻电路,因此第 2章和第 3 章介绍的所有适用于线性电阻电路的分析方法均可用于分析该电路,最终求得 $\Delta u(t)$ 和 $\Delta i(t)$。第 2 步有时也称为求非线性电阻的小信号响应。

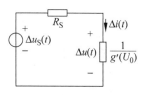

图 4.5.3　图 4.5.1 所示电路的小信号电路

第 3 步，根据式(4.5.4)和式(4.5.5)，将第 1 步求解非线性电阻电路得到的工作点 (U_0, I_0) 和第 2 步解线性电阻电路得到的小信号解 $\Delta u(t)$ 和 $\Delta i(t)$，用式(4.5.4)和式(4.5.5)进行整合，得到电路最终的解 $u = U_0 + \Delta u(t)$ 和 $i = I_0 + \Delta i(t)$。

例 4.5.1 已知图 4.5.1 中二极管 u-i 特性为 $i = I_S(e^{\frac{u}{U_{TH}}} - 1)$，其中 $U_{TH} = 25\text{mV}$，$I_S = 10^{-12}\text{A}$。$U_S = 50\text{V}, R_S = 2000\Omega, \Delta u_S(t) = 500\sin(1000t)\text{mV}$。求电流 i 和二极管两端电压 u。

解 考虑到二极管的 u-i 特性和 $\Delta u_S(t) \ll U_S$，可用小信号法分析该电路。

(1) 求工作点。求直流工作点电路如图 4.5.2 所示。

如果用列方程求解，应用 KVL 和元件约束并代入元件参数，可得

$$\frac{50 - U_0}{2000} = 10^{-12}(e^{\frac{U_0}{25 \times 10^{-3}}} - 1)$$

用 MATLAB® 的 fsolve 函数可方便地求解上述非线性超越方程，得到 $U_0 = 0.5983\text{V}$。由此可解得 $I_0 = 24.7\text{mA}$。

如果用分段线性法求解，由于 R_S 远大于二极管导通电阻 R，且 $U_S \gg U_{sd}$，因此可用模型 4 分析。用"假设—检验"的方法易知二极管导通，此时

$$I_0 = \frac{50}{2000} = 25(\text{mA})$$

进一步求得 $U_0 = 0.5986\text{V}$。

(2) 求小信号响应。二极管的在工作点的小信号线性电阻值为

$$R_d = \frac{1}{\left.\dfrac{\mathrm{d}i}{\mathrm{d}u}\right|_{u=U}} = \left.\frac{25 \times 10^{-3}}{10^{-12}e^{\frac{u}{25 \times 10^{-3}}}}\right|_{u=0.5983} = 1.01(\Omega)$$

画出小信号电路如图 4.5.3 所示。

易知

$$\Delta i = \frac{500\sin(1000t)}{2000 + 1.01} = 0.250\sin(1000t)\ (\text{mA})$$

$$\Delta u = \frac{1.01}{2000 + 1.01} \times 500\sin(1000t) = 0.252\sin 1000t\ (\text{mV})$$

(3) 合成。根据式(4.5.4)和式(4.5.5)，可知

$$i = 24.7 + 0.250\sin(1000t)\ (\text{mA})$$

$$u = 598.3 + 0.252\sin(1000t)\ (\text{mV})$$

研究将式(4.5.4)和式(4.5.5)代入式(4.5.1)并利用式(4.5.2)进行化简的过程可以发现，和原电路比起来，求小信号响应的线性电阻电路的 KCL、KVL 关系没有改变，即电

路的拓扑结构没有改变,改变的只是部分元件参数。于是只需研究在小信号激励情况下常见元件的 u-i 关系是否发生改变即可。观察式(4.5.6)可知,元件在小信号电路中的性质由其在工作点泰勒展开的一阶系数确定。下面来仔细地讨论若干元件的小信号电路模型。

首先是非线性电阻,不失一般性,设其为流控型,u-i 关系为 $u=f(i)$,则其在小信号电路中是一个线性电阻,u-i 关系为

$$\Delta u(t) = \frac{\mathrm{d}f(i)}{\mathrm{d}i}\bigg|_{i=I_0} \cdot \Delta i(t) \tag{4.5.7}$$

其中 I_0 是其工作点电流。压控型电阻也可得到类似的结论。

定义 $R_{\mathrm{d}} = \dfrac{\mathrm{d}f(i)}{\mathrm{d}i}\bigg|_{i=I_0}$ 为非线性电阻的动态电阻,与之对应的静态电阻定义为 $R_{\mathrm{s}} = \dfrac{U_0}{I_0}$。二者的比较如图 4.5.4 所示。其中 Q 为工作点。从图 4.5.4 可以清楚地看出静态电阻与动态电阻二者的区别和联系。

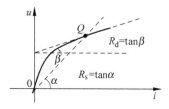

图 4.5.4 静态电阻和动态电阻

易知图 4.1.7(b)中 B 点所在位置的静态电阻为正,动态电阻为负。负动态电阻可以用来构成自激振荡器,被广泛地用于电子线路中。

要想在一定范围内产生负静态电阻,一定需要有源元件。2.6 节讨论了如何用运算放大器构成负静态电阻。

对于线性电阻来说,其 u-i 关系为 $u=Ri$,代入式(4.5.7)易知在小信号电路中仍为线性电阻,阻值不变。

对于提供直流偏置的理想直流独立电压源和电流源来说,它们的作用体现在求解工作点电路中,其输出不会因为小信号激励而发生改变,即在小信号电路中理想直流独立电压源和电流源不作用。也就是说,电压源表现为短路,电流源表现为开路。

下面以非线性的压控电流源为例,说明非线性受控源在小信号电路中的模型。设非线性压控电流源为 $i=f(u_1)$,其中 u_1 为控制量。类似于非线性电阻的处理方法,其 u-i 关系在工作点泰勒展开一阶项的系数即为其小信号电路模型中线性压控电流源的系数,即

$$\Delta i(t) = \frac{\mathrm{d}f(u_1)}{\mathrm{d}u_1}\bigg|_{u_1=U_1} \Delta u_1(t) \tag{4.5.8}$$

其中 U_1 是其控制量的工作点电压。

对于线性受控源来说，仍以线性压控电流源为例，其 $i=gu_1$，代入式（4.5.8）易知在小信号电路中仍为线性压控电流源，控制系数不变。

例 4.5.2　已知图 4.5.5 所示电路中 $u(t)=7+U_\mathrm{m}\sin\omega t\,\mathrm{V}$，$\omega=100\mathrm{rad/s}$，$U_\mathrm{m}$ 足够小，$R_1=2\Omega$。非线性电阻 r_2 的 $u\text{-}i$ 关系为 $u_2=i_2+2i_2^3$，r_3 的 $u\text{-}i$ 关系为 $u_3=2i_3+i_3^3$。求电压 u_2 和电流 i_1，i_2，i_3。

解　（1）求工作点。画直流激励作用电路如图 4.5.6 所示。

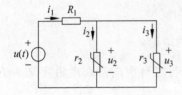

图 4.5.5　例 4.5.2 图

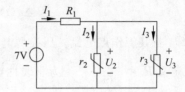

图 4.5.6　图 4.5.5 电路求工作点的电路

采用列方程法，利用 KCL、KVL 和元件约束得到下面的方程并求解出工作点：

$$\begin{cases} 2I_1+U_2=7 \\ U_2=U_3 \\ I_1=I_2+I_3 \\ U_2=I_2+2I_2^3 \\ U_3=2I_3+I_3^3 \end{cases} \Rightarrow \begin{cases} I_1=2\mathrm{A} \\ I_2=1\mathrm{A} \\ I_3=1\mathrm{A} \\ U_2=3\mathrm{V} \\ U_3=3\mathrm{V} \end{cases}$$

（2）求小信号响应。先求两个非线性电阻的小信号电路模型（动态电阻）：

$$R_{2\mathrm{d}}=\frac{\mathrm{d}u_2}{\mathrm{d}i_2}\bigg|_{i_2=I_2}=1+6i_2^2\bigg|_{i_2=1\mathrm{A}}=7\Omega$$

$$R_{3\mathrm{d}}=\frac{\mathrm{d}u_3}{\mathrm{d}i_3}\bigg|_{i_3=I_3}=2+3i_3^2\bigg|_{i_3=1\mathrm{A}}=5\Omega$$

画出小信号电路如图 4.5.7 所示。

图 4.5.7 是简单串并联电路，容易求解出

$\Delta i_1=U_\mathrm{m}\sin\omega t/(2+5\mathbin{/\!/}7)=0.2033U_\mathrm{m}\sin\omega t\,\mathrm{V}$

$\Delta i_2=\Delta i_1\times5/12=0.0847U_\mathrm{m}\sin\omega t\,\mathrm{V}$

$\Delta i_3=\Delta i_1\times7/12=0.1186U_\mathrm{m}\sin\omega t\,\mathrm{V}$

$\Delta u_2=7\times\Delta i_2=0.593U_\mathrm{m}\sin\omega t\,\mathrm{V}$

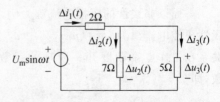

图 4.5.7　图 4.5.5 电路的小信号电路

（3）合成

$$i_1 = 2 + 0.2033U_\mathrm{m}\sin\omega t \, \mathrm{A}, \quad i_2 = 1 + 0.0847U_\mathrm{m}\sin\omega t \, \mathrm{A}$$

$$i_3 = 1 + 0.1186U_\mathrm{m}\sin\omega t \, \mathrm{A}, \quad u_2 = 3 + 0.5932U_\mathrm{m}\sin\omega t \, \mathrm{V}$$

4.6　用 MOSFET 构成模拟系统的基本单元——放大器

在模拟系统中,往往需要将微弱的电信号增强到可以检测和利用的程度,这种技术称为放大。对于放大来说,有两点基本要求:首先,放大后得到的信号波形应与放大前的信号波形相似,即信号失真小;另外,信号经放大后电压幅值或电流幅值应有所增加,一般情况下伏安乘积($u\times i$)应达到足够的数值,即信号功率被放大。实现放大功能的电路称为放大器。电压和电流均可用来表示信号,因此又可分为电压放大器和电流放大器两种。如果经过一个放大器后信号仍然无法达到可检测和利用的程度,则往往需要将多个放大器级连起来,形成多级放大器。多级放大器最后一级的输出将直接与负载相连,对功率有一定的要求,因此又称为功率放大器。

信号的波形和功率均被放大器放大。这部分能量不能凭空产生,必须由电源提供。放大器就是用较小的能量(信号)来控制较大的能量(直流电源),从而达到信号放大的目的。放大器既涉及信号处理(放大),也涉及能量处理(将直流能量转换为交流能量)。

2.3 节介绍了 MOSFET 的两种电路模型,2.9 节构成了数字系统的基本单元——门电路并用开关-电阻模型对其进行分析,本节构成模拟系统的基本单元——放大器并用开关-电流源模型对其进行分析。

虽然 N 沟道增强型 MOSFET 是 3 端元件(图 4.6.1(a)),但由于其 G 端始终与其他部分开路,因此可以仅研究其 D-S 间的 u-i 关系,共分为 3 个工作区域:

（1）当 $u_\mathrm{GS} < U_\mathrm{T}$ 时,D-S 间可看做开路。U_T 为 MOSFET 导通的阈值电压,典型值为 1V。此时 MOSFET 的电路模型如图 4.6.1(b)所示。

（2）当 $u_\mathrm{GS} > U_\mathrm{T}$ 且 $u_\mathrm{DS} > u_\mathrm{GS} - U_\mathrm{T}$ 时,D-S 间可看做压控电流源,有

$$i_\mathrm{DS} = \frac{K(u_\mathrm{GS} - U_\mathrm{T})^2}{2} \tag{4.6.1}$$

其中 K 为常数,典型值为 $1\mathrm{mA/V^2}$,此时 MOSFET 的电路模型如图 4.6.1(c)所示。

（3）当 $u_\mathrm{GS} > U_\mathrm{T}$ 且 $u_\mathrm{DS} < u_\mathrm{GS} - U_\mathrm{T}$ 时,D-S 间可看做电阻 R_ON(阻值约为几百欧),此时 MOSFET 的电路模型如图 4.6.1(d)所示。

在分析含 MOSFET 的电路时,事先并不知道其工作于哪个区域。应用"假设—检验"的方法,可以假设其工作于某个区域,将该区域对应的电路模型代入原电路中并完成电路求解,根据求解出来的支路量判断假设是否成立。

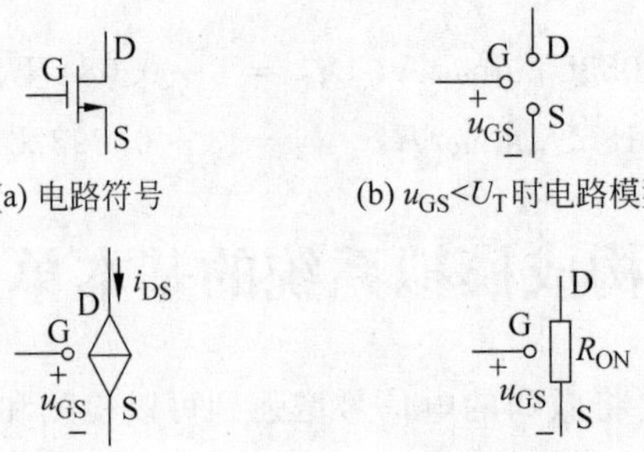

G
D
S
G
D
+
u_{GS}
S
−
D
i_{DS}
G
+
u_{GS}
S
−
D
G
R_{ON}
+
u_{GS}
S
−

(a) 电路符号　(b) $u_{GS}<U_T$时电路模型

(c) $u_{GS}>U_T$且$u_{DS}>u_{GS}-U_T$时电路模型　(d) $u_{GS}>U_T$且$u_{DS}<u_{GS}-U_T$时电路模型

图 4.6.1　N沟道增强型MOSFET及其电路模型

例 4.6.1　已知 $U_S=10V$，$K=0.5mA/V^2$，$U_T=1V$，$R_L=9k\Omega$，$R_{ON}=1k\Omega$，判断$u_{GS}=5V$和$u_{GS}=1.5V$时MOSFET的工作区域。

+
R_L
i_{DS}
G
D
u_{DS}
+
S
u_{GS}
−
−
+
U_S
−

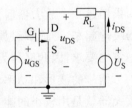

图 4.6.2　例 4.6.1 图

解　将图4.6.2和图2.9.1进行比较可以发现，当$u_{GS}=5V$时图4.6.2所示电路就是图2.9.1所示的反相器电路。第2章中不加证明地应用了$u_{GS}=5V$时MOSFET的D-S之间等效为R_{ON}的结论。在这里用“假设—检验”的方法来验证这一结论。

(1) $u_{GS}=5V$

由于$u_{GS}=5V>1V=U_T$，因此MOSFET肯定不截止。

假设MOSFET工作于恒流区，电路模型如图4.6.3(b)所示。在右边的回路中列写KVL并应用压控电流源的性质，有

$$u_{DS}=U_S-i_{DS}R_L$$

$$i_{DS}=\frac{K(u_{GS}-U_T)^2}{2}$$

将数值代入可求得$u_{DS}=-26V$，不满足$u_{DS}>u_{GS}-U_T$的条件，假设不成立。

假设MOSFET工作于电阻区，电路模型如图4.6.3(a)所示。易知$u_{DS}=1V$，满足$u_{DS}<u_{GS}-U_T$的条件，假设成立。

因此MOSFET工作于电阻区，D-S之间为电阻R_{ON}。从前面的分析可以看出，只要满足$\frac{R_{ON}}{R_{ON}+R_L}U_S<u_{GS}-U_T$，D-S之间即可等效为电阻$R_{ON}$。一般来说，$U_T=1V$，$R_L\gg R_{ON}$，因此只要$u_{GS}$比较大，就能够满足这个条件。

(2) $u_{GS}=1.5V$

由于$u_{GS}=1.5V>1V=U_T$，因此MOSFET肯定不截止。

假设 MOSFET 工作于电阻区,电路模型如图 4.6.3(a)所示。易知 $u_{DS}=1V$,不满足 $u_{DS}<u_{GS}-U_T$ 的条件,假设不成立。

假设 MOSFET 工作于恒流区,电路模型如图 4.6.3(b)所示。在右边的回路中列写 KVL 并应用压控电流源的性质,有

$$u_{DS}=U_S-i_{DS}R_L$$

$$i_{DS}=\frac{K(u_{GS}-U_T)^2}{2}$$

将数值代入可求得 $u_{DS}=9.44V$,满足 $u_{DS}>u_{GS}-U_T$ 的条件,假设成立。

因此 MOSFET 工作于恒流区,D-S 之间等效为压控电流源。

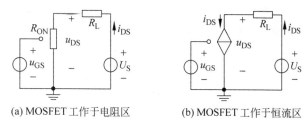

(a) MOSFET 工作于电阻区   (b) MOSFET 工作于恒流区

图 4.6.3 图 4.6.2 所示电路的 2 种电路模型

例 4.6.2 分析图 4.6.2 所示电路。已知 $U_S=10V$,$K=0.5mA/V^2$,$U_T=1V$,$R_L=9k\Omega$。$u_{GS}=U_{GS}+\Delta u_{GS}$,其中 $U_{GS}=1.5V$ 为直流偏置电压,Δu_{GS} 为待放大的小信号。

解 例 4.6.1 说明了该 MOSFET 工作于恒流区。下面采用 4.5 节介绍的小信号法来分析图 4.6.2 所示电路。

(1)求工作点。假设 MOSFET 工作于恒流区,画直流激励作用电路如图 4.6.4 所示。

根据 KVL、KCL 和元件约束,列写并求解如下:

$$\begin{cases} U_{DS}=U_S-I_{DS}R_L \\ I_{DS}=\dfrac{K(U_{GS}-U_T)^2}{2} \end{cases}$$

推出

$$U_{DS}=U_S-\frac{K(U_{GS}-U_T)^2}{2}R_L=9.44(V)$$

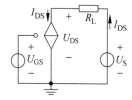

图 4.6.4 图 4.6.2 电路求工作点的电路

满足 $U_{GS}>U_T$ 和 $U_{DS}>U_{GS}-U_T$ 的条件,假设成立。

(2)求小信号响应。对于 MOSFET 的非线性压控电流源模型来说,其小信号电路模型(式(4.5.8))为

$$\Delta i_{DS} = \dfrac{d\left(\dfrac{K(u_{GS}-U_T)^2}{2}\right)}{du_{GS}}\Bigg|_{u_{GS}=U_{GS}} \cdot \Delta u_{GS}$$

$$= K(U_{GS}-U_T)\Delta u_{GS}$$

$$= g_m \Delta u_{GS}$$

$$= 0.25 \times 10^{-3}\Delta u_{GS}$$

其中 $g_m = K(U_{GS}-U_T)$ 称为 MOSFET 小信号模型的跨导。画出小信号电路,如图 4.6.5 所示。

容易求出

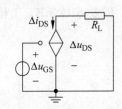

图 4.6.5　图 4.6.2 电路的
小信号电路

$$\Delta u_{DS} = -\Delta i_{DS} \cdot R_L = -2.25\Delta u_{GS}$$

信号由 G-S 输入,D-S 输出,因此可知小信号的放大倍数为

$$\frac{\Delta u_o}{\Delta u_i} = \frac{\Delta u_{DS}}{\Delta u_{GS}} = -2.25$$

显然,小信号输入电压被反相放大了 2.25 倍。

（3）合成

$$u_o = u_{DS} = 9.44 - 2.25\Delta u_i(V)$$

图 4.6.2 所示电路中信号从 MOSFET 的 G-S 进入,经放大后从 D-S 输出,输入输出共用源极,因此称为共源放大电路。

4.7　非线性电阻应用举例

4.2 节～4.6 节介绍了非线性电阻电路分析的 4 种方法并用小信号法分析了由 MOSFET 构成的放大电路。非线性电阻在电气工程中得到了广泛的应用。本节以二极管为主介绍几个典型实例。

4.7.1　利用二极管的单向开关性质

通过前面的讨论可以知道,正向电压大于某个阈值后,二极管表现为小电阻或短路（称之为导通或开通[①]）,否则表现为开路（称之为关断或截止）。因此可以将二极管看做一个开关,当正向电压大于阈值后开关闭合,不过只能允许正向电流通过,因此称之为单向开关。

---

① 导通更强调稳定状态,开通更强调从关断到导通的过渡过程。

1. 整流

所谓整流,是指将电压或电流从交流调整为直流。例 4.4.2 所示电路就是一个半波整流电路,不妨重画为图 4.7.1。

二极管采用模型 4,沿用例 4.4.2 的分析结果可知,当 $\sin t > 0$ 时二极管导通,$u = u_\mathrm{S}$;当 $\sin t < 0$ 时二极管关断。画出 u_S 和 u 的波形如图 4.7.2 所示。

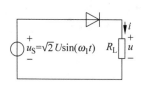

图 4.7.1　二极管的半波整流电路

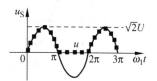

图 4.7.2　半波不控整流电路的电压波形

由图 4.7.2 易知,引入二极管后,负载 R_L 上获得直流。由于电源每个周期中只有一半波形对负载起作用,因此称之为半波整流。此外,该电路对二极管的导通和关断没有任何控制措施,因此称之为不控整流。可以根据图 4.7.2 计算出 u 的平均值为

$$\overline{U} = \frac{1}{2\pi}\int_0^\pi \sqrt{2}U\sin\,(\omega_1 t)\mathrm{d}\,(\omega_1 t) = \frac{\sqrt{2}}{\pi}U \approx 0.45U \tag{4.7.1}$$

上述基于二极管的半波整流电路有两点不能令人满意。其一在于只利用了电源的一半波形,效率不高,同时负载电压平均值也不高。其二在于不能控制导通段的波形,也就不能控制负载上的电压。对于第一点,人们设计了其他电路(如二极管桥式整流电路),可以实现电源每个周期的正负波形对负载均起作用,称之为全波整流。对于第二点,可以用可控的电力开关来改进。可控的电力开关包括晶闸管、电力 MOSFET、栅极可关断晶闸管 GTO、绝缘栅双极型晶体管 IGBT 等。

2. 限幅和箝位

所谓限幅,指的是将信号的幅值限制在某个范围之内。所谓箝位,指的是使得某个节点的电压不大于(或不小于)某个事先指定的值。限幅和箝位是两个比较相似的概念,限幅更侧重于对信号的处理,箝位更侧重于对节点电压的控制。讨论限幅和箝位时,人们往往使用二极管的模型 4。

图 4.7.3 给出了两种串联限幅的电路。

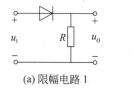

(a) 限幅电路 1

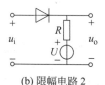

(b) 限幅电路 2

图 4.7.3　串联限幅电路

简单起见,不讨论负载输入电阻造成的影响,即认为 u_o 端开路。观察图 4.7.3(a)可知,$u_i>0$ 时,二极管导通,$u_o=u_i$;$u_i<0$ 时,二极管截止,$u_o=0$。对于图 4.7.3(b)来说,$u_i>U$ 时,二极管导通,$u_o=u_i$;$u_i<U$ 时,二极管截止,$u_o=U$。如果输入信号是正弦,两种情况下的输入输出波形分别如图 4.7.4(a)和(b)所示。

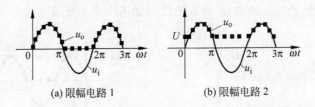

(a) 限幅电路 1　　　　　　(b) 限幅电路 2

图 4.7.4　串联限幅电路的输入输出波形

由图 4.7.4 可知,图 4.7.3 所示的两种电路分别将输入信号的幅值限制在大于 0 和大于 U 的范围内,达到了限幅的目的。图 4.7.3 所示的限幅电路中二极管串联于信号的传输通路中,因此称之为串联限幅电路。当然,还可以构造出将输入信号限制在小于某个值范围内的串联限幅电路。

图 4.7.5 给出了两种并联限幅的电路。

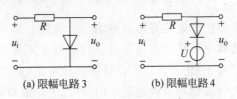

(a) 限幅电路 3　　　　　　(b) 限幅电路 4

图 4.7.5　并联限幅电路

观察图 4.7.5(a)可知,$u_i>0$ 时,二极管导通,$u_o=0$;$u_i<0$ 时,二极管截止,$u_o=u_i$。对于图 4.7.5(b)来说,$u_i>U$ 时,二极管导通,$u_o=U$;$u_i<U$ 时,二极管截止,$u_o=u_i$。如果输入信号是正弦,两种情况下的输入输出波形分别如图 4.7.6(a)和(b)所示。

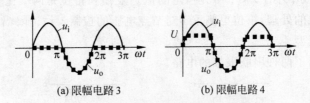

(a) 限幅电路 3　　　　　　(b) 限幅电路 4

图 4.7.6　并联限幅电路的输入输出波形

由图 4.7.6 可知,图 4.7.5 所示的两种电路分别将输入信号的幅值限制在小于 0 和小于 U 的范围内,达到了限幅的目的。图 4.7.5 所示的限幅电路中二极管并联于信号的传输通路中,因此称之为并联限幅电路。当然,还可以构造出将输入信号限制在大于某个值范围内的并联限幅电路。

此外,还可以将 2 个限幅结合起来,实现将输入信号的幅值限制在某一区间的功能。

限幅电路有许多实际应用。举例来说,现有正负交替脉冲序列如图 4.7.7 所示,希望将其变为全正脉冲序列,实现这一功能的模块电路如图 4.7.8 所示,得到的波形如图 4.7.9 所示。

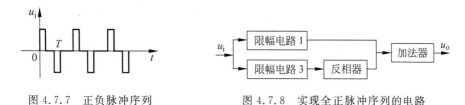

图 4.7.7   正负脉冲序列   图 4.7.8   实现全正脉冲序列的电路

图 4.7.9   全正脉冲序列

图 4.7.8 中的限幅电路 1 和限幅电路 3 的原理如前文所述,反相器和加法器在第 2 章中都有介绍。

图 4.7.10 给出了 2 个简单的箝位电路[①]。由图 4.7.10 可知,对于箝位电路 1 来说,节点电压 u_{n1} 不会小于 U;对于箝位电路 2 来说,节点电压 u_{n2} 不会大于 U。利用这个性质可以构成与门电路和或门电路。

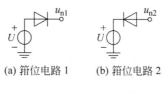

(a) 箝位电路 1   (b) 箝位电路 2

图 4.7.10   箝位电路

用二极管构成的两输入与门电路如图 4.7.11 所示。当两个输入均为逻辑 1 时,两个二极管均关断,输出为 U_s,表示逻辑 1。只要有 1 个输入为逻辑 0,二极管即开通,输出为逻辑 0。U_o 被箝位于低电位的 U_{i1} 或 U_{i2}。因此图 4.7.11 实现了与门的功能。

用二极管构成的两输入或门电路如图 4.7.12 所示。当两个输入均为逻辑 0 时,两个

---

① 此处介绍的箝位电路是指限定直流电压的箝位技术。此外,在电子线路中还有其他类型带有动态元件的箝位电路,详见文献[2]。

二极管均关断,输出为 0,表示逻辑 0。只要有 1 个输入为逻辑 1,二极管即开通,输出为逻辑 1。U_o 被箝位于高电位的 U_{i1} 或 U_{i2}。因此图 4.7.12 实现了或门的功能。

　　除了整流、限幅和箝位之外,还可以利用二极管的单向开关性质进行幅度调制信号的检波。

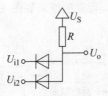

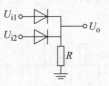

图 4.7.11　二极管构成的两输入与门　　　　　图 4.7.12　二极管构成的两输入或门

4.7.2　利用稳压二极管的稳压性质

　　稳压二极管也称为齐纳二极管,是一类特殊的二极管,其电路符号和 $u\text{-}i$ 关系如图 4.7.13 所示。

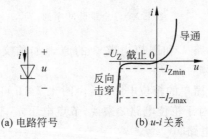

(a) 电路符号　　　　　(b) $u\text{-}i$ 关系

图 4.7.13　稳压二极管及其 $u\text{-}i$ 关系

　　对于一般的二极管来说,如果反向电压过大,会导致反向击穿,然后被损坏。但对于稳压二极管来说,只要流过的反向电流在一定范围内($I_{Zmin} < |i| < I_{Zmax}$),接线端电压始终保持在 $u = -U_Z$。

　　可以利用稳压二极管来实现稳压的功能,如图 4.7.14(a)所示。

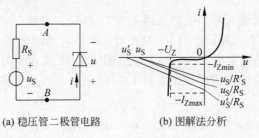

(a) 稳压管二极管电路　　　(b) 图解法分析

图 4.7.14　稳压二极管稳压性能的图解法分析

图 4.7.14(a)所示电路中，u_S 表示待稳压的电源电压，R_S 表示电源内阻。用图解法分析这个电路。从 $A\text{-}B$ 向左看，子电路的 $u\text{-}i$ 关系为

$$u = -u_S - R_S i$$

将其画在稳压二极管的 $u\text{-}i$ 关系曲线上，得到图 4.7.14(b)。如果待稳压电源从 u_S 波动到 u_S'，但内阻不变，则其 $u\text{-}i$ 关系为原直线的平移；如果待稳压电源电压不变，但内阻波动到 R_S'，则其 $u\text{-}i$ 关系为原直线改变了斜率。从图 4.7.14(b)可知，只要流经稳压二极管的电流满足 $I_{Z\min} < |i| < I_{Z\max}$，均可将其电压稳定为 $u = -U_Z$。

例 4.7.1　图 4.7.15 中稳压二极管参数为 $U_Z = 6\text{V}$，$I_{Z\min} = 10\text{mA}$，$I_{Z\max} = 40\text{mA}$，$u_S = 10 + \sin t$ V。判断图 4.7.15 所示电路中稳压二极管是否能够正常工作于反向击穿段。

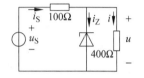

图 4.7.15　稳压电路

解　用"假设—检验"的方法来分析图 4.7.15 所示电路。假设稳压管工作于反向击穿段，则 $u = 6\text{V}$，$i = 15\text{mA}$，条件是 $10\text{mA} < i_Z < 40\text{mA}$。

易知 u_S 的最大值为 11V，此时有 $i_S = (11-6)/100 = 50(\text{mA})$，$i_Z = 35\text{mA}$。$u_S$ 的最小值为 9V，此时有 $i_S = (9-6)/100 = 30(\text{mA})$，$i_Z = 15\text{mA}$。

综上所述，图 4.7.15 中稳压二极管工作正常。

从例 4.7.1 可以看出，稳压二极管能够将输入带有一定波动的非理想直流电源电压稳定在指定电压。当然，如果直流电源电压波动幅度比较大，稳压二极管也会离开反向击穿段，从而失去稳压的效果。

二极管的种类和应用实例相当丰富，这里再举出几个常见的二极管应用实例。变容二极管两端的寄生电容随接线端电压的变化而变化，可用于频率调制。光电二极管的输出电流与其接受的光照强度成正比，可以用做光测量或光电池。不同类型发光二极管的端电压达到特定值后可以发出不同颜色的光。隧道二极管和充气二极管中的负动态电阻段可能产生自激振荡，从而实现信号发生的功能。

4.7.3　利用非线性电阻产生新的频率成分

在线性电阻电路中，如果激励是具有某一频率 ω_1 的正弦信号，则电路中各电压、电流的频率均为 ω_1，不可能出现其他频率成分。而在非线性电阻电路中，这一情况发生了根本性的改变。非线性电阻能够产生与输入信号不同的频率成分，从而实现各类信号传输与处理功能。

回顾 4.7.1 小节中关于二极管整流电路的讨论可以看出，输入信号为 $\sin\omega_1 t$，经二极管整流作用后输出信号成为半波形状(图 4.7.2)。很明显，这里产生了直流分量(即零频率分量)。如果对此波形进行傅里叶级数分析，可知其包含除 ω_1 外的许多谐波成分 $2\omega_1$、$3\omega_1$、……。显然，直流和各次谐波都是新的频率成分。

下面再举几个例子。

例 4.7.2　非线性电阻 u-i 关系为 $u=f(i)=i^2$，激励为 $i=\cos\omega_1 t$，求响应 u。

解　$u=f(i)=\cos^2\omega_1 t=\dfrac{1}{2}(1+\cos 2\omega_1 t)$

可以看出，频率为 ω_1 的余弦激励信号经非线性电阻作用产生的响应包括直流和频率为 $2\omega_1$ 的余弦信号。激励和响应的波形如图 4.7.16 所示。

很明显，具有"平方"运算功能的非线性电阻可以产生 2 倍频率的信号，在通信系统中称此功能为倍频。读者容易想到如果利用具有 3 次方运算功能的非线性电阻，就可以产生 3 倍频率（$3\omega_1$）的信号。

利用非线性电阻产生新频率成分的功能在通信和信号处理领域得到广泛应用。下面举出另一个例子。这个例子的功能称为混频。所谓混频是将频率不同（ω_1 和 ω_2）的两个正弦信号相加作为激励，期望产生两频率之差的正弦信号，即响应信号频率为 $\omega_1-\omega_2$。

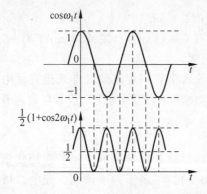

图 4.7.16　平方关系非线性电阻的激励和响应

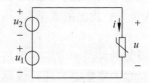

图 4.7.17　非线性混频电路

例 4.7.3　分析图 4.7.17 所示混频电路，其中进行混频的两个输入信号为 $u_1=U_{1m}\cos\omega_1 t$，$u_2=U_{2m}\cos\omega_2 t$，输出信号为 i。压控型非线性电阻的 u-i 关系为

$$i=1+u+u^2$$

解

$$i=1+(U_{1m}\cos\omega_1 t+U_{2m}\cos\omega_2 t)+(U_{1m}\cos\omega_1 t+U_{2m}\cos\omega_2 t)^2$$

$$=1+\frac{1}{2}U_{1m}^2+\frac{1}{2}U_{2m}^2+U_{1m}\cos\omega_1 t+U_{2m}\cos\omega_2 t+\frac{1}{2}U_{1m}^2\cos 2\omega_1 t$$

$$+\frac{1}{2}U_{2m}^2\cos 2\omega_2 t+U_{1m}U_{2m}\cos((\omega_1-\omega_2)t)$$

$$+U_{1m}U_{2m}\cos((\omega_1+\omega_2)t)$$

在输出中出现了 7 种频率成分（直流、ω_1、ω_2、$2\omega_1$、$2\omega_2$、$\omega_1+\omega_2$、$\omega_1-\omega_2$）。可以根据需要，

利用滤波器从输出信号中提取所需频率成分。例如普通的超外差接收机要对接收信号与本地振荡信号进行混频,取出频率为二者之差的信号进行放大。

　　现在来回顾一下图 1.4.6 所示无线通信系统的实例。在那里希望由 $\cos\Omega t$ 和 $\cos\omega_c t$ 产生 $\cos(\omega_c \pm \Omega)t$ 的调制信号。利用上述非线性电阻的功能即可实现这一要求。从本质上讲,将 $\cos\Omega t$ 和 $\cos\omega_c t$ 进行相乘运算即可得到它们的和频与差频信号。因此也可利用模拟乘法器来实现该功能,而乘法器也需借助非线性电阻来实现(见习题 4.12)。

　　必须指出,信号经非线性电阻作用产生各次谐波的现象虽然得到广泛应用,但在电气工程与信息科学领域中有时也会产生不利影响。例如电力系统运行过程中,谐波往往会增加系统损耗甚至造成装置的损坏。又如一般的晶体管放大器虽然工作在小信号线性区,但是这只是一种近似分析。晶体管特性的非线性作用将使放大器输出信号产生失真,也即当单频正弦信号作激励时,输出的放大信号可能出现谐波。在设计放大器工作状态时应尽量将此失真减低。另外,在通信系统中,由于存在一些非线性器件,各信号之间相互耦合可能产生一些寄生频率成分,引入干扰,从而使信号传输产生失真,通常称这种现象为交叉调制干扰,必须尽力削弱或消除。

习题

　　4.1　题图 4.1 所示电路中非线性电阻的 u-i 关系为 $i = 0.013u - 0.33 \times 10^{-6} u^3$,已知 $u = 115\text{V}$,求非线性电阻吸收的功率和电源发出的功率。

　　4.2　已知非线性电阻的电压、电流关系为 $u = 2i + 3i^3$,求 $i = 1\text{A}$ 和 $i = 2\text{A}$ 时的静态电阻和动态电阻。

　　4.3　题图 4.3(a) 所示电路中非线性电阻的伏安特性如题图 4.3(b) 和(c) 所示。分别在下列两种情况下求出电流源端电压 u:(1)$i_S = 0.5\text{A}$;(2)$i_S = -1\text{A}$。

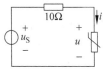

题图　4.1

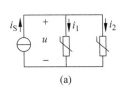 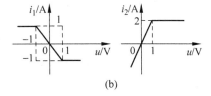

题图　4.3

　　4.4　求题图 4.4 所示电路中二极管 D 所在的支路电流 i(选择合适的二极管模型)。

　　4.5　选用合适的二极管模型,求题图 4.5 电路中的 i 并画图。

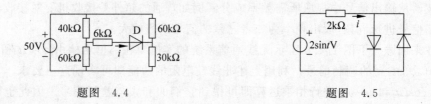

题图　4.4　　　　　　　　　　　　　　题图　4.5

4.6　已知某三端元件的电路符号和电路模型分别如题图 4.6(a)和(b)所示,图(b)中包含了理想二极管模型。求图(c)所示电路中的 U_o。

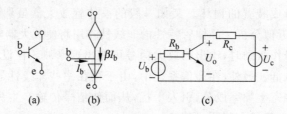

(a)　　(b)　　　　　　(c)

题图　4.6

4.7　题图 4.7 所示电路中,非线性电阻的伏安特性为 $u=i+0.5i^3$,电压源电压 $U_S=10\text{V}$,$u_S(t)=0.9\sin(10^3 t)\text{V}$,$R=2\Omega$。用小信号法求电流 i。

4.8　在题图 4.8 所示电路中,(1)用分段线性法求 u_d,在同一幅图中画出 u_S 和 u_d 的波形。二极管采用模型 4。(2)用分段线性法求 u,在同一幅图中画出 u_S 和 u 的波形。二极管采用模型 1。

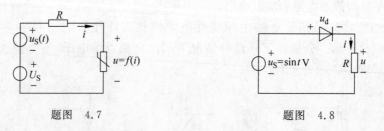

题图　4.7　　　　　　　　　　　　题图　4.8

4.9　用二极管的模型 4 分析题图 4.9 所示电路,顺序回答下面的问题。

(1)总共有几种可能状态?

(2)电流 i 的方向可能是怎样的?

(3)沿着(2)的思路,D1～D4 是怎样的状态时(可能不止一种)才能实现(2)中的电流?画出此时的等效电路图。

(4)在同一幅图中画出 u_S 和 u。

(5)从上面的分析过程,总结出如何更简便地用二极管的模型 4 进行电路分析。

4.10 题图 4.10 中元件 X 的 $u\text{-}i$ 特性为 $i = Ae^{u/B}$,其中 A、B 均为常数。分析题图 4.10 所示电路的 $u_o\text{-}u_i$ 关系(即指出该电路实现了怎样的运算)。

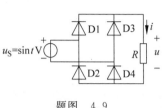

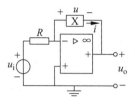

题图 4.9   题图 4.10

4.11 题图 4.11 中元件 X 的 $u\text{-}i$ 特性同题 4.10。分析题图 4.11 所示电路的 $u_o\text{-}u_i$ 关系(即指出该电路实现了怎样的运算)。

4.12 对题图 4.10 和题图 4.11 所示电路进行抽象,结合书中介绍的运算电路,设计出能够实现两个输入信号相乘功能的运算电路,在此基础上设计出能够实现信号平方功能的运算电路。

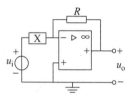

题图 4.11

4.13 设计出能够实现两个输入信号相除功能的运算电路。(提示:既可对题图 4.10 和图 4.11 所示电路进行抽象并结合书中介绍的运算电路,也可对题 4.12 得到的电路进行抽象并结合书中介绍的运算电路。)

4.14 对题 4.12 得到的电路进行抽象,结合书中介绍的运算电路设计出能够实现信号开方功能的运算电路。

4.15 在例 4.6.1 的基础上,分析使得 MOSFET 工作在恒流区的 u_{GS} 范围。

4.16 不改变例 4.6.2 电路拓扑结构和 MOSFET 的参数,如果希望得到更大的小信号放大倍数,可以采取怎样的措施? 解释为什么这样的措施能够有效。进一步讨论影响小信号放大倍数的因素。

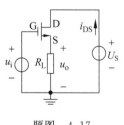

题图 4.17

4.17 在题图 4.17 所示电路中,$u_i = 2V$,$U_S = 5V$,$K = 2mA/V^2$,$U_T = 1V$,$R_L = 1k\Omega$,$R_{ON} = 1k\Omega$。

(1) 用"假设—检验"的方法判断 MOSFET 工作于哪个区。

(2) 求此时的 u_o。

4.18 在题 4.17 的基础上,(1) 画出题图 4.17 所示电路的小信号电路,注明 MOSFET 的 G、D、S 端,标出 Δu_i、Δu_o 和 Δu_{GS}、Δu_{DS}。

(2) 求此时的小信号放大倍数,即 $\dfrac{\Delta u_o}{\Delta u_i}$。

4.19 非线性电阻 $u\text{-}i$ 关系为 $u = f(i) = 50i + 0.5i^3$,激励为 $i = 2\sin(2\pi \times 50t)A$,求

响应 u 中的频率成分。

4.20 画出例 4.6.2 中输入电压和输出电压的示意波形图(包括直流工作点和小信号)。

参考文献

[1] 江缉光. 电路原理. 北京：清华大学出版社, 1997

[2] Agarwal A, Lang J. Foundations of Analog and Digital Electronic Circuits. Morgan Kaufmann, 2005

[3] 周守昌. 电路原理. 第 2 版. 北京：高等教育出版社, 2004

[4] 肖达川. 线性与非线性电路. 北京：科学出版社, 1992

[5] 俞大光. 电工基础. 修订本. 北京：人民教育出版社, 1965

[6] 德陶佐. 系统、网络与计算：基本概念. 北京：人民教育出版社, 1978

[7] 蔡少棠. 非线性电路理论. 北京：人民教育出版社, 1981

[8] 蔡少棠. 非线性网络理论引论. 北京：人民教育出版社, 1980

第 **5** 章　动态电路的时域分析

　　本章首先介绍电容和电感这两种动态元件,随后讨论一阶和二阶动态电路的经典解法和直觉解法,接下来研究两种典型的激励信号——单位阶跃函数和单位冲激函数——作用下一阶电路和二阶电路的响应,以及这两种激励下的响应之间的关系,在此基础上进一步讨论动态电路在任意激励作用下零状态响应的求解方法——卷积积分,最后简单介绍研究动态电路的状态变量法。

5.1　电容和电感

5.1.1　电容

　　在工程实际中,存在着各种各样的电容器(capacitor),如图 5.1.1 所示。它们的应用极为广泛,如收音机中的调谐电路、计算机中的动态存储器等。电容器虽然品种、规格各异,但就其构成原理来说,都是由两块金属极板间隔以不同的介质(如云母、瓷介质、绝缘纸、聚酯膜、电解质等)组成的。当在极板上加上电压后,两块极板上将分别聚集等量的正、负电荷,并在介质中建立起电场从而具有电场能量。将电源移去后,电荷可继续聚集在极板上,电场继续存在。所以说电容器是一种能够储存电荷或以电场形式储存能量的器件。电容(capacitance)就是反映这种物理现象的理想化的电路模型。

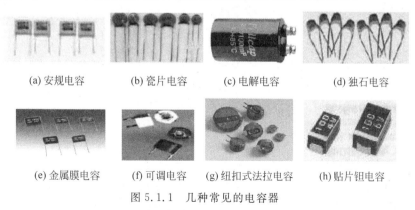

(a) 安规电容　　　(b) 瓷片电容　　　(c) 电解电容　　　(d) 独石电容

(e) 金属膜电容　　(f) 可调电容　　(g) 纽扣式法拉电容　　(h) 贴片钽电容

图 5.1.1　几种常见的电容器

　　集成电路中的电容一般有 PN 结电容和 MOS 电容,使用较多的是 MOS 电容。它是利用金属与扩散区、多晶硅与金属、两层多晶硅或两层金属之间形成的电容来获得的,得

到的电容量为

$$C = \frac{A\varepsilon_{ox}}{T_{ox}}$$

上式中,C 为电容值,是一个正实常数,它取决于电容器中导体的几何形状、尺寸和导体间介质的介电常数;A 是极板面积,ε_{ox} 是平板间介质(此处是 SiO_2)的绝对介电常数,T_{ox} 是平板间介质的厚度。在与集成电路工艺兼容的情况下,T_{ox} 不可能做得很薄,因此提高电容量只能以增大面积为代价。

例如,一个 MOS 电容的 $T_{ox} = 100\text{nm}$,$\varepsilon_{ox} = 3.46 \times 10^{-11}\,\text{F/m}$,因此单位面积的电容 $C_{ox} = 3.46 \times 10^{-4}\,\text{pF}/\mu\text{m}^2$。如要制造一个 34.6pF 的电容器,需要的面积为 $10^5\,\mu\text{m}^2$。而一个小功率双极型晶体管所占的面积约为 $4 \times 10^3\,\mu\text{m}^2$,因此一个 34.6pF 的电容器的面积相当于约 25 个晶体管的面积。可见,在集成电路中要获得一个较大容量的电容器是相当困难的。因此,在集成电路中要尽可能避免使用电容这类无源元件[①]。

线性电容的电路符号如图 5.1.2(a)所示,图中电压 u 和电荷 q 的极性一致,即电压的正(负)极性所在的极板上储存的是正(负)电荷,此时有

$$q = Cu$$

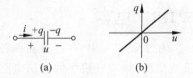

图 5.1.2　线性电容元件的电路
符号及其库伏特性

在国际单位制中,电容的单位名称是法[拉][②],符号是 F。这个单位非常大,常用 μF、pF 作为电容的单位,$1\text{F} = 10^6\,\mu\text{F} = 10^{12}\,\text{pF}$。工程中常用电容器的电容量一般约几 pF 至几千 μF。

线性电容的库伏特性如图 5.1.2(b)所示,它是一条过原点的直线。如果电容的电压、电流取关联参考方向,则有

$$i = \frac{\mathrm{d}q}{\mathrm{d}t} = \frac{\mathrm{d}(Cu)}{\mathrm{d}t} = C\frac{\mathrm{d}u}{\mathrm{d}t} \tag{5.1.1}$$

上式表明电容电流和电压的变化率成正比。在电容电压为理想直流的情况下,流过电容的电流为零,因此电容有隔断直流(简称隔直)的作用。

也可用电容电流表示电容电压,对式(5.1.1)积分得

$$u = \frac{1}{C}\int_{-\infty}^{t} i\,\mathrm{d}t \tag{5.1.2}$$

假定 $t = -\infty$ 为此电容第一次充电的时刻,或电容反复充电过程中某一次电容电压等于零的时刻。由式(5.1.2)可知:电容电压在某一时刻 t 的数值并不仅仅取决于该时刻的电流值,而是取决于从 $-\infty$ 到 t 所有时刻的电流值,也就是说,电容是一种有"记忆"的元

① 电阻也是如此。无源元件在集成电路中所占面积一般都要比有源元件大。

② 为纪念法拉第而命名。法拉第,Michael Faraday(1791—1867),英国物理学家、化学家。

件。与之相比,电阻的电压仅与该时刻的电流值有关,是无记忆的元件。

式(5.1.2)可改写为

$$u = \frac{1}{C}\int_{-\infty}^{t_0} i \mathrm{d}t + \frac{1}{C}\int_{t_0}^{t} i \mathrm{d}t = u(t_0) + \frac{1}{C}\int_{t_0}^{t} i \mathrm{d}t \tag{5.1.3}$$

上式中,t_0 是一个任意选定的初始时刻。该式表明:如果知道了电容的初始电压 $u(t_0)$ 以及从初始时刻以后开始作用的电流 $i(t)$ $(t > t_0)$,就可以确定初始时刻以后任一时刻的电容电压 $u(t)$ $(t \geqslant t_0)$。

式(5.1.3)还反映了电容的另一个重要性质——电容电压的连续性。如果电容电流在 $[t_a, t_b]$ 区间内是有界的,那么电容电压在 (t_a, t_b) 区间内就是连续的。这一结论在以后的动态电路分析中经常用到。

在电压、电流的关联参考方向下,线性电容吸收的功率为

$$p = ui = Cu\frac{\mathrm{d}u}{\mathrm{d}t}$$

从 $t = -\infty$ 到 t 时刻,电容吸收的能量为

$$w = \int_{-\infty}^{t} p \mathrm{d}\xi = \int_{-\infty}^{t} Cu(\xi)\frac{\mathrm{d}u(\xi)}{\mathrm{d}\xi}\mathrm{d}\xi = C\int_{u(-\infty)}^{u(t)} u(\xi)\mathrm{d}u(\xi)$$

$$= \frac{1}{2}Cu^2(t) - \frac{1}{2}Cu^2(-\infty)$$

电容吸收的全部能量都以电场能量的形式储存在元件的电场中。假设在 $t = -\infty$ 时,$u(-\infty) = 0$,电容在任一时刻储存的电场能量 $w_C(t)$ 就等于它吸收的能量,即

$$w_C(t) = \frac{1}{2}Cu^2(t)$$

电容不消耗能量,也不能释放出多于它吸收或储存的能量,它是一种无源元件。

实际的电容器除了有储能作用外,还会消耗一部分电能。这主要是由于介质不可能是理想的,其中多少存在一些漏电流。由于电容器消耗的功率与所加电压直接相关,因此可用电容与电阻的并联电路模型来表示实际电容器,如图 5.1.3 所示。

图 5.1.3　实际电容器直流及低频时的电路模型

每个电容器所能承受的电压是有限度的,电压过高,介质就会被击穿,从而丧失电容器的功能。因此,一个实际的电容器除了要标明它的电容量外,还要标明它的额定工作电压。使用电容器不应高于它的额定工作电压。

电容除了可以作为实际电容器的模型外,还可以表示在许多场合广泛存在的电容效应。例如,在两根架空输电线之间以及每一根输电线与地之间都有分布电容,MOSFET 的电极之间也存在着杂散电容(或称寄生电容)。是否要在电路模型中考虑这些电容,必须视电路的工作条件及研究需要而定。一般来说,当电路的工作频率很高时,则不能忽略

这些电容的作用,应以适当的方式在电路模型中将它们反映出来。

图 5.1.4(a)表示的是一个 N 沟道增强型 MOSFET[①] 的结构示意图。图中标明了它的 N 型源极和漏极、P 型衬底、沟道区域、栅极导体以及将栅极与沟道分隔开的硅氧化物绝缘体。

当 MOSFET 的工作频率越来越高时,MOSFET 各电极之间的电容就越来越不可忽略,包括栅极与漏极、栅极与源极、栅极与基层、漏极与源极、漏极与基层和源极与基层之间的电容。这些电容绝大多数都是 u_{GS} 和 u_{DS} 的函数。其中对 MOSFET 的性能影响最大的就是 MOSFET 栅极与源极之间的电容 C_{GS}。在本书中我们将主要讨论 C_{GS},并且假定它是一个恒定的电容。

图 5.1.5 中分别给出了 MOSFET 关断和导通状态下的开关-电阻-电容模型(SRC)。因为 MOSFET 的 SRC 模型中包含一个栅极与源极之间的电容,因此当联接到 MOSFET 栅极的输入电压变化时,栅极的电压不能在瞬间发生跳变,而是需要一段时间才能上升到导通阈值 U_{OH} 或下降到关断阈值 U_{OL},然后由 MOSFET 构成的门电路的输出才会发生变化。在例 5.4.1 将对此做深入讨论。

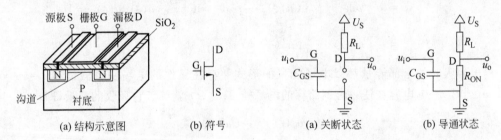

(a) 结构示意图　　　　(b) 符号　　　　　(a) 关断状态　　　(b) 导通状态

图 5.1.4　N 沟道增强型 MOSFET　　　　　图 5.1.5　MOSFET 的 SRC 模型
结构示意图及其电路符号

为了叙述方便,本书后面的章节中电容这个术语及其符号 C 不仅表示一个电容元件,还表示这个元件的参数。如不加特别申明,本书中讨论的电容都是线性非时变电容。

5.1.2　电感

实际电感器通常是由线圈构成的,如图 5.1.6 所示。当线圈中流过电流时,线圈中以及周围就会产生磁场而具有磁场能量。电感器(inductor)是一种以磁场形式储存能量的器件。电感(inductance)就是反映这种物理现象的理想化的电路模型。

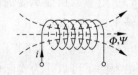

图 5.1.6　电感线圈及其磁通线

---

① MOSFET 详细的工作原理见参考文献[2]。

电阻器、电容器和电感器是分立元件电路中经常使用的无源元件,但在集成电路中使用的无源元件只有电阻和电容。这是由于集成电路是在硅平面工艺上制作的,而与其他可在硅平面制成的平面元件相比,电感的制造特别困难。如果确实需要,可作为外接元件处理。此外集成电路在高频情况下,应考虑互连线的寄生电感。

图 5.1.6 中,Φ 是电感电流产生的穿过每匝线圈的磁通,它的单位名称是韦[伯][1],符号为 Wb。磁通 Φ 与 N 匝线圈交链,相应的磁链 Ψ 可表示为

$$\Psi = N\Phi$$

由电磁感应定律可知:当流过线圈的电流发生变化时,磁链也随之变化,线圈中会产生感应电压来抵制电流的变化。

线性电感的电路符号如图 5.1.7 所示。

磁链是电感电流的函数,取磁链 Ψ 和电流 i 的方向符合右手螺旋法则,如图 5.1.6 所示,则有

$$\Psi = Li$$

上式中,L 为电感值,是一个正实常数。它取决于电感器中线圈的匝数、尺寸、形状和线圈周围磁介质的磁导率[2]。在国际单位制中,电感的单位名称是亨[利][3],符号为 H。当电感值较小时,还可以用 mH、μH 来表示,$1\text{H} = 10^3\text{mH} = 10^6\mu\text{H}$。

线性电感的韦安特性如图 5.1.8 所示,它是一条过原点的直线。

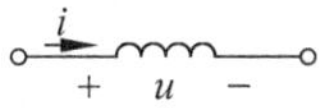

图 5.1.7　线性电感的电路符号 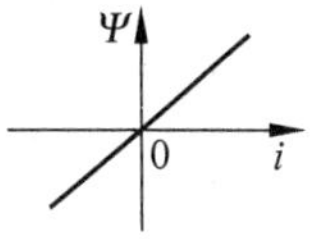　　　　图 5.1.8　线性电感的韦安特性

如果电感的电压、电流取关联参考方向,如图 5.1.7 所示,则有

$$u = \frac{\mathrm{d}\Psi}{\mathrm{d}t} = \frac{\mathrm{d}(Li)}{\mathrm{d}t} = L\frac{\mathrm{d}i}{\mathrm{d}t} \tag{5.1.4}$$

上式就是电感元件的电流和电压的关系式,它表明电感电压和电流的变化率成正比。在流经电感电流为理想直流的情况下,电感两端的电压为零,电感相当于短路。

对式(5.1.4)作积分,得到用电感电压表示电感电流的表达式为

$$i = \frac{1}{L}\int_{-\infty}^{t} u\mathrm{d}t \tag{5.1.5}$$

上式表明电感电流在某一时刻 t 的数值并不仅仅取决于该时刻电感两端电压的值,而是取决于从 $-\infty$ 到 t 所有时刻的电压的值。换言之,电感也是一种有"记忆"的元件。

---

[1]　韦伯(Wilhelm Eduard Weber,1804—1891),德国物理学家。

[2]　参见附录 A。

[3]　亨利(Joseph Henry,1797—1878),美国物理学家。

式(5.1.5)还可改写为

$$i = \frac{1}{L}\int_{-\infty}^{t_0} u\mathrm{d}t + \frac{1}{L}\int_{t_0}^{t} u\mathrm{d}t = i(t_0) + \frac{1}{L}\int_{t_0}^{t} u\mathrm{d}t \tag{5.1.6}$$

与式(5.1.3)类似,上式中的 t_0 也是一个任意选定的初始时刻。该式表明:如果已知电感的初始电流 $i(t_0)$ 以及从初始时刻以后开始作用的电压 $u(t)$ $(t > t_0)$,就可以确定初始时刻以后任一时刻流过电感的电流 $i(t)$ $(t \geqslant t_0)$。

式(5.1.6)还反映了电感的另一个重要性质——电感电流的连续性。如果加在电感两端的电压在 $[t_a, t_b]$ 区间内是有界的,那么电感电流在 (t_a, t_b) 区间内就是连续的。这一结论在后面的电路分析中也会经常用到。

由式(5.1.1)、式(5.1.2)、式(5.1.4)和式(5.1.5)可以看出:电感、电容的电压电流关系都是通过微分或积分来表示的,因此电感元件和电容元件称为动态元件或储能元件;相应地,含有电感或电容的电路就称为动态电路。

在电压、电流的关联参考方向下,线性电感吸收的功率为

$$p = ui = Li\frac{\mathrm{d}i}{\mathrm{d}t}$$

从 $t = -\infty$ 到 t 时刻,电感元件吸收的能量为

$$
\begin{aligned}
w &= \int_{-\infty}^{t} p\mathrm{d}\xi = \int_{-\infty}^{t} Li(\xi)\frac{\mathrm{d}i(\xi)}{\mathrm{d}\xi}\mathrm{d}\xi \\
&= L\int_{i(-\infty)}^{i(t)} i(\xi)\mathrm{d}i(\xi) \\
&= \frac{1}{2}Li^2(t) - \frac{1}{2}Li^2(-\infty)
\end{aligned}
$$

电感吸收的全部能量都以磁场能量的形式储存在元件的磁场中。假设在 $t = -\infty$ 时,$i(-\infty) = 0$,电感在任一时刻储存的磁场能量 $w_L(t)$ 就等于它吸收的能量,即

$$w_L(t) = \frac{1}{2}Li^2(t)$$

电感不消耗能量,也不能释放出多于它吸收或储存的能量,它也是一种无源元件。

实际的电感器除有储能作用外,还会消耗一部分电能,这主要是由于构成电感的线圈导线多少存在一些电阻的缘故。由于电感器消耗的功率与流过电感器的电流直接相关,因此可用电感与电阻的串联电路模型来表示实际电感器,如图5.1.9所示。

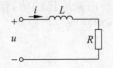

图 5.1.9 实际电感器低频时
的电路模型

每个电感器承受电流的能力是有限的,流过的电流过大,会使线圈过热或使线圈受到过大电磁力的作用而发生机械形变,甚至烧毁线圈。因此,一个实际的电感器除了要标明它的电感量外,还要标明它的额定工作电流,使用时电感器电流不应高于它的额定工作电流。

为了叙述方便,本书后面的章节中,"电感"这个术语以及它的符号 L 不仅表示一个电感元件,还表示这个元件的参数。如不加特别申明,本书中讨论的电感都是线性非时变电感,当线圈周围的磁介质为非铁磁物质时就属于这种情况。

5.1.3　电容、电感的串并联

设 n 个电容串联,如图 5.1.10(a)所示。设流过各电容的电流为 i,各电容的电压分别为 u_1、u_2、$\cdots$、u_n,它们的初始电压分别为 $u_1(0)$、$u_2(0)$、$\cdots$、$u_n(0)$,电压与电流为关联参考方向,如图 5.1.10 所示。

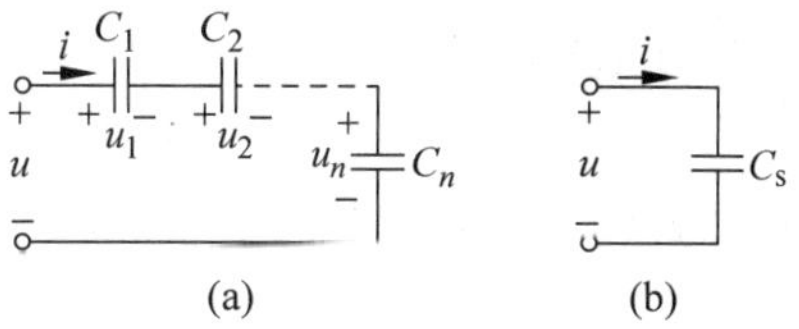

根据 KVL,得

$$u = u_1 + u_2 + \cdots + u_n$$

又根据式(5.1.3),有

图 5.1.10　串联电容的等效

$$u_1 = u_1(0) + \frac{1}{C_1}\int_0^t i\,\mathrm{d}t$$

$$u_2 = u_2(0) + \frac{1}{C_2}\int_0^t i\,\mathrm{d}t$$

$$\vdots$$

$$u_n = u_n(0) + \frac{1}{C_n}\int_0^t i\,\mathrm{d}t$$

因此

$$u = u_1(0) + u_2(0) + \cdots + u_n(0) + \left(\frac{1}{C_1} + \frac{1}{C_2} + \cdots + \frac{1}{C_n}\right)\int_0^t i\,\mathrm{d}t$$

从等效的观点来看,由上式可得图 5.1.10(a)所示电路的等效电路如图 5.1.10(b)所示,其中

$$u(0) = u_1(0) + u_2(0) + \cdots + u_n(0)$$

$$\frac{1}{C_s} = \frac{1}{C_1} + \frac{1}{C_2} + \cdots + \frac{1}{C_n}$$

换句话说,等效电容的倒数等于所有串联电容的倒数之和(下标"s"表示串联,series connection),而等效电容的初始电压等于所有串联电容初始电压的代数和。

类似地,根据 KCL 和式(5.1.1),不难得出,n 个电容并联,其等效电容为

$$C_p = C_1 + C_2 + \cdots + C_n$$

即等效电容等于 n 个并联电容的和(下标"p"表示并联,parallel connection)。需要说明的是,此处未考虑电容的初始电压。如果各个并联电容的初始电压不等,则在并联瞬间电荷将重新分配,达到一致的初始电压值。下面的电感串联也有类似的情况。

设 n 个电感串联,如图 5.1.11(a)所示。设流过各电感的电流为 i,各电感的电压分别为 u_1、u_2、$\cdots$、u_n,极性如图 5.1.11 中所示,都与电流 i 为关联参考方向。

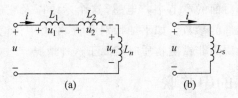

图 5.1.11　串联电感的等效

根据 KVL,得

$$u = u_1 + u_2 + \cdots + u_n$$

又根据式(5.1.4),有

$$u_1 = L_1 \frac{\mathrm{d}i}{\mathrm{d}t}$$

$$u_2 = L_2 \frac{\mathrm{d}i}{\mathrm{d}t}$$

$$\vdots$$

$$u_n = L_n \frac{\mathrm{d}i}{\mathrm{d}t}$$

因此

$$u = (L_1 + L_2 + \cdots + L_n) \frac{\mathrm{d}i}{\mathrm{d}t}$$

根据等效的定义,由上式可得图 5.1.11(a)所示电路的等效电路,如图 5.1.11(b)所示,图中

$$L_\mathrm{s} = L_1 + L_2 + \cdots + L_n$$

换句话说,等效电感等于所有串联电感的总和。如果串联电感的初始电流不等,则在串联瞬间磁通将重新分配,达到一致的初始电流。

类似地,若 n 个电感并联,根据 KCL 和式(5.1.6),不难得出其等效电感为

$$i(0) = i_1(0) + i_2(0) + \cdots + i_n(0)$$

$$\frac{1}{L_\mathrm{p}} = \frac{1}{L_1} + \frac{1}{L_2} + \cdots + \frac{1}{L_n}$$

即等效电感的倒数等于所有并联电感的倒数之和,且等效电感电流的初始值等于所有并联电感初始值的代数和。

5.2　动态电路方程的列写

无论是电阻电路还是动态电路,电路中各支路的电压和电流都要分别满足 KVL、KCL 和元件约束。两者最大的不同在于电阻电路中所有元件(电阻和电源)的约束都是

代数关系,而动态电路中电感或电容的元件约束是用微分或积分的形式来表征的。因此,用来描述电阻电路的是一个或一组代数方程,而用来描述动态电路的则是一个或一组微分方程。如果电路中的电感或电容元件是线性非时变的,那么描述此电路的就是一个或一组常系数线性常微分方程。

例 5.2.1　电路如图 5.2.1 所示,列写电路方程。

解　这是一个简单的 RC 串联电路。图 5.2.1 中电阻和电容上流过的电流都是 i_C。根据 KVL 和欧姆定律,有

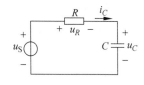

$$u_S = u_R + u_C = Ri_C + u_C \qquad (5.2.1)$$

又根据电容的 $u\text{-}i$ 关系,有

$$i_C = C\frac{\mathrm{d}u_C}{\mathrm{d}t}$$

图 5.2.1　RC 电路

将上式代入式(5.2.1),得

$$u_S = RC\frac{\mathrm{d}u_C}{\mathrm{d}t} + u_C$$

这是一个关于 u_C 的一阶常系数线性常微分方程。如果能够求解出 u_C,那么就可以得到电路中所有元件或支路上的电压和电流。

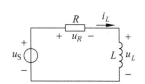

图 5.2.2　RL 电路

例 5.2.2　电路如图 5.2.2 所示,列写电路方程。

解　这是一个 RL 串联电路,显然 R、L 中流过的电流都是 i_L。根据 KVL 有

$$u_S = u_R + u_L \qquad (5.2.2)$$

又根据电感的电压-电流关系有

$$u_L = L\frac{\mathrm{d}i_L}{\mathrm{d}t}$$

将上式代入式(5.2.2)中,并利用电阻上的电压-电流关系(欧姆定律),得

$$u_S = Ri_L + L\frac{\mathrm{d}i_L}{\mathrm{d}t}$$

这是一个关于 i_L 的一阶常系数线性常微分方程。如果能够求解出 i_L,那么就可以得到电路中所有元件或支路上的电压和电流。

例 5.2.3　电路如图 5.2.3 所示,列写电路方程。

解　由 KCL 和电容上的电压-电流关系,得

$$i_R = i_L + i_C = i_L + C\frac{\mathrm{d}u_C}{\mathrm{d}t}$$

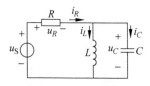

又 $u_C = L\dfrac{\mathrm{d}i_L}{\mathrm{d}t}$,代入上式,得

图 5.2.3　RLC 电路

$$i_R = i_L + LC \frac{\mathrm{d}^2 i_L}{\mathrm{d}t^2} \tag{5.2.3}$$

由 KVL 和欧姆定律,得

$$u_S = u_R + u_C = Ri_R + u_C \tag{5.2.4}$$

将式(5.2.3)代入式(5.2.4),整理得

$$u_S = R\left(i_L + LC \frac{\mathrm{d}^2 i_L}{\mathrm{d}t^2}\right) + L \frac{\mathrm{d}i_L}{\mathrm{d}t}$$

$$u_S = RLC \frac{\mathrm{d}^2 i_L}{\mathrm{d}t^2} + L \frac{\mathrm{d}i_L}{\mathrm{d}t} + Ri_L \tag{5.2.5}$$

上式是一个关于 i_L 的二阶常系数线性常微分方程。如果能够求解出 i_L,就能求解出电路中所有元件或支路上的电压和电流。

对这个电路,我们还可以以电容电压 u_C 为变量,列写电路的微分方程。根据 KVL 和电容的电压-电流关系,有

$$i_L = \frac{1}{L} \int u_C \mathrm{d}t$$

将上式代入式(5.2.3),得

$$i_R = \frac{1}{L} \int u_C \mathrm{d}t + C \frac{\mathrm{d}u_C}{\mathrm{d}t}$$

将上式代入式(5.2.4),得

$$u_S = R\left(\frac{1}{L} \int u_C \mathrm{d}t + C \frac{\mathrm{d}u_C}{\mathrm{d}t}\right) + u_C$$

方程两边取微分,整理得(设 $u_S = \text{const.}$)

$$RLC \frac{\mathrm{d}^2 u_C}{\mathrm{d}t^2} + L \frac{\mathrm{d}u_C}{\mathrm{d}t} + Ru_C = 0 \tag{5.2.6}$$

如果能够求解出 u_C,也就能够解出电路中所有元件或支路上的电压和电流。

比较式(5.2.5)和式(5.2.6)会发现,虽然以不同的支路量为变量,但是两个微分方程中各阶导数的系数是完全一样的。换言之,这两个微分方程的特征方程是一样的。为什么会出现这种现象呢?5.5.1小节中将详细讨论。

5.3 动态电路方程的初始条件

动态电路的一个重要特征是当电路结构或元件参数发生变化时(例如电路中某条支路的断开或接入,信号的突然注入等),电路原来的工作状态就有可能发生改变,变到一个新的工作状态。而这种转变是需要时间的,这种转变过程就称为过渡过程(又称暂态过程)。这一点与电阻电路截然不同,电阻电路的工作状态的改变是在瞬时完成的,不会经

历过渡过程。

当然,动态电路也具有稳定状态。如果动态电路中的各电量不随时间改变或随时间周期性改变,就称此电路进入了稳定状态,简称稳态。本章讨论动态电路的一般分析方法(包括暂态和稳态),第 6 章则讨论分析动态电路在正弦激励下的稳态响应的简便方法。

动态电路中电路结构或参数变化引起的电路变化统称为换路(switch)。假设动态电路在 $t=0$ 时刻发生换路,为了以后的分析方便,把换路前一瞬间记为 $t=0^-$,把换路刚刚发生后的一瞬间记为 $t=0^+$。

分析动态电路的经典方法是:首先根据 KCL、KVL 和元件的电压-电流关系建立描述电路的微分方程,然后求解此微分方程,得到所求的电路变量(电压或电流)。对于线性非时变电路来说,建立的方程是常系数线性常微分方程。

在经典法求解过程中解常微分方程时,需要根据电路的初始条件确定解中的积分常数[①]。设描述电路的微分方程为 n 阶,并且换路在 $t=0$ 时刻发生,则初始条件就是指所求电路变量(电压或电流)及其 1、2、$\cdots$、$(n-1)$ 阶导数在 $t=0^+$ 时刻的值,也叫初始值。电容电压 u_C 和电感电流 i_L 的初始值,即 $u_C(0^+)$ 和 $i_L(0^+)$ 称为独立的初始条件,电路中其余变量的初始值称为非独立的初始条件[②]。

对于线性电容,它在任一时刻的电压为

$$u_C(t) = u_C(t_0) + \frac{1}{C}\int_{t_0}^{t} i_C \mathrm{d}t$$

上式两边都乘以 C,得

$$q(t) = q(t_0) + \int_{t_0}^{t} i_C \mathrm{d}t$$

令 $t_0=0^-$,$t=0^+$,得

$$u_C(0^+) = u_C(0^-) + \frac{1}{C}\int_{0^-}^{0^+} i_C \mathrm{d}t$$

$$q(0^+) = q(0^-) + \int_{0^-}^{0^+} i_C \mathrm{d}t$$

从上两式可以看出:在换路发生前后即从 0^- 到 0^+ 的瞬间,如果电容电流 i_C 是有限值,那么这两式中的积分项就等于零,电容电压和电容上的电荷在换路前后保持不变,即

$$u_C(0^+) = u_C(0^-) \tag{5.3.1}$$

$$q(0^+) = q(0^-) \tag{5.3.2}$$

对于一个在 $t=0^-$ 时刻电压 $u_C(0^-)=U_0$ 的电容,如果在换路瞬间电容电流为有限值,则 $u_C(0^+)=u_C(0^-)=U_0$,在换路瞬间该电容可视为一个电压值为 U_0 的电压源。若

---

①　见附录 C"常系数线性常微分方程的求解"。

②　下文将给出对这种称谓的解释。

$t=0^-$ 时刻 $u_C(0^-)=0$，则在换路瞬间该电容相当于短路。

对于线性电感，它在任一时刻的电流为

$$i_L(t) = i_L(t_0) + \frac{1}{L}\int_{t_0}^{t} u_L\,\mathrm{d}t$$

上式两边都乘以 L，得

$$\Psi(t) = \Psi(t_0) + \int_{t_0}^{t} u_L\,\mathrm{d}t$$

令 $t_0=0^-$，$t=0^+$，得

$$i_L(0^+) = i_L(0^-) + \frac{1}{L}\int_{0^-}^{0^+} u_L\,\mathrm{d}t$$

$$\Psi(0^+) = \Psi(0^-) + \int_{0^-}^{0^+} u_L\,\mathrm{d}t$$

从上两式可以看出：在换路发生前后即从 0^- 到 0^+ 的瞬间，如果电感电压 u_L 是有限值，那么这两式中的积分项就等于零，电感中的电流和磁链在换路前后保持不变，即

$$i_L(0^+) = i_L(0^-) \tag{5.3.3}$$

$$\Psi(0^+) = \Psi(0^-) \tag{5.3.4}$$

对于一个在 $t=0^-$ 时刻电流为 $i_L(0^-)=I_0$ 的电感，如果在换路瞬间电感两端电压为有限值，则有 $i_L(0^+)=i_L(0^-)=I_0$，在换路瞬间该电感可视为一个电流值为 I_0 的电流源。若 $t=0^-$ 时刻 $i_L(0^-)=0$，则在换路瞬间该电感相当于开路。

式(5.3.1)～式(5.3.4)统称为换路定律。它们分别说明了在换路瞬间，若电容电流和电感电压为有限值，那么电容电压和电感电流在换路前后保持不变。

根据换路定律可知，动态电路中电容电压 $u_C(0^+)$ 和电感电流 $i_L(0^+)$ 可以根据它们在电路发生换路前的值 $u_C(0^-)$ 和 $i_L(0^-)$ 来确定。而电路中其他变量的初始值，如电阻的电压电流、电容电流和电感电压则需要通过电容电压和电感电流的初始条件来求得。

例 5.3.1　图 5.3.1 所示电路在换路前已经到达稳态，$t=0$ 时打开开关 S。求初始值 $u_C(0^+)$、$i(0^+)$ 和 $u_R(0^+)$。

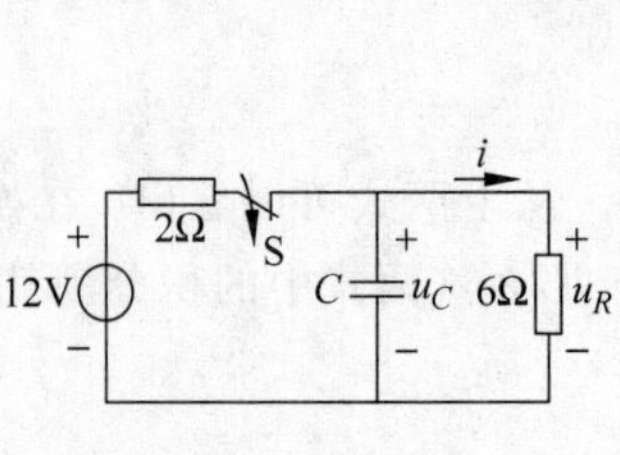

解　在换路发生前，电路已到达稳态，因为是直流激励，此时电容支路相当于开路。有

图 5.3.1　例 5.3.1 图

$$u_C(0^-) = 12 \times \frac{6}{2+6} = 9(\mathrm{V})$$

在换路发生瞬间，流过电容的电流不会无穷大，电容电压不会发生跳变，根据换路定律即式(5.3.1)，有

$$u_C(0^+) = u_C(0^-) = 9\mathrm{V}$$

为了求得其他变量的初始值，可以将电容用一个电压为 $u_C(0^+)$ 的电压源替代，电压

源极性与电容电压的极性相同,得到原电路在 $t=0^+$ 时刻的等效电路,如图 5.3.2 所示。

求解图 5.3.2 所示电路,得

$$u_R(0^+) = u_C(0^+) = 9\text{V}$$

$$i(0^+) = \frac{u_C(0^+)}{6} = 1.5\text{A}$$

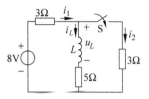

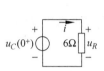

图 5.3.2　$t=0^+$ 时刻的等效电路　　　　图 5.3.3　例 5.3.2 图

例 5.3.2　图 5.3.3 所示电路在换路前已经到达稳态,在 $t=0$ 时将开关 S 合上,求初始值 $i_L(0^+)$、$u_L(0^+)$、$i_1(0^+)$ 和 $i_2(0^+)$。

解　在换路发生前,电路已经到达稳态,因为是直流激励,此时电感相当于短路,有

$$i_L(0^-) = \frac{8}{3+5} = 1(\text{A})$$

在换路发生瞬间,电感两端的电压不会无穷大,电感电流不会跳变,因此根据换路定律即式(5.3.3),有

$$i_L(0^+) = i_L(0^-) = 1(\text{A})$$

为了求得其他变量的初始值,可以将电感用一个电流为 $i_L(0^+)$ 的电流源替代,电流源的电流方向与电感电流的方向相同,得到原电路在 $t=0^+$ 时刻的等效电路,如图 5.3.4 所示。

利用叠加定理求解图 5.3.4 所示电路,求得其他几个变量的初始值分别为

$$u_L(0^+) = 8 \times \frac{3}{3+3} - i_L(0^+) \times \left(5 + \frac{3 \times 3}{3+3}\right) = -2.5(\text{V})$$

$$i_1(0^+) = \frac{8}{3+3} + i_L(0^+) \times \frac{3}{3+3} = 1.83(\text{A})$$

$$i_2(0^+) = \frac{8}{3+3} - i_L(0^+) \times \frac{3}{3+3} = 0.83(\text{A})$$

例 5.3.3　图 5.3.5 所示电路在换路前已经到达稳态,已知 $C=0.5\text{F}$,$L=1\text{H}$,电容电压的初始值 $u_C(0^-)=5\text{V}$,在 $t=0$ 时将开关 S 合上。求初始值 $i_C(0^+)$、$u_L(0^+)$、$\left.\dfrac{\mathrm{d}u_C}{\mathrm{d}t}\right|_{t=0^+}$ 和 $\left.\dfrac{\mathrm{d}i_L}{\mathrm{d}t}\right|_{t=0^+}$。

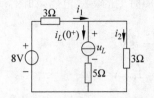

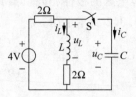

图 5.3.4 $t=0^+$ 时刻的等效电路 　　图 5.3.5 例 5.3.3 图

解　与例 5.3.1、例 5.3.2 的分析类似,根据换路前的电路可以确定

$$i_L(0^-) = \frac{4}{2+2} = 1(\text{A})$$

在换路瞬间,电容电压和电感电流都不会发生跳变,根据换路定律,有

$$i_L(0^+) = i_L(0^-) = 1\text{A}$$

$$u_C(0^+) = u_C(0^-) = 5\text{V}$$

为了求得其他变量的初始值,可以将电感用一个电流为 $i_L(0^+)$ 的电流源替代,将电容用一个电压为 $u_C(0^+)$ 的电压源替代,得到原电路在 $t=0^+$ 时刻的等效电路,如图 5.3.6 所示。

利用叠加定理求解图 5.3.6 所示电路,求得其他几个变量的初始值分别为

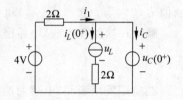

图 5.3.6 $t=0^+$ 时刻的等效电路

$$u_L(0^+) = -i_L(0^+) \times 2 + u_C(0^+) = 3(\text{V})$$

$$i_C(0^+) = \frac{4}{2} - i_L(0^+) - \frac{u_C(0^+)}{2} = -1.5(\text{A})$$

$$\left.\frac{\mathrm{d}u_C}{\mathrm{d}t}\right|_{t=0^+} = \frac{1}{C}i_C(0^+) = -3(\text{V/s})$$

$$\left.\frac{\mathrm{d}i_L}{\mathrm{d}t}\right|_{t=0^+} = \frac{1}{L}u_L(0^+) = 3(\text{A/s})$$

5.4　一阶动态电路

用一阶常微分方程来描述的电路称为一阶动态电路,简称为一阶电路(first order circuit)。只含有一个动态元件(电容或电感)的电路是一阶电路。本书只限于讨论线性非时变的动态电路,因此以后所称的一阶电路都是指线性非时变的一阶电路,所称的一阶常微分方程也是指一阶常系数线性常微分方程。

如果一阶电路中只含有一个动态元件,则可以把该动态元件以外的电阻电路用戴维南定理或诺顿定理等效为电压源与电阻串联的形式或电流源与电阻并联的形式,原电路

就可变换为简单的 RC 电路或 RL 电路。

5.4.1　一阶动态电路的经典解法

经典法求解一阶电路,首先要根据 KCL、KVL 以及元件特性建立描述电路的一阶微分方程,然后解方程得到所求的电路变量。

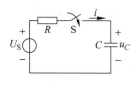

图 5.4.1　一阶 RC 电路

图 5.4.1 所示电路中,电容电压的初始值 $u_C(0^-)=U_0$,$t=0$ 时开关 S 闭合,求换路后电容电压 $u_C(t)$($t\geqslant 0$)。

首先,建立描述电路的一阶微分方程,有

$$U_S = RC\frac{\mathrm{d}u_C}{\mathrm{d}t} + u_C \qquad (5.4.1)$$

上式是一阶非齐次常微分方程,它的解由两部分组成:

$$u_C = u_{Ch} + u_{Cp}$$

其中,u_{Ch}[①]是式(5.4.1)对应的齐次方程

$$RC\frac{\mathrm{d}u_C}{\mathrm{d}t} + u_C = 0$$

的通解;u_{Cp} 为非齐次方程的一个特解。写出齐次方程的特征方程如下:

$$RCp + 1 = 0$$

特征根为

$$p = -\frac{1}{RC}$$

因此,齐次方程的通解为

$$u_{Ch} = A\mathrm{e}^{pt} = A\mathrm{e}^{-\frac{1}{RC}t} \quad t\geqslant 0 \qquad (5.4.2)$$

非齐次方程的特解可以认为与输入函数具有相同的形式,观察可得

$$u_{Cp} = U_S \quad t\geqslant 0$$

因此,式(5.4.1)的解为

$$\begin{aligned} u_C(t) &= u_{Ch} + u_{Cp} \\ &= A\mathrm{e}^{-\frac{1}{RC}t} + U_S \quad t\geqslant 0 \end{aligned} \qquad (5.4.3)$$

为了确定上式中的积分常数 A,必须求出电容电压的初始值。根据换路定律,有

$$u_C(0^+) = u_C(0^-) = U_0$$

令式(5.4.3)中 $t=0^+$,并代入初始条件,得

$$u_C(0^+) = A + U_S = U_0$$

$$A = U_0 - U_S$$

---

① 下标"h"是 homogeneous(通解)的首字母,下标"p"是 particular(特解)的首字母。

电容电压为

$$u_C(t) = U_s + (U_0 - U_s)\mathrm{e}^{-\frac{1}{RC}t} \quad t \geqslant 0$$

上式就是电容电压的全响应,其中与齐次方程解对应的那部分响应$(U_0 - U_s)\mathrm{e}^{-\frac{1}{RC}t}$ $(t \geqslant 0)$称为自由响应,也称为自由分量;与非齐次方程的特解对应的那部分响应U_s称为强制响应,也称为强制分量。

根据电容电压,还可求出电路中的电流为

$$i = C \frac{\mathrm{d}u_C}{\mathrm{d}t} = C \times \left(-\frac{1}{RC}(U_0 - U_s)\mathrm{e}^{-\frac{1}{RC}t}\right) = \frac{U_s - U_0}{R}\mathrm{e}^{-\frac{1}{RC}t} \quad t \geqslant 0$$

从电容电压和电流的表达式可以看出:它们的变化部分都是按照同样的指数规律变化的,变化的快慢取决于指数中RC乘积的大小,而这个乘积仅仅取决于电路的结构和电路中各元件的参数。当电阻的单位取Ω,电容的单位取F时,有

$$1\Omega \times 1F = \frac{1V}{A} \times \frac{1C}{V} = 1s$$

可见,RC具有时间的量纲——s,因此称为RC电路的时间常数(time constant),用τ表示。时间常数τ的大小反映了一阶电路过渡过程的快慢,是反映过渡过程特征的一个重要的物理量。设电容电压为定值,若R不变,τ越大,意味着C越大,则电路中储能越多,电路的过渡过程时间就越长;若C不变,τ越大,意味着R越大,则电容充电(或放电)电流越小,电路的过渡过程时间也就越长。

引入τ后,电容电压和电流可表示为

$$u_C(t) = U_s + (U_0 - U_s)\mathrm{e}^{-\frac{t}{\tau}} \quad t \geqslant 0 \tag{5.4.4}$$

$$i = \frac{U_s - U_0}{R}\mathrm{e}^{-\frac{t}{\tau}} \qquad\qquad t \geqslant 0 \tag{5.4.5}$$

它们的波形如图 5.4.2 所示(设$U_0 < U_s$)。

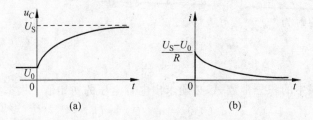

图 5.4.2　电容电压和电流的波形

从图 5.4.2 中可以看出:电压和电流经过一段时间后,都会从初始状态变化到一个新的稳态,这段时间的长短是由τ决定的。

下面讨论电容电压中的自由响应部分随时间t的变化情况。根据式(5.4.2),可知,

$t=0$ 时，

$$u_{Ch} = Ae^0 = A$$

$t=\tau$ 时，

$$u_{Ch} = Ae^{-1} = 0.368A$$

即经过一个时间常数后，自由分量衰减了 63.2%，变为初始值的 36.8%。$t=2\tau,t=3\tau$，$t=4\tau$……时刻电容电压的自由分量的值列于表 5.4.1 中。

表 5.4.1　时间常数与自由分量的关系

t	0	τ	2τ	3τ	4τ	5τ	$\cdots$	∞
u_{Ch}	A	$0.368A$	$0.135A$	$0.05A$	$0.018A$	$0.0067A$	$\cdots$	0

从表 5.4.1 中可以看出，虽然理论上要经过无限长的时间，自由分量才能衰减到零；但经过 3τ 后，其值就衰减为 5%，5τ 后衰减为小于 1%。因此工程上一般认为经过 $3\tau\sim5\tau$ 后过渡过程结束，电路到达了一个新的稳态。

再分析一个 RL 电路的例子。图 5.4.3 所示电路中，设电感电流的初始值 $i_L(0^-)=I_0$，$t=0$ 时开关 S 从 1 合向 2。求换路后电感电流 $i_L(t)(t\geqslant 0)$。

先建立描述换路后电路的一阶微分方程，有

$$U_s = Ri_L + L\frac{di_L}{dt}$$

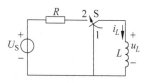

图 5.4.3　一阶 RL 电路

上式也是一阶非齐次常微分方程，求出它的解为

$$i_L = i_{Lh} + i_{Lp}$$

$$= Ae^{-\frac{R}{L}t} + \frac{U_s}{R} \quad t \geqslant 0 \tag{5.4.6}$$

根据换路定律，电感电流的初始条件为

$$i_L(0^+) = i_L(0^-) = I_0$$

令式(5.4.6)中 $t=0^+$，并代入初始条件，得

$$i_L(0^+) = A + \frac{U_s}{R} = I_0$$

$$A = I_0 - \frac{U_s}{R}$$

因此，电感电流为

$$i_L(t) = \frac{U_s}{R} + \left(I_0 - \frac{U_s}{R}\right)e^{-\frac{R}{L}t} \quad t \geqslant 0$$

继而可求得电感电压为

$$u_L = L \frac{\mathrm{d}i_L}{\mathrm{d}t} = (U_\mathrm{S} - RI_0)\mathrm{e}^{-\frac{R}{L}t} \quad t \geqslant 0$$

从电感电流和电压的表达式可以看出：它们的变化部分也都是按照同样的指数规律变化的，变化的快慢取决于指数中 L/R 的大小。当电阻的单位取 Ω，电感的单位取 H 时，有

$$\frac{1\mathrm{H}}{\Omega} = \frac{1\mathrm{Wb}}{1\mathrm{A} \times 1\Omega} = \frac{1\mathrm{Wb}}{1\mathrm{V}} = 1\mathrm{s}$$

可见，L/R 也具有时间的量纲——s，因此称为 RL 电路的时间常数，也用 τ 表示。设电感电流为定值，若 R 不变，τ 越大，意味着 L 越大，则电路中储能越多，电路的过渡过程时间就越长；若 L 不变，τ 越大，意味着 R 越小，则电感充电（或放电）的电路消耗的功率越小，电路的过渡过程时间也就越长。

引入 τ 后，电感电流和电压可分别表示为

$$i_L(t) = \frac{U_\mathrm{S}}{R} + \left(I_0 - \frac{U_\mathrm{S}}{R}\right)\mathrm{e}^{-\frac{t}{\tau}} \quad t \geqslant 0 \tag{5.4.7}$$

$$u_L = L \frac{\mathrm{d}i_L}{\mathrm{d}t} = (U_\mathrm{S} - RI_0)\mathrm{e}^{-\frac{t}{\tau}} \quad t \geqslant 0 \tag{5.4.8}$$

总结一阶 RC 电路和一阶 RL 电路的求解过程，得出经典法求解一阶电路的一般步骤为：

(1) 建立描述电路的微分方程；

(2) 求齐次微分方程的通解和非齐次微分方程的一个特解；

(3) 将齐次微分方程的通解与非齐次微分方程的一个特解相加，得到非齐次微分方程的通解，利用初始条件确定通解中的系数。

仍以图 5.4.3 所示 RL 电路为例，若将直流电压源换成正弦电压源 $u_\mathrm{S} = U_\mathrm{m}\sin(\omega t + \psi_u)$，其中 ψ_u 是电压源的初相位。设电感电流的初始值 $i_L(0^-) = 0$，其余条件不变，重新研究电感电流的响应。

描述换路后电路的微分方程为

$$L \frac{\mathrm{d}i_L}{\mathrm{d}t} + Ri_L = U_\mathrm{m}\sin(\omega t + \psi_u) \tag{5.4.9}$$

齐次微分方程的通解仍为指数形式：

$$i_{Lh} = A\mathrm{e}^{-\frac{t}{\tau}} \quad t \geqslant 0$$

非齐次微分方程的一个特解与外加激励应具有同样的形式，设为

$$i_{Lp} = I_\mathrm{m}\sin(\omega t + \psi_i) \quad t \geqslant 0$$

把上式代入式(5.4.9)，有

$$\omega L I_\mathrm{m}\cos(\omega t + \psi_i) + RI_\mathrm{m}\sin(\omega t + \psi_i) = U_\mathrm{m}\sin(\omega t + \psi_u)$$

对等号左边进行三角变换，得

$$\sqrt{(\omega L)^2 + R^2}\, I_{\mathrm{m}} \sin(\omega t + \psi_i + \varphi) = U_{\mathrm{m}} \sin(\omega t + \psi_u) \tag{5.4.10}$$

其中 φ 称为电路的阻抗角(在第 6 章中将做详细介绍),

$$\tan\varphi = \frac{\omega L}{R}$$

比较式(5.4.10)中等号左右两边的对应项,可求得待定常数 I_{m}、ψ_i 分别为

$$I_{\mathrm{m}} = \frac{U_{\mathrm{m}}}{\sqrt{(\omega L)^2 + R^2}}, \quad \psi_i = \psi_u - \varphi = \psi_u - \arctan\frac{\omega L}{R}$$

因此,式(5.4.9)的一个特解为

$$i_{Lp} = \frac{U_{\mathrm{m}}}{\sqrt{(\omega L)^2 + R^2}} \sin(\omega t + \psi_u - \varphi) \quad t \geqslant 0$$

电感电流的全响应为

$$
\begin{aligned}
i &= i_{Lh} + i_{Lp} \\
&= A\mathrm{e}^{-\frac{t}{\tau}} + \frac{U_{\mathrm{m}}}{\sqrt{(\omega L)^2 + R^2}} \sin(\omega t + \psi_u - \varphi) \quad t \geqslant 0
\end{aligned}
$$

代入初始条件 $i_L(0^+) = i_L(0^-) = 0$,有

$$A + \frac{U_{\mathrm{m}}}{\sqrt{(\omega L)^2 + R^2}} \sin(\psi_u - \varphi) = 0$$

$$A = -\frac{U_{\mathrm{m}}}{\sqrt{(\omega L)^2 + R^2}} \sin(\psi_u - \varphi)$$

因此,电感电流为

$$i_L = \frac{U_{\mathrm{m}}}{\sqrt{(\omega L)^2 + R^2}} \sin(\omega t + \psi_u - \varphi) - \frac{U_{\mathrm{m}}}{\sqrt{(\omega L)^2 + R^2}} \sin(\psi_u - \varphi)\mathrm{e}^{-\frac{t}{\tau}} \quad t \geqslant 0$$

$$\tag{5.4.11}$$

上式表明:电感电流的强制分量是一个与激励频率相同的正弦函数,而自由分量则按指数规律衰减,最终趋于 0,电路中只剩下强制分量(此处也即是稳态分量)。由上面的求解过程可以发现,正弦激励下电路的强制分量求解过程比较繁琐,在第 6 章学习完"相量法"后这一过程将会得以简化。

为了研究电感电流的自由分量与换路发生时刻的关系,下面讨论几种特殊情况。

(1) 发生换路时,$\psi_u - \varphi = 0$ 即 $\psi_u = \varphi = \arctan\dfrac{\omega L}{R}$,电压源的接入相位角[①]等于电路的阻抗角。此时,$\sin(\psi_u - \varphi) = 0$,$A = 0$,即电感电流的自由分量为零,电路不产生过渡过程,开关一闭合就进入稳态,如图 5.4.4 所示。

---

① 接入相位角指换路发生时电压源的相位。因为此处讨论的电路在 $t = 0$ 时刻发生换路,所以电压源的接入相位角就等于它的初相角。

（2）开关闭合时，$\psi_u - \varphi = \pm \dfrac{\pi}{2}$ 即 $\psi_u = \arctan \dfrac{\omega L}{R} \pm \dfrac{\pi}{2}$。此时，$\sin(\psi_u - \varphi) = \pm 1$，$A = $ $\mp \dfrac{U_{\mathrm{m}}}{\sqrt{(\omega L)^2 + R^2}}$，自由分量的初始值的绝对值达到最大，等于稳态分量的最大值。电感电流的波形如图 5.4.5 所示 $\left(以\ \psi_u - \varphi = \dfrac{\pi}{2}\ 为例\right)$。

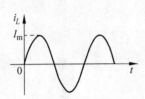

图 5.4.4 $\psi_u - \varphi = 0$ 时的电感电流

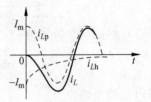

图 5.4.5 $\psi_u - \varphi = \dfrac{\pi}{2}$ 时的电感电流

从图 5.4.5 还可以看出：在自由分量初始值的绝对值最大的情况下，如果自由分量又衰减得很慢（时间常数 τ 远大于正弦激励的周期 T），那么经过约半个周期后，电感电流瞬时值的绝对值约为稳态幅值的 2 倍。这种现象在某些实际电路中是要加以考虑的，防止设备因瞬时电流过大而损坏。

5.4.2 求解一阶动态电路的直觉方法——三要素法

5.4.1 小节中阐述了经典法分析线性 RC 和 RL 电路的一般方法，原则上这种方法对任何形式的输入都是适用的，但这种方法的解题过程却不够简便。仔细观察式(5.4.4)、式(5.4.5)和式(5.4.7)、式(5.4.8)以及式(5.4.11)就会发现：无论是 RC 电路还是 RL 电路，也不管激励的形式如何，一阶电路响应的变化部分都是按指数规律变化的；它们有各自的初始值和稳态值；同一个电路中所有变量的时间常数是一样的。基于这种发现，本节将介绍求解一阶动态电路的一种简便方法——三要素法，有些文献也称为直觉法(intuition analysis)[①]，它适用于求解直流和正弦激励作用下一阶电路中任一支路量的响应。

设 $f(t)$ 为电路中待求支路的电压或电流，并且设 $f(0^+)$、$f(t)|_{t \to \infty}$ 分别表示该支路量的初始值和强制分量（在直流和正弦激励下也即是稳态分量），τ 表示电路的时间常数。根据 5.4.1 小节中的分析，有

$$f(t) = f(t)\,|_{t \to \infty} + A\mathrm{e}^{-\frac{t}{\tau}} \quad t \geqslant 0$$

---

① 实际上直觉法和三要素法略有不同。前者侧重于从画图的角度来求解一阶电路，后者侧重于代公式求解，但二者所需的特征量都是一样的，故本书中对二者不加区分。

在直流激励下，电路到达新的稳态时，电容相当于开路，电感相当于短路，支路量的稳态值也是一个直流量；在正弦交流激励下，电路到达新的稳态时，电压或电流的稳态分量是正弦函数。$f(t)|_{t\to\infty}$可简记为 $f(\infty)$。

将初始条件代入上式，得出积分常数

$$A = f(0^+) - f(\infty)|_{t=0^+}$$

因此，待求支路量为

$$f(t) = f(\infty) + [f(0^+) - f(\infty)|_{t=0^+}]\mathrm{e}^{-\frac{t}{\tau}} \quad t \geqslant 0 \tag{5.4.12}$$

从上式可以看出，只要求出以下三个要素，就可以写出待求的电压或电流。这三个要素如下：

$f(0^+)$——支路量的初始值，5.3 节中已讨论过；

$f(\infty)$——支路量的稳态分量。

τ——电路的时间常数。RC 电路的时间常数 $\tau = R_{\mathrm{i}}C$，RL 电路的时间常数 $\tau = \frac{L}{R_{\mathrm{i}}}$，$R_{\mathrm{i}}$ 是从电路的储能元件两端看进去的戴维南等效电阻。

下面用三要素法重解图 5.4.1 所示电路。为方便起见，将电路重画如图 5.4.6 所示。电容电压的三要素为

$$u_C(0^+) = U_0, \quad u_C(\infty) = U_{\mathrm{S}}, \quad \tau = RC$$

图 5.4.6　一阶 RC 电路

代入式(5.4.12)，得

$$\begin{aligned} u_C(t) &= u_C(\infty) + [u_C(0^+) - u_C(\infty)]\mathrm{e}^{-\frac{t}{\tau}} \\ &= U_{\mathrm{S}} + (U_0 - U_{\mathrm{S}})\mathrm{e}^{-\frac{t}{\tau}} \quad t \geqslant 0 \end{aligned}$$

与式(5.4.4)完全一致。

电容电流同样可用三要素法求解。电容电流的三要素为

$$i_C(0^+) = \frac{U_{\mathrm{S}} - U_0}{R}, \quad i_C(\infty) = 0, \quad \tau = RC$$

代入式(5.4.12)，得

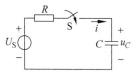

$$\begin{aligned} i_C(t) &= i_C(\infty) + [i_C(0^+) - i_C(\infty)]\mathrm{e}^{-\frac{t}{\tau}} \\ &= \frac{U_{\mathrm{S}} - U_0}{R}\mathrm{e}^{-\frac{t}{\tau}} \quad t \geqslant 0 \end{aligned}$$

与式(5.4.5)也完全一致。

图 5.4.7　一阶 RL 电路

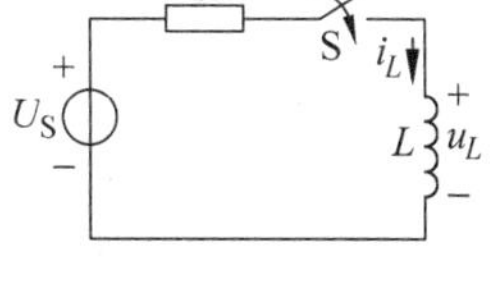

再重新讨论图 5.4.3 所示的 RL 电路，电路重画如图 5.4.7 所示。电压源 $u_{\mathrm{S}} = U_{\mathrm{m}}\sin(\omega t + \psi_u)$，电感无初始储能。用三要素法求电感电流 $i_L(t)(t \geqslant 0)$。

电感电流的三要素为

$$i_L(0^+) = 0, \quad i_L(t)\mid_{t\to\infty} = \frac{U_m}{\sqrt{(\omega L)^2 + R^2}}\sin(\omega t + \psi_u - \varphi), \quad \tau = \frac{L}{R}$$

代入式(5.4.12),得

$$i_L(t) = i_L(t)\mid_{t\to\infty} + [i_L(0^+) - i_L(t)\mid_{t=0^+}]e^{-\frac{t}{\tau}}$$

$$= \frac{U_m}{\sqrt{(\omega L)^2 + R^2}}\sin(\omega t + \psi_u - \varphi) - \frac{U_m}{\sqrt{(\omega L)^2 + R^2}}\sin(\psi_u - \varphi)e^{-\frac{t}{\tau}} \quad t \geqslant 0$$

其中,稳态分量 $i_L(\infty)$ 的求法与前面所述的相同。求解结果与经典法的分析结果一致。

例 5.4.1 MOSFET 反相器的动态过程。

图 5.4.8(a)所示是一个由两个 MOSFET 反相器构成的缓冲器电路,用反相器的电路符号还可将电路简单表示成图 5.4.8(b)所示形式。如果它的输入 u_{i1} 是如图 5.4.8(c)所示的一理想方波,在理想情况下将得到如图 5.4.8(d)所示的输出波形 u_{o1},它也是一理想方波,且输出与输入在同一时刻发生并完成从高到低(或从低到高)的变化。事实上,在一个实际的电路中,输出波形更有可能如图 5.4.8(e)所示,输出的变化并不是在瞬间完成的,它需要经过一小段时间完成从高到低(或从低到高)的变化。产生这种现象的原因就是在 MOSFET 的栅极与源极之间存在寄生电容 C_{GS}。可以利用图 5.1.5 所示 MOSFET 的 SRC(开关-电阻-电容)模型得到缓冲器对输入 u_{i1} 分别为 0 和 1 时的电路模型,如图 5.4.9 所示,藉此可以解释这种延迟是如何产生的。

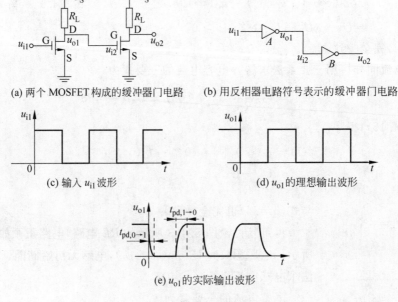

(a) 两个 MOSFET 构成的缓冲器门电路　　　(b) 用反相器电路符号表示的缓冲器门电路

(c) 输入 u_{i1} 波形　　　(d) u_{o1} 的理想输出波形

(e) u_{o1} 的实际输出波形

图 5.4.8　MOSFET 缓冲器及其输入输出波形

如图 5.4.9(b)所示,当加到反相器 A 的 u_{i1} 对应于逻辑 1 时,反相器 A 中的 MOSFET 将导通,反相器 B 中的 MOSFET 将关断。如图 5.4.9(a)所示,当加到反相器 A 的 u_{i1} 对应于逻辑 0 时,反相器 A 中的 MOSFET 将关断,反相器 B 中的 MOSFET 将导通。因此,当交替变化的 1 和 0 加到反相器的输入端,并且假设反相器的输出在输入发生每一次转变后都能到达稳态时,电路模型分别为图 5.4.9 中(a)和(b)两个电路。

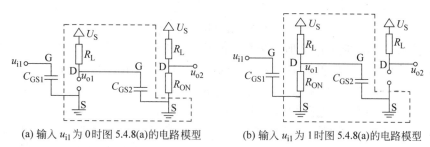

(a) 输入 u_{i1} 为 0 时图 5.4.8(a)的电路模型　　(b) 输入 u_{i1} 为 1 时图 5.4.8(a)的电路模型

图 5.4.9　用 MOSFET 的 SRC 模型表示的图 5.4.8(a)的电路模型

下面先定性分析电路,然后给出定量计算。设逻辑 0 对应的电压是 0V,逻辑 1 对应的电压是 5V。考虑 u_{i1} 为 0 很长时间后的情形,并着重分析图 5.4.9(a)中虚线框里的那一部分电路。由于电路处于稳态,电容 C_{GS2} 表现为开路,其上电压就是 U_S。当 u_{i1} 从 0 向 1 跳变时,反相器 A 导通[①]。在反相器 A 导通的那一瞬间,电容 C_{GS2} 上的电压是 U_S。此后 C_{GS2} 要放电,放电等效电路如图 5.4.10(a)所示,直至其上电压即反相器 A 的输出电压 u_{o1} 下降到有效的逻辑输出低阈值 U_{oL} 以下,u_{o1} 才会变成逻辑 0,反相器 B 中的 MOSFET 才会关断,电路转变为图 5.4.9(b)。电容电压从最大值放电至 U_{oL} 的这一段时间就称为输入从低到高转变时反相器的传播延迟,记为 $t_{pd,0 \to 1}$[②]。一般有 $R_L \gg R_{ON}$,电容电压最终将是一个非常小的值(接近 0V)。

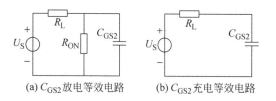

(a) C_{GS2} 放电等效电路　　(b) C_{GS2} 充电等效电路

图 5.4.10　C_{GS2} 放电与充电等效电路

---

① 输入信号 u_{i1} 的电路模型可以用一个理想电压源与一个电阻的串联来表示,一般电压源的内阻很小,因此 C_{GS1} 的充电时间常数很小,即充电时间很短。此处忽略不计,认为 C_{GS1} 上电压的改变是与输入信号同时完成的。

② pd(propagation delay)传播延迟。

根据三要素法，

$$u_{o1}(0^+) = U_S, \quad u_{o1}(\infty) \approx 0, \quad \tau_{discharge} = \frac{R_L R_{ON}}{R_L + R_{ON}} C_{GS2} \approx R_{ON} C_{GS2}$$

求这段时间内的电容 C_{GS2} 上的电压 u_{o1} 为

$$u_{o1}(t) \approx U_S e^{-\frac{t}{\tau_{discharge}}}$$

令 $u_{o1}(t) = U_{oL}$，可以求出 $t_{pd,0\to1}$ 为

$$t_{pd,0\to1} = \tau_{discharge}(\ln U_S - \ln U_{oL}) \tag{5.4.13}$$

接着分析 u_{i1} 从 1 向 0 跳变时的情形。u_{i1} 从 1 向 0 跳变，反相器 A 中的 MOSFET 关断。仍然着重分析虚线框里的那一部分电路。在反相器 A 中的 MOSFET 关断的那一瞬间，电容 C_{GS2} 上的电压几乎为 0，此时 U_S 通过 R_L 对 C_{GS2} 充电，其上电压即反相器 A 的输出电压 u_{o1} 上升，充电等效电路如图 5.4.10(b)所示。当这个电压上升超过有效的逻辑输出高阈值 U_{oH} 时，u_{o1} 变成逻辑 1，反相器 B 中的 MOSFET 才导通。电路转变为图 5.4.9(a)。电容电压从最小值充电至 U_{oH} 的这一段时间就称为输入从高到低转变时反相器的传播延迟，记为 $t_{pd,1\to0}$。

根据三要素法，

$$u_{o1}(0^+) \approx 0, \quad u_{o1}(\infty) = U_S, \quad \tau_{charge} = R_L C_{GS2}$$

求这段时间内的电容 C_{GS2} 上的电压 u_{o1} 为

$$u_{o1}(t) \approx U_S(1 - e^{-\frac{t}{\tau_{charge}}})$$

令 $u_{o1}(t) = U_{oH}$，可以求出 $t_{pd,1\to0}$ 为

$$t_{pd,1\to0} = \tau_{charge}(\ln U_S - \ln(U_S - U_{oH})) \tag{5.4.14}$$

由式(5.4.13)和式(5.4.14)可以看出：一般来说，一个数字门的 $t_{pd,0\to1}$ 和 $t_{pd,1\to0}$ 是不相等的。通常情况下放电要比充电快。

如果知道了 MOSFET 的各个参数，如 U_{oL}、U_{oH}、R_{ON}、C_{GS} 以及与之联接的外电路的有关参数，就可以很容易地确定它的传播延迟。

例 5.4.1 的分析表明，由于 MOSFET 反相器寄生电容的存在，可能影响电路的正常工作。由于电容的充放电过程导致了传输信号延迟，因而限制了数字系统的工作速度。为了提高反相器的工作速度，必须尽可能减小 C_{GS} 的影响或更换新型高速器件。在 6.3 节中还将讨论正弦稳态工作情况下 MOSFET 的分布电容对放大器产生的不利影响，请读者注意对比。

虽然电路中的动态元件(如电容)可能对电路的工作性能产生一些不利影响，然而也应该看到事物的另一方面，而且也是更重要的方面。在电气工程和信息科学领域的许多实际问题中，广泛应用动态元件实现特定的信号处理功能，下面举例说明。

例 5.4.2 *RC 微分电路与积分电路*

电路如图 5.4.11 所示。电源电压 $u_S = U$，电容无初始储能，$t = 0$ 时闭合开关 S，换路

前电路已经到达稳态。求输出电压 u_o。

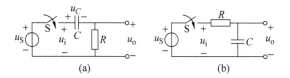

图 5.4.11　例 5.4.2 用图

解　利用三要素法求解。对于图 5.4.11(a),有

$$u_C(0^+) = 0, \quad u_C(\infty) = U, \qquad \tau = RC$$
$$u_C(t) = U(1 - e^{-t/\tau}) \qquad\qquad t \geqslant 0$$
$$u_o(t) = u_i(t) - u_C(t) = U e^{-t/\tau} \quad t \geqslant 0$$

输入 u_i 和输出 u_o 的波形如图 5.4.12 所示。

从图 5.4.12 可以非常直观地看出：在输入发生剧烈变化时,有大的输出；在输入不变时,输出为零。这里显然隐含着微分的概念,这种理解也可以从描述电路的微分方程得到。

描述图 5.4.11(a)所示电路的微分方程为

$$RC \frac{\mathrm{d}u_C}{\mathrm{d}t} + u_C = u_i$$

当 $RC \ll 1$ 时,$u_C \approx u_i$,因此

$$u_o = RC \frac{\mathrm{d}u_C}{\mathrm{d}t} \approx RC \frac{\mathrm{d}u_i}{\mathrm{d}t}$$

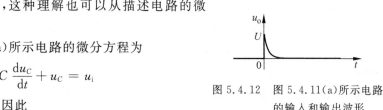

图 5.4.12　图 5.4.11(a)所示电路
的输入和输出波形

输出是输入的近似微分。因此,图 5.4.11(a)所示电路是一个近似微分电路。这种电路在信号处理领域应用广泛。如果要从信号中提取它的突变部分(略去稳定部分),就可以利用微分运算。例如在图形处理技术中,借助微分电路可以勾画出物体的边缘轮廓。

对于图 5.4.11(b)所示电路,有

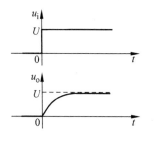

$$u_o(0^+) = 0, \quad u_o(\infty) = U, \quad \tau = RC$$
$$u_o(t) = U(1 - e^{-t/\tau}) \quad t \geqslant 0$$

输入 u_i 和输出 u_o 的波形如图 5.4.13 所示。

同样从图 5.4.13 可以看出：如果电路的时间常数足够大,那么在换路后一小段时间内,输出电压近似为输入电压的积分。这一点也可以从描述电路的微分方程得到。

图 5.4.13　图 5.4.11(b)所示电路
的输入和输出波形

图 5.4.11(b)所示电路的微分方程为

$$RC\frac{\mathrm{d}u_C}{\mathrm{d}t}+u_C=u_\mathrm{i}$$

当 $RC\gg1$ 时，$u_\mathrm{i}\approx RC\dfrac{\mathrm{d}u_C}{\mathrm{d}t}$，有

$$u_\mathrm{o}=u_C\approx\frac{1}{RC}\int u_\mathrm{i}\mathrm{d}t$$

输出是输入的近似积分。因此，图 5.4.11(b) 所示电路是一个近似积分电路。信号经积分运算后其效果与前述微分运算相反，波形的突变部分可以变得平滑。利用这一作用可以削弱信号中混入的"毛刺"(噪声)干扰，如图 5.4.14 所示。

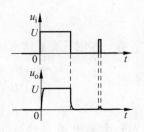

图 5.4.14 中，待传输信号是输入信号 u_i 左边的矩形脉冲，而右边的干扰信号(小毛刺)是传输过程中混入的噪声。适当选择 RC 积分电路的时间常数，就可以将干扰基本消除。从图 5.4.14 中可以看到，虽然输出信号略有失真(上升、下降时间延迟)，但大体上保持不变，在允许失真的条件

图 5.4.14　利用积分电路去除小"毛刺"

下，去除了干扰毛刺。积分电路更重要的实际应用将在稍后说明。

图 5.4.11 所示电路只能实现近似微分和近似积分。在许多实际问题中，希望尽量减小近似误差，提高电路性能，得到更加接近理想的积分和微分电路。为此可以借助运算放大器来解决这个问题。

例 5.4.3　理想积分电路和理想微分电路

图 5.4.15 所示电路为由理想运算放大器构成的微分电路和积分电路。求输出电压 u_o 与输入电压 u_i 的关系。

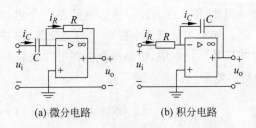

(a) 微分电路　　　　　(b) 积分电路

图 5.4.15　理想微分和理想积分电路

解　根据理想运算放大器的虚断、虚短特性，图 5.4.15(a) 中有

$$i_C=C\frac{\mathrm{d}u_\mathrm{i}}{\mathrm{d}t},\quad i_R=-\frac{u_\mathrm{o}}{R}$$

因为 $i_C=i_R$，得

$$C\frac{du_i}{dt} = -\frac{u_o}{R}$$

$$u_o = -RC\frac{du_i}{dt}$$

输出电压 u_o 与输入电压 u_i 的导数成正比,此电路称为微分电路。

对于图 5.4.15(b),有

$$i_C = -C\frac{du_o}{dt}, \quad i_R = \frac{u_i}{R}$$

因为 $i_C = i_R$,得

$$-C\frac{du_o}{dt} = \frac{u_i}{R}$$

$$u_o = -\frac{1}{RC}\int u_i dt$$

输出电压 u_o 与输入电压 u_i 的积分成正比,该电路称为积分电路。

积分电路的应用领域相当广泛,最常见的是利用它产生直线斜升波形。若图 5.4.15(b)所示电路的输入信号为矩形波 u_i,经积分运算后就可以得到输出为斜升信号 u_o,如图 5.4.16所示。这种锯齿状波形在电子线路中具有广泛应用,通常在电视系统中的扫描电路以及各种电子仪器(如示波器、数字电压表等)都需要产生各种类型的锯齿波。当然,由于各类实际系统的不同功能要求,具体实现的电路与图 5.4.15(b)会有差异,但它们的基本原理都是对矩形波进行积分。

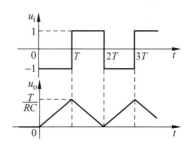

图 5.4.16　利用积分电路产生直线斜升信号

至此,读者会考虑到,如果将矩形脉冲加到近于理想的微分电路输入端,会得到什么样的输出波形呢? 5.7 节将引入的“冲激函数”的概念即可解决这一问题。

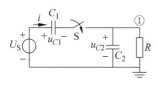

图 5.4.17　例 5.4.4 图

例 5.4.4　图 5.4.17 所示电路中,已知 $u_{C1}(0^-) = U_1$,$u_{C2}(0^-) = 0$,开关 S 在 $t=0$ 时闭合。求开关 S 闭合以后电容 C_1 和电容 C_2 上的电压。

解　这个电路中虽然有两个电容,但它仍是一个一阶电路。由于电路的阶次与外加激励是无关的,因此在开关闭合以后,判断电路阶次时可以将电压源置零即短路,那么电容 C_1、C_2 并联,两个电容上的电压要满足 KVL,即它们的状态是不独立的,因此这是一个一阶电路。当然可以用三要素法求解。

换路前瞬间,两个电容上的电压分别为

$$u_{C1}(0^-) = U_1, \quad u_{C2}(0^-) = 0$$

换路后瞬间，根据 KVL，有

$$u_{C1}(0^+) + u_{C2}(0^+) = U_s \tag{5.4.15}$$

在发生换路瞬间，①节点无电荷注入，节点电荷守恒，两个电容上的电荷要重新分配。根据电荷守恒定律有

$$-C_1 u_{C1}(0^-) + C_2 u_{C2}(0^-) = -C_1 u_{C1}(0^+) + C_2 u_{C2}(0^+) \tag{5.4.16}$$

由式(5.4.15)、式(5.4.16)以及已知条件，解得

$$u_{C1}(0^+) = \frac{C_2 U_s + C_1 U_1}{C_1 + C_2}, \quad u_{C2}(0^+) = \frac{C_1 U_s - C_1 U_1}{C_1 + C_2}$$

电路换路后到达稳态时有

$$u_{C1}(\infty) = U_s, \quad u_{C2}(\infty) = 0$$

换路后电路的时间常数为

$$\tau = (C_1 + C_2)R$$

因此，两个电容的电压分别为

$$u_{C1}(t) = U_s - \frac{C_1(U_s - U_1)}{C_1 + C_2} e^{-\frac{t}{\tau}} \quad t > 0$$

$$u_{C2}(t) = \frac{C_1(U_s - U_1)}{C_2 + C_1} e^{-\frac{t}{\tau}} \quad\quad t > 0$$

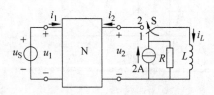

图 5.4.18　例 5.4.5 图

例 5.4.5　图 5.4.18 所示电路中，已知纯电阻二端口网络 N 的传输参数 $\boldsymbol{T} = \begin{bmatrix} 3 & 4\Omega \\ 2S & 3 \end{bmatrix}$，电压源 $u_s = 5V$，$L = 0.25H$，$t = 0$ 时将开关 S 由 1 扳向 2，求电感电流 $i_L(t)(t \geqslant 0)$。

解　根据题中给出的二端口网络 N 的 $\boldsymbol{T}$ 参数，可以写出它的传输参数方程为

$$\left. \begin{aligned} u_1 &= 3u_2 - 4i_2 \\ i_1 &= 2u_2 - 3i_2 \end{aligned} \right\}$$

其中，$u_1 = u_s = 5V$，$i_2 = -i_L$。

当 $i_2 = 0$ 时，求得开路电压 $u_{2oc} = u_2 = \frac{1}{3} u_1 = 1.67V$。当 $u_2 = 0$ 时，求得短路电流 $i_{2sc} = -\frac{1}{4} u_1 = -1.25A$。因此，戴维南等效内阻 $R_{eq} = \frac{u_{2oc}}{-i_{2sc}} = 1.33\Omega$。

图 5.4.18 所示电路的戴维南等效电路如图 5.4.19 所示。由三要素法，

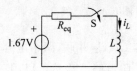

图 5.4.19　图 5.4.18 的等效电路

$$i_L(0^+) = i_L(0^-) = 2\text{A}, \quad i_L(\infty) = \frac{u_{oc}}{R_{eq}} = 1.25\text{A}, \quad \tau = \frac{L}{R_{eq}} = 0.1875\text{s}$$

$$i_L(t) = i_L(\infty) + [i_L(0^+) - i_L(\infty)]\text{e}^{-\frac{t}{\tau}} = 1.25 + 0.75\text{e}^{-5.33t}(\text{A}) \quad t \geqslant 0$$

本题还可以有其他解法。分析二端口的传输参数可以发现:这是一个互易二端口,也可由已知的传输参数求出二端口网络的 T 形(或 Π 形)等效电路,然后按一阶 RL 电路的三要素法求解,具体过程不再赘述。

5.4.3 几个应用实例

本小节将介绍几个实际电力或电子系统中的电路。这些电路在某些工作状态下可以看作一阶动态电路,可以用三要素法对其进行分析,随后进一步解释这些电路所具有的特性和功能。

例 5.4.6 脉冲序列作用下的 RC 电路。脉冲序列是电子电路中很常见的一种信号。当信号频率很高时,电子电路中的各种杂散电容就不容忽视。因此,讨论脉冲序列作用下的 RC 电路对分析实际电子电路的性能有重要意义。图 5.4.20(a)所示脉冲序列作用于图 5.4.20(b)所示 RC 电路,电容将处于不断的充电和放电过程中。下面分析电容电压 u_C 随时间变化的规律。

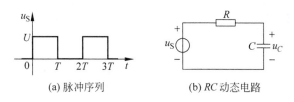

(a) 脉冲序列　　　　　(b) RC 动态电路

图 5.4.20　例 5.4.6 题图

设脉冲序列信号的周期为 $2T$(这样假设主要是为了下面分析时列写表达式更为简便)。当电源电压 $u_S = U$ 时,电容处于充电状态;而当 $u_S = 0$ 时,电容则处于放电状态。电路的时间常数 $\tau = RC$ 对电路的表现有着重要的影响。下面分两种情况分别加以讨论。

(1) $T \gg \tau$

在这种情况下,可以认为在电源电压发生跳变时,电路中由上一次电压跳变引起的过渡过程(无论是充电还是放电)已经结束,电路到达稳态。电容电压随时间变化的曲线如图 5.4.21 所示。

(2) $T < \tau$ 或 T 与 τ 大致相当

为了讨论方便,这里假设 $T = \tau$。在 $0 \sim T$ 时间内,电容充电,电容电压从零开始上升。到 $t = T$ 时,由于 $T = \tau$,电路还没有到达稳态,输入电压就变为 0,电容转

图 5.4.21　$T \gg \tau$ 时电容电压的波形

而放电。同样,到 $t=2T$ 时,电容放电也未到达稳态,输入电压又变为 U_S,电容再次转为充电。图 5.4.22 给出了用 EWB 仿真得到的电容电压的波形。参数选择如下:$U=100V$,$T=0.005s$,$C=20\mu F$,$R=1000\Omega$。

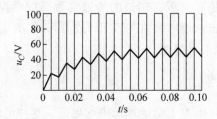

图 5.4.22　$T=\tau$ 情况下脉冲序列和电容电压的波形

　　从图 5.4.22 中可以看出:在最初的几个周期内,每次充电开始时的电容电压不断升高,经过一段时间以后,每一个周期开始时电容充电的起始值等于该周期结束时电容放电的终值,电容电压进入了一个周期性变化的稳态过程。在实际问题中,一般更感兴趣的就是这个稳态的运行情况。

　　设稳态时电容每个周期的充电起始值(即放电终值)为 U_1,充电终值(即放电起始值)为 U_2,根据三要素法可以分别写出电容电压在充电和放电过程中的表达式。为了计算方便,不妨将稳态的计时起点设为 0。

充电过程中:

$$u_C(0) = U_1, \quad u_C(\infty) = U, \quad \tau = RC$$

$$u_C(t) = U + (U_1 - U)e^{-t/\tau}$$

当 $t=T$ 时,有 $u_C(T)=U_2$,即

$$U_2 = U + (U_1 - U)e^{-T/\tau} \tag{5.4.17}$$

放电过程中:

$$u_C(T^+) = U_2, \quad u_C(\infty) = 0, \quad \tau = RC$$

$$u_C(t) = U_2 e^{-(t-T)/\tau}$$

当 $t=2T$ 时,有 $u_C(2T)=U_1$,即

$$U_1 = U_2 e^{-T/\tau} \tag{5.4.18}$$

由式(5.4.17)和式(5.4.18)解得

$$U_1 = \frac{U e^{-T/\tau}}{1 + e^{-T/\tau}}, \quad U_2 = \frac{U}{1 + e^{-T/\tau}}$$

有了 U_1 和 U_2 的值,不难写出进入稳态后电容电压的表达式。

　　例 5.4.7　脉冲序列发生器。产生脉冲序列有很多种方法,图 5.4.23 所示电路就是一个简单的脉冲序列发生器。图 5.4.23 所示电路是一个正反馈运放电路(这在后续的电

子线路课程中还将详细介绍),因此它的输出只能为 U_{sat} 或 $-U_{\mathrm{sat}}$,U_{sat} 是运放的饱和电压。设电容的初始状态为零,即 $u_C(0^-)=0$。实际电路中噪声无处不在,假设某个小扰动导致输出电压 $u_{\mathrm{o}}=-U_{\mathrm{sat}}$(此时运放同相输入端电位为 $-0.5U_{\mathrm{sat}}$),电容开始充电。充电时的电路模型如图 5.4.24 所示。

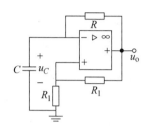

图 5.4.23　脉冲序列发生器电路

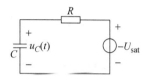

图 5.4.24　电容充电的电路模型

利用三要素法,
$$u_C(0^+) = 0, \quad u_C(\infty) = -U_{\mathrm{sat}}, \quad \tau = RC$$
求得电容电压为
$$u_C(t) = -U_{\mathrm{sat}}(1 - e^{-t/\tau})$$

电容电压按指数规律下降,当 $u_C = -0.5U_{\mathrm{sat}}$ 时,输出发生跳变,$u_{\mathrm{o}} = U_{\mathrm{sat}}$(此时运放同相输入端电位为 $0.5U_{\mathrm{sat}}$)。电路相当于发生了换路,换路后的电路模型如图 5.4.25 所示。

仍然利用三要素法,
$$u_C(0^+) = -0.5U_{\mathrm{sat}}, \quad u_C(\infty) = U_{\mathrm{sat}}, \quad \tau = RC$$
求得电容电压为

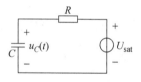

图 5.4.25　输出发生跳变后的电路模型

$$u_C(t) = U_{\mathrm{sat}} + (-0.5U_{\mathrm{sat}} - U_{\mathrm{sat}})e^{-t/\tau} \tag{5.4.19}$$

电容电压按指数规律上升,当 $u_C = 0.5U_{\mathrm{sat}}$ 时,输出发生跳变,$u_{\mathrm{o}} = -U_{\mathrm{sat}}$。电路模型重新回到图 5.4.24,只不过此时电容的初值 $u_C(0^+) = 0.5U_{\mathrm{sat}}$。此时电路进入稳态,即电容电压发生周期性变化。

进入稳态后,根据三要素法,
$$u_C(0^+) = 0.5U_{\mathrm{sat}}, \quad u_C(\infty) = -U_{\mathrm{sat}}, \quad \tau = RC$$
电容电压下降时的变化规律为
$$u_C(t) = -U_{\mathrm{sat}} + (0.5U_{\mathrm{sat}} + U_{\mathrm{sat}})e^{-t/\tau} \tag{5.4.20}$$
电容电压上升时的变化规律仍然如式(5.4.19)所示。

图 5.4.26 是用 EWB 对图 5.4.23 所示电路进行仿真得到的电容电压和输出电压波形。参数选择为:$R = 1\mathrm{k}\Omega$,$C = 1\mu\mathrm{F}$。图中从 0 至方波产生的过程是电路正反馈导致运

放输出为饱和电压的过程,不是本书关注的重点。

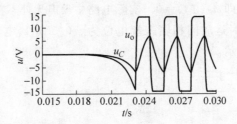

图 5.4.26　脉冲序列发生器的仿真结果

根据式(5.4.20),可以求出产生的脉冲序列的周期:

$$u_C(t)\mid_{t=0.5T} = -U_{sat} + (0.5U_{sat} + U_{sat})e^{-0.5T/\tau} = -0.5U_{sat}$$

$$T = 2RC\ln 3$$

根据式(5.4.19)可以求出同样的结果。用图 5.4.23 所示电路产生的脉冲序列的占空比为 50%。请读者思考如何改变脉冲序列的占空比。

例 5.4.8　示波器探头补偿。示波器探头不仅仅是把待测信号引入示波器输入端的一段导线,而且是测量系统的重要组成部分。探头有很多种类型,以适应各种不同的专门工作的需要。其中一类称为有源探头,探头内包含有源电子元件,具有放大能力;不含有源元件的探头称为无源探头,其中只包含无源元件如电阻和电容。这种探头通常对输入信号进行衰减。下面讨论无源探头的工作原理。

为了有效抑制外界干扰信号,示波器探头通过屏蔽电缆与示波器输入端联接,图 5.4.27 是示波器探头的结构示意图。

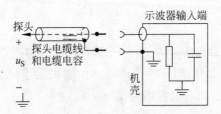

图 5.4.27　示波器探头的结构示意图

当被测信号频率很高时,图 5.4.27 中与探头相连的屏蔽电缆的电容就不容忽略,探头的容性负载效应就非常明显,有可能导致探头在高频下无法使用。为此,可以在探头中增加一个和示波器输入端电路模型相串联的 RC 并联电路,以减小探头的容性负载效应,如图 5.4.28 所示。为了简化电路,将探头电缆的电容与示波器输入电路模型中的电容合并,用 C_i 表示。

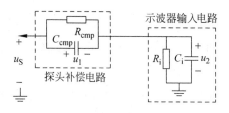

图 5.4.28　可以减小容性负载效应的示波器探头电路模型

从图 5.4.28 中可以看出：此时被测信号并没有完全加到示波器的输入端，因为此时电路中已经引入了一个分压器，因此称为衰减式探头。若示波器的标准输入电阻 R_i 为 1MΩ，串联电阻 R_{cmp} 为 9MΩ，这就是一个 10∶1 的衰减探头。R_{cmp} 和 C_{cmp} 分别为补偿电阻和补偿电容[①]。

下面讨论探头中串联的 RC 并联电路参数对测量结果的影响，假设测量的是一脉冲序列，如图 5.4.29 所示。

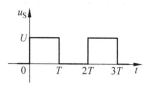

图 5.4.29　待测的脉冲序列信号

类似于例 5.4.4 的分析，图 5.4.28 所示电路仍然是一个一阶电路。用三要素法分析示波器中可能得到的波形。

电路的时间常数为

$$\tau = \frac{R_i R_{cmp}}{R_i + R_{cmp}}(C_i + C_{cmp})$$

假设 $\tau \ll T$，图 5.4.28 所示电路在 $t=0^-$ 时刻有

$$u_1(0^-) = 0, \quad u_2(0^-) = 0$$

信号源在 $t=0^+$ 时刻跳变到电压 U，根据 KVL，有

$$u_1(0^+) + u_2(0^+) = U \tag{5.4.21}$$

在输入发生跳变的瞬间，两个电容上的电荷要重新分配，电容电压也要发生跳变。在这过程中遵循电荷守恒规律，即

$$-C_{cmp}u_1(0^+) + C_i u_2(0^+) = -C_{cmp}u_1(0^-) + C_i u_2(0^-) = 0 \tag{5.4.22}$$

由式(5.4.21)、式(5.4.22)解得

$$u_1(0^+) = \frac{C_i}{C_{cmp} + C_i}U, \quad u_2(0^+) = \frac{C_{cmp}}{C_{cmp} + C_i}U$$

电路换路后到达稳态后电容开路，根据电阻分压关系得到

$$u_1(\infty) = \frac{R_{cmp}}{R_{cmp} + R_i}U, \quad u_2(\infty) = \frac{R_i}{R_{cmp} + R_i}U$$

因此，$0 < t < T$ 时两个电容的电压分别为

$$u_1(t) = \frac{R_{cmp}}{R_{cmp} + R_i}U + \left(\frac{C_i}{C_{cmp} + C_i} - \frac{R_{cmp}}{R_{cmp} + R_i}\right)U e^{-\frac{t}{\tau}}$$

①　如果没有补偿电容，请读者分析若用这种探头测量脉冲序列将会得到怎样的结果。

$$u_2(t) = \frac{R_i}{R_{cmp} + R_i}U + \left(\frac{C_{cmp}}{C_{cmp} + C_i} - \frac{R_i}{R_{cmp} + R_i}\right)Ue^{-\frac{t}{\tau}}$$

$t = T$、$2T$……信号源发生跳变时,电路中产生的过渡过程,读者可进行类似分析,此处不再赘述。示波器显示的波形就是电压。

当 $\frac{C_{cmp}}{C_{cmp} + C_i} > \frac{R_i}{R_{cmp} + R_i}$ 即 $R_{cmp}C_{cmp} > R_iC_i$ 时,示波器中的波形如图 5.4.30(a) 所示。这种情况称为过补偿。

当 $\frac{C_{cmp}}{C_{cmp} + C_i} < \frac{R_i}{R_{cmp} + R_i}$ 即 $R_{cmp}C_{cmp} < R_iC_i$ 时,示波器中的波形如图 5.4.30(b) 所示。这种情况称为欠补偿。

当 $\frac{C_{cmp}}{C_{cmp} + C_i} = \frac{R_i}{R_{cmp} + R_i}$ 即 $R_{cmp}C_{cmp} = R_iC_i$ 时,电路中没有过渡过程,示波器显示的波形如图 5.4.30(c) 所示。这正是我们期望的波形,只需乘以衰减系数就是被测信号的值。

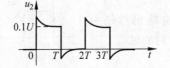
(a) 探头过补偿时示波器中显示的波形

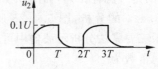
(b) 探头欠补偿时示波器中显示的波形

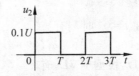
(c) 探头正确补偿时示波器中显示的波形

图 5.4.30　探头的补偿对测量结果的影响

在被测信号频率很高时,如果不能满足 $\tau \ll T$,那么探头过补偿或欠补偿带来的测量误差会更大,测出的波形幅值可能根本不对。因此在使用衰减式探头时,先要确认探头的补偿情况。

下面是几个典型的 RL 和 RC 电路,电路中含有非线性元件(MOSFET 或二极管)。为了简化分析过程,对非线性器件进行分段线性处理。

例 5.4.9　降压斩波器。将一个固定的直流电压变换成可变的直流电压称为 DC/DC 变换,由于 DC/DC 变换常通过对一直流电源供电的电路进行通断的控制来完成的,因此亦称直流斩波(chopper)。

图 5.4.31(a)是最基本的斩波器电路图,负载为纯电阻。当 MOSFET 导通时,直流电压就加到负载 R 上,输出电压 u_o 为 u_S;当 MOSFET 断开时,输出电压为零。输出的电压和电流波形如图 5.4.31(b)所示。

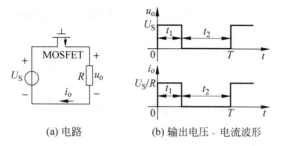

(a) 电路　　　　　　　　(b) 输出电压、电流波形

图 5.4.31　基本的降压斩波器电路及其输出电压、电流波形

设 MOSFET 导通持续时间为 t_1,关断持续时间为 t_2,则斩波器的工作周期 $T = t_1 + t_2$。输出电压平均值为

$$U_{\mathrm{o\,av}} = \frac{1}{T}\int_0^{t_1} u_{\mathrm{o}}\mathrm{d}t = \frac{t_1}{T}U_{\mathrm{S}} = kU_{\mathrm{S}}$$

其中,$k = \dfrac{t_1}{T}$ 称为斩波器的输出电压波形的占空比。输出电压的有效值为

$$U_{\mathrm{o\,rms}} = \sqrt{\frac{1}{T}\int_0^{t_1} u_{\mathrm{o}}^2\mathrm{d}t} = \sqrt{k}\,U_{\mathrm{S}}$$

由图 5.4.31(b)所示波形可以看出,输出电压的脉动很大,这会在负载上产生很大的谐波。为了平滑输出电压的脉动,可以对图 5.4.31(a)所示电路做一点改进,如图 5.4.32 所示。

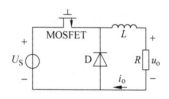

图 5.4.32　改进后的降压斩波器电路

当 MOSFET 导通时,二极管 D 处于反向截止状态,电感中的电流从零开始逐渐上升,电感充电;当 MOSFET 关断时,由于电感中的电流不能突变,电流不会像图 5.4.31(b)所示的那样立刻变为零,而是通过二极管 D 续流,电阻 R 不断消耗能量,电流减小,电感放电。充电和放电回路如图 5.4.33(a)、(b)所示。

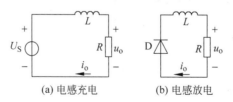

(a) 电感充电　　　　　　(b) 电感放电

图 5.4.33　改进后的降压斩波器在不同时段的等效电路

下面分两种情况讨论。

(1) $t_1 \gg \dfrac{L}{R}$,$t_2 \gg \dfrac{L}{R}$

$\dfrac{L}{R} = \tau$ 是电感充电和放电的时间常数,上述条件表明 MOSFET 导通和关断的持续时

间都远远大于电路的时间常数,电路会很快到达新的稳态。输出电压表达式如下:

$$u_{o} = U_{S}(1 - e^{-\frac{t}{\tau}}) \quad 0 < t \leqslant t_1$$

$$u_{o} = U_{S}e^{-\frac{(t-t_1)}{\tau}} \qquad t_1 < t \leqslant T$$

波形如图 5.4.34 所示。

由图 5.4.34 可以看出:这种参数选择显然没有达到平滑输出的目的。

(2) $t_1 < \dfrac{L}{R}$, $t_2 < \dfrac{L}{R}$, 且 $t_1 > t_2$

此时,由于 MOSFET 导通和关断的持续时间小于充电和放电回路的时间常数或与时间常数相当,因此在 MOSFET 导通和关断的持续时间内输出电压都不能达到新的稳态。但经过足够多的充、放电周期后,电路会到达一个周期性变化的稳定状态。每一个周期开始时,电感充电的起始值等于该周期结束时电感放电的终止值,表现在输出电压上就是输出电压的最大值和最小值保持不变,波形如图 5.4.35 所示。

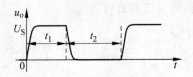

图 5.4.34　$t_1 \gg \dfrac{L}{R}$, $t_2 \gg \dfrac{L}{R}$ 时的
输出电压波形

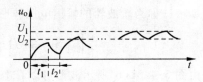

图 5.4.35　$t_1 < \dfrac{L}{R}$, $t_2 < \dfrac{L}{R}$, 且 $t_1 > t_2$ 时的
输出电压波形

其中,U_1 为稳态时每个周期输出电压的最大值,U_2 为输出电压的最小值。根据三要素法,可以分别写出稳态时电感在充电和放电过程中输出电压的表达式。为了计算方便,将稳态的计时起点设为 0。

MOSFET 导通、电感充电期间,输出电压为

$$u_{o} = U_{S} + (U_2 - U_{S})e^{-\frac{t}{\tau}}$$

MOSFET 关断、电感放电期间时,输出电压为

$$u_{o} = U_1 e^{-\frac{(t-t_1)}{\tau}}$$

在充电结束即 $t = t_1$ 时,有

$$U_{S} + (U_2 - U_{S})e^{\frac{-t_1}{\tau}} = U_1 \tag{5.4.23}$$

在放电结束即 $t = t_1 + t_2$ 时,有

$$U_1 e^{\frac{-t_2}{\tau}} = U_2 \tag{5.4.24}$$

求解式(5.4.23)、式(5.4.24),得

$$U_1 = \frac{U_{S}(1 - e^{-t_1/\tau})}{1 - e^{-T/\tau}}, \quad U_2 = \frac{U_{S}(1 - e^{-t_1/\tau})}{e^{t_2/\tau} - e^{-t_1/\tau}}$$

无论从输出电压的计算结果还是波形都可以看出：输出电压的脉动大大减小了。

　　例 5.4.10　电容滤波的不控整流电路。

　　将交流变换为直流称为整流。图 5.4.36(a)是由二极管组成的不控全波整流电路。设电路中的二极管都是理想器件，即正向导通时其压降为零，反向截止时其电阻无穷大。

　　图 5.4.36(a)所示整流电路中 4 个二极管，只有两种可能的导通模式：当 $u_i > 0$ 时，D_1 和 D_4 导通，D_2 和 D_3 截止；当 $u_i < 0$ 时，D_2 和 D_3 导通，D_1 和 D_4 截止。无论是哪两个二极管导通，输出电压 u_o 的极性不变，在图示参考方向下都是上正下负。输入、输出电压波形如图 5.4.36(b)所示。

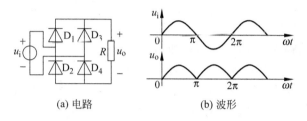

(a) 电路　　　　　　　　(b) 波形

图 5.4.36　全波整流电路及电压波形

　　从图 5.4.36(b)可以看出，电压波动很大，或者说电压中含有很大的谐波成分。为了得到更加平滑的直流输出电压，可以在输出端并联一个大电容，如图 5.4.37 所示。当电容电压被充电至某个值后，输出电压进入周期性稳态，下面着重讨论这种情况。EWB 仿真得到输出电压波形如图 5.4.38 所示。

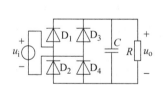

图 5.4.37　增加了电容滤波支路的
全波整流电路

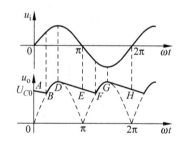

图 5.4.38　图 5.4.37 的输入输出波形

　　(1) $u_i > 0$ 时，电路模型如图 5.4.39 所示。

　　设电容电压初始时被充电至 U_{C0}，当输入电压从 0 开始逐渐上升时，若 $u_i < u_{C0}$，D_1 和 D_4 截止，即图 5.4.38 中 AB 段，电容通过负载电阻放电，电容上的电压逐渐降低。当 $u_i = u_C$ 时，D_1 和 D_4 导通，此后输入电压对电容充电，直

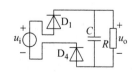

图 5.4.39　$u_i > 0$ 时的电路模型

至到达输入电压的最大值,即图5.4.38中BD段。当u_i从最大值开始下降时,由于电容值很大,电容与负载电阻形成的放电回路的时间常数RC很大,因此电容电压下降要比输入电压下降得慢,D_1和D_4又被截止,此时输出电压就是电容上的电压,按指数规律下降,即图5.4.38中DE段。由于放电回路的时间常数很大,远远大于输入电压的周期,因此输出电压近似直线下降。

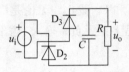

图5.4.40　$u_i < 0$时的电路模型

(2) $u_i < 0$时,电路模型如图5.4.40所示。

设电容电压初始值为U_{C0},当输入电压从0开始逐渐下降时,若$|u_i| < u_{C0}$,D_2和D_3截止,电容继续通过负载电阻放电,电容上的电压逐渐降低,即图5.4.38中EF段。当$|u_i| = u_C$时,D_2和D_3导通,此后输入电压对电容充电,直至到达输入电压的最大值,即图5.4.38中FG段。当u_i从负最大值开始上升时,由于电容与负载电阻形成的放电回路的时间常数RC很大,因此电容电压下降要比输入电压的绝对值下降得慢,D_2和D_3又被截止,输出电压即电容上的电压近似直线下降,即图5.4.38中GH段。至此,输入电压的一个周期结束,一个周期结束时的电容电压值等于该周期开始时的电容电压值。

比较图5.4.38和图5.4.36(b)可以看出,输出电压中的交流成分明显减少了,只要电容值足够大,输出电压就会近似为一个数值等于输入电压最大值的直流电压。

在实际的降压斩波器电路中,为了使输出电压的波动进一步减小,也常在负载两端并联一个大电容。

5.5　二阶动态电路

用二阶常微分方程描述的电路称为二阶动态电路,简称为二阶电路(second-order circuit)。二阶动态电路中可能含有两个动态性能不同的储能元件,也有可能含有两个动态性能相同的相互独立的储能元件。

二阶电路的经典解法与一阶电路基本相同。下面以一个数值例子来介绍求解二阶电路的经典方法。

5.5.1　二阶动态电路的经典解法

图5.5.1是一个RLC串联电路,在$t=0$时闭合开关。假设电容电压的初始值$u_C(0^-)=10V$,电感电流的初始值$i_L(0^-)=0$。$L=1H$,$C=0.25F$,分别求(1)$R=5\Omega$,(2)$R=4\Omega$,(3)$R=1\Omega$和(4)$R=0$时电路中的响应$u_C(t)$。

首先建立描述电路的微分方程。根据KVL,有

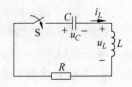

图5.5.1　RLC串联电路

$$u_C + u_L + Ri_L = 0$$

将 $i_L = C \dfrac{\mathrm{d}u_C}{\mathrm{d}t}$，$u_L = L \dfrac{\mathrm{d}i_L}{\mathrm{d}t}$ 代入上式，整理得

$$LC \frac{\mathrm{d}^2 u_C}{\mathrm{d}t^2} + RC \frac{\mathrm{d}u_C}{\mathrm{d}t} + u_C = 0 \tag{5.5.1}$$

这是一个二阶线性齐次常微分方程，特解为零，电路没有强制响应。电路的自由响应即是全响应。

式(5.5.1)的特征方程是

$$LCp^2 + RCp + 1 = 0$$

求出其特征根为

$$p_{1,2} = -\frac{R}{2L} \pm \sqrt{\left(\frac{R}{2L}\right)^2 - \frac{1}{LC}}$$

上式表明：特征根仅与电路的参数和结构有关，而与激励和初始储能无关。电路中 R、L、C 参数的不同，特征根会出现不同的情况。

令 $\alpha = \dfrac{R}{2L}$，$\omega_0 = \sqrt{\dfrac{1}{LC}}$，特征根有四种情况：

$$p_{1,2} = -\alpha \pm \sqrt{\alpha^2 - \omega_0^2} = \begin{cases} -\alpha \pm \alpha_\mathrm{d} & \alpha > \omega_0 > 0 \\ -\alpha & \alpha = \omega_0 \\ -\alpha \pm \mathrm{j}\omega_\mathrm{d} & 0 < \alpha < \omega_0 \\ \pm \mathrm{j}\omega_0 & \alpha = 0 \end{cases} \tag{5.5.2}$$

式(5.5.2)中，p_1 取"$\pm$"中的"$+$"号，p_2 取"$-$"号。并且定义

$$\alpha_\mathrm{d} = \sqrt{\alpha^2 - \omega_0^2}, \qquad \omega_\mathrm{d} = \sqrt{\omega_0^2 - \alpha^2}$$

对应特征根的不同形式，齐次微分方程的解即电路的自由响应的表达式如表5.5.1所示。

表 5.5.1　特征根的不同形式对应的自由响应

特征根的形式	自由响应的一般表达式	阻尼性质及自由响应形式
$p_1 = -\alpha + \alpha_\mathrm{d}$，$p_2 = -\alpha - \alpha_\mathrm{d}$ 两个不相等的负实根	$u_{\mathrm{Ch}} = A_1 \mathrm{e}^{p_1 t} + A_2 \mathrm{e}^{p_2 t}$	过阻尼非振荡衰减
$p_1 = p_2 = -\alpha$ 两个相等的负实根	$u_{\mathrm{Ch}} = (A_1 + A_2 t)\mathrm{e}^{p_1 t}$	临界阻尼非振荡衰减
$p_1 = -\alpha + \mathrm{j}\omega_\mathrm{d}$，$p_2 = -\alpha - \mathrm{j}\omega_\mathrm{d}$ 两个共轭复根	$u_{\mathrm{Ch}} = k\mathrm{e}^{-\alpha t}\sin(\omega_\mathrm{d} t + \psi)$	欠阻尼衰减振荡
$p_1 = +\mathrm{j}\omega_0$，$p_2 = -\mathrm{j}\omega_0$ 两个共轭虚根	$u_{\mathrm{Ch}} = k\sin(\omega_0 t + \psi)$	无阻尼无衰减振荡

从式(5.5.2)和表 5.5.1 可以看出：二阶电路微分方程的特征根有可能出现两个共轭复根或共轭虚根的情况,在这两种情况下,电路的自由响应会出现振荡。这是因为在含有电感和电容的二阶电路中,在一定条件下,这两种储能元件之间会发生能量交换。

下面分别讨论图 5.5.1 中 4 种不同的 R 取值对应的电路响应,并对这些响应做物理解释。

(1) $R = 5\Omega$

$$p_1 = -\frac{R}{2L} + \sqrt{\left(\frac{R}{2L}\right)^2 - \frac{1}{LC}} = -1$$

$$p_2 = -\frac{R}{2L} - \sqrt{\left(\frac{R}{2L}\right)^2 - \frac{1}{LC}} = -4$$

电路的特征根是两个不等的负实根,电路处于过阻尼(over-damped)状态。此时,电容电压为

$$u_C = u_{Ch} = A_1 e^{p_1 t} + A_2 e^{p_2 t} \quad t \geqslant 0 \qquad (5.5.3)$$

根据换路定律,有

$$u_C(0^+) = u_C(0^-) = 10$$

$$i_L(0^+) = i_L(0^-) = 0$$

由于 $i = C\dfrac{\mathrm{d}u_C}{\mathrm{d}t}$,因此

$$\left.\frac{\mathrm{d}u_C}{\mathrm{d}t}\right|_{t=0^+} = \frac{i_L(0^+)}{C} = 0$$

将电容电压及其一阶导数的初值代入式(5.5.3),得

$$\left.\begin{aligned} A_1 + A_2 &= 10 \\ -A_1 - 4A_2 &= 0 \end{aligned}\right\}$$

解出积分常数 A_1 和 A_2 分别为

$$\left.\begin{aligned} A_1 &= 13.33 \\ A_2 &= -3.33 \end{aligned}\right\}$$

电容电压为

$$u_C = 13.33 e^{-t} - 3.33 e^{-4t} \text{V} \quad t \geqslant 0$$

电容电压 u_C 随时间变化的曲线如图 5.5.2 所示(由 EWB 仿真得到)。

从图 5.5.2 中可以看出：u_C 一直在衰减,而且 $u_C \geqslant 0$。根据图示的参考方向,表明在整个过渡过程中电容一直在放电。

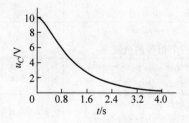

图 5.5.2 过阻尼状态下 u_C 随时间的变化曲线

（2）$R = 4\Omega$

$$p_1 = p_2 = -2$$

电路的特征根是两个相等的负实根，电路处于临界阻尼（critical-damped）状态。此时，电容电压为

$$u_C = u_{Ch} = (A_1 + A_2 t)e^{-2t}$$

将上文求出的电容电压及其一阶导数的初值代入上式，得

$$u_C(0^+) = A_1 = 10 \left. \right\}$$
$$\frac{du_C}{dt}\bigg|_{t=0^+} = -2A_1 + A_2 = 0$$

求出积分常数 A_1 和 A_2，为

$$A_1 = 10, \quad A_2 = 20$$

电容电压为

$$u_C = (10 + 20t)e^{-2t}\text{V} \quad t \geqslant 0$$

电容电压 u_C 随时间变化的曲线如图 5.5.3 所示（由 EWB 仿真得到）。

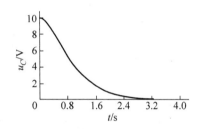

由图 5.5.3 可以看出：电容电压在临界阻尼状态下也是非振荡衰减的，其波形与图 5.5.2 类似。这种过程是振荡与非振荡变化的分界线，也即是过阻尼与欠阻尼的分界线，因而称之为临界阻尼。

图 5.5.3　临界阻尼状态下 u_C 随时间的变化曲线

（3）$R = 1\Omega$

$$p_{1,2} = -\frac{R}{2L} \pm \sqrt{\left(\frac{R}{2L}\right)^2 - \frac{1}{LC}} = -0.5 \pm j0.5\sqrt{15}$$
$$p_1 = -0.5 + j1.94, \quad p_2 = -0.5 - j1.94$$

电路的特征根是两个共轭复根，电路处于欠阻尼（under-damped）状态。此时，电容电压可设为

$$u_C = u_{Ch} = ke^{-\alpha t}\sin(\omega_d t + \psi) \tag{5.5.4}$$

上式中，$\alpha = \dfrac{R}{2L} = 0.5$，表征了响应的衰减速率，称为电路的衰减系数；$\omega_d = \sqrt{\dfrac{1}{LC} - \left(\dfrac{R}{2L}\right)^2} = 1.94$，表征了响应的振荡速率，称为电路的有阻尼衰减振荡角频率；$\omega_0 = \sqrt{\alpha^2 + \omega_d^2} = \sqrt{\dfrac{1}{LC}}$，称为电路的无阻尼振荡角频率。

将电容电压及其一阶导数的初值代入式(5.5.4)，得

$$u_C(0^+) = k\sin\psi = 10 \left. \right\}$$
$$\frac{du_C}{dt}\bigg|_{t=0^+} = -\alpha\sin\psi + \omega_d\cos\psi = 0$$

求出积分常数 k 和 φ,为

$$k = 10.33, \quad \psi = \arctan\left(\frac{\omega_d}{\alpha}\right) = 75.5°$$

电容电压为

$$u_C = 10.33e^{-0.5t}\sin(1.94t + 75.5°)\text{V} \quad t \geqslant 0$$

上式表明:在过渡过程中,电容电压的大小和方向都发生了变化,意味着电容储能发生了变化,它与电路的其他部分发生了能量交换。进一步求出电感电流有助于分析清楚电路在过渡过程中的能量变化情况。电感电流为

$$i_L = C\frac{du_C}{dt} = 0.25 \times \frac{d}{dt}[10.33e^{-0.5t}\sin(1.94t + 75.5°)]$$

$$= -5.17e^{-0.5t}\sin(1.94t)\text{A} \quad t \geqslant 0$$

电容电压 u_C 和电感电流 i_L 随时间变化的曲线如图 5.5.4 所示。

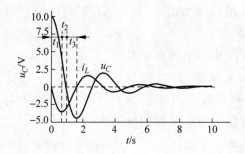

图 5.5.4　欠阻尼状态下 u_C、i_L 随时间的变化曲线

以图 5.5.4 中的半个周期为例,下面说明了电路在过渡过程中的能量变化情况,如表 5.5.2 所示。时间 t_1、t_2 和 t_3 可以由电容电压 u_C 或电感电流 i_L 的表达式求得。令 $\frac{di_L}{dt} = 0$,得

$$\omega_d t_1 = \psi = 75.5°$$

令 $u_C = 0$,得

$$\omega_d(t_1 + t_2) = \pi - \psi = 104.5°$$

令 $i_L = 0$,得

$$\omega_d(t_1 + t_2 + t_3) = 180°$$

根据上述三个等式,可以很容易地求出 t_1、t_2 和 t_3。第二个半周期的情况和第一个半周期类似。如此周而复始,由于电阻不断消耗能量,电容中的电场能和电感中的磁场能不断减少,因此电容电压 u_C 和电感电流 i_L 的振幅不断衰减直到能量消耗完毕,u_C 和 i_L 最终都衰减到零。这种自有响应有振荡的现象在一阶电路中是不可能出现的,因为一阶电路中只有一个独立的储能元件。

表 5.5.2　欠阻尼状态下 *RLC* 电路中电容电压、电感电流和能量的变化

	t_1 时间段	t_2 时间段	t_3 时间段
$|u_C|$	减小	减小	增大
$|i_L|$	增大	减小	减小
电容储能	减少	减少	增加
电感储能	增加	减少	减少
能量转换关系图			

（4）$R=0$

$$p_{1,2} = -\frac{R}{2L} \pm \sqrt{\left(\frac{R}{2L}\right)^2 - \frac{1}{LC}} = \pm\mathrm{j}2$$

$$p_1 = \mathrm{j}2, \quad p_2 = -\mathrm{j}2$$

电路的特征根是两个共轭虚根，电路处于无阻尼状态。

$\alpha = \dfrac{R}{2L} = 0$，衰减指数为零，说明响应在过渡过程中无衰减；$\omega_\mathrm{d} = \omega_0 = \dfrac{1}{\sqrt{LC}} = 2\mathrm{rad/s}$。

设电容电压为

$$u_C = u_{C\mathrm{h}} = k\sin(2t + \psi)$$

将电容电压及其一阶导数的初值代入上式，得

$$\left.\begin{array}{r} u_C(0^+) = k\sin\psi = 10 \\[2mm] \dfrac{\mathrm{d}u_C}{\mathrm{d}t}\bigg|_{t=0^+} = 2\cos\psi = 0 \end{array}\right\}$$

求得积分常数 k 和 ψ，

$$k = 10, \quad \psi = 90°$$

电容电压为

$$u_C = 10\sin(2t + 90°)\mathrm{V} \quad t \geqslant 0$$

电容电压 u_C 随时间变化的曲线如图 5.5.5 所示。

从电容电压 u_C 的表达式及其随时间变化的曲线都可以看出：电容电压是无衰减振荡形式。这是因为电容和电感都不消耗能量，电路在初始时刻储存的能量将在电容和电感之间来回交换。

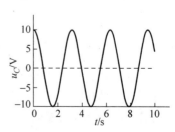

图 5.5.5　无阻尼状态下 u_C 随时间的变化曲线

根据求出的电容电压,利用元件约束和 KCL、KVL,读者可以进一步求出电路中其他变量的响应。

在同样的参数条件下,无论电路处于过阻尼、临界阻尼、欠阻尼或无阻尼中的哪一种工作状态,电路中所有支路量变化的形式都是一样的,要么都振荡,要么都不振荡。下面我们进一步分析产生这种结果的原因。

首先以 i_L 为变量列写描述图 5.5.1 所示电路的微分方程。由 KVL,得

$$u_C + u_L + u_R = 0 \tag{5.5.5}$$

将 $u_C = \dfrac{1}{C}\int i_L \mathrm{d}t$,$u_L = L\,\dfrac{\mathrm{d}i_L}{\mathrm{d}t}$,$u_R = Ri_L$ 代入上式,整理得

$$LC\,\frac{\mathrm{d}^2 i_L}{\mathrm{d}t^2} + RC\,\frac{\mathrm{d}i_L}{\mathrm{d}t} + i_L = 0 \tag{5.5.6}$$

再以 u_L 为变量列写电路的微分方程,将 $u_C = \dfrac{1}{C}\int i_L \mathrm{d}t = \dfrac{1}{LC}\iint u_L\,(\mathrm{d}t)^2$,$u_R = Ri_L = \dfrac{R}{L}\int u_L \mathrm{d}t$ 代入式(5.5.5),整理得

$$LC\,\frac{\mathrm{d}^2 u_L}{\mathrm{d}t^2} + RC\,\frac{\mathrm{d}u_L}{\mathrm{d}t} + u_L = 0 \tag{5.5.7}$$

最后以 u_R 为变量列写电路的微分方程,将 $u_C = \dfrac{1}{C}\int i_L \mathrm{d}t = \dfrac{1}{C}\int \dfrac{u_R}{R}\mathrm{d}t$,$u_L = L\,\dfrac{\mathrm{d}i_L}{\mathrm{d}t} = \dfrac{L}{R}\,\dfrac{\mathrm{d}u_R}{\mathrm{d}t}$ 代入式(5.5.5),整理得

$$LC\,\frac{\mathrm{d}^2 u_R}{\mathrm{d}t^2} + RC\,\frac{\mathrm{d}u_R}{\mathrm{d}t} + u_R = 0 \tag{5.5.8}$$

比较式(5.5.1)、式(5.5.6)、式 (5.5.7) 和式(5.5.8)发现:尽管选取的支路量不同,但微分方程等号的左边无论是形式还是系数都是相同的,因此它们的特征方程以及特征根也是相同的,当然对应的响应形式也是相同的。但不同支路量的初值是不一样的,初值的求取难度也有很大差别。对于二阶电路,由于电容电压的一阶导数对应着电容电流,电感电流的一阶导数对应着电感电压,有明确的物理意义,求解过程相对比较简单,因此一般常选取电容电压或电感电流作为变量来建立描述电路的微分方程。

5.5.2 求解二阶动态电路的直觉方法

5.5.1 节求解二阶动态电路采用的是经典法。经典法求解二阶动态电路的过程就是求解二阶微分方程的过程。在很多时候,尤其在工程实际中,并不需要知道响应的解析结果,而是只需知道几个可以表征响应性质的特征量,例如初始值、稳态值以及过渡过程的阻尼性质。在这种情况下,无需求解微分方程,可以用更简便的方法迅速地得到所需结果。与一阶类似,这种方法在有些文献中也称为直觉法[1]。

图 5.5.6 所示电路中,已知 $R=0.5\Omega$,$L=1\mathrm{H}$,$C=0.25\mathrm{F}$,$i_\mathrm{S}=2\mathrm{A}$,$u_C(0^-)=3\mathrm{V}$,$i_L(0^-)=0$。开关 S 在 $t=0$ 时从 1 合向 2。定性分析电路的响应 u_C 和 i_L。

首先求 u_C 和 i_L 及其一阶导数的初始值。根据换路定律,有

$$u_C(0^+) = u_C(0^-) = 3\mathrm{V}$$

$$i_L(0^+) = i_L(0^-) = 0$$

根据图 5.5.7 所示的 0^+ 时刻等效电路,得

$$\frac{\mathrm{d}u_C}{\mathrm{d}t}\bigg|_{t=0^+} = \frac{1}{C}\left[i_\mathrm{S}(0^+) - i_L(0^+) - \frac{u_C(0^+)}{R}\right] = -16\mathrm{V/s}$$

$$\frac{\mathrm{d}i_L}{\mathrm{d}t}\bigg|_{t=0^+} = \frac{u_C(0^+)}{L} = 3\mathrm{A/s}$$

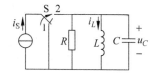

图 5.5.6　RLC 并联电路

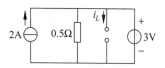

图 5.5.7　RLC 并联电路 0^+ 时刻的等效电路

其次求 u_C 和 i_L 的稳态值。激励是一个直流源,在电路到达稳态时,电容相当于开路,电感相当于短路,因此

$$u_C(\infty) = 0$$

$$i_L(\infty) = i_\mathrm{S} = 2\mathrm{A}$$

最后,确定过渡过程的阻尼性质(过阻尼、欠阻尼或临界阻尼)。由于响应形式仅取决于特征根形式,与激励以及电路变量的选取无关,因此可以将电路中所有激励置零,并选择最容易列写方程的变量(一般为电容电压或电感电流)来列写电路的微分方程。根据 KCL,有

$$0 = \frac{u_C}{R} + i_L + C\frac{\mathrm{d}u_C}{\mathrm{d}t}$$

将 $u_C = L\dfrac{\mathrm{d}i_L}{\mathrm{d}t}$ 代入上式,整理得

$$\frac{\mathrm{d}^2 i_L}{\mathrm{d}t^2} + \frac{1}{RC}\frac{\mathrm{d}i_L}{\mathrm{d}t} + \frac{1}{LC}i_L = 0$$

它的特征方程为

$$p^2 + \frac{1}{RC}p + \frac{1}{LC} = 0$$

代入参数值

$$p^2 + 8p + 4 = 0$$

特征方程的根的判别式 $\Delta = 8^2 - 4 \times 4 > 0$,特征根是两个不相等的负实根,电路处于过阻尼状态,因此在过渡过程中响应是不振荡衰减形式。

至此,可以定性地画出电路的响应,如图 5.5.8 所示。注意在曲线中要定性体现变量的一阶导数的初值,该初值在曲线上就表现为初始时刻曲线的切线斜率。

再以图 5.5.9 所示 RLC 串联电路为例,已知 $R = 1\Omega, L = 1\mathrm{H}, C = 0.25\mathrm{F}, U_S = 4\mathrm{V}$, $u_C(0^-) = 10\mathrm{V}, i_L(0^-) = 0$。在 $t = 0$ 时将开关合上。用直觉解法定性画出响应 $u_C(t)$、$i_L(t)$ 的曲线。

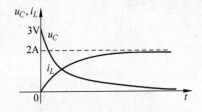

图 5.5.8　过阻尼状态下 RLC 并联电路中 u_C、i_L 的曲线　　　　图 5.5.9　RLC 串联电路

先求 u_C 和 i_L 及其一阶导数的初始值。根据换路定律,有

$$u_C(0^+) = u_C(0^-) = 10\mathrm{V}$$

$$i_L(0^+) = i_L(0^-) = 0$$

根据图 5.5.10 所示的 0^+ 时刻等效电路,得

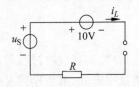

$$\left. \frac{\mathrm{d}u_C}{\mathrm{d}t} \right|_{t=0^+} = \frac{1}{C} i_L(0^+) = 0$$

$$\left. \frac{\mathrm{d}i_L}{\mathrm{d}t} \right|_{t=0^+} = \frac{U_S - u_C(0^+)}{L} = -6\mathrm{A/s}$$

再求 u_C 和 i_L 的稳态值。在电路到达稳态时,电容相当　图 5.5.10　RLC 串联电路 0^+
于开路,电感相当于短路,因此　　　　　　　　　　　　　　　　　时刻的等效电路

$$u_C(\infty) = 4\mathrm{V}$$

$$i_L(\infty) = 0\mathrm{A}$$

最后确定过渡过程的阻尼性质。将电路中所有激励置零,以电容电压为变量写出描述电路的微分方程,有

$$LC \frac{\mathrm{d}^2 u_C}{\mathrm{d}t^2} + RC \frac{\mathrm{d}u_C}{\mathrm{d}t} + u_C = 0$$

它的特征方程为

$$p^2 + \frac{R}{L} p + \frac{1}{LC} = 0$$

代入参数值

$$p^2 + p + 4 = 0$$

特征方程的根的判别式 $\Delta = 1^2 - 4 \times 4 < 0$,特征根是一对共轭复根,电路处于欠阻尼状态,因此在过渡过程中响应是衰减振荡形式。为了更加准确地定性画出响应曲线,还要判断响应大约经过几个周期后衰减至稳态。

可求出上述微分方程的两个特征根分别为

$$p_1 = -0.5 + \mathrm{j}1.94, \quad p_2 = -0.5 - \mathrm{j}1.94$$

在 5.5.1 节中已经阐述过,$\alpha = 0.5$ 表示响应的衰减系数,而 $\omega_\mathrm{d} = 1.94$ 表示响应的有阻尼衰减振荡角频率。参考一阶电路中时间常数的概念,电路大约经过 $3\tau \sim 5\tau$ 的时间过渡过程结束,即衰减完毕。对于此二阶电路,与 τ 对应的时间为

$$\tau' = \frac{1}{\alpha} = 2\mathrm{s}$$

而振荡周期为

$$T = \frac{2\pi}{\omega_\mathrm{d}} = 3.24\mathrm{s}$$

因此,$\dfrac{3\tau'}{T} = 1.85, \dfrac{5\tau'}{T} = 3.08$,大约 $2 \sim 3$ 个振荡周期后过渡过程结束,响应进入稳态。

根据以上讨论的结果,可以定性画出响应波形,如图 5.5.11 所示。同样要注意在曲线中定性体现变量的一阶导数的初值,该初值在曲线上就表现为 $t = 0$ 时刻曲线的切线斜率。

二阶动态电路有很多实际的应用,脉冲电源就是其中之一。在科学研究中有时需要在很短的时间内产生很大的电流脉冲。产生电流脉冲的装置称为脉冲电源。

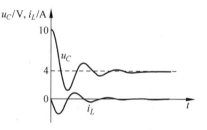

图 5.5.11　电容电压和电感电流的波形

图 5.5.12 所示的二阶电路是构成脉冲电源的一种有效方法。其中 R 是电感线圈的绕线电阻,L 为其电感,C 是储能电容,D 是电力二极管,R_L 是需要脉冲电流的负载,S 是开关,可以由空气动力开关实现,也可以由晶闸管实现。

其工作原理如下。开始先通过其他电路给电容充电,充至 $u_C = U > 0$,然后在某一时刻使开关闭合,此时二极管反向截止。C-L-R-R_L 构成一个二阶电路。选择 C、L 和 R 的参数,使电路处于欠阻尼状态,电流 i_L 为衰减振荡波形。

一般来说,用于脉冲功率的储能电容不能承受很高的反向电压,因此必须对电容提供保护。与电容并联的电力二极管 D 就起到了这种作用,在电容电压衰减到零以后,二极管 D-L-R-R_L 形成一阶放电回路,确保电容不承受负电压,电感电流也不会发生振荡。图 5.5.13 给出了仿真软件绘制的二阶脉冲电源的电流波形。

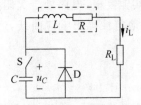

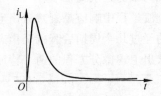

图 5.5.12 二阶脉冲电源电路示意图   图 5.5.13 二阶脉冲电源模块发出的电流波形

称图 5.5.12 所示的二阶脉冲电源发生电路为脉冲形成单元(pulse forming unit, PFU)。如果将若干个 PFU 并联给负载 R_L 提供电流,同时调整不同 PFU 的参数和导通时间,就可以产生接近于方波的脉冲电流,便于实际应用。图 5.5.14 所示就是由 4 个 PFU 并联形成的脉冲电流。

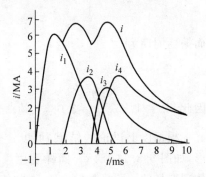

图 5.5.14 中 i_1、i_2、i_3、i_4 分别表示 4 个并联 PFU 电流,i 为流过负载 R_L 的电流,可近似看做方波脉冲电流。随着 PFU 级数的增多,i 可越来越接近方波。

实际应用中会更多地利用到二阶电路在正弦稳态下的一些特性,在第 6 章中将详细讨论。

图 5.5.14 4 个 PFU 产生的脉冲电流

5.6 全响应的分解

在 5.4,5.5 两节中已经介绍过动态电路的全响应对应着描述电路的微分方程的全解。全响应可以分为自由响应和强制响应,自由响应的形式与齐次微分方程解的形式相同,强制响应对应非齐次微分方程的特解。这是从数学的角度分解全响应,还可以从响应产生的物理本质来分解全响应。从叠加的角度考虑,动态电路的响应由两部分作用产生,一是外加激励,二是电路中动态元件的初始储能。当电路没有外加激励时,动态电路的响应仅由初始储能作用产生,称为零输入响应。而当电路无初始储能时,动态电路的响应仅由外加激励作用产生,称为零状态响应。动态电路的全响应等于其零输入响应加上零状态响应。下面分别介绍这两种响应。

5.6.1 电路的零输入响应

动态电路中没有外加激励,仅由电路中动态元件的初始储能引起的响应称为零输入响应(zero-input response)。在实际电路中,零输入响应是可以通过实验测量得到的。

求解一阶电路的零输入响应既可用经典法,也可直接用三要素法,具体的求解过程与

5.4.1 小节和 5.4.2 小节讨论的一样。

图 5.6.1 所示电路中,设电容的初始电压 $u_C(0^-)=U_0$,$t=0$ 时将开关 S 合上。显然,当开关合上以后,电容与电阻会形成放电回路,放电电流流经电阻,电阻要消耗能量,零输入响应最终将趋于零。

用三要素法求电容电压过程如下:

$$u_C(0^+)=u_C(0^-)=U_0,\quad u_C(\infty)=0,\quad \tau=RC$$

$$u_C(t)=u_C(\infty)+[u_C(0^+)-u_C(\infty)]e^{-\frac{t}{\tau}}$$

$$=U_0 e^{-\frac{t}{\tau}}\quad t\geqslant 0$$

上式表明:RC 电路的零输入响应是一个从初始值开始,按指数规律衰减的函数,最终衰减到零。零输入响应中只有自由分量,没有强制分量。

电容电压的零输入响应波形如图 5.6.2 所示。

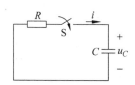

图 5.6.1　RC 电路的零输入响应

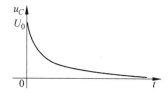

图 5.6.2　电容电压的零输入响应波形

再用三要素法求电路中的电流:

$$i(0^+)=-\frac{u_C(0^+)}{R}=-\frac{U_0}{R},\quad i(\infty)=0,\quad \tau=RC$$

$$i(t)=i(\infty)+[i(0^+)-i(\infty)]e^{-\frac{t}{\tau}}=-\frac{U_0}{R}e^{-\frac{t}{\tau}}\quad t\geqslant 0$$

由此可见,图 5.6.1 所示一阶电路中,电容电压和放电电流的零输入响应都与初始条件成正比。这一结论可以推广到任一零输入电路。在二阶或高阶电路中,若电路的所有初始条件都同比例增大或减小,则零输入响应也增大或减小相同的比例。这种性质称为零输入线性。

5.6.2　电路的零状态响应

动态电路的"零状态"是指电路中所有储能元件在换路时刻的储能皆为零,即电容电压和电感电流的初始值皆为零。零状态响应(zero-state response)指动态电路在零初始状态下由外加激励引起的响应。与零输入响应一样,在实际的电路中,零状态响应也是可以通过实验测量的。

图 5.6.3 所示电路中,电容无初始储能。$t=0$ 时将开关 S 闭合。开关闭合后,电源

通过电阻对电容充电，因此该电路的过渡过程也就是电容充电的过程。用三要素法求电容电压：

$$u_C(0^+) = 0, \quad u_C(\infty) = U_s, \quad \tau = RC$$

$$u_C(t) = u_C(\infty) + [u_C(0^+) - u_C(\infty)]e^{-\frac{t}{\tau}}$$

$$= U_s(1 - e^{-\frac{t}{\tau}}) \quad t \geqslant 0$$

上式表明：RC 电路的零状态响应是一个从零开始按指数规律增长的函数，最终到达稳态。零状态响应中既有自由分量，也有强制分量。电容电压的波形如图 5.6.4 所示。

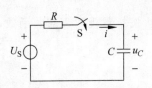

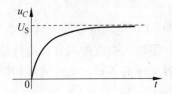

图 5.6.3　RC 电路的零状态响应　　　　图 5.6.4　电容电压的零状态响应波形

再用三要素法求电路中其他变量的零状态响应。先求充电电流 $i(t)$：

$$i(0^+) = \frac{U_s - u_C(0^+)}{R} = \frac{U_s}{R}, \quad i(\infty) = 0, \quad \tau = RC$$

$$i(t) = i(\infty) + [i(0^+) - i(\infty)]e^{-\frac{t}{\tau}} = \frac{U_s}{R}e^{-\frac{t}{\tau}} \quad t \geqslant 0$$

再求电阻电压：

$$u_R(0^+) = U_s - u_C(0^+) = U_s, \quad u_R(\infty) = 0, \quad \tau = RC$$

$$u_R(t) = u_R(\infty) + [u_R(0^+) - u_R(\infty)]e^{-\frac{t}{\tau}} = U_s e^{-\frac{t}{\tau}} \quad t \geqslant 0$$

由此可见，在图 5.6.3 所示的一阶电路中，所有变量的零状态响应都与激励成正比。这个结论可以推广到任一零状态电路。若电路中所有激励都同比例增大或减小，则零状态响应也增大或减小相同的比例。这种性质称为零状态线性。

5.6.3　电路的全响应

前面介绍了动态电路的全响应的两种分解方法：

全响应 = 自由响应 + 强制响应

全响应 = 零输入响应 + 零状态响应

前者是从微分方程经典法的求解过程得到，后者则是从区分起始储能和外加激励的作用得到。下面以一个数值例子说明这两种分解方法的区别。

图 5.6.5(a) 所示电路中，已知电容电压的初始值 $u_C(0^-) = U_0$，$t = 0$ 时将开关 S 闭合。

其电路分析如下。具有初始储能的电容可以用一个没有初始储能的电容与一个电压值等于电容初始电压的电压源的串联支路来等效,如图 5.6.5(b)所示。在图 5.6.5(b)中存在两个独立电压源,根据叠加定理,该电路中任一支路的电压、电流都应该是这两个独立源分别单独作用时产生的响应的代数和。电容电压当然也不例外。要注意的是待求的电容电压在图 5.6.5(b)中对应的是 ab 两端的电压,其响应可用叠加定理求得,每个独立源单独作用时的电路如图 5.6.6 所示。

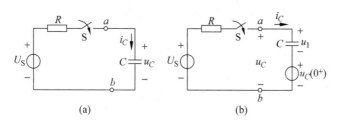

图 5.6.5　RC 电路的全响应

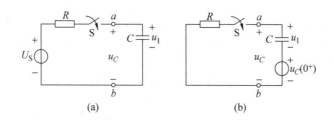

图 5.6.6　RC 电路全响应的分解

求图 5.6.6(a)所示电路中电容电压的响应就可得到图 5.6.5(a)电路中电容电压的零状态响应为

$$u_{Czs}(t) = U_S(1 - e^{-\frac{t}{\tau}}) \quad t \geqslant 0$$

其中 zs 是 zero state 的首字母。

求图 5.6.6(b)所示电路中电容电压的响应,就可得到图 5.6.5(a)电路中电容电压的零输入响应,

$$u_{Czi}(t) = U_0 e^{-\frac{t}{\tau}} \quad t \geqslant 0$$

其中 zi 是 zero input 的首字母。

再对图 5.6.5(a)所示电路直接用三要素法,

$$u_C(0^+) = U_0, \quad u_C(\infty) = U_S, \quad \tau = RC$$

$$u_C(t) = u_C(\infty) + [u_C(0^+) - u_C(\infty)]e^{-\frac{t}{\tau}}$$

$$= \underbrace{U_S}_{强制响应} + \underbrace{(U_0 - U_S)e^{-\frac{t}{\tau}}}_{自由响应}$$

$$= \underbrace{U_0 e^{-\frac{t}{\tau}}}_{\text{零输入响应}} + \underbrace{U_S (1 - e^{-\frac{t}{\tau}})}_{\text{零状态响应}}$$

显然,全响应等于零输入响应与零状态响应之和。电容电压的全响应、零输入响应、零状态响应、自由响应和强制响应的波形如图 5.6.7 所示(假设 $U_S > U_0$)。

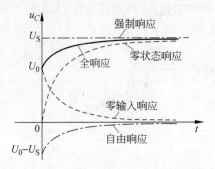

图 5.6.7　RC 电路全响应的两种分解方法比较

无论采用哪种方法对响应进行分解,电路中实际存在的响应都是全响应。零输入响应中只有自由分量,没有强制分量;零状态响应中既有自由分量,又有强制分量。

零输入响应与初始条件有线性关系,零状态响应与外加激励有线性关系。如果电路的初始条件不为零,由于全响应中零输入分量的存在,导致全响应与外加激励之间不满足齐次性和可加性。

若要求任意激励作用下电路的全响应,可以分别求解电路的零输入响应(与激励无关)和零状态响应。而求零状态响应时,可以将任意激励分解为一些简单激励的线性组合,再求出这些简单激励的零状态响应,利用线性电路的齐次性和可加性(即利用下文介绍的卷积积分)就可以得到任意激励下的零状态响应。因此,将全响应分解为零输入响应加零状态响应原则上解决了任意激励作用下电路全响应的求解问题。

如果动态电路换路后最终到达某种稳定状态,全响应还可以分为暂态响应和稳态响应。一般来说,当激励为周期变化时(例如直流或正弦交流)时,暂态响应就是自由响应,而稳态响应就是强制响应。

5.7　单位阶跃响应和单位冲激响应

5.7.1　电路的单位阶跃响应

单位阶跃函数(unit step function)定义为

$$\varepsilon(t) = \begin{cases} 0 & t < 0 \\ 1 & t > 0 \end{cases}$$

波形如图 5.7.1 所示。$t=0$ 时，$\varepsilon(t)$ 发生了跳变。

单位阶跃函数可以用来描述开关的动作，即作为开关的数学模型，因而有时也称它为开关函数。图 5.7.2 (a)、(b)所示的两个电路都表示网络 N 在 $t=0$ 时刻接通到电源 U_s。

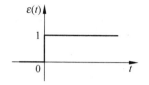

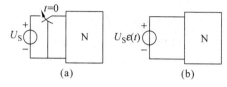

图 5.7.1　单位阶跃函数　　　　　　　图 5.7.2　用阶跃函数描述开关动作

定义任一时刻 t_0 起始的单位阶跃函数为

$$\varepsilon(t-t_0) = \begin{cases} 0 & t < t_0 \\ 1 & t > t_0 \end{cases}$$

$\varepsilon(t-t_0)$ 可以看成是把 $\varepsilon(t)$ 沿时间轴平移 t_0 的结果，称其为延迟的单位阶跃函数，波形如图 5.7.3 所示 $(t_0>0)$。

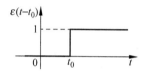

用单位阶跃函数以及它的延迟函数可以组合成许多复杂信号，如在电子电路中经常遇到的矩形脉冲和脉冲序列，如图 5.7.4 所示。

图 5.7.3　延迟的单位阶跃函数

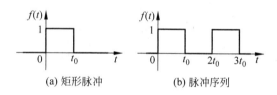

(a) 矩形脉冲　　　　　　　(b) 脉冲序列

图 5.7.4　矩形脉冲和脉冲序列

图 5.7.4(a)所示矩形脉冲可以表示为

$$f(t) = \varepsilon(t) - \varepsilon(t-t_0)$$

图 5.7.4(b)所示脉冲序列可以表示为

$$f(t) = \varepsilon(t) - \varepsilon(t-t_0) + \varepsilon(t-2t_0) - \varepsilon(t-3t_0) + \cdots$$

电路在单位阶跃激励作用下产生的零状态响应称为单位阶跃响应（unit step response）。

当电路的激励为 $\varepsilon(t)$V 或 $\varepsilon(t)$A 时，相当于在 $t=0$ 时将 1V 电压源或 1A 电流源接入电路，因此，单位阶跃响应与直流激励下的零状态响应形式相同。一般用 $s(t)$ 表示单位阶跃响应。如果电路的输入是幅值为 A 的阶跃信号 $A\varepsilon(t)$，则根据零状态响应的线性性质，电路的零状态响应就是 $As(t)$。由于非时变电路的参数是不随时间变化的，因此在延

迟的单位阶跃信号 $\varepsilon(t-t_0)$ 作用下,电路的零状态响应为 $s(t-t_0)$。

例 5.7.1 图 5.7.5 所示电路中,开关 S 在位置 1 时电路已达稳态。$t=0$ 时将开关 S 从位置 1 扳向位置 2,$t=1$s 时又将开关 S 从位置 2 扳向位置 1。求电容电压 $u_C(t)(t\geqslant 0)$。

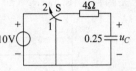

图 5.7.5 例 5.7.1 图

解 本题可以用两种方法求解。

解法一 按电路的工作过程分时间段求解。

在 $0\leqslant t<1$s 时,电容电压是零状态响应。3 个要素分别是

$$u_C(0^+)=0, \quad u_C(\infty)=10\mathrm{V}, \quad \tau=RC=1\mathrm{s}$$

则电容电压为

$$u_C(t)=10(1-\mathrm{e}^{-t})\mathrm{V} \quad 0\leqslant t<1\mathrm{s}$$

在第 2 次换路前一瞬间,电容电压 $u_C(1^-)=6.32\mathrm{V}$。

在 $t\geqslant 1$s 时,开关又换接到位置 1,电容电压是零输入响应。由换路定律可得

$$u_C(1^+)=u_C(1^-)=6.32\mathrm{V}$$

又

$$u_C(\infty)=0, \quad \tau=RC=1\mathrm{s}$$

则电容电压为

$$u_C(t)=6.32\mathrm{e}^{-(t-1)}\mathrm{V} \quad t\geqslant 1\mathrm{s}$$

即

$$u_C(t)=\begin{cases} 10(1-\mathrm{e}^{-t})\mathrm{V} & 0\leqslant t<1\mathrm{s} \\ 6.32\mathrm{e}^{-(t-1)}\mathrm{V} & t\geqslant 1\mathrm{s} \end{cases}$$

解法二 用阶跃函数及其延迟描述开关动作,作用在 RC 串联电路上的激励可表示为

$$u_\mathrm{S}=10[\varepsilon(t)-\varepsilon(t-1)]\mathrm{V}$$

RC 电路的单位阶跃响应为

$$s(t)=(1-\mathrm{e}^{-\frac{t}{\tau}})\varepsilon(t)$$

利用线性电路的线性性质和非时变性质,图 5.7.5 电路中电容电压的响应为

$$u_C(t)=10(1-\mathrm{e}^{-t})\varepsilon(t)-10(1-\mathrm{e}^{-(t-1)})\varepsilon(t-1)$$

写成时间分段形式,为

$$u_C(t)=\begin{cases} 10(1-\mathrm{e}^{-t})\mathrm{V} & 0\leqslant t<1\mathrm{s} \\ 6.32\mathrm{e}^{-(t-1)}\mathrm{V} & t\geqslant 1\mathrm{s} \end{cases}$$

与第一种方法求得的结果相同。

5.7.2 电路的单位冲激响应

单位冲激函数(unit impulse function)定义为

$$\begin{cases} \delta(t) = 0 & t \neq 0 \\ \int_{-\infty}^{+\infty} \delta(t)\,\mathrm{d}t = 1 \end{cases}$$

单位冲激函数可以看成是单位脉冲函数的极限情况。图 5.7.6(a)所示是一个面积为 1 的矩形脉冲函数,称为单位脉冲函数(unit pulse function)。单位脉冲的宽为 Δ,高为 $\dfrac{1}{\Delta}$。在保持矩形面积不变的前提下,当脉冲宽度越来越窄时,它的高度就越来越大。当 $\Delta \rightarrow 0$ 时,$\dfrac{1}{\Delta} \rightarrow \infty$,得到一个宽度趋于零而幅度趋于无穷大,面积仍为 1 的脉冲,这就是单位冲激函数 $\delta(t)$,如图 5.7.6(b)所示。称脉冲函数的面积为取极限后冲激函数的强度。强度为 k 的冲激函数可用图 5.7.6(c)表示,此时箭头旁应注明 k。单位冲激函数是强度为 1 的冲激函数。

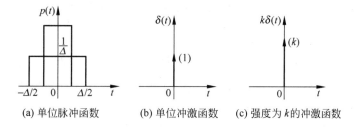

(a) 单位脉冲函数   (b) 单位冲激函数   (c) 强度为 k 的冲激函数

图 5.7.6 冲激函数的形成及其符号

与单位阶跃函数的延迟一样,延迟的单位冲激函数定义为

$$\begin{cases} \delta(t - t_0) = 0 & t \neq t_0 \\ \int_{-\infty}^{+\infty} \delta(t - t_0)\,\mathrm{d}t = 1 \end{cases}$$

波形如图 5.7.7(a)所示。还可以用 $k\delta(t-t_0)$ 表示一个强度为 k、发生在 t_0 时刻的冲激函数,如图 5.7.7(b)所示。

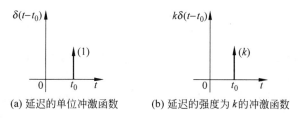

(a) 延迟的单位冲激函数   (b) 延迟的强度为 k 的冲激函数

图 5.7.7 延迟的冲激函数

单位冲激函数具有下面两个重要性质。

(1) 单位冲激函数对时间的积分等于单位阶跃函数。

根据单位冲激函数的定义,有

$$\int_{-\infty}^{t} \delta(\xi) \mathrm{d}\xi = \begin{cases} 0 & t < 0 \\ 1 & t > 0 \end{cases}$$

即

$$\int_{-\infty}^{t} \delta(\xi) \mathrm{d}\xi = \varepsilon(t)$$

单位阶跃函数对时间的一阶导数等于单位冲激函数[①],即

$$\frac{\mathrm{d}}{\mathrm{d}t} \varepsilon(t) = \delta(t)$$

(2) 单位冲激函数的筛分性质

对于任意一个在 $t=0$ 时刻连续的函数 $f(t)$,根据单位冲激函数的定义,有

$$f(t)\delta(t) = f(0)\delta(t)$$

因此

$$\int_{-\infty}^{\infty} f(t)\delta(t)\mathrm{d}t = f(0) \int_{-\infty}^{\infty} \delta(t)\mathrm{d}t = f(0)$$

单位冲激函数把 $f(t)$ 在 $t=0$ 时刻的值给"筛"了出来,因此称为冲激函数有筛分性质。类似地,当 $f(t)$ 在 $t=t_0$ 时刻连续时,有

$$\int_{-\infty}^{\infty} f(t)\delta(t-t_0)\mathrm{d}t = f(t_0) \int_{-\infty}^{\infty} \delta(t-t_0)\mathrm{d}t = f(t_0)$$

电路在单位冲激函数作用下产生的零状态响应称为单位冲激响应(unit impulse response)。

当单位冲激电流 $\delta_i(t)$ 作用到初始电压为零的电容上时,电容电压为

$$u_C(0^+) - u_C(0^-) = \frac{1}{C} \int_{0^-}^{0^+} \delta_i(t)\mathrm{d}t$$

$$u_C(0^+) = \frac{1}{C} \mathrm{V}$$

单位冲激电流使电容电压从零跳变到 $\frac{1}{C}\mathrm{V}$。这与前面阐述的换路定律并不矛盾,因为换路定律成立的前提条件是"在换路过程中流过电容的电流为有限值",显然这一条件在冲激电流流过电容时不再满足。

类似地,当单位冲激电压 $\delta_u(t)$ 作用到初始电流为零的电感两端时,电感电流为

---

① 单位阶跃函数在 $t=0$ 时刻不连续,微积分中对不连续函数是无法定义其导数的,但在广义函数中有严格定义,且在工程实际中符合直觉。因此,认为单位冲激函数是单位阶跃函数的导数是可接受的。在后续课程"信号与系统"中还将对冲激函数及其导数做更深入的讨论。

$$i_L(0^+) - i_L(0^-) = \frac{1}{L}\int_{0^-}^{0^+} \delta_u(t)\,\mathrm{d}t$$

$$i_L(0^+) = \frac{1}{L}\mathrm{A}$$

单位冲激电压使电感电流从 0 跳变到 $\frac{1}{L}$ A。

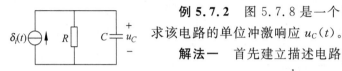

图 5.7.8　例 5.7.2 图

例 5.7.2　图 5.7.8 是一个冲激电流作用下的 RC 电路，求该电路的单位冲激响应 $u_C(t)$。

解法一　首先建立描述电路的方程

$$C\frac{\mathrm{d}u_C}{\mathrm{d}t} + \frac{u_C}{R} = \delta_i(t) \tag{5.7.1}$$

分析上式，电容电压中不可能含有冲激电压成分。如果电容电压中含有冲激电压，则方程的左边就会出现冲激的导数，方程左右两边就不可能相等。

将 $t > 0^-$ 以后的电路可分成两个时间段考虑。

(1) $0^- \rightarrow 0^+$，冲激电流作用于电路。将式(5.7.1)两边积分，得

$$C\int_{0^-}^{0^+}\frac{\mathrm{d}u_C}{\mathrm{d}t}\mathrm{d}t + \int_{0^-}^{0^+}\frac{u_C}{R}\mathrm{d}t = \int_{0^-}^{0^+}\delta_i(t)\,\mathrm{d}t$$

电容电压中不含有冲激，上式等号左边第二项为零；再根据冲激函数的定义，有

$$C\int_{0^-}^{0^+}\frac{\mathrm{d}u_C}{\mathrm{d}t}\mathrm{d}t = 1$$

$$C[u_C(0^+) - u_C(0^-)] = 1$$

又因为 $u_C(0^-) = 0$，因此

$$u_C(0^+) = \frac{1}{C}\mathrm{V}$$

上式表明冲激电流作用使得电容电压在换路瞬间从零跳变到 $\frac{1}{C}$ V。

(2) $t > 0^+$，冲激电流为零，电路中的响应为零输入响应。电容电压为

$$u_C(t) = \frac{1}{C}\mathrm{e}^{-\frac{t}{RC}}$$

综上所述，电容电压可表示为

$$u_C(t) = \frac{1}{C}\mathrm{e}^{-\frac{t}{RC}}\varepsilon(t)$$

上式中利用阶跃函数表示了电容电压在 $t = 0$ 时刻的跳变。

进一步可求得电容电流为

$$i_C(t) = C\frac{\mathrm{d}u_C}{\mathrm{d}t} = \mathrm{e}^{-\frac{t}{RC}}\delta(t) - \frac{1}{RC}\mathrm{e}^{-\frac{t}{RC}}\varepsilon(t) = \delta(t) - \frac{1}{RC}\mathrm{e}^{-\frac{t}{RC}}\varepsilon(t)$$

电容电压和电容电流的波形如图 5.7.9 所示。

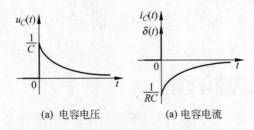

图 5.7.9 RC 电路的单位冲激响应

解法二 由单位阶跃响应求单位冲激响应。

线性非时变电路有一个重要性质：如果激励 x 产生的零状态响应为 y，那么激励 $\dfrac{\mathrm{d}x}{\mathrm{d}t}$ 产生的零状态响应为 $\dfrac{\mathrm{d}y}{\mathrm{d}t}$。因为单位冲激函数可以表示为单位阶跃函数的一阶导数，所以如果用 $h(t)$ 表示电路的单位冲激响应，它与电路的单位阶跃响应 $s(t)$ 的关系为

$$h(t) = \frac{\mathrm{d}s(t)}{\mathrm{d}t} \tag{5.7.2}$$

上式证明如下。

前面已经指出，单位冲激函数可以看成是单位脉冲函数的极限情况，即

$$\delta(t) = \lim_{\Delta \to 0} \frac{1}{\Delta}\big[\varepsilon(t) - \varepsilon(t-\Delta)\big] = \frac{\mathrm{d}}{\mathrm{d}t}\varepsilon(t)$$

设单位阶跃函数 $\varepsilon(t)$ 对应的零状态响应即单位阶跃响应为 $s(t)$，根据线性电路的性质和动态电路的"零状态线性"性质，则 $\varepsilon(t)/\Delta$ 对应的零状态响应为 $s(t)/\Delta$，$\varepsilon(t-\Delta)/\Delta$ 对应的零状态响应为 $s(t-\Delta)/\Delta$。取 $\Delta \to 0$ 时的极限，得

$$h(t) = \lim_{\Delta \to 0} \frac{1}{\Delta}\big[s(t) - s(t-\Delta)\big] = \frac{\mathrm{d}}{\mathrm{d}t}s(t)$$

这就证明了单位冲激响应等于单位阶跃响应的导数。

对于例 5.7.2，电容电压的单位阶跃响应为

$$s(t) = R(1 - \mathrm{e}^{-\frac{t}{RC}})\varepsilon(t)$$

根据式(5.7.2)，电容电压的单位冲激响应为

$$h(t) = \frac{\mathrm{d}s(t)}{\mathrm{d}t} = R(1 - \mathrm{e}^{-\frac{t}{RC}})\delta(t) + R \times \frac{1}{RC}\mathrm{e}^{-\frac{t}{RC}}\varepsilon(t)$$

$$= \frac{1}{C}\mathrm{e}^{-\frac{t}{RC}}\varepsilon(t)$$

上式演算过程中用到了单位冲激函数 $f(t)\delta(t) = f(0)\delta(t)$ 的性质。

同样的方法还可以求电容电流。用三要素法或利用已求得的电容电压的单位阶跃响应，可求出电容电流的单位阶跃响应为

$$s_i(t) = \mathrm{e}^{-\frac{t}{RC}}\varepsilon(t)$$

则电容电流的单位冲激响应为

$$h_i(t) = \frac{\mathrm{d}s_i(t)}{\mathrm{d}t} = -\frac{1}{RC}\mathrm{e}^{-\frac{t}{RC}}\varepsilon(t) + \mathrm{e}^{-\frac{t}{RC}}\delta(t)$$

$$= -\frac{1}{RC}\mathrm{e}^{-\frac{t}{RC}}\varepsilon(t) + \delta(t)$$

与解法一求得的结果一致。需要注意的是,用单位阶跃响应求导的方法求电路的单位冲激响应时,电路的单位阶跃响应要表示成全时间域的函数。

下面以 RLC 串联电路为例,讨论二阶电路的单位冲激响应。

例 5.7.3　图 5.7.10 所示电路无初始储能,$u_\mathrm{S} = \delta(t)\mathrm{V}$,$R = 125\,\Omega$,$L = 0.25\,\mathrm{H}$,$C = 100\,\mu\mathrm{F}$。求电路的单位冲激响应 u_C、i 和 u_L。

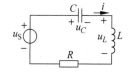

图 5.7.10　单位冲激激励作用
下的 RLC 电路

解　与一阶电路的冲激响应的求解方法类似,二阶电路的冲激响应也有两种求解方法。

解法一　将电路分成 $t < 0^-$,$0^- \rightarrow 0^+$ 和 $t > 0^+$ 3 个时间段考虑。

$t < 0^-$ 时,$u_\mathrm{S} = 0$,$u_C(0^-) = 0$,$i(0^-) = 0$,因此 $u_L(0^-) = 0$。

在 $0^- \rightarrow 0^+$ 之间,描述电路的微分方程为

$$LC\frac{\mathrm{d}^2 u_C}{\mathrm{d}t^2} + RC\frac{\mathrm{d}u_C}{\mathrm{d}t} + u_C = u_\mathrm{S} \tag{5.7.3}$$

分析上式,等号右边是冲激函数,因此等号左边只有 u_C 的二阶导数项可以含有冲激成分,否则方程左边将出现冲激函数的导数项,方程左右两边就不可能相等。因此,对式(5.7.3)从 0^- 到 0^+ 积分,有

$$LC\int_{0^-}^{0^+}\frac{\mathrm{d}^2 u_C}{\mathrm{d}t^2}\mathrm{d}t + RC\int_{0^-}^{0^+}\frac{\mathrm{d}u_C}{\mathrm{d}t}\mathrm{d}t + \int_{0^-}^{0^+}u_C\mathrm{d}t = \int_{0^-}^{0^+}u_\mathrm{S}\mathrm{d}t$$

因为 $\dfrac{\mathrm{d}u_C}{\mathrm{d}t}$ 和 u_C 中都不含有冲激成分,因此这两项的积分为零。根据冲激函数的定义,有

$$LC\left[\frac{\mathrm{d}u_C}{\mathrm{d}t}\bigg|_{t=0^+} - \frac{\mathrm{d}u_C}{\mathrm{d}t}\bigg|_{t=0^-}\right] = 1$$

电路没有初始储能,即

$$\frac{\mathrm{d}u_C}{\mathrm{d}t}\bigg|_{t=0^-} = \frac{1}{C}i(0^-) = 0$$

有

$$\frac{\mathrm{d}u_C}{\mathrm{d}t}\bigg|_{t=0^+} = \frac{1}{LC}$$

又因为 $i(0^+) = C \dfrac{\mathrm{d}u_C}{\mathrm{d}t}\Big|_{t=0^+} = \dfrac{1}{L} = 4\,\mathrm{A}$，即电感电流发生了跳变。$\dfrac{\mathrm{d}u_C}{\mathrm{d}t}$ 中不含有冲激成分，意味着 u_C 不发生跳变。

$t > 0^+$ 以后，$\delta(t) = 0$，电路中的响应就是零输入响应。代入参数，得到式(5.7.3)的特征根为

$$p_1 = -100, \quad p_2 = -400$$

特征根是两个不相等的负实根，电路处于过阻尼状态，因此电容电压为

$$u_C = A_1 \mathrm{e}^{p_1 t} + A_2 \mathrm{e}^{p_2 t} \quad t \geqslant 0$$

根据前面求得的电路的起始值，有

$$u_C(0^+) = A_1 + A_2 = 0$$

$$\frac{\mathrm{d}u_C}{\mathrm{d}t}\Big|_{t=0^+} = -100A_1 - 400A_2 = 40000$$

解得

$$A_1 = 133.3, \quad A_2 = -133.3$$

可求得电容电压为

$$u_C = 133.3(\mathrm{e}^{-100t} - \mathrm{e}^{-400t})\varepsilon(t)\,\mathrm{V}$$

电感电流为

$$i = C\frac{\mathrm{d}u_C}{\mathrm{d}t} = (-1.333\mathrm{e}^{-100t} + 5.333\mathrm{e}^{-400t})\varepsilon(t)\,\mathrm{A}$$

电感电压为

$$u_L = L\frac{\mathrm{d}i}{\mathrm{d}t} = \delta(t) + (33.3\mathrm{e}^{-100t} - 533.3\mathrm{e}^{-400t})\varepsilon(t)\,\mathrm{V}$$

解法二　利用单位阶跃响应求导得出单位冲激响应。

先求电路的单位阶跃响应。在单位阶跃激励作用下，描述电路的微分方程为

$$LC\frac{\mathrm{d}^2 u_C}{\mathrm{d}t^2} + RC\frac{\mathrm{d}u_C}{\mathrm{d}t} + u_C = \varepsilon(t) \tag{5.7.4}$$

特征方程为

$$LCp^2 + RCp + 1 = 0$$

代入参数值，求得特征根为

$$p_1 = -100, \quad p_2 = -400$$

特征根是两个不相等的负实根，电路处于过阻尼状态。齐次方程的通解即电容电压的自由响应为

$$u_{Ch} = A_1 \mathrm{e}^{p_1 t} + A_2 \mathrm{e}^{p_2 t} \quad t \geqslant 0$$

又在单位阶跃激励下，电容电压的强制响应为

$$u_{Cp} = 1$$

因此，电容电压的单位阶跃响应为

$$u_C = u_{Ch} + u_{Cp} = (A_1 \mathrm{e}^{p_1 t} + A_2 \mathrm{e}^{p_2 t} + 1)\varepsilon(t)$$

又由于单位阶跃激励下电容电压和电感电流都不会发生跳变,因此,

$$u_C(0^+) = 1 + A_1 + A_2 = 0$$

$$\left.\frac{\mathrm{d}u_C}{\mathrm{d}t}\right|_{t=0^+} = \frac{1}{C}i(0^+) = -100A_1 - 400A_2 = 0$$

解得 $A_1 = -1.333, A_2 = 0.333$。

电容电压的单位阶跃响应为

$$u_{CS} = (1 - 1.333\mathrm{e}^{-100t} + 0.333\mathrm{e}^{-400t})\varepsilon(t)\mathrm{V}$$

电感电流的单位阶跃响应为

$$i_{LS} = C\frac{\mathrm{d}u_{CS}}{\mathrm{d}t}$$

$$= 10^{-2}(1.333\mathrm{e}^{-100t} - 1.333\mathrm{e}^{-400t})\varepsilon(t)\mathrm{A}$$

电感电压的单位阶跃响应为

$$u_{LS} = L\frac{\mathrm{d}i_{LS}}{\mathrm{d}t}$$

$$= (-0.333\mathrm{e}^{-100t} + 1.333\mathrm{e}^{-400t})\varepsilon(t)\mathrm{V}$$

对单位阶跃响应求导,得到原电路中在单位冲激电压源作用下的电容电压为

$$u_C = \frac{\mathrm{d}u_{CS}}{\mathrm{d}t}$$

$$= (1 - 1.333\mathrm{e}^{-100t} + 0.333\mathrm{e}^{-400t})\delta(t) + (133.3\mathrm{e}^{-100t} - 133.3\mathrm{e}^{-400t})\varepsilon(t)$$

$$= (133.3\mathrm{e}^{-100t} - 133.3\mathrm{e}^{-400t})\varepsilon(t)(\mathrm{V})$$

电感电流的单位冲激响应为

$$i = \frac{\mathrm{d}i_{LS}}{\mathrm{d}t}$$

$$= 10^{-2}(1.333\mathrm{e}^{-100t} - 1.333\mathrm{e}^{-400t})\delta(t) + (-1.333\mathrm{e}^{-100t} + 5.333\mathrm{e}^{-400t})\varepsilon(t)$$

$$= (-1.333\mathrm{e}^{-100t} + 5.333\mathrm{e}^{-400t})\varepsilon(t)(\mathrm{A})$$

电感电压的单位冲激响应为

$$u_L = \frac{\mathrm{d}u_{LS}}{\mathrm{d}t}$$

$$= (-0.33\mathrm{e}^{-100t} + 1.33\mathrm{e}^{-400t})\delta(t) + (33.3\mathrm{e}^{-100t} - 533.3\mathrm{e}^{-400t})\varepsilon(t)$$

$$= \delta(t) + (33.3\mathrm{e}^{-100t} - 533.3\mathrm{e}^{-400t})\varepsilon(t)(\mathrm{V})$$

与解法一求得的结果一样。

5.8　卷积积分

通过前面的讨论可以知道,线性非时变电路的零状态响应是与外加激励成线性关系的。到目前为止所讨论的外加激励都是非常简单的,或是常量或是可用简单的解析式表

示,因此用经典法求解并不觉得十分困难。但是,如果外加激励是用复杂的解析式表示的,甚至是实验测得的信号,根本没有解析表达式,此时用解微分方程的方法来求动态电路的响应是非常困难的。本节将介绍如何运用卷积积分(convolution integration)来求在任意激励下线性电路的零状态响应。

首先介绍卷积积分的基本概念。两个时间函数 $f_1(t)$ 和 $f_2(t)$ 的卷积积分记做 $f_1(t) * f_2(t)$,定义为

$$f_1(t) * f_2(t) = \int_{-\infty}^{\infty} f_1(\tau) f_2(t-\tau) \mathrm{d}\tau \tag{5.8.1}$$

下面介绍用卷积积分求任意激励下动态电路的零状态响应的物理本质。

假设任意激励 $f(t)$ 的波形如图 5.8.1 所示,$t=0$ 时刻起作用于电路,求电路在 $t=t_0$ $(t_0>0)$ 时刻的响应。

由于电路中含有电感、电容等记忆元件,因此电路在 $t=t_0$ 时刻的响应取决于从 0 到 t_0 时刻的所有激励情况。将从 0 到 t_0 时刻均匀分为 N 段,激励可看成如图 5.8.2 所示的一系列宽度为 $\Delta\tau = \dfrac{t_0}{N}$,高度为 $f(k\Delta\tau)(k=0,1,2,\cdots,N-1)$ 的矩形脉冲的合成。$\Delta\tau$ 越小,脉冲幅值与函数值越为逼近。

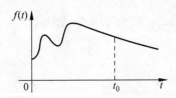

图 5.8.1　作用于电路的任意激励

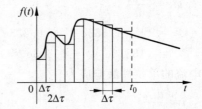

图 5.8.2　将从 0 到 t_0 时刻的激励分解
成 N 个矩形脉冲的和

利用单位阶跃函数及其延迟,可以将从 0 到 t_0 时刻的激励表示为

$$f(t) \approx f(0)[\varepsilon(t) - \varepsilon(t-\Delta\tau)] + f(\Delta\tau)[\varepsilon(t-\Delta\tau) - \varepsilon(t-2\Delta\tau)]$$
$$+ \cdots + f((N-1)\Delta\tau)[\varepsilon(t-(N-1)\Delta\tau) - \varepsilon(t-N\Delta\tau)]$$

$$f(t) = \lim_{N\to\infty} \sum_{k=0}^{N-1} f(k\Delta\tau)[\varepsilon(t-k\Delta\tau) - \varepsilon(t-(k+1)\Delta\tau)]$$

$$= \lim_{N\to\infty} \sum_{k=0}^{N-1} f(k\Delta\tau)\Delta\tau \frac{1}{\Delta\tau}[\varepsilon(t-k\Delta\tau) - \varepsilon(t-(k+1)\Delta\tau)]$$

$$= \lim_{N\to\infty} \sum_{k=0}^{N-1} f(k\Delta\tau)\Delta\tau p(t-k\Delta\tau) \quad 0 \leqslant t \leqslant t_0$$

上式中,$p(t-k\Delta\tau) = \dfrac{1}{\Delta\tau}[\varepsilon(t-k\Delta\tau) - \varepsilon(t-(k+1)\Delta\tau)]$ 是延迟的单位脉冲函数(因为该脉

冲的面积为 1)。

设单位脉冲函数 $p(t)$ 在电路中产生的零状态响应为 $h_p(t)$，则根据线性电路的齐次性、可加性以及非时变性质，电路在 t_0 时刻的响应等于 t_0 时刻以前所有脉冲产生的在 t_0 时刻的响应之和：

$$r(t_0) = \lim_{N \to \infty} \sum_{k=0}^{N-1} f(k\Delta\tau)\Delta\tau h_p(t_0 - k\Delta\tau) \tag{5.8.2}$$

当 $N \to \infty$ 时，$\Delta\tau \to \mathrm{d}\tau$，$k\Delta\tau \to \tau$，$\sum \to \int$，单位脉冲函数变成单位冲激函数，$p(t) \to \delta(t)$，对应的响应就是单位冲激响应，即 $h_p(t) \to h(t)$，式(5.8.2)可改写为

$$r(t_0) = \int_0^{t_0} f(\tau)h(t_0 - \tau)\mathrm{d}\tau$$

由于 t_0 的任意性，可将 t_0 改写为 t，得到

$$r(t) = \int_0^t f(\tau)h(t - \tau)\mathrm{d}\tau \tag{5.8.3}$$

从上式可得出结论：线性非时变电路在任意激励 $f(t)$ 作用下的零状态响应 $r(t)$ 等于该激励与电路的单位冲激响应 $h(t)$ 的卷积。需要强调，卷积积分只能求出电路的零状态响应，若要求电路的全响应，还必须加上电路的零输入响应。

按照一般的数学定义(即式(5.8.1))，卷积积分限应从 $-\infty$ 到 $+\infty$。对于一个物理上可实现的电路网络，它的响应不可能先于激励产生，激励在 $t=0$ 时作用到网络，即 $t<0$ 时，$f(t)=0$，因此式(5.8.3)的积分下限为 0；又在 $t<0$ 时，它的单位冲激响应 $h(t)=0$，因此式(5.8.3)的积分上限为 t(因为 $\tau > t$ 时，$h(t-\tau)=0$)。与卷积积分的定义(即式(5.8.1))并不矛盾。

卷积积分有两个重要性质，分别是交换率和分配率，如式(5.8.4)和式(5.8.5)所示，证明过程见参考文献[9]。

$$f_1(t) * f_2(t) = f_2(t) * f_1(t) \tag{5.8.4}$$

$$f_1(t) * [f_2(t) + f_3(t)] = [f_1(t) * f_2(t)] + [f_1(t) * f_3(t)] \tag{5.8.5}$$

例 5.8.1 图 5.8.3 所示电路中，$u_S = 2\mathrm{e}^{-t}\varepsilon(t)\mathrm{V}$，$R = 2\Omega$，$C = 0.2\mathrm{F}$，$u_C(0^-) = 2\mathrm{V}$。求电容电压 $u_C(t)$。

解 本题要求的是电容电压的全响应，可以利用经典法求电容电压的自由响应和强制响应而得到。下面将全响应分解为零输入响应和零状态响应后分别求解。

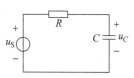

图 5.8.3   例 5.8.1 图

(1) 先求电容电压的零输入响应

$$u_{Czi} = u_C(0^-)\mathrm{e}^{-\frac{1}{RC}t} = 2\mathrm{e}^{-2.5t}\mathrm{V} \quad t \geqslant 0$$

(2) 再求电容电压的单位冲激响应

$$h(t) = \frac{1}{RC}\mathrm{e}^{-\frac{1}{RC}t} = 2.5\mathrm{e}^{-2.5t}\mathrm{V} \quad t \geqslant 0$$

（3）用卷积积分方法求电路的零状态响应

$$u_{Czs} = u_S(t) * h(t) = \int_0^t 2e^{-\tau} \times 2.5e^{-2.5(t-\tau)} d\tau$$

$$= 5e^{-2.5t} \times \int_0^t e^{1.5\tau} d\tau$$

$$= 3.33e^{-2.5t} \times e^{1.5\tau} \mid_0^t$$

$$= 3.33(e^{-t} - e^{-2.5t})V \quad t \geqslant 0$$

（4）电路的全响应＝零输入响应＋零状态响应

$$u_C(t) = u_{Czi} + u_{Czs}$$

$$= 3.33e^{-t} - 1.33e^{-2.5t}V \quad t \geqslant 0$$

例 5.8.2 已知某电路变量的单位冲激响应 $h(t) = 2e^{-2t}\varepsilon(t)$，激励 $f(t)$ 如图 5.8.4(b) 所示，求该电路变量的零状态响应。

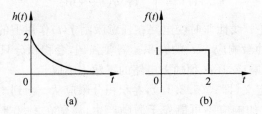

图 5.8.4 例 5.8.2 图

解 利用卷积积分，电路变量的零状态响应为

$$r(t) = f(t) * h(t) = \int_0^t f(\tau)h(t-\tau)d\tau$$

在本题中，对于不同时刻的响应即 t 取不同的值时，在 $(0,t)$ 范围内 $f(\tau)$ 的值不是连续变化的，有 0 和 1 两种情况，需要分段处理。为了更直观地理解卷积积分的含义，下面我们借助图形来描述卷积积分的过程。

图 5.8.5 给出了激励 $f(\tau)$ 的波形，它与图 5.8.4(b) 完全相同，只是横坐标变为 τ；图 5.8.6 给出了 $h(-\tau)$ 的波形，它是图 5.8.4(a) 所示单位冲激响应对纵轴的镜像，$h(t-\tau)$ $(t \geqslant 0)$ 就是 $h(-\tau)$ 沿横轴向右平移 t，$0 \leqslant t \leqslant 2s$ 时 $h(t-\tau)$ 如图 5.8.7 所示。

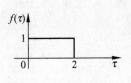

图 5.8.5 $f(\tau)$ 的波形

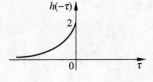

图 5.8.6 $h(-\tau)$ 的波形

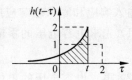

图 5.8.7 $h(t-\tau)(0 \leqslant t \leqslant 2)$ 的波形

由图 5.8.7 可知：当 $0 \leqslant t \leqslant 2s$ 时，电路的零状态响应为

$$r(t) = f(t) * h(t) = \int_0^t f(\tau)h(t-\tau)\mathrm{d}\tau$$

$$= \int_0^t 2\mathrm{e}^{-2(t-\tau)}\mathrm{d}\tau = 1 - \mathrm{e}^{-2t}$$

当 $t \geqslant 2s$ 时，$h(t-\tau)$ 如图 5.8.8 所示。此时，电路的零状态响应

$$r(t) = f(t) * h(t) = \int_0^t f(\tau)h(t-\tau)\mathrm{d}\tau$$

$$= \int_0^2 2\mathrm{e}^{-2(t-\tau)}\mathrm{d}\tau = \mathrm{e}^{-2t}(\mathrm{e}^4 - 1) = 53.6\mathrm{e}^{-2t}$$

即

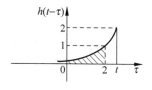

图 5.8.8　$h(t-\tau)(t \geqslant 2)$ 的波形

$$r(t) = \begin{cases} 1 - \mathrm{e}^{-2t} & 0 \leqslant t \leqslant 2s \\ 53.6\mathrm{e}^{-2t} & t \geqslant 2s \end{cases}$$

上述求解过程表明：当激励或单位冲激响应为区间函数时，用卷积积分求电路的零状态响应要注意分段确定积分的上、下限。若直接代公式，得

$$r(t) = f(t) * h(t) = \int_0^t f(\tau)h(t-\tau)\mathrm{d}\tau = \begin{cases} \int_0^t f(\tau)h(t-\tau)\mathrm{d}\tau & 0 \leqslant t \leqslant 2s \\ \int_0^2 f(\tau)h(t-\tau)\mathrm{d}\tau & t > 2s \end{cases}$$

当然也可以得到正确的结果，但不如图解法直观、简便。上式 $t > 2s$ 后，$f(\tau) = 0 (2 < \tau < t)$，所以积分上限为 2。

5.9　状态变量法

1. 状态变量和状态方程

状态变量法是另一种求解动态电路的有效方法。对于某个动态电路，如果已知 n 个独立变量在 t_0 时刻的初始值以及 $t \geqslant t_0$ 时电路的激励，就可以完全确定 $t \geqslant t_0$ 时电路中的所有响应，那么这 n 个独立变量就称为电路的一组状态变量(state variable)。以状态变量为未知量列写的一阶微分方程组就称为电路的状态方程。由于计算机求解一阶微分方程组要比求解高阶微分方程容易一些，因此用计算机求解动态电路时一般都采用状态变量法。

设 x_1、x_2、$\cdots$、x_n 是电路的一组状态变量，状态变量的列向量为 $\boldsymbol{X} = [x_1, x_2, \cdots, x_n]^{\mathrm{T}}$，状态变量一阶导数的列向量为 $\dot{\boldsymbol{X}} = \left[\dfrac{\mathrm{d}x_1}{\mathrm{d}t}, \dfrac{\mathrm{d}x_2}{\mathrm{d}t}, \cdots, \dfrac{\mathrm{d}x_n}{\mathrm{d}t}\right]$，输入量(即电路中的所有独立源)的列向量为 $\boldsymbol{V} = [v_1, v_2, \cdots, v_m]^{\mathrm{T}}$，维数为 $m \times 1$。则状态方程的标准形式为

$$\dot{\boldsymbol{X}} = \boldsymbol{AX} + \boldsymbol{BV} \tag{5.9.1}$$

其中 A 为 $n \times n$ 矩阵，B 为 $n \times m$ 矩阵。状态方程的左边是状态变量的一阶导数，方程的右边只含有状态变量和输入量。

　　一个电路的状态变量的选择是不唯一的，但考虑到状态方程的左边是状态变量的一阶导数，而电容电压和电感电流的一阶导数有明确的物理意义。又因电容电流

$$i_C = C \frac{\mathrm{d}u_C}{\mathrm{d}t} \propto \frac{\mathrm{d}u_C}{\mathrm{d}t}$$

电感电压

$$u_L = L \frac{\mathrm{d}i_L}{\mathrm{d}t} \propto \frac{\mathrm{d}i_L}{\mathrm{d}t}$$

因此列写状态方程时一般选择 u_C、i_L 作为状态变量，也可以选 q、Ψ 作为状态变量。

　　状态变量法不仅适用于线性网络，也适用于非线性网络，而且状态方程便于利用计算机进行数值求解。

　　电路输出方程的标准形式为

$$Y = CX + DV \tag{5.9.2}$$

其中，Y 是表示输出电量的列向量，X、V 的含义与状态方程中的含义相同。这是一个代数方程，方程的左边是输出量，方程右边只有状态变量和输入量。

2. 状态方程的列写

　　列写线性电路的状态方程可以采用不同的方法。一般来说，对于不太复杂的电路可以用直观的方法列写其状态方程；对于用直观法列写时消去非状态量比较困难的线性电路可以用叠加法；而用计算机列写复杂大型电路的状态方程则可以借助网络图论的知识[①]。本书中只介绍用直观法和叠加法列写电路的状态方程。

　　电路如图 5.9.1 所示，写出该电路的状态方程。电路中只含有两个独立的储能元件，可以尝试用直观法列写它的状态方程。

　　选 u_C、i_L 作为状态变量。为使状态方程的

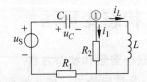

左端为 $\dfrac{\mathrm{d}u_C}{\mathrm{d}t}$ 和 $\dfrac{\mathrm{d}i_L}{\mathrm{d}t}$，分别对接有电容的节点列 KCL　图 5.9.1　用直观法列写状态方程的电路图

方程，对含有电感的回路列 KVL 方程，得到

$$C \frac{\mathrm{d}u_C}{\mathrm{d}t} = i_1 + i_L \tag{5.9.3}$$

$$L \frac{\mathrm{d}i_L}{\mathrm{d}t} = u_S - u_C - R_1(i_1 + i_L) \tag{5.9.4}$$

　　式(5.9.3)和式(5.9.4)的右边除了有输入量(u_S)和状态变量(u_C、i_L)以外，还有一个

---

①　感兴趣的读者可以参阅参考文献[10]。

非状态变量 i_1，将它消去，即用状态变量和输入量来表示 i_1 才能得到标准形式的状态方程。

由 KVL 可得

$$L\frac{\mathrm{d}i_L}{\mathrm{d}t} = u_\mathrm{S} - u_C - R_1(i_1 + i_L) = R_2 i_1$$

$$i_1 = \frac{u_\mathrm{S} - u_C - R_1 i_L}{R_1 + R_2}$$

将上式代入式(5.9.3)和式(5.9.4)，整理得

$$\frac{\mathrm{d}u_C}{\mathrm{d}t} = -\frac{1}{(R_1+R_2)C}u_C + \frac{R_2}{(R_1+R_2)C}i_L + \frac{1}{(R_1+R_2)C}u_\mathrm{S}$$

$$\frac{\mathrm{d}i_L}{\mathrm{d}t} = -\frac{R_2}{(R_1+R_2)L}u_C - \frac{R_1 R_2}{(R_1+R_2)L}i_L + \frac{R_2}{(R_1+R_2)L}u_\mathrm{S}$$

写成矩阵形式则有

$$\begin{bmatrix} \dfrac{\mathrm{d}u_C}{\mathrm{d}t} \\ \dfrac{\mathrm{d}i_L}{\mathrm{d}t} \end{bmatrix} = \frac{1}{R_1+R_2}\begin{bmatrix} -\dfrac{1}{C} & \dfrac{R_2}{C} \\ -\dfrac{R_2}{L} & -\dfrac{R_1 R_2}{L} \end{bmatrix}\begin{bmatrix} u_C \\ i_L \end{bmatrix} + \begin{bmatrix} \dfrac{1}{(R_1+R_2)C} \\ \dfrac{R_2}{(R_1+R_2)L} \end{bmatrix}u_\mathrm{S} \qquad (5.9.5)$$

如果已知 u_C、i_L 在 t_0 时刻的初始值以及 $t \geqslant t_0$ 时电路的激励 u_S，求解状态方程(5.9.5)就可以得到状态变量 u_C、i_L 随时间变化的表达式，进一步可以求得电路中所有变量的变化情况。

若以节点①的电压 u_1（取电源负端为参考点）和电流 i_1 为输出量，输出方程为

$$u_1 = -u_C + u_\mathrm{S}$$

$$i_1 = -\frac{1}{R_1+R_2}u_C - \frac{R_1}{R_1+R_2}i_L + \frac{1}{R_1+R_2}u_\mathrm{S}$$

写成矩阵形式为

$$\begin{bmatrix} u_1 \\ i_1 \end{bmatrix} = \begin{bmatrix} -1 & 0 \\ -\dfrac{1}{R_1+R_2} & -\dfrac{R_1}{R_1+R_2} \end{bmatrix}\begin{bmatrix} u_C \\ i_L \end{bmatrix} + \begin{bmatrix} 1 \\ \dfrac{1}{R_1+R_2} \end{bmatrix}u_\mathrm{S}$$

用直观法列写电路的状态方程时，有时消去非状态变量会比较困难。观察状态方程的标准形式(式(5.9.1))可以发现：若选电容电压和电感电流为状态变量，那么列写状态方程本质上就是用电容电压、电感电流和输入量来表示 $\dfrac{\mathrm{d}u_C}{\mathrm{d}t}$（正比于电容电流）和 $\dfrac{\mathrm{d}i_L}{\mathrm{d}t}$（正比于电感电压）。正是基于这一认识，用叠加法列写动态电路状态方程的基本步骤如下（设电路有 n 个状态变量和 m 个独立源）：

(1) 选取独立电容电压和电感电流为电路的一组状态变量；

(2) 将电容用电压源替代，电感用电流源替代，得到一个有 $(n+m)$ 个独立源的新

电路；

（3）在新电路中求这 $n+m$ 个独立源单独作用时对应于原电路中的电容电流和电感电压；

（4）根据叠加定理，将（3）中求得的结果相加，再除以相应的电容或电感值，就得到原电路的状态方程。

下面以图 5.9.2(a) 中的电路为例来说明这一过程。

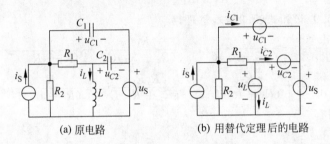

(a) 原电路　　　　　　　(b) 用替代定理后的电路

图 5.9.2　用叠加法列写状态方程电路图

选择电容电压 u_{C1}、u_{C2} 和电感电流 i_L 作为状态变量，将电容 C_1、C_2 用电压源 u_{C1}、u_{C2} 替代，电感 L 用电流源 i_L 替代，得到的新电路如图 5.9.2(b) 所示。

接下来在图 5.9.2(b) 所示电路中，用 u_{C1}、u_{C2}、i_L、u_S、i_S 表示出 i_{C1}、i_{C2} 和 u_L。根据叠加定理，i_{C1}、i_{C2}、u_L 等于各电源 u_{C1}、u_{C2}、i_L、u_S、i_S 单独作用时所产生的相应分量的代数和，可写成下面的形式：

$$\left.\begin{aligned}
i_{C1} &= h_{11}u_{C1} + h_{12}u_{C2} + h_{13}i_L + h_{14}u_S + h_{15}i_S \\
i_{C2} &= h_{21}u_{C1} + h_{22}u_{C2} + h_{23}i_L + h_{24}u_S + h_{25}i_S \\
u_L &= h_{31}u_{C1} + h_{32}u_{C2} + h_{33}i_L + h_{34}u_S + h_{35}i_S
\end{aligned}\right\} \tag{5.9.6}$$

上式中各项系数均为常数，都可通过对应的一个电阻电路求解得出。下面分别求解。

电压源 u_{C1} 单独作用时的电路如图 5.9.3(a) 所示，由图得

$$i_{C1} = -\frac{R_1 + R_2}{R_1 R_2}u_{C1}, \quad i_{C2} = \frac{1}{R_1}u_{C1}, \quad u_L = 0$$

因此　　　　　　　$$h_{11} = -\frac{R_1 + R_2}{R_1 R_2}, \quad h_{21} = \frac{1}{R_1}, \quad h_{31} = 0$$

电压源 u_{C2} 单独作用时的电路如图 5.9.3(b) 所示，由图得

$$i_{C1} = \frac{1}{R_1}u_{C2}, \quad i_{C2} = -\frac{1}{R_1}u_{C2}, \quad u_L = u_{C2}$$

因此　　　　　　　$$h_{12} = \frac{1}{R_1}, \quad h_{22} = -\frac{1}{R_1}, \quad h_{32} = 1$$

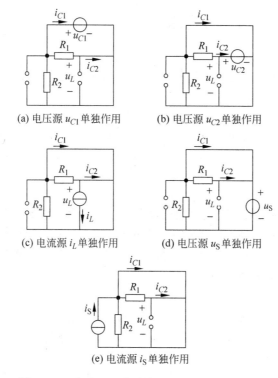

(a) 电压源 u_{C1} 单独作用　　　　(b) 电压源 u_{C2} 单独作用

(c) 电流源 i_L 单独作用　　　　(d) 电压源 u_S 单独作用

(e) 电流源 i_S 单独作用

图 5.9.3　各独立源分别单独作用时的等效电路图

电流源 i_L 单独作用时的电路如图 5.9.3(c)所示，由图得

$$i_{C1} = 0, \quad i_{C2} = -i_L, \quad u_L = 0$$

因此　　　　　　　　$$h_{13} = 0, \quad h_{23} = -1, \quad h_{33} = 0$$

电压源 u_S 单独作用时的电路如图 5.9.3(d)所示，由图得

$$i_{C1} = -\frac{1}{R_2} u_S, \quad i_{C2} = 0, \quad u_L = u_S$$

因此　　　　　　　　$$h_{14} = -\frac{1}{R_2}, \quad h_{24} = 0, \quad h_{34} = 1$$

电流源 i_S 单独作用时的电路如图 5.9.3(e)所示，由图得

$$i_{C1} = i_S, \quad i_{C2} = 0, \quad u_L = 0$$

因此　　　　　　　　$$h_{15} = 1, \quad h_{25} = 0, \quad h_{35} = 0$$

将上述结果代入式(5.9.6)，得

$$i_{C1} = -\frac{R_1 + R_2}{R_1 R_2} u_{C1} + \frac{1}{R_1} u_{C2} - \frac{1}{R_2} u_S + i_S$$

$$i_{C2} = \frac{1}{R_1} u_{C1} - \frac{1}{R_1} u_{C2} - i_L$$

$$u_L = u_{C2} + u_{\mathrm{S}}$$

又 $i_{C1} = C_1 \dfrac{\mathrm{d}u_{C1}}{\mathrm{d}t}, i_{C2} = C_2 \dfrac{\mathrm{d}u_{C2}}{\mathrm{d}t}, u_L = L \dfrac{\mathrm{d}i_L}{\mathrm{d}t}$，代入上式，并整理成标准形式为

$$\begin{bmatrix} \dfrac{\mathrm{d}u_{C1}}{\mathrm{d}t} \\[2mm] \dfrac{\mathrm{d}u_{C2}}{\mathrm{d}t} \\[2mm] \dfrac{\mathrm{d}i_L}{\mathrm{d}t} \end{bmatrix} = \begin{bmatrix} -\dfrac{R_1+R_2}{R_1 R_2 C_1} & \dfrac{1}{R_1 C_1} & 0 \\[2mm] \dfrac{1}{R_1 C_2} & -\dfrac{1}{R_1 C_2} & \dfrac{1}{C_2} \\[2mm] 0 & \dfrac{1}{L} & 0 \end{bmatrix} \begin{bmatrix} u_{C1} \\[2mm] u_{C2} \\[2mm] i_L \end{bmatrix} + \begin{bmatrix} -\dfrac{1}{R_2 C_1} & \dfrac{1}{C_1} \\[2mm] 0 & 0 \\[2mm] \dfrac{1}{L} & 0 \end{bmatrix} \begin{bmatrix} u_{\mathrm{S}} \\[2mm] i_{\mathrm{S}} \end{bmatrix}$$

　　用叠加法列写电路的状态方程适用于线性电路，概念很清楚。但对于含储能元件和独立源比较多的电路用这种方法需要多次求解电阻电路，计算工作量较大。

　　将叠加法的思想用于直观法中非状态变量的消去，也是一种列写状态方程的有效方法，读者可自行尝试，此处不再举例说明。

3. 状态方程的解析解法

　　本节简单介绍线性状态方程在时域中的解析求解方法[①]。

　　对于某个动态电路，它的状态方程的标准形式和初始条件分别为

$$\begin{bmatrix} \dot{x}_1 \\ \dot{x}_2 \\ \vdots \\ \dot{x}_n \end{bmatrix} = \begin{bmatrix} a_{11} & a_{12} & \cdots & a_{1n} \\ a_{21} & a_{22} & \cdots & a_{2n} \\ \vdots & \vdots & & \vdots \\ a_{n1} & a_{n2} & \cdots & a_{nn} \end{bmatrix} \begin{bmatrix} x_1 \\ x_2 \\ \vdots \\ x_n \end{bmatrix} + \begin{bmatrix} b_{11} & b_{12} & \cdots & b_{1r} \\ b_{21} & b_{22} & \cdots & b_{2r} \\ \vdots & \vdots & & \vdots \\ b_{n1} & b_{n2} & \cdots & b_{nr} \end{bmatrix} \begin{bmatrix} v_1 \\ v_2 \\ \vdots \\ v_r \end{bmatrix}$$

$$\begin{bmatrix} x_1(0) \\ x_2(0) \\ \vdots \\ x_n(0) \end{bmatrix} = \begin{bmatrix} \xi_1 \\ \xi_2 \\ \vdots \\ \xi_n \end{bmatrix}$$

或写成

$$\dot{\boldsymbol{X}}(t) = \boldsymbol{A}\boldsymbol{X}(t) + \boldsymbol{B}\boldsymbol{V}(t) \tag{5.9.7}$$

$$\boldsymbol{X}(0) = \boldsymbol{\xi} \tag{5.9.8}$$

式(5.9.7)和一阶微分方程形式上相似，它的解答为

$$\boldsymbol{X}(t) = \underbrace{\mathrm{e}^{\boldsymbol{A}t}\boldsymbol{\xi}}_{\text{零输入响应}} + \underbrace{\int_0^t \mathrm{e}^{\boldsymbol{A}(t-\tau)}\boldsymbol{B}\boldsymbol{V}(\tau)\mathrm{d}\tau}_{\text{零状态响应}} \tag{5.9.9}$$

---

① 　状态方程用 Laplace 变换法求解更为简便，参见参考文献[9]。

式(5.9.9)中第一项是满足初始条件式(5.9.8)的零输入响应,第二项则是零状态响应。

式(5.9.9)中 e^{At} 称为矩阵指数。它的求解有多种方法,本书只介绍矩阵对角线化的方法。

对于 $n \times n$ 矩阵 A,先求其特征值

$$\det[\lambda I - A] = 0$$

上式是一个关于 λ 的 n 次代数方程式,称之为矩阵 A 的特征方程。特征方程的根 λ_1、λ_2、$\cdots$、λ_n 称为矩阵 A 的特征值。在 $n \leqslant 4$ 的情况下,这些特征值(根)容易求出;在 $n \geqslant 5$ 的情况下,一般需用数值计算方法求出它们的值。

根据 A 的特征值,构造一个对角阵

$$\boldsymbol{\Lambda} = \mathrm{diag}[\lambda_1, \lambda_2, \cdots, \lambda_n]$$

假设矩阵 A 的特征值各不相同,在这种情况下矩阵 A 与对角矩阵 $\boldsymbol{\Lambda}$ 相似。

矩阵 A 与对角矩阵 $\boldsymbol{\Lambda}$ 之间的关系是

$$A = P\boldsymbol{\Lambda}P^{-1}$$

上式中

$$\underset{n \times n}{P} = [p_1, p_2, \cdots, \underset{n \times 1}{p_i}, \cdots, p_n]$$

称为对角化变换矩阵。向量 p_i 是 A 的属于特征值 λ_i 的特征向量(n 维列向量),满足

$$Ap_i = \lambda_i p_i \quad i = 1, 2, 3, \cdots, n$$

因为

$$e^{\boldsymbol{\Lambda}t} = \mathrm{diag}[e^{\lambda_1 t}, e^{\lambda_2 t}, \cdots, e^{\lambda_n t}]$$

又 $A = P\boldsymbol{\Lambda}P^{-1}$,于是得

$$e^{At} = Pe^{\boldsymbol{\Lambda}t}P^{-1}$$

以上所述用矩阵对角化方法计算 e^{At} 的步骤可归纳如下:

(1) 由矩阵 A 的特征方程

$$\det[A - \lambda I] = 0$$

解出特征值 λ_1、λ_2、$\cdots$、λ_n(假设各特征值相异)。

(2) 对每一特征值 λ_i,由下式求出其特征向量 p_i:

$$[A - \lambda_i I]p_i = 0$$

(3) 构成 A 的对角化转换矩阵

$$P = [p_1, \underset{n \times 1}{p_2}, \cdots, p_n]$$

求出它的逆矩阵 P^{-1}。

(4) 求出 $e^{\boldsymbol{\Lambda}t}$

$$e^{\boldsymbol{\Lambda}t} = \mathrm{diag}[e^{\lambda_1 t}, e^{\lambda_2 t}, \cdots, e^{\lambda_n t}]$$

(5) 求出 e^{At}

$$e^{At} = Pe^{\boldsymbol{\Lambda}t}P^{-1}$$

　　下面以图 5.9.4 所示电路为例,说明用状态变量法求解动态电路的一般步骤。设 $L=1\mathrm{H},C=0.25\mathrm{F}$, $u_\mathrm{S}=4\mathrm{V}$,电容电压的初始值 $u_C(0^-)=10\mathrm{V}$,电感电流的初始值 $i_L(0^-)=0,t=0$ 时开关 S 闭合。用状态变量法求 $R=5\Omega$ 时电路中的响应 $u_C(t)$ 和 $i_L(t)$。

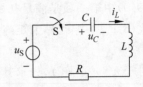

图 5.9.4　用状态变量法求解的电路

　　选 u_C、i_L 作为状态变量,用直观法列写电路的状态方程:

$$C\frac{\mathrm{d}u_C}{\mathrm{d}t}=i_L$$

$$L\frac{\mathrm{d}i_L}{\mathrm{d}t}=u_\mathrm{S}-u_C-Ri_L$$

代入参数,并整理成标准形式为

$$\begin{bmatrix}\dfrac{\mathrm{d}u_C}{\mathrm{d}t}\\[2mm]\dfrac{\mathrm{d}i_L}{\mathrm{d}t}\end{bmatrix}=\begin{bmatrix}0&4\\-1&-5\end{bmatrix}\begin{bmatrix}u_C\\i_L\end{bmatrix}+\begin{bmatrix}0\\1\end{bmatrix}u_\mathrm{S}$$

电路的初始状态为

$$\begin{bmatrix}u_C(0^+)\\i_L(0^+)\end{bmatrix}=\begin{bmatrix}10\\0\end{bmatrix}$$

根据式(5.9.9),状态方程的全解为

$$X(t)=\mathrm{e}^{At}\boldsymbol{\xi}+\int_0^t\mathrm{e}^{A(t-\tau)}\boldsymbol{B}\boldsymbol{V}(\tau)\mathrm{d}\tau$$

　　下面求矩阵指数 e^{At}。由

$$\boldsymbol{A}=\begin{bmatrix}0&4\\-1&-5\end{bmatrix}$$

求矩阵 $\boldsymbol{A}$ 的特征值:

$$\det[\lambda\boldsymbol{I}-\boldsymbol{A}]=0$$

$$\lambda(\lambda+5)+4=0$$

$$\lambda_1=-1,\quad\lambda_2=-4$$

每个特征值对应的特征向量分别为

$$\boldsymbol{A}\boldsymbol{p}_1=\lambda_1\boldsymbol{p}_1,\quad\boldsymbol{p}_1=[-4,1]^\mathrm{T}$$

$$\boldsymbol{A}\boldsymbol{p}_2=\lambda_2\boldsymbol{p}_2,\quad\boldsymbol{p}_2=[1,-1]^\mathrm{T}$$

因此,与 $\boldsymbol{A}$ 相似的对角阵及相应的对角变换阵为

$$\boldsymbol{\Lambda}=\begin{bmatrix}-1&\\&-4\end{bmatrix},\quad\boldsymbol{P}=\begin{bmatrix}-4&1\\1&-1\end{bmatrix}$$

根据 $e^{At} = Pe^{At}P^{-1}$，可以求出

$$e^{At} = \begin{bmatrix} -4 & 1 \\ 1 & -1 \end{bmatrix} \begin{bmatrix} e^{-t} & 0 \\ 0 & e^{-4t} \end{bmatrix} \begin{bmatrix} -4 & 1 \\ 1 & -1 \end{bmatrix}^{-1}$$

$$= \frac{1}{3} \begin{bmatrix} 4e^{-t} - e^{-4t} & 4e^{-t} - 4e^{-4t} \\ -e^{-t} + e^{-4t} & -e^{-t} + 4e^{-4t} \end{bmatrix}$$

电路的零输入响应为

$$\begin{bmatrix} u_{Czi}(t) \\ i_{Lzi}(t) \end{bmatrix} = e^{At} \begin{bmatrix} u_C(0^+) \\ i_L(0^+) \end{bmatrix} = \frac{1}{3} \begin{bmatrix} 4e^{-t} - e^{-4t} & 4e^{-t} - 4e^{-4t} \\ -e^{-t} + e^{-4t} & -e^{-t} + 4e^{-4t} \end{bmatrix} \begin{bmatrix} 10 \\ 0 \end{bmatrix}$$

$$= \frac{10}{3} \begin{bmatrix} 4e^{-t} - e^{-4t} \\ -e^{-t} + e^{-4t} \end{bmatrix}$$

再求电路的零状态响应：

$$\begin{bmatrix} u_{Czs}(t) \\ i_{Lzs}(t) \end{bmatrix} = \int_0^t e^{A(t-\tau)} BV(\tau) d\tau$$

$$= \frac{1}{3} \int_0^t \begin{bmatrix} 4e^{-(t-\tau)} - e^{-4(t-\tau)} & 4e^{-(t-\tau)} - e^{-4(t-\tau)} \\ -e^{-(t-\tau)} + e^{4(t-\tau)} & -e^{-(t-\tau)} + 4e^{-4(t-\tau)} \end{bmatrix} \begin{bmatrix} 0 \\ 4 \end{bmatrix} d\tau$$

$$= \frac{4}{3} \int_0^t \begin{bmatrix} 4e^{-(t-\tau)} - 4e^{-4(t-\tau)} \\ -e^{-(t-\tau)} + 4e^{-4(t-\tau)} \end{bmatrix} d\tau$$

$$= \frac{4}{3} \begin{bmatrix} 3 - 4e^{-t} + e^{-4t} \\ e^{-t} - e^{-4t} \end{bmatrix}$$

最后得到电路的全响应：

$$\begin{bmatrix} u_C(t) \\ i_L(t) \end{bmatrix} = \begin{bmatrix} u_{Czi}(t) \\ i_{Lzi}(t) \end{bmatrix} + \begin{bmatrix} u_{Czs}(t) \\ i_{Lzs}(t) \end{bmatrix} = \begin{bmatrix} 4 + 8e^{-t} - 2e^{-4t} \\ -2e^{-t} + 2e^{-4t} \end{bmatrix}$$

习题

5.1　题图 5.1 所示电路中所有开关在 $t=0$ 时动作。分别画出 0^+ 时刻各电路的等效电路图，并求出图中所标电压、电流在 0^+ 时刻的值。设所有电路在换路前均已处于稳态。

5.2　题图 5.2 所示电路中，$u_S = 100\sin(1000t + 60°)\,\text{V}$，$i_S = 3\sin(50t + 45°)\,\text{A}$，$t < 0$ 时电路处于稳态，$t = 0$ 时合上开关 S。求换路后瞬间图中所标出电压和电流的初始值。

5.3　题图 5.3 所示电路中，$t = 0$ 时打开开关 S。求换路后瞬间电感电流和电容电压初始值及其一阶导数的初始值。

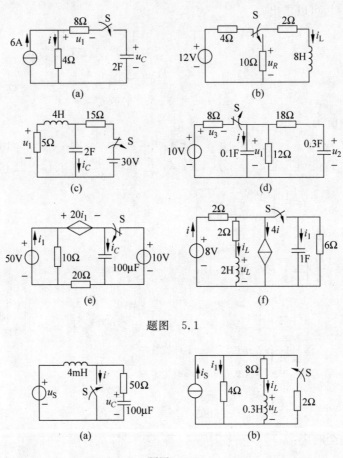

题图　5.1

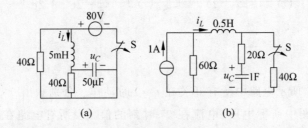

题图　5.2

题图　5.3

5.4　求题图 5.4 所示各电路的时间常数,其中题图 5.4(c)中 $r < 2R$。

5.5　题图 5.5 所示电路原处于稳态,$t=0$ 时合上开关 S。求电容电压 $u_C(t)$,并定性画出其变化曲线。

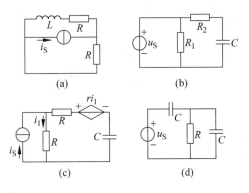

题图　5.4

题图　5.5　　　　　　　　　　　　　　　　题图　5.6

5.6　题图 5.6 所示电路换路前已处于稳态，$t=0$ 时打开开关 S。求流过电感的电流 $i_L(t)$，并定性画出其变化曲线。

5.7　在题图 5.7(a)所示电路中两个 MOSFET 的工作特性为 $u_i < 1V$ 时，DS 开路；$u_i > 1V$ 时，DS 间为电阻 R_{ON}。实际情况中，GS 之间存在杂散电容，设 $C_{GS}=1nF$。已知 MOSFET 的 $R_{ON}=100\Omega$，$R_L=10k\Omega$，$U_S=5V$，u_i 波形如题图 5.7(b)所示。求：(1)$t=50\mu s$ 时，u_i 从"1"变为"0"后，u_o 要多长时间之后才能从"1"变为"0"？(2)$t=100\mu s$ 时，u_i 从"0"变为"1"后，u_o 要多长时间之后才能从"0"变为"1"？（"1"、"0"加引号表示逻辑 1 和逻辑 0。）

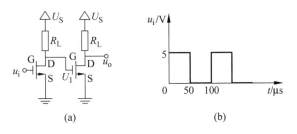

题图　5.7

5.8 题图 5.8 所示电路中,$t=0$ 时打开开关 S,$t=0.1$s 时 $i_L=0.5$A。求 $u_1(t)$,并定性画出其变化曲线。

5.9 电路如题图 5.9 所示,$t=0$ 时闭合开关 S,求 i。

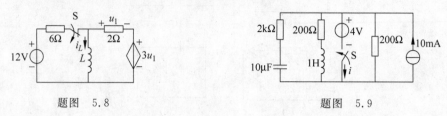

题图 5.8   题图 5.9

5.10 题图 5.10 所示电路中,已知 $R=25\Omega$,$C=100\mu$F,$u_C(0^-)=0$,$t=0$ 时闭合开关 S。求:

(1) 当 $u_S=100\sin(314t+30°)$V 时,u_C 和 i;

(2) 当 $u_S=100\sin(314t+\alpha)$V 时,问初相位 α 等于多少时电路中无过渡过程? 并求此时的电容电压 u_C。

5.11 题图 5.11 所示电路换路前已达稳态,电容无初始储能。$t=0$ 时闭合开关 S。求响应 $u_C(t)$,并定性画出其变化曲线。

5.12 电路如题图 5.12 所示,求响应 $i_L(t)$ 和 $i_1(t)$。

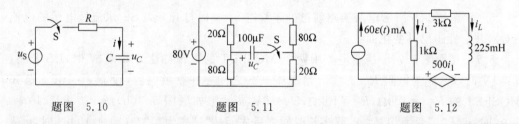

题图 5.10   题图 5.11   题图 5.12

5.13 题图 5.13 所示电路中,已知 $u_C(0^-)=1$V,$t=0$ 时闭合开关 S。求 U_S 分别为 5V 和 10V 时,u_C 的零状态响应、零输入响应和全响应。

5.14 题图 5.14 中二端口 N 的 R 参数为 $R=\begin{bmatrix} 4 & 3 \\ 3 & 6 \end{bmatrix}\Omega$,求 $i_L(t)$ 的零状态响应,并定性画出其变化曲线。

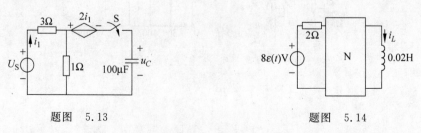

题图 5.13   题图 5.14

5.15 已知题图5.15(a)所示电路中,N为电阻性二端口网络,电容电压对单位阶跃电流源的零状态响应为 $u_C(t) = (1 - e^{-t})\varepsilon(t)$ V。若电流源 $i_S(t)$ 如题图5.15(b)所示,求电路的零状态响应 $u_C(t)$,并画出其波形图。

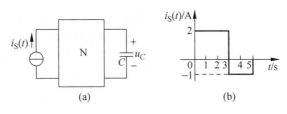

题图 5.15

5.16 求题图5.16所示电路中的输出电压 $u_o(t)$。

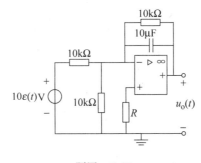

题图 5.16

5.17 题图5.17所示电路中,已知 $i_S = 2\varepsilon(t)$ A, $u_S = 100\sin(1000t + 30°)\varepsilon(t)$ V, $R_1 = R_2 = 10\Omega$, $L = 0.01$ H,求 $i_1(t)$ 和 $i_2(t)$。

5.18 电路如题图5.18所示。$t = 0$ 时闭合开关 S_1, $t = 1$s 时闭合开关 S_2。求 u_C 和 i_C,并画出其变化曲线。

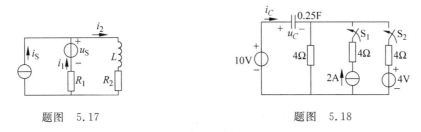

题图 5.17   题图 5.18

5.19 从例5.4.7出发设计一个三角波发生器,要求波形的上升和下降时间不同,并分析求出该三角波的周期表达式。

5.20 题图5.20所示电路是一个检波器,激励波形如题图5.20(b)所示。仿照例 5.4.10 中对加电容后的全波整流电路的分析过程,定性分析检波器的响应情况,简要说明检波实现了什么功能,并定性画出响应波形。

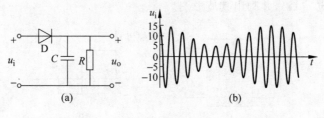

题图　5.20

5.21　电路如题图 5.21 所示。电感无初始储能,$u_S = 2\delta(t)$V,求电感电流 i_L。

5.22　题图 5.22 所示电路中,电容已充电至 4V,$u_S = 6\delta(t)$V。求 u_C 和 i_C,并定性画出其曲线。

5.23　电路如题图 5.23 所示,$i_S = 2\delta(t)$A,$u_S = 10\varepsilon(t)$V,求电感电流 i_L。

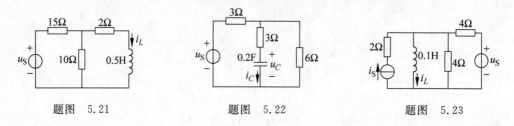

题图　5.21　　　　　　　　题图　5.22　　　　　　　　题图　5.23

5.24　题图 5.24 所示电路中,电容 C_2 原未充电,电路已处于稳态,$t = 0$ 时合上开关 S。求电容电压 u_{C2} 和电流 i、i_1、i_2,并定性画出其曲线。

5.25　电路如题图 5.25 所示,$t = 0$ 时打开开关 S。换路前电路已经到达稳态。求 $i_1(t)$ 和 $i_2(t)$ 的全时间表达式。

5.26　题图 5.26 中 N 为电阻性二端口,已知 $u_C(0^-) = 4$V。当 $u_S = 2\varepsilon(t)$V 时,电容电压 $u_C = 10 - 6e^{-10t}$V$(t \geqslant 0)$。用卷积积分法求 $u_S = 5e^{-t}\varepsilon(t)$V 时电路的响应 $u_C(t)$。

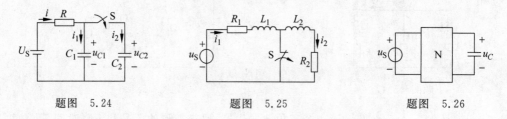

题图　5.24　　　　　　　　题图　5.25　　　　　　　　题图　5.26

5.27　题图 5.27 所示电路中,电压源波形如题图 5.27(b)所示,$i_L(0^-) = 2$A。试用卷积积分求电感电流 i_L。

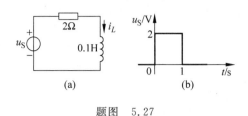

题图　5.27

5.28　判断题图 5.28 所示电路的过渡过程性质,若振荡则求出衰减系数 α 及有阻尼衰减振荡角频率 ω_d。

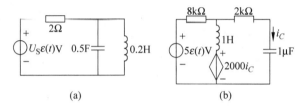

题图　5.28

5.29　题图 5.29 所示电路,已知 $u_C(0^-)=8\text{V}$,$i_L(0^-)=2\text{A}$,$t=0$ 时闭合开关 S。求 $u_C(t)$ 和 $i_2(t)$,并画出其变化曲线。

5.30　题图 5.30 所示电路中,已知电感无初始储能,电容初始储能为 0.08J。$t=0$ 时闭合开关 S,电容电压的响应为 $u_C=40\text{e}^{-100t}\cos400t\text{V}$。求 R、L、C 和 $i(t)$。

5.31　电路如图 5.31 所示,求下列三种情况下 $i_L(t)$ 的零状态响应:(1)$C=\dfrac{1}{6}\text{F}$;(2)$C=\dfrac{3}{8}\text{F}$;(3)$C=\dfrac{1}{2}\text{F}$。

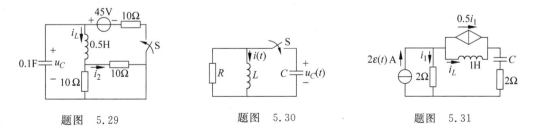

题图　5.29　　　　　　　　　题图　5.30　　　　　　　　　题图　5.31

5.32　题图 5.32 所示电路中,$u_C(0^-)=4\text{V}$,$i_L(0^-)=1\text{A}$,$u_S(t)=5\delta(t)\text{V}$,求 $u_C(t)$。

5.33　若题 5.32 中的电压源 u_S 的波形如图 5.33 所示。试用卷积积分求 $u_C(t)$。

5.34　列写题图 5.34 所示电路状态方程。

5.35　用叠加法列写题图 5.35 所示电路的状态方程和输出方程（输出量为图中的 u_1、u_2 和 u_3）。

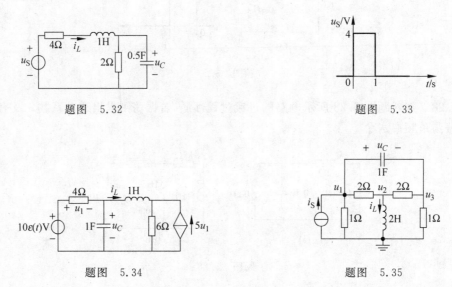

题图　5.32

题图　5.33

题图　5.34

题图　5.35

5.36　由电容构成的数模转换电路（权电容网络 DAC）。在例 3.4.3 中介绍了一种由电阻构成的数模转换电路。在 MOS 集成电路中，制造电容比电阻更节省芯片面积，电容阵列的精度比电阻网络的精度更易于得到保证，且在温度系数、电压系数、功耗等方面也都优于电阻网络。因此，由电容加权网络构成的数模转换器日益受到重视，得到了广泛的应用。题图 5.36 是权电容网络 DAC 的原理图。工作之前，开关 S' 闭合，其余各位开关接地，以消除各电容上的剩余电荷。工作时，开关 S' 打开，各位开关按照其对应的输入数字量进行动作：数字量为 1 时，开关接基准电压 U_{ref}；数字量为 0 时，开关接地。求用数字量 $D_i(i=0,1,2,3)$ 表示的输出电压 u_o 的值。

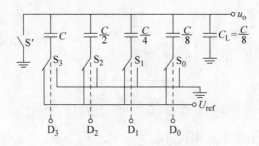

题图 5.36　权电容网络 DAC

参考文献

［1］　Agarwal A,Lang J. Foundations of Analog and Digital Electronic Circuits. Morgan Kaufmann,2005

［2］　Sedra A,Smith K. 微电子电路. 第 5 版. 北京：电子工业出版社,2006

［3］　江缉光. 电路原理. 北京：清华大学出版社,1997

［4］　邱关源. 电路. 第 4 版. 北京：高等教育出版社,1999

［5］　李瀚荪. 简明电路分析基础. 北京：高等教育出版社,2002

［6］　周守昌. 电路原理. 第 2 版. 北京：高等教育出版社,2004

［7］　陈希有. 电路理论基础. 北京：高等教育出版社,2004

［8］　Alexander C,Sadiku M. Fundamentals of Electric Circuits. 影印版. 北京：清华大学出版社,2000

［9］　郑君里,应启珩,杨为理. 信号与系统. 第 2 版. 北京：高等教育出版社,2000

［10］　江泽佳. 网络分析的状态变量法. 北京：人民教育出版社,1979

第 *6* 章　正弦激励下动态电路的稳态分析

本章讨论动态电路在正弦激励下到达稳态[①]后，电路的工作状态以及电路中存在的一些典型现象。首先引出相量法，然后利用元件的相量模型和相量形式的电路定律来分析正弦激励下动态电路的稳态响应，接着介绍电路的频率响应，并由此引出滤波器的基本概念及其简单应用，随后讨论互感和变压器、功率以及三相电路的分析和计算，最后简单介绍利用傅里叶级数求解周期性非正弦激励作用下动态电路稳态响应的方法。

6.1　概述

第 5 章研究了动态电路的时域分析，其中介绍的分析方法可以用于求解线性非时变动态电路的各类问题。因此，从理论上讲，动态电路在正弦激励下电压、电流的稳态解等都可以用第 5 章中介绍的待定系数法进行求解，但是这样做显然过于繁琐、复杂。人们针对正弦信号的特点，总结出相量法，并引出阻抗与导纳的概念。借助这些概念，在求解正弦激励下电路的稳态响应时，无须再列写微分方程，从而使分析过程大为简化。读者在学习过程中应密切关注第 5、6 两章内容的联系和对比。

迄今为止，我们所讨论的大多为直流信号激励的电路。以理想直流电压源为例，它的电压值是一个常数，不随时间变化。在实际生活中，除了这类信号以外，还存在着大量的随时间做交替变化的信号，称为交流信号，如图 6.1.1 所示。

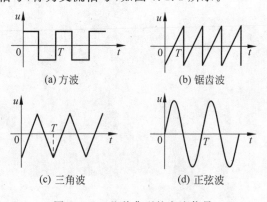

(a) 方波　　　　　　　　　(b) 锯齿波

(c) 三角波　　　　　　　　(d) 正弦波

图 6.1.1　几种典型的交流信号

---

① 正弦激励下动态电路到达稳态后，习惯上把此时的电路称为正弦稳态电路。

随时间按正弦规律变化的信号称为正弦信号,它是交流信号中最简单也是最常见的一种。图 6.1.1 中其他周期信号都可以分解为多个正弦信号之和。日常生活中最常见的正弦信号就是与我们的生活息息相关的电力系统所提供的电压。

电路中按正弦规律变化的电压或电流统称为正弦量[①]。对正弦量的数学描述,可以用 sin 函数,也可以用 cos 函数。本书统一采用 sin 函数。

图 6.1.2 表示电路的某一支路中的正弦电流。在图示参考方向下,其数学表达式定义为

$$i = I_\mathrm{m}\sin(\omega t + \psi_i)$$

上式所示正弦电流的波形图如图 6.1.3 所示。

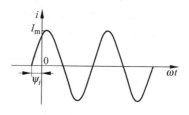

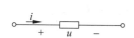

图 6.1.2　一段正弦电流电路

图 6.1.3　正弦电流波形

正弦量的有效值(以正弦电流为例)为

$$I = \sqrt{\frac{1}{T}\int_0^T i^2\,\mathrm{d}t} = \frac{I_\mathrm{m}}{\sqrt{2}}$$

类似地,正弦电压的有效值为

$$U = \frac{U_\mathrm{m}}{\sqrt{2}}$$

由此可见:正弦量的有效值是其最大值的 0.707 倍。大部分使用于 50 Hz 的交流电表的读数以及工程中使用的交流电气设备铭牌上标出的额定电压、电流的数值都是有效值。

正弦量乘以一个常数,以及正弦量求导、积分、同频率正弦量相加和相减运算的结果都仍是一个同频率的正弦量。因此,在线性电路中,如果激励是正弦量,那么当电路到达稳态时,电路中的电压、电流都将是同频率的正弦量。这个性质非常重要,它是后面将要介绍的相量法的基础。

---

① 正弦量的基本概念详见附录 D。

6.2 用相量法分析正弦稳态电路

6.2.1 相量

第 5 章在分析正弦激励下动态电路的特解（即电路的稳态解）时读者已经体会到了求解过程的繁杂。但由于正弦激励是人们日常生活中最常见的激励形式之一，因此非常有必要研究正弦激励作用下求电路稳态响应的简便方法。美国工程师 Charles Steinmetz 于 20 世纪初用相量法成功解决了这个问题，为正弦交流电力系统的发展奠定了理论基础。如今，用相量法分析正弦稳态电路已不再局限于电力系统，该方法在通信、信号处理领域中同样发挥着非常重要的作用。

在 6.1 节中已经提到过：正弦稳态电路中的激励以及由它产生的电压、电流都是同频率的正弦量。因此，在分析这类电路时，可以先不考虑各个正弦量的频率，而只考虑它们的另外两个要素：幅值和初相位。求出各支路电压、电流的幅值和初相位，再根据它们和激励频率相同的性质，即可写出完整的正弦量表达式。

回顾复数的概念，如果将正弦量的幅值对应于复数的模，正弦量的初相位对应于复数的幅角（这本质上就是一种变换），那么就可以用复数来表示已知频率的正弦量，从而为电路的正弦稳态分析提供一种非常简便的方法——相量法。相量法可以说是复数这样一个数学概念在电路分析中的具体应用。下面详细说明如何用复数来表示一个正弦量。

欧拉恒等式为[①]

$$e^{j\theta} = \cos\theta + j\sin\theta$$

当 θ 为时间 t 的实函数时，即

$$\theta = \omega t + \varphi$$

代入欧拉恒等式，有

$$e^{j(\omega t+\varphi)} = \cos(\omega t + \varphi) + j\sin(\omega t + \varphi)$$

上式把实变量 $\omega t + \varphi$ 的复指数函数与该实变量的两个正弦函数联系起来了，也就是说，在正弦函数和复指数函数之间建立了一一对应的变换关系。上式可以用下面两个等式表示：

$$\cos(\omega t + \varphi) = \mathrm{Re}\left[e^{j(\omega t+\varphi)}\right]$$
$$\sin(\omega t + \varphi) = \mathrm{Im}\left[e^{j(\omega t+\varphi)}\right]$$

因此，如果正弦电流为

$$i = I_\mathrm{m}\sin(\omega t + \psi_i)$$

---

① 在数学中习惯用 i 来表示 $\sqrt{-1}$，由于在电路中习惯用 i 来表示电流，因此用 j 来表示 $\sqrt{-1}$。

就可以把它写成

$$i = I_m \sin(\omega t + \psi_i) = I_m \text{Im}[e^{j(\omega t + \psi_i)}] = \text{Im}[I_m e^{j(\omega t + \psi_i)}]$$

$$= \text{Im}[\sqrt{2} I e^{j\psi_i} e^{j\omega t}] = \text{Im}[\sqrt{2} \dot{I} e^{j\omega t}] \tag{6.2.1}$$

式(6.2.1)中

$$\dot{I} = I e^{j\psi_i} = I\angle\psi_i$$

是一个与时间无关的复常数,其模是正弦量的有效值,幅角是正弦量的初相位。它包含了

正弦量除频率以外的两个要素,因此在确定的频率下,该复
常数与正弦量之间有着一一对应的关系。这个复常数就称
为与正弦量对应的相量(phasor)。上式最右边的表达式是
电路理论中惯用的对电压、电流相量的表达式。需要指出,
相量是正弦量的变换式,而不是正弦量本身,它不等于正弦
量。正弦量是时间域的概念,而相量是频域的概念。

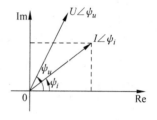

图 6.2.1　电压电流相量图

　　作为一个复数,相量也可以用复平面上的有向线段来表
示,如图 6.2.1 所示。相量在复平面上的图示称为相量图。

　　利用相量图,可以给出式(6.2.1)的几何解释。式中 $e^{j\omega t}$ 是一个复数,其模为 1,辐角
为 ωt。因为 ωt 是时间 t 的函数,因此 $e^{j\omega t}$ 是以角速度 ω 逆时针方向旋转的单位长度的有
向线段,称为旋转因子。相量 $\dot{I}$ 乘以 $\sqrt{2}$,再乘以旋转因子($e^{j\omega t}$)就成为一个旋转相量。它是
长度为 I_m、以角速度 ω 逆时针方向旋转的有向线段,如图 6.2.2(a)所示。该旋转相量在
虚轴上的投影为 $I_m \sin(\omega t + \psi_i)$。若以 ωt 为横轴,以该投影为纵轴,就得到与相量 $\dot{I}$ 对应
的正弦电流波形,如图 6.2.2(b)所示。

　　若在同一复平面上有多个同频率的正弦量,由于与它们相对应的旋转相量的旋转角
速度相同,任何时刻它们之间的相对位置保持不变。因此在考虑其大小和相位时,可以暂
时不考虑旋转因子,而只需指明它们的初始位置,画出各正弦量相应的相量就可以了,得
到的就是图 6.2.1 所示的相量图。

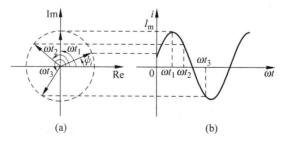

图 6.2.2　旋转相量与正弦量

这里介绍几个特殊的旋转因子：$+\mathrm{j}$、$-\mathrm{j}$ 和 -1。将它们分别和相量 $\dot{I}$ 相乘，得到

$$\left.\begin{array}{l}\mathrm{j}\dot{I} = \mathrm{j}Ie^{\mathrm{j}\psi_i} = e^{\mathrm{j}90°}\times Ie^{\mathrm{j}\psi_i} = Ie^{\mathrm{j}(\psi_i+90°)} \\ -\mathrm{j}\dot{I} = -\mathrm{j}Ie^{\mathrm{j}\psi_i} = e^{-\mathrm{j}90°}\times Ie^{\mathrm{j}\psi_i} = Ie^{\mathrm{j}(\psi_i-90°)} \\ -\dot{I} = -Ie^{\mathrm{j}\psi_i} = e^{\mathrm{j}180°}\times Ie^{\mathrm{j}\psi_i} = Ie^{\mathrm{j}(\psi_i+180°)}\end{array}\right\} \tag{6.2.2}$$

画出相应的相量图如图 6.2.3 所示。

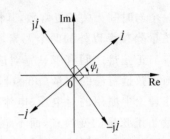

图 6.2.3　旋转因子对相量的影响

由式(6.2.2)和图 6.2.3 都可以看出：一个相量乘以旋转因子 $+\mathrm{j}$，其模不变，相位领先原相量90°；乘以旋转因子 $-\mathrm{j}$，其模不变，相位落后原相量90°；乘以旋转因子 -1，其模不变，相位领先(或落后)原相量180°。

例 6.2.1　若电流 $i_1 = 5\sin(314t+30°)\mathrm{A}$，$i_2 = -3\sin(314t+150°)\mathrm{A}$，$i_3 = 10\cos(314t+45°)\mathrm{A}$，分别写出与这 3 个正弦量对应的相量。

解　(1) $i_1 = 5\sin(314t+30°) = \mathrm{Im}\left[\sqrt{2}\dfrac{5}{\sqrt{2}}e^{\mathrm{j}30°}e^{\mathrm{j}314t}\right]$

$$= \mathrm{Im}\left[\sqrt{2}\dot{I}_1 e^{\mathrm{j}314t}\right]$$

因此，与之对应的相量为

$$\dot{I}_1 = \frac{5}{\sqrt{2}}\angle 30° = 3.54\angle 30° = 3.06 + \mathrm{j}1.77(\mathrm{A})$$

这一相量也可根据正弦量的幅值和初相位直接写出。

(2) $i_2 = -3\sin(314t+150°) = 3\sin(314t-30°)$

因此，与之对应的相量为

$$\dot{I}_2 = \frac{3}{\sqrt{2}}\angle -30° = 2.12\angle -30° = 1.84 - \mathrm{j}1.06(\mathrm{A})$$

(3) $i_3 = 10\cos(314t+45°) = 10\sin(314t+135°)$

与之对应的相量为

$$\dot{I}_3 = \frac{10}{\sqrt{2}}\angle 135° = -5 + \mathrm{j}5(\mathrm{A})$$

需要指出，本书中讨论的正弦量均为下面的形式：

$$i = I_{\mathrm{m}}\sin(\omega t + \psi_i)\qquad I_{\mathrm{m}} > 0, -\pi < \psi_i \leqslant \pi$$

$$u = U_{\mathrm{m}}\sin(\omega t + \psi_u)\qquad U_{\mathrm{m}} > 0, -\pi < \psi_u \leqslant \pi$$

这称为标准正弦形式。因此用非标准正弦形式表示的函数需要先转化为标准正弦形式，然后再写出与之对应的相量。

若要由相量写出相对应的正弦量,还应给出正弦量的角频率 ω,因为在相量中没有反映正弦量的频率。

例 6.2.2　已知 $\dot{I}=5\angle 20°\mathrm{A}$, $\dot{U}=10\angle-15°\mathrm{V}$,频率 $f=50\mathrm{Hz}$,写出电压、电流的正弦量表达式。

解　由题知,

$$\omega = 2\pi f = 314\mathrm{rad/s}$$

则电流的正弦量表达式为

$$i = 5\sqrt{2}\sin(314t+20°)\mathrm{A}$$

电压的正弦量表达式为

$$u = 10\sqrt{2}\sin(314t-15°)\mathrm{V}$$

正弦量乘以常数、正弦量求导、积分以及同频率正弦量相加、相减的结果仍然是同频率的正弦量,因此这些运算都可转换为相对应的相量运算。下面具体分析。

(1) 同频正弦量的代数和

设 $i_1=\sqrt{2}I_1\sin(\omega t+\psi_1)$, $i_2=\sqrt{2}I_2\sin(\omega t+\psi_2)$,这两个正弦量的代数和为 i,则

$$i = i_1 \pm i_2$$
$$= \mathrm{Im}[\sqrt{2}\,\dot{I}_1\mathrm{e}^{\mathrm{j}\omega t}] \pm \mathrm{Im}[\sqrt{2}\,\dot{I}_2\mathrm{e}^{\mathrm{j}\omega t}]$$
$$= \mathrm{Im}[\sqrt{2}(\dot{I}_1 \pm \dot{I}_2)\mathrm{e}^{\mathrm{j}\omega t}]$$

因此,与正弦量的代数和对应的相量为

$$\dot{I} = \dot{I}_1 \pm \dot{I}_2$$

上式表明:正弦量的代数和运算可以转换为相应的相量的代数和运算。

(2) 正弦量的求导

设正弦电流 $i=\sqrt{2}I\sin(\omega t+\psi)$,对 i 求导,有

$$\frac{\mathrm{d}i}{\mathrm{d}t} = \frac{\mathrm{d}}{\mathrm{d}t}\mathrm{Im}[\sqrt{2}\,\dot{I}\mathrm{e}^{\mathrm{j}\omega t}]$$
$$= \mathrm{Im}\left[\frac{\mathrm{d}}{\mathrm{d}t}(\sqrt{2}\,\dot{I}\mathrm{e}^{\mathrm{j}\omega t})\right]$$
$$= \mathrm{Im}[\sqrt{2}\mathrm{j}\omega\,\dot{I}\mathrm{e}^{\mathrm{j}\omega t}]$$

结果表明:与正弦量的求导对应的相量,其模是原正弦量对应相量的模的 ω 倍,其辐角超前 $\frac{\pi}{2}$(即乘以旋转因子 $+\mathrm{j}$),有

$$\frac{\mathrm{d}i}{\mathrm{d}t}\leftrightarrow\mathrm{j}\omega\,\dot{I} = \omega I\angle\left(\psi+\frac{\pi}{2}\right)$$

对 i 求 n 阶导数得到的正弦量对应的相量为 $(\mathrm{j}\omega)^n\,\dot{I}$。

(3) 正弦量的积分

设正弦电流 $i=\sqrt{2}I\sin(\omega t+\psi)$，将 i 对时间 t 积分，有

$$\begin{aligned}\int i\mathrm{d}t &= \int \mathrm{Im}\left[\sqrt{2}\,\dot{I}\mathrm{e}^{\mathrm{j}\omega t}\right]\mathrm{d}t \\ &= \mathrm{Im}\left[\int \sqrt{2}\,\dot{I}\mathrm{e}^{\mathrm{j}\omega t}\,\mathrm{d}t\right] \\ &= \mathrm{Im}\left[\sqrt{2}\,\frac{1}{\mathrm{j}\omega}\dot{I}\,\mathrm{e}^{\mathrm{j}\omega t}\right]\end{aligned}$$

结果表明：与正弦量的积分对应的相量，其模是原正弦量对应相量的模的$\frac{1}{\omega}$，其辐角落后$\frac{\pi}{2}$(即乘以旋转因子$-\mathrm{j}$)，即

$$\int i\mathrm{d}t \leftrightarrow \frac{\dot{I}}{\mathrm{j}\omega} = \frac{I}{\omega}\angle\left(\psi-\frac{\pi}{2}\right)$$

对 i 求 n 重积分得到的正弦量对应的相量为$\frac{\dot{I}}{(\mathrm{j}\omega)^n}$。

由此可见：通过采用相量法，将时域对正弦信号的求导和积分运算分别转换成了频域对相量的乘和除代数运算。相应地，若用相量法分析正弦交流稳态电路，电感和电容的电压电流关系在时域是求导或积分关系，而在频域就成了代数关系，从而大大简化了计算过程。

6.2.2 元件约束与 KCL、KVL 的相量形式

在这一小节中将讨论电阻、电感和电容三种电路基本元件工作在正弦稳态情况下的电压与电流关系及其吸收功率的情况，然后介绍 KCL、KVL 的相量形式。

1. 电阻元件

设电阻 R 中流过的正弦电流 i(图 6.2.4)为

$$i=\sqrt{2}I\sin(\omega t+\psi_i)$$

则电阻两端的电压为

$$u=Ri=\sqrt{2}RI\sin(\omega t+\psi_i)=\sqrt{2}U\sin(\omega t+\psi_u)$$

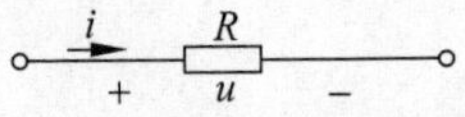

图 6.2.4 电阻

上式中

$$U=RI,\quad \psi_u=\psi_i$$

由此可见：电阻上的电压是与电流同频率的正弦量，电压的有效值(幅值)与电流的有效值(幅值)之间满足欧姆定律，电压与电流相位相同(即同相)，用相量表示为

$$\dot{U}=R\dot{I}$$

电压、电流的相量图以及电阻的相量模型如图 6.2.5 所示。

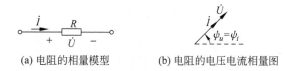

(a) 电阻的相量模型　　　　(b) 电阻的电压电流相量图

图 6.2.5　电阻的相量模型和相量图

电阻中流过正弦电流 i 时吸收的瞬时功率为

$$p = ui = 2UI \sin^2(\omega t) = UI(1 - \cos 2\omega t)$$

由上式看出：不管流过电阻的电流方向如何，电阻在任何时刻吸收的功率均为正。换句话说，电阻总是消耗能量的。电阻吸收的瞬时功率以两倍于电压(或电流)的频率变化(如图 6.2.6 所示)

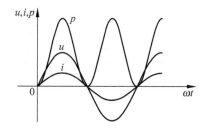

图 6.2.6　电阻上的电压、电流和瞬时功率

电阻在一个周期内消耗的平均功率为

$$P = \frac{1}{T}\int_0^T p\,\mathrm{d}t = \frac{1}{T}\int_0^T \big[UI(1 - \cos 2\omega t)\big]\mathrm{d}t = UI$$

可见电阻上流过正弦电流时在一个周期内消耗的平均功率等于电阻上电压有效值与电流有效值的乘积。从表达式的形式上看，与电阻上流过直流电流时的情况完全相同。

2. 电容

设电容 C 两端加有正弦电压 u(如图 6.2.7 所示)，

$$u = \sqrt{2}U\sin(\omega t + \psi_u)$$

则电容上流过的电流为

$$i = C\frac{\mathrm{d}u}{\mathrm{d}t} = \sqrt{2}\omega CU\sin\left(\omega t + \psi_u + \frac{\pi}{2}\right) = \sqrt{2}I\sin(\omega t + \psi_i)$$

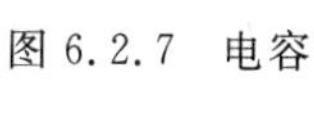

上式中

图 6.2.7　电容

$$I = \omega CU, \quad \psi_i = \psi_u + \frac{\pi}{2}$$

或

$$U = \frac{I}{\omega C}, \quad \psi_u = \psi_i - \frac{\pi}{2}$$

由此可见：电容上的电流是与电压同频率的正弦量,电流的有效值（幅值）等于电压的有效值（幅值）与 ωC 的乘积,电流初相位领先电压初相位 $\pi/2$。用相量形式可表示为

$$\dot{I} = j\omega C \dot{U} \qquad\qquad (6.2.3)$$

电容电压、电流的相量图以及电容的相量模型如图 6.2.8 所示。

(a) 电容的相量模型　　　　　(b) 电容的电压电流相量图

图 6.2.8　电容的相量模型和相量图

式(6.2.3)中,将

$$B_C = \omega C$$

称为电容的电纳,简称容纳。容纳的单位与电导的单位相同,其值总是正值。式(6.2.3)还可以写为

$$\dot{U} = \frac{\dot{I}}{j\omega C} = jX_C \dot{I}$$

其中,

$$X_C = -\frac{1}{\omega C}$$

称为电容的电抗,简称容抗。容抗的单位与电阻的单位相同,其值总是负值。

例 6.2.3　已知电容两端电压 $u = \sqrt{2} \times 220\sin(314t + 30°)\,\mathrm{V}$,电容值 $C = 10\mu\mathrm{F}$,求流过电容的电流,并画出电压、电流的相量图。

解　由题知,

$$\dot{U} = 220\angle 30°\,\mathrm{V}$$

$$\dot{I} = j\omega C \dot{U} = 314 \times 10 \times 10^{-6} \times 220\angle(30° + 90°) = 0.69\angle 120°\,(\mathrm{A})$$

$$i = \sqrt{2} \times 0.69\sin(314t + 120°)\,(\mathrm{A})$$

电压、电流的相量图如图 6.2.9 所示。

设电容的端电压 $u = \sqrt{2}U\sin\omega t$,关联方向下,流经电容的电流 $i = \sqrt{2}I\sin(\omega t + 90°) = \sqrt{2}I\cos(\omega t)$,则电容吸收的瞬时功率为

图 6.2.9　例 6.2.3 电容的电压、电流相量图

$$p = ui = 2UI\sin(\omega t)\cos(\omega t) = UI\sin(2\omega t)$$

上式表明电容吸收的瞬时功率以两倍于电压(或电流)的频率变化(如图 6.2.10 所示)。

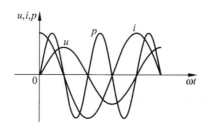

图 6.2.10　电容上的电压、电流和瞬时功率

电容在一个周期内消耗的平均功率为

$$P = \frac{1}{T}\int_0^T p\,\mathrm{d}t = \frac{1}{T}\int_0^T \left[UI\sin(2\omega t)\right]\mathrm{d}t = 0$$

可见电容是不消耗能量的,这与第 5 章中得出的结论是一致的。但电容元件的瞬时功率并不为零,说明它与外部电路之间有能量的交换。若电容的瞬时功率为正,说明它吸收能量,电容中储存的电场能量将增加;若电容的瞬时功率为负,说明它输出能量,电容中储存的电场能量将减少。

3. 电感

设电感 L 中流过的正弦电流 i(如图 6.2.11 所示)为

$$i = \sqrt{2}I\sin(\omega t + \psi_i)$$

则电感两端的电压为

$$u = L\frac{\mathrm{d}i}{\mathrm{d}t} = \sqrt{2}\omega LI\sin\left(\omega t + \psi_i + \frac{\pi}{2}\right) = \sqrt{2}U\sin(\omega t + \psi_u)$$

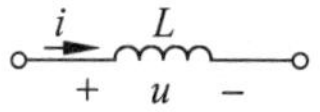

图 6.2.11　电感

上式中

$$U = \omega LI, \quad \psi_u = \psi_i + \frac{\pi}{2}$$

由此可见:电感上的电压是与电流同频率的正弦波,电压的有效值(幅值)等于电流的有效值(幅值)与 ωL 的乘积,电压初相位领先电流初相位 $\pi/2$。用相量形式可表示为

$$\dot{U} = \mathrm{j}\omega L\dot{I} \tag{6.2.4}$$

电感电压、电流的相量图以及电感的相量模型如图 6.2.12 所示。

(a) 电感的相量模型　　　　(b) 电感的电压电流相量图

图 6.2.12　电感的相量模型和相量图

式(6.2.4)中,将

$$X_L = \omega L$$

称为电感的电抗,简称感抗。感抗的单位与电阻的单位相同,其值总是正值。式(6.2.4)还可以写为

$$\dot{I} = \frac{\dot{U}}{\mathrm{j}\omega L} = \mathrm{j}B_L\,\dot{U}$$

其中,$B_L = -\dfrac{1}{\omega L}$,称为电感的电纳,简称感纳。感纳的单位与电导的单位相同,其值总是负值。

例 6.2.4 设正弦交流电流 $i = \sqrt{2} \times 10\sin(314t + 30°)\mathrm{A}$ 流过一个 0.4H 的电感,求电感两端的电压,并画出电压、电流的相量图。

解 由题知,

$$\dot{I} = 10\angle 30°\mathrm{A}$$

$$\dot{U} = \mathrm{j}\omega L\dot{I} = 314 \times 0.4 \times 10\angle(30° + 90°) = 1256\angle 120°(\mathrm{V})$$

$$u = \sqrt{2} \times 1256\sin(314t + 120°)(\mathrm{V})$$

电压、电流的相量图如图 6.2.13 所示。

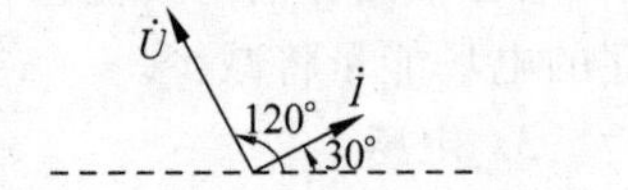

设流过电感的电流 $i = \sqrt{2}I\sin\omega t$,关联方向下电感两端的电压 $u = \sqrt{2}U\sin(\omega t + 90°) = \sqrt{2}U\cos(\omega t)$,则电感吸收的瞬时功率为

图 6.2.13　例 6.2.4 电感的电压、电流相量图

$$p = ui = 2UI\sin(\omega t)\cos(\omega t) = UI\sin(2\omega t)$$

上式表明电感吸收的瞬时功率也是以两倍于电压(或电流)的频率变化(如图 6.2.14 所示)。

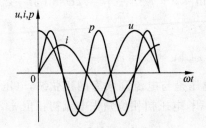

图 6.2.14　电感上的电压、电流和瞬时功率

电感在一个周期内消耗的平均功率为

$$P = \frac{1}{T}\int_0^T p\mathrm{d}t = \frac{1}{T}\int_0^T [UI\sin(2\omega t)]\mathrm{d}t = 0$$

可见电感也是不消耗能量的,这与第 5 章中得出的结论是一致的。但电感的瞬时功率并不为零,说明它与外部电路之间有能量的交换。若电感的瞬时功率为正,说明它吸收能

量,所储存的磁场能量增加;若电感的瞬时功率为负,说明它输出能量,所储存的磁场能量减少。

4. KCL 和 KVL

KCL 的时域表达式为

$$i = i_1 + i_2 + \cdots + i_n$$

根据相量运算法则,其相量形式为

$$\dot{I} = \dot{I}_1 + \dot{I}_2 + \cdots + \dot{I}_n \tag{6.2.5}$$

同理,KVL 的相量形式为

$$\dot{U} = \dot{U}_1 + \dot{U}_2 + \cdots + \dot{U}_n \tag{6.2.6}$$

注意:这里的电压、电流都是指电路中由相同频率正弦激励作用产生的同频率的正弦量。如果电路中有多个不同频率的正弦激励,则不能使用此结论,具体讨论见 6.8 节。

本节中分别描述了电阻、电容和电感的相量模型、相量形式的元件电压、电流关系以及相量形式的基尔霍夫定律。这些内容构成了用相量法分析正弦激励下动态电路的稳态响应的基础。

相量形式的元件约束、KCL、KVL 与电阻电路中的元件约束、KCL、KVL 具有相同的形式,因此所有适用于线性电阻电路分析的定理和方法都有其相应的相量形式的表述,这在以后的讨论中将会看到,此处不一一列举。

6.2.3　阻抗与导纳

图 6.2.15 是一个不含独立源的线性一端口网络。当它在正弦激励下处于稳定状态时,端口的电压、电流一定是同频率的正弦量。应用相量法,端口的电压相量与电流相量的比值定义为该一端口的等效阻抗(impedance),即

$$Z = \frac{\dot{U}}{\dot{I}} = \frac{U}{I} \angle \psi_u - \psi_i = |Z| \angle \varphi$$

可见,阻抗是一个复数。上式中,$|Z|$ 是阻抗的模,φ 是阻抗角,显然

$$|Z| = \frac{U}{I}, \quad \varphi = \psi_u - \psi_i$$

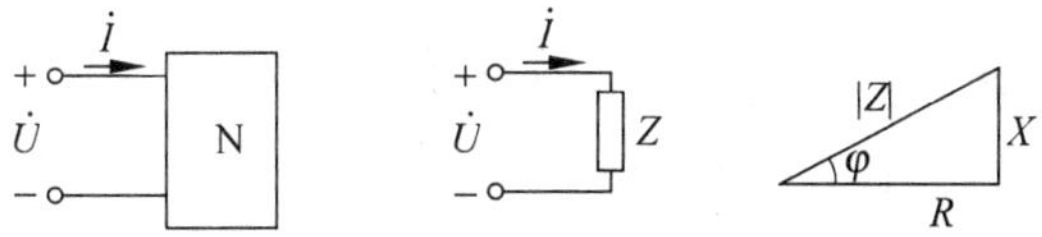

(a) 无独立源一端口网络　　(b) 等效电路　　(c) 阻抗三角形

图 6.2.15　一端口网络的等效阻抗

由此可见：阻抗不仅表达出了端口上电压、电流有效值的大小关系，还表达出了两者之间的相位关系。

阻抗还可以写成直角坐标形式为

$$Z = R + \mathrm{j}X$$

其中，实部 $R = |Z|\cos\varphi$，称为电阻（resistance），虚部 $X = |Z|\sin\varphi$，称为电抗（reactance）。R、X 和 $|Z|$ 之间的数值关系可以用一个直角三角形来表示，如图 6.2.15(c) 所示。

阻抗的两种表达形式可以互相转换，上式可表示成

$$|Z| = \sqrt{R^2 + X^2}, \quad \varphi = \arctan\left(\frac{X}{R}\right)$$

如果一端口内部分别是电阻 R、电感 L 或电容 C，则对应的阻抗分别为

$$Z_R = R \tag{6.2.7}$$

$$Z_L = \mathrm{j}\omega L = \mathrm{j}X_L \tag{6.2.8}$$

$$Z_C = \frac{1}{\mathrm{j}\omega C} = \mathrm{j}X_C \tag{6.2.9}$$

则所有 R、L、C 元件约束可以统一为

$$\dot{U} = Z\dot{I}$$

上式中，Z 是元件阻抗（分别如式(6.2.7)、式(6.2.8)和式(6.2.9)所示）。上式就是相量形式的欧姆定律。

如果一端口内部是 RLC 串联电路，如图 6.2.16 所示，则该一端口的等效阻抗为

$$Z = \frac{\dot{U}}{\dot{I}} = R + \mathrm{j}\omega L + \frac{1}{\mathrm{j}\omega C}$$

$$= R + \mathrm{j}\left(\omega L - \frac{1}{\omega C}\right) = R + \mathrm{j}X = |Z| \angle\varphi$$

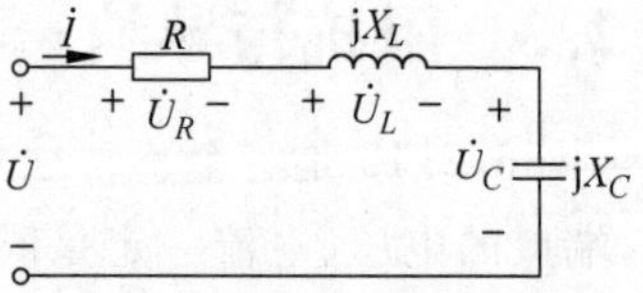

图 6.2.16 RLC 串联电路

当 $X > 0$ 即 $\omega L > \dfrac{1}{\omega C}$ 时，等效阻抗的辐角 $0° < \varphi < 90°$。此时端口的电压领先电流，电路呈现感性，电路中各元件电压、电流的相量图如图 6.2.17(a) 所示。

当 $X < 0$ 即 $\omega L < \dfrac{1}{\omega C}$ 时，等效阻抗的辐角 $-90° < \varphi < 0°$。此时端口的电压落后电流，电路呈现容性，电路中各元件电压、电流的相量图如图 6.2.17(b) 所示。

阻抗的倒数定义为导纳（admittance），用 Y 表示，

$$Y = \frac{1}{Z} = \frac{\dot{I}}{\dot{U}} = \frac{I}{U}\angle\psi_i - \psi_u = |Y| \angle\phi$$

可见，同一无源一端口网络的导纳的模与阻抗的模互为倒数，而导纳角是阻抗角的相

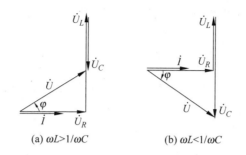

图 6.2.17　RLC 串联电路中的电压电流相量图

反数。导纳也可以写成直角坐标形式：

$$Y = \frac{1}{Z} = \frac{1}{R + jX} = G + jB$$

其中，实部 $G = |Y| \cos\phi$，称为电导（conductance）；虚部 $B = |Y| \sin\phi$，称为电纳（susceptance）。

如果一端口内部分别为电阻 R、电感 L 或电容 C 元件，则对应的导纳分别为

$$Y_R = G = \frac{1}{R} \tag{6.2.10}$$

$$Y_L = \frac{1}{j\omega L} = jB_L \tag{6.2.11}$$

$$Y_C = j\omega C = jB_C \tag{6.2.12}$$

利用导纳，所有元件约束可以统一为

$$\dot{I} = Y\dot{U}$$

上式中，Y 是元件导纳（分别如式(6.2.10)、式(6.2.11)和式(6.2.12)所示）。上式是欧姆定律的另一种相量表示形式。

如果一端口内部是 RLC 并联电路，如图 6.2.18 所示。则该一端口的导纳为

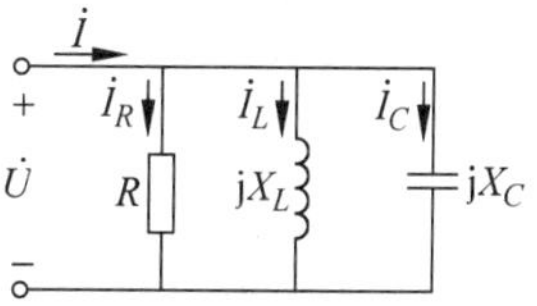

$$Y = \frac{\dot{I}}{\dot{U}} = \frac{1}{R} + \frac{1}{j\omega L} + j\omega C$$

$$= \frac{1}{R} + j\left(\omega C - \frac{1}{\omega L}\right) = G + jB = |Y| \angle \phi$$

图 6.2.18　RLC 并联电路

当 $B > 0$ 即 $\omega C > \dfrac{1}{\omega L}$ 时，导纳角 $0° < \phi < 90°$。此时端口的电压落后电流，电路呈现容性，电路中各元件电压、电流的相量图如图 6.2.19(a)所示。

当 $B < 0$ 即 $\omega C < \dfrac{1}{\omega L}$ 时，导纳角 $-90° < \phi < 0°$。此时端口的电压领先电流，电路呈现

感性,电路中各元件电压、电流的相量图如图 6.2.19(b)所示。

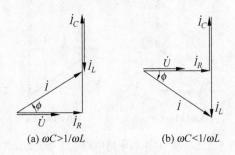

(a) $\omega C > 1/\omega L$ (b) $\omega C < 1/\omega L$

图 6.2.19 RLC 并联电路中的电压电流相量图

阻抗和导纳的概念以及阻抗的串、并联和等效变换是线性电路正弦稳态分析中的重要内容。运用相量法分析正弦稳态电路,只有在引入了阻抗和导纳以后才能充分体现出其优越性。

计算阻抗的串联和并联,在形式上与电阻的串联和并联电路相似。n 个阻抗串联,其等效阻抗为

$$Z_{eq} = Z_1 + Z_2 + \cdots + Z_n$$

若每个阻抗两端电压的参考方向都与总电压的参考方向相同,则各个阻抗的电压分配为

$$\dot{U}_k = \frac{Z_k}{Z_{eq}} \dot{U} \quad k = 1, 2, \cdots, n$$

其中,$\dot{U}$ 是 n 个阻抗上的总电压,$\dot{U}_k$ 是第 k 个阻抗 Z_k 上的电压。

类似地,对于 n 个导纳并联而成的电路,其等效导纳为

$$Y_{eq} = Y_1 + Y_2 + \cdots + Y_n$$

若每个导纳流过的电流参考方向都与总电流的参考方向相同,则各个导纳的电流分配为

$$\dot{I}_k = \frac{Y_k}{Y_{eq}} \dot{I} \quad k = 1, 2, \cdots, n$$

其中,$\dot{I}$ 是流过 n 个导纳的总电流,$\dot{I}_k$ 是第 k 个导纳 Y_k 上的电流。

有了阻抗和导纳的概念以后,可将第 2 章中讨论的二端口的电阻参数 R 和电导参数 G 推广应用到正弦稳态电路,相应地变成阻抗参数 Z 和导纳参数 Y。假设正弦稳态电路中的无独立源二端口网络 N 如图 6.2.20 所示,则端口电压、电流相量的 Z 参数方程和 Y 参数方程为

$$\begin{bmatrix} \dot{U}_1 \\ \dot{U}_2 \end{bmatrix} = \begin{bmatrix} Z_{11} & Z_{12} \\ Z_{21} & Z_{22} \end{bmatrix} \begin{bmatrix} \dot{I}_1 \\ \dot{I}_2 \end{bmatrix}, \quad \begin{bmatrix} \dot{I}_1 \\ \dot{I}_2 \end{bmatrix} = \begin{bmatrix} Y_{11} & Y_{12} \\ Y_{21} & Y_{22} \end{bmatrix} \begin{bmatrix} \dot{U}_1 \\ \dot{U}_2 \end{bmatrix}$$

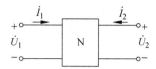

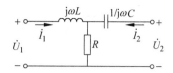

图 6.2.20　正弦交流稳态电路中的无源二端口网络　　图 6.2.21　例 6.2.5 图

例 6.2.5　求图 6.2.21 所示二端口的 Z 参数。

解　直接写出端口的电压电流关系式,从而得出 Z 参数。由图知,

$$\dot{U}_1 = j\omega L \dot{I}_1 + (\dot{I}_1 + \dot{I}_2)R = (j\omega L + R)\dot{I}_1 + R\dot{I}_2$$

$$\dot{U}_2 = \frac{1}{j\omega C}\dot{I}_2 + (\dot{I}_1 + \dot{I}_2)R = R\dot{I}_1 + \left(\frac{1}{j\omega C} + R\right)\dot{I}_2$$

Z 参数矩阵为

$$\mathbf{Z} = \begin{bmatrix} R + j\omega L & R \\ R & \dfrac{1}{j\omega C} + R \end{bmatrix}$$

显然,这是一个互易二端口网络。

6.2.4　相量法分析举例

用相量法分析正弦稳态电路的一般步骤为:

(1) 建立正弦稳态电路的相量模型(频域模型)。它和原电路的时域模型具有相同的拓扑结构,但电路中的所有 R、L、C 用其阻抗(或导纳)来表示,电压、电流都用相应的相量形式来表示。

(2) 应用相量形式的欧姆定律和基尔霍夫定律建立描述电路的相量方程,这些方程都是复系数的代数方程。

(3) 解方程,得到电压相量和电流相量。如果需要,再写出所求电压电流的瞬时值表达式,它们是与激励同频率的正弦量。

例 6.2.6　图 6.2.22 所示 RC 电路中,$u_s = 5\sqrt{2}\sin(2\pi f t)\,\mathrm{V}$,$R = 40\,\Omega$,$C = 5\,\mu\mathrm{F}$,分别求 $f = 100\,\mathrm{Hz}$ 和 $f = 10\,\mathrm{kHz}$ 时电路中的 i、u_R 和 u_C。

解　(1) $f = 100\,\mathrm{Hz}$

电阻的阻抗 $Z_R = R = 40\,\Omega$,电容的阻抗

$$Z_C = \frac{1}{j\omega C} = \frac{1}{j \times 2\pi \times 100 \times 5 \times 10^{-6}} = -j318.31\,(\Omega)$$

因此,原电路的相量模型如图 6.2.23 所示。其中,电压、电流用相量形式表示,电阻、电容分别用各自的阻抗表示。

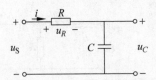

图 6.2.22　RC 电路的正弦稳态响应

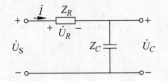

图 6.2.23　RC 电路的相量域模型

由图知,激励端口的入端阻抗为

$$Z = Z_R + Z_C = 40 - j318.31(\Omega)$$

电流、电阻电压及电容电压分别为

$$\dot{I} = \frac{\dot{U}_S}{Z} = \frac{5\angle 0°}{40 - j318.31} = 1.56 \times 10^{-2}\angle 82.8°\text{A}$$

$$\dot{U}_R = \dot{I} Z_R = 0.62\angle 82.8°\text{V}$$

$$\dot{U}_C = \dot{I} Z_C = 4.96\angle -7.16°\text{V}$$

响应的时域表达式分别为

$$i = 1.56\sqrt{2}\sin(200\pi t + 82.8°) \times 10^{-2}\text{A}$$

$$u_R = 0.62\sqrt{2}\sin(200\pi t + 82.8°)\text{V}$$

$$u_C = 4.96\sqrt{2}\sin(200\pi t - 7.16°)\text{V}$$

计算结果表明：输出信号 u_C 的幅值几乎与输入信号相等,有很小的相移。

(2) $f = 10\text{kHz}$

图 6.2.23 中,电阻的阻抗 $Z_R = R = 40\Omega$,保持不变。电容的阻抗

$$Z_C = \frac{1}{j\omega C} = \frac{1}{j \times 2\pi \times 10^4 \times 5 \times 10^{-6}} = -j3.183(\Omega)$$

则激励端口的入端阻抗为

$$Z = Z_R + Z_C = 40 - j3.183(\Omega)$$

电流、电阻电压及电容电压分别为

$$\dot{I} = \frac{\dot{U}_S}{Z} = \frac{5\angle 0°}{40 - j3.183} = 0.125\angle 4.55°\text{A}$$

$$\dot{U}_R = \dot{I} Z_R = 4.98\angle 4.55°\text{V}$$

$$\dot{U}_C = \dot{I} Z_C = 0.397\angle -85.45°\text{V}$$

响应的时域表达式分别为

$$i = 0.125\sqrt{2}\sin(2\pi \times 10^4 t + 4.55°)\text{A}$$

$$u_R = 4.98\sqrt{2}\sin(2\pi \times 10^4 t + 4.55°)\text{V}$$

$$u_C = 0.397\sqrt{2}\sin(2\pi \times 10^4 t - 85.45°)\text{V}$$

计算结果表明：输出电压 u_C 幅值几乎衰减为零，而且出现了很大的相移。这是由于电容阻抗随频率变化的缘故。当 $\omega=0$ 即直流时，电容相当于开路，输入信号完全加到输出端；当 $\omega\to\infty$ 时，电容相当于短路，输出幅值为 0，相移近于 90°。

在正弦激励下，动态电路响应到达稳态时，电路中各支路的电压、电流一般不再与激励同相，它们满足相量形式的欧姆定律和 KCL、KVL。而在电阻电路中，所有变量都是与激励同相位的。在 6.3 节中将进一步讨论图 6.2.22 所示电路中各个支路量随频率的变化情况。

例 6.2.7 图 6.2.24 所示 *RLC* 串联电路中，$u_s=50\sqrt{2}\sin(1000t+30°)\,\mathrm{V}$，$R=10\Omega$，$L=10\mathrm{mH}$，$C=50\mu\mathrm{F}$，求稳态电流 $i(t)$ 和稳态电压 $u_R(t)$、$u_L(t)$ 和 $u_C(t)$。

解 运用相量法分析正弦稳态电路。作出原电路的相量模型如图 6.2.25 所示。其中

$$\dot{U}_S = 50\angle 30°\,\mathrm{V}$$

$$X_L = \omega L = 1000\times 10\times 10^{-3} = 10\Omega$$

$$X_C = -\frac{1}{\omega C} = -\frac{1}{1000\times 50\times 10^{-6}} = -20\Omega$$

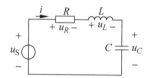

图 6.2.24 例 6.2.7 电路图

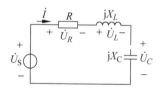

图 6.2.25 原电路的相量模型

求解图 6.2.25 所示电路，得

$$\dot{I} = \frac{\dot{U}}{R+jX_L+jX_C} = \frac{50\angle 30°}{10+j10-j20} = 3.54\angle 75°\,\mathrm{A}$$

$$\dot{U}_R = \dot{I}R = 35.4\angle 75°\,\mathrm{V}$$

$$\dot{U}_L = \dot{I}\times jX_L = 35.4\angle 165°\,\mathrm{V}$$

$$\dot{U}_C = \dot{I}\times jX_C = 70.7\angle -15°\,\mathrm{V}$$

根据求得的相量，写出相应的正弦时间函数：

$$i(t) = 5\sin(1000t+75°)\,\mathrm{A}$$

$$u_R(t) = 50\sin(1000t+75°)\,\mathrm{V}$$

$$u_L(t) = 50\sin(1000t+165°)\,\mathrm{V}$$

$$u_C(t) = 100\sin(1000t-15°)\,\mathrm{V}$$

　　注意：从结果可以看出，电容电压的幅值比电源电压的幅值还要大，即串联电路分电压幅值大于总电压幅值。这是正弦稳态电路特有的一种现象，6.4 节中还要详细讨论。

　　各电压、电流的相量图如图 6.2.26 所示。从相量图可以一目了然地看出各电压、电流之间的相位关系。

　　电阻电路分析中采用的节点电压法和回路电流法在正弦稳态电路分析中仍然适用，只是要注意此时的节点电压和回路电流都是相应的相量，所有的 R、L、C 都用阻抗形式表示。

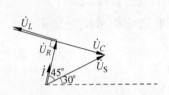

图 6.2.26　例 6.2.7 相量图

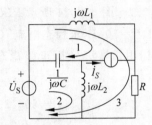

图 6.2.27　例 6.2.8 题图

例 6.2.8　列写图 6.2.27 所示电路的回路电流方程。

解　选择一组独立回路如图 6.2.27 所示。回路电流方程为

$$
\left.
\begin{aligned}
&\dot{I}_1 = -\dot{I}_S \\
&\left(j\omega L_2 + \frac{1}{j\omega C}\right)\dot{I}_2 - \frac{1}{j\omega C}\dot{I}_1 = \dot{U}_S \\
&(R + j\omega L_1)\dot{I}_3 + j\omega L_1 \dot{I}_1 = \dot{U}_S
\end{aligned}
\right\}
$$

例 6.2.9　交流电桥。桥路各臂都由阻抗组成，并且由交流电源供电的电桥就称为交流电桥。交流电桥主要用于测量元件参数（R、L、C 等）、元件残量（时间常数 τ、介质损耗角 $\tan\delta$ 等）以及频率、磁性材料的参数和损耗等[①]。由于交流电桥需满足两个条件才能实现平衡状态，因此交流电桥在调平衡时至少要调节两个可变参数，而且在逼近平衡点的过程中常常需要反复调节。

　　图 6.2.28 所示电路是一个 Maxwell 电桥，C_4 和 R_4 是标准电容箱的模型，L_x、R_x 为待测电感线圈的参数，可调量是 C_4、R_4。当检流计读数为零时，称交流电桥平衡。求待测参数 R_x 和 L_x。

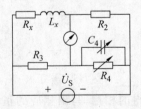

图 6.2.28　利用交流电桥测量阻抗的电路

　　① 参见参考文献[11]。

解　当电桥平衡时,有

$$R_2 R_3 = (R_x + j\omega L_x)\frac{R_4 \times 1/j\omega C_4}{R_4 + 1/j\omega C_4}$$

上式实部、虚部分别相等,则

$$R_x = \frac{R_2 R_3}{R_4}, \quad L_x = R_2 R_3 C_4$$

例 6.2.10　回转器。图 6.2.29 所示二端口的 Z 参数

为 $Z = \begin{bmatrix} 0 & R \\ -R & 0 \end{bmatrix}$,求 1-1′端口的入端阻抗。

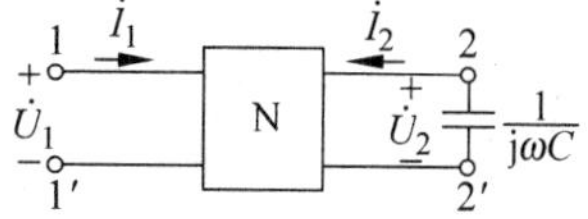

图 6.2.29　例 6.2.10 题图

解　根据所给条件,写出二端口网络的 Z 参数矩阵为

$$\begin{bmatrix} \dot{U}_1 \\ \dot{U}_2 \end{bmatrix} = \begin{bmatrix} 0 & R \\ -R & 0 \end{bmatrix}\begin{bmatrix} \dot{I}_1 \\ \dot{I}_2 \end{bmatrix}$$

又因为 $\dot{U}_2 = -\dfrac{\dot{I}_2}{j\omega C}$,因此,

$$\dot{U}_1 = R\dot{I}_2 = -R \times j\omega C\dot{U}_2 = R \times j\omega C \times R\dot{I}_1 = j\omega R^2 C\dot{I}_1$$

入端阻抗

$$Z_{\text{in}} = \frac{\dot{U}_1}{\dot{I}_1} = j\omega R^2 C$$

从形式上看,这显然是一个感抗。换言之,虽然负载实际是一个电容,但在输入和负载之间加上这样一个二端口网络后,从输入端看进去负载却是电感,即该二端口将电容

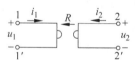

图 6.2.30　回转器的电路符号

"回转"成了一个电感,等效电感值为 $L = R^2 C$。当 $R = 1\text{k}\Omega, C = 1\mu\text{F}$ 时,得到的等效电感为 $L = 1\text{H}$！如此大的电感用分立元件是很难制造的。将具有这种功能的二端口网络称为回转器。回转器的电路符号如图 6.2.30 所示。

　　回转器的这种可以将电容回转成电感的功能在集成电路设计中非常有用。由于电感体积大,不利于集成,因此在集成电路中需要电感的地方就可以利用回转器和电容获得。图 6.2.31 是用运算放大器实现回转器功能的电路。

　　由理想运放的虚短、虚断性质,得

$$\frac{u_A - u_1}{R} = \frac{u_1}{R} \Rightarrow u_A = 2u_1$$

$$u_B = u_2$$

$$\frac{u_A - u_B}{R} = \frac{u_B - u_C}{R} \Rightarrow u_C = 2u_2 - 2u_1$$

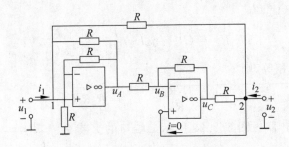

$$\text{图 6.2.31}\quad\text{回转器的实现电路}$$

因此,对 1 节点和 2 节点应用 KCL,得

$$i_1 = \frac{u_1 - u_A}{R} + \frac{u_1 - u_2}{R} = -\frac{1}{R}u_2$$

$$i_2 = \frac{u_2 - u_C}{R} + \frac{u_2 - u_1}{R} = \frac{1}{R}u_1$$

即

$$\begin{bmatrix} u_1 \\ u_2 \end{bmatrix} = \begin{bmatrix} 0 & R \\ -R & 0 \end{bmatrix} \begin{bmatrix} i_1 \\ i_2 \end{bmatrix}$$

这就是回转器的 Z 参数矩阵。换言之,图 6.2.31 所示电路可以看作是一回转器。

需要指出,还有一种回转器的 Z 参数方程为

$$\begin{bmatrix} \dot{U}_1 \\ \dot{U}_2 \end{bmatrix} = \begin{bmatrix} 0 & -R \\ R & 0 \end{bmatrix} \begin{bmatrix} \dot{I}_1 \\ \dot{I}_2 \end{bmatrix}$$

读者可自行证明图 6.2.29 为上述 Z 参数矩阵时依然可以实现将电容回转为电感的功能。如果采用这种回转器,图 6.2.30 中表示回转的箭头应该向右。

下面分析回转器这个二端口网络吸收的功率。由它的 Z 参数矩阵可以看出:回转器不是互易二端口。它在任一时刻吸收的瞬时功率为

$$p = u_1 i_1 + u_2 i_2 = R i_2 i_1 - R i_1 i_2 = 0$$

回转器既不吸收能量,也不发出能量。

6.3　频率响应与滤波器

由于电感和电容的电抗或电纳都是频率的函数,因此端口的阻抗和导纳一般都是频率的函数。例 6.2.6 说明,即使是幅值和初相位完全相同的两个正弦信号,如果它们频率不同,把它们作为激励加到同样的电路中产生的响应也会有很大的差别。正弦激励下动态电路的稳态响应随激励频率变化的这种特性就称为电路的频率响应特性(简称频率响

应或频响特性)。

频响特性的概念不仅在电路分析中得到广泛应用,而且在描述系统性能以至在日常生活中都会经常遇到。例如,为了更好地利用互联网(Internet),希望网络带宽越宽越好,这就要求网络的频响特性在较宽的频率范围内具有平坦的传输性能。又如利用电话线传输计算机输出信号时无法保证信号的传输速率和质量,其根本原因就在于市话网的用户终端(即我们桌上的电话机)的频响特性只能保证 300~3400Hz(语音信号)频率范围内的信号可靠传输,若要传输更宽频率范围的信号,必须利用 Modem(调制解调器)将计算机输出的数字信号转换到这一频率范围之内才可正常工作,且速度受限。还有一个典型的例子就是各种音响设备上的"音调"调节旋钮。调节这个旋钮(可以是一个滑动变阻器),实际就是改变相应的电路参数,从而调整放大器的频响特性,使低频响应增强(如伴奏舞曲)或高频响应增强(如小提琴演奏曲)。用户的调整过程实际就是改变放大器的频响特性曲线,再根据自身听觉判断达到最佳收听效果。

滤波器是利用频率响应实现信号选择的一种装置,它可以从输入信号中选出某些特定频率的信号作为输出。根据实现方式的不同,滤波器可以分为模拟滤波器和数字滤波器,而模拟滤波器根据实现元件的不同,又可以分为无源滤波器和有源滤波器。无源滤波器是用 R、L、C 等无源器件实现的,而有源滤波器则利用了运算放大器和电力电子开关等有源器件。根据对不同频率的信号响应性质的不同,滤波器又可以分为低通滤波器、高通滤波器、带通滤波器和带阻滤波器。顾名思义,低通滤波器就是指低频信号更容易通过的滤波电路,高通滤波器指高频信号更容易通过的滤波电路,而带通滤波器则只允许某一频率范围内的信号通过,带阻滤波器则会阻止某一频率范围内的信号通过。例如在某些电气设备中为了抑制某些干扰信号,需要接入带阻滤波器将这些不需要的频率成分滤除。这实际上就是设计系统的频响特性在某些频率点(如工频的 3 次谐波 150Hz)的输出响应尽可能趋近于零。

本章介绍的频响特性概念广泛应用于通信、信号处理、计算机、电力等各种工程领域中,在这里给出的对动态电路频响特性和滤波器的初步认识将使读者受益匪浅。

6.3.1　一阶 RC 电路的频率响应

在例 6.2.6 中已经初步讨论了 RC 电路在低频和高频下的输出情况,下面进一步讨论它的入端阻抗、电流以及元件两端电压随频率变化的规律。电路如图 6.3.1 所示,假设激励 $\dot{U}_S$ 是正弦信号。写出入端阻抗 Z_{in} 以及电路中电压 $\dot{U}_R$、$\dot{U}_C$ 和电流 $\dot{I}$ 的表达式如下:

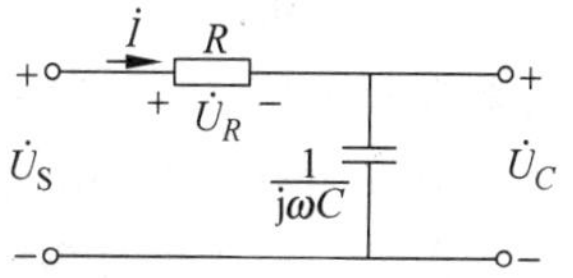

图 6.3.1　RC 电路

$$Z_{in} = R + \frac{1}{j\omega C} = R - j\frac{1}{\omega C} \tag{6.3.1}$$

$$\dot{I} = \frac{\dot{U}_s}{R + \frac{1}{j\omega C}} = \frac{j\omega C}{1 + j\omega CR}\dot{U}_s \tag{6.3.2}$$

$$\dot{U}_R = R\dot{I} = \frac{j\omega CR}{1 + j\omega CR}\dot{U}_s \tag{6.3.3}$$

$$\dot{U}_C = \frac{1}{j\omega C}\dot{I} = \frac{1}{1 + j\omega CR}\dot{U}_s \tag{6.3.4}$$

式(6.3.1)～式(6.3.4)表明：入端阻抗的幅值和阻抗角、各个支路的幅值和相位都是频率的函数，都会随着电源频率的变化而变化。电压随电源频率变化的特性称为电压频率特性；类似地，电流随电源频率变化的特性称为电流频率特性，阻抗随电源频率变化的特性则称为阻抗频率特性。又因为电压、电流和入端阻抗都是频率的复函数，因此可以表示成模（幅值）和辐角（或相位）的形式，显然它们的模（幅值）和辐角（或相位）也都是频率的函数。它们的模（幅值）随频率变化的特性称为幅频特性，辐角（或相位）随频率变化的特性称为相频特性。

下面定性分析各变量随频率变化的情况。当 $\omega \to 0$ 时，电容电抗趋于无穷大，因此入端阻抗近似等于电容的电抗，电路中的电流幅值近似为 0，相位领先电源电压90°；电阻电压幅值近似为 0，相位与电流同相，领先电源电压90°；电容电压近似等于电源电压。当频率增加时，容抗减小，入端阻抗的幅值和辐角的绝对值都减小；电流幅值增大，与电源电压的相位差减小。当 $\omega \to \infty$ 时，电容电抗趋于 0，因此入端阻抗近似等于电阻，电路中的电流幅值近似等于电源电压幅值除以电阻值，相位近似与电源电压同相；电容电压幅值近似为 0，相位落后电流90°，即落后电源电压90°。当 $\dot{U}_s = 100\angle 0°$，$R = 10\Omega$，$C = 10\mu F$，电源频率 ω 从 1Hz 变化到 10^8 Hz 时，利用 EWB 仿真软件得到的电流、电阻电压以及电容电压的幅频特性和相频特性如图 6.3.2 所示。

入端阻抗的幅频特性和相频特性曲线，如图 6.3.3 所示。

从图 6.3.2(c)所示的仿真结果可以看出：以电容电压为输出信号时，低频成分更易通过图 6.3.1 所示电路，因此这一电路又称为低通滤波电路，在下一节中会做进一步阐述。

例 6.3.1 MOSFET 小信号放大器的频响特性

在第 4 章中讨论了 MOSFET 构成的小信号放大器。当 MOSFET 工作在恒流区时，可用来构成小信号放大器。图 6.3.4 中两个相同的 MOSFET 均工作在恒流区，构成了一个两级放大器。设小信号为一正弦信号，两级放大器的小信号电路模型如图 6.3.5 所示。现在来分析当信号频率较高时，MOSFET 栅极和源极之间的寄生电容 C_{GS} 对放大器性能的影响。

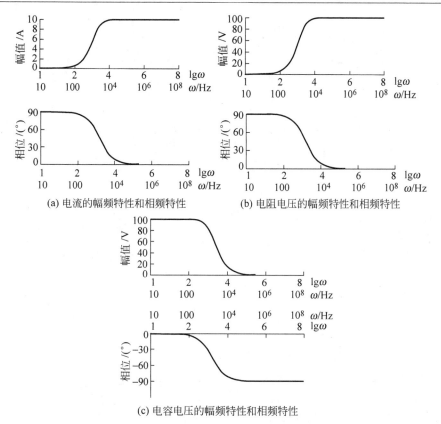

(a) 电流的幅频特性和相频特性　　　(b) 电阻电压的幅频特性和相频特性

(c) 电容电压的幅频特性和相频特性

图 6.3.2　RC 电路中各支路量的频率特性

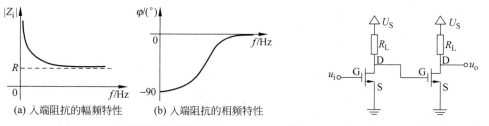

(a) 入端阻抗的幅频特性　　(b) 入端阻抗的相频特性

图 6.3.3　入端阻抗的频率特性　　　图 6.3.4　由两个 MOSFET 构成的两级放大器

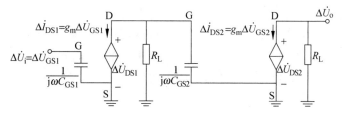

图 6.3.5　MOSFET 放大器的小信号相量电路模型

设激励为 $\Delta \dot{U}_{\mathrm{i}}$，响应为 $\Delta \dot{U}_{\mathrm{o}}$，则电压增益为

$$H = \frac{\Delta \dot{U}_{\mathrm{o}}}{\Delta \dot{U}_{\mathrm{i}}} = \frac{\Delta \dot{U}_{\mathrm{DS2}}}{\Delta \dot{U}_{\mathrm{GS1}}} = \frac{-\Delta \dot{I}_{\mathrm{DS2}} R_{\mathrm{L}}}{\Delta \dot{U}_{\mathrm{GS1}}} = \frac{-g_{\mathrm{m}} \Delta \dot{U}_{\mathrm{GS2}} R_{\mathrm{L}}}{\Delta \dot{U}_{\mathrm{GS1}}} = \frac{-g_{\mathrm{m}} \Delta \dot{U}_{\mathrm{DS1}} R_{\mathrm{L}}}{\Delta \dot{U}_{\mathrm{GS1}}}$$

又

$$\Delta \dot{U}_{\mathrm{DS1}} = -\left(\frac{R_{\mathrm{L}} \times \dfrac{1}{\mathrm{j}\omega C_{\mathrm{GS2}}}}{R_{\mathrm{L}} + \dfrac{1}{\mathrm{j}\omega C_{\mathrm{GS2}}}} \right) \Delta \dot{I}_{\mathrm{DS1}} = -\left(\frac{R_{\mathrm{L}}}{1 + \mathrm{j}\omega C_{\mathrm{GS2}} R_{\mathrm{L}}} \right) \Delta \dot{I}_{\mathrm{DS1}}$$

因此，

$$H = \frac{g_{\mathrm{m}} R_{\mathrm{L}}}{\Delta \dot{U}_{\mathrm{GS1}}} \times \left(\frac{R_{\mathrm{L}}}{1 + \mathrm{j}\omega C_{\mathrm{GS2}} R_{\mathrm{L}}} \right) \Delta \dot{I}_{\mathrm{DS1}} = \frac{g_{\mathrm{m}} R_{\mathrm{L}}}{\Delta \dot{U}_{\mathrm{GS1}}} \times \left(\frac{R_{\mathrm{L}}}{1 + \mathrm{j}\omega C_{\mathrm{GS2}} R_{\mathrm{L}}} \right) g_{\mathrm{m}} \Delta \dot{U}_{\mathrm{GS1}}$$

$$= \frac{g_{\mathrm{m}}^{2} R_{\mathrm{L}}^{2}}{1 + \mathrm{j}\omega C_{\mathrm{GS2}} R_{\mathrm{L}}}$$

小信号放大器增益的模为

$$|H| = \frac{g_{\mathrm{m}}^{2} R_{\mathrm{L}}^{2}}{\sqrt{1 + (\omega C_{\mathrm{GS2}} R_{\mathrm{L}})^{2}}}$$

在 $\omega = 0$ 时，$|H| = (g_{\mathrm{m}} R_{\mathrm{L}})^{2}$；在 $\omega \to \infty$ 时，$|H| \to$ 0。增益的幅频特性如图 6.3.6 所示。

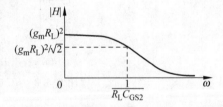

由图 6.3.6 可以看出：由于 C_{GS2} 的作用，使得 MOSFET 构成的小信号放大器在高频时增益下降。

实际上在此建立的 MOSFET 电路模型是相当粗略的，只考虑了电容 C_{GS} 的作用，忽略了其他极间杂散电容。若要得到精确的计算结果，则需要建立更加复杂的 MOSFET 电路模型，其中还要包括更

图 6.3.6　考虑 C_{GS} 后 MOSFET 放大器
小信号放大增益的频率特性

多的电容[1]，当然放大器增益的频响特性表达式及其计算都将变得更加复杂。但是，例 6.3.1 中给出的粗略分析已经足以说明由于寄生电容的存在将会限制它的工作频率上限。

回顾例 5.4.1，在那里由于 C_{GS} 的充、放电作用使得输出相对于矩形输入脉冲产生了延迟，从而限制了数字电路的工作频率的上限。这两个例子的分析表明，MOSFET 中的寄生电容对电路的暂态响应和稳态响应都会产生影响。

例 6.3.1 说明电路中的动态元件（如电容）可能对电路的工作性能产生一些不利影响，然而也应该看到事物的另一方面，当然也是更重要的一面，在 6.3.2 小节中将介绍利用动态电路的频响特性实现各种滤波器的应用实例。

---

① 这一点在后续课程中将详细讨论，可参阅参考文献[8]。

6.3.2　低通滤波和高通滤波

滤波器是利用动态电路的频响特性实现所需功能的典型应用,本节研究简单滤波器的性能及其分析和计算。

由图 6.3.2(c)电容电压的幅频特性可以看出:图 6.3.1 所示电路中,若以电容电压为输出,则低频信号比高频信号更容易通过这一网络,因此图 6.3.1 所示电路就是一个低通滤波电路,或称低通网络。利用这一特性就可以选出信号中的低频分量,滤除其中不需要的高频成分。

为了进一步突出电路中的元件参数随频率变化的特性,引入描述正弦稳态电路频率特性的一个很重要的概念——网络函数。网络函数定义为:在内部不含独立源的电路的某一端口施加正弦激励 $\dot{E}$,由此激励在电路中产生某一稳态响应 $\dot{R}$,该响应与激励的比值就是一个网络函数,即

$$H(\omega) = \frac{\dot{R}}{\dot{E}}$$

由于电路中的容抗和感抗都是随频率变化的,因此网络函数必然也是随频率变化的。它的幅值随频率变化的特性就称为幅频特性,相位随频率变化的特性则称为相频特性。每当称一网络函数时,必须指明激励、响应所在的端口。它与电路结构、元件参数以及激励与响应所在的端口均有关系。将图 6.3.1 重画于图 6.3.7,以电容电压为响应,电路的网络函数为

$$H(\omega) = \frac{\dot{U}_C}{\dot{U}_S} = \frac{\dfrac{1}{\mathrm{j}\omega C}}{R + \dfrac{1}{\mathrm{j}\omega C}} = \frac{1}{1 + \mathrm{j}\omega CR} \tag{6.3.5}$$

上式所示网络函数的幅频特性和相频特性如图 6.3.8 所示。

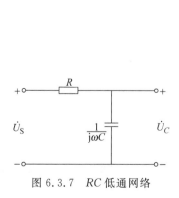

图 6.3.7　RC 低通网络

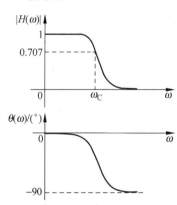

图 6.3.8　低通网络函数的幅频特性和相频特性

由图 6.3.8 中所示的幅频特性曲线也可以看出,图 6.3.7 所示电路是一个低通网络,具有这种特性的网络函数也常称为低通函数。

将图 6.3.7 所示低通滤波器与图 5.4.11(b)所示近似积分电路($RC\gg1$)相比较可以看出,二者结构完全相同。因为

$$u_C \approx \frac{1}{RC}\int u_S \mathrm{d}t$$

若 $u_S = U_m\sin(\omega t + \psi)$,则

$$u_C \approx -\frac{U_m}{\omega RC}\cos(\omega t + \psi)$$

同样可以得出输入信号频率越低,输出幅值越大的结论。从本质上讲,积分电路从信号中提取出变化慢的成分在这里就表现为低频输出幅值大,滤除变化快的成分就表现为高频输出幅值小。可见,对同一个电路从不同角度分析得到的结果完全一致。

在实际应用中,往往更关心幅频特性,或者只对电路的幅频特性提出要求(例如传输语音信号时就可能出现这种情况)。但在某些应用场合,不仅关注幅频特性,对相频特性也有一定要求(例如传输图像信号或数据信号)。有时在实际应用中期望产生特定的相移,为此可以构成移相器,6.3.3 小节将介绍具有这种功能的电路。

图 6.3.8 所示幅频特性中,把幅值 $|H(\omega)|$ 等于最大值的 0.707 倍处的频率记为 ω_C。显然,$\omega_C = \dfrac{1}{RC}$,数值上等于该一阶 RC 电路的时间常数的倒数。工程技术中认为幅值大于 0.707 倍最大值时该滤波器就是导通的,否则就是截止的。因此,把角频率从 0 到 ω_C 的范围称为低通函数的通频带,ω_C 称为截止频率,有时也称为半功率频率[①]。时域分析中以时间常数 RC 表征过渡过程的快慢,而频域分析中以截止频率 $\omega_C = \dfrac{1}{RC}$ 作为衡量其滤波性能的定量指标。

下面讨论高通滤波电路。图 6.3.9 中设激励为 $\dot{U}_S$,响应为电阻电压 $\dot{U}_R$,它的网络函数为

$$H(\omega) = \frac{\dot{U}_R}{\dot{U}_S} = \frac{R}{R + \dfrac{1}{\mathrm{j}\omega C}} = \frac{\mathrm{j}\omega CR}{1 + \mathrm{j}\omega CR}$$

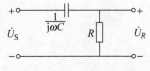

图 6.3.9 一阶 RC 高通电路

$R = 10\,\Omega$,$C = 10\,\mu\mathrm{F}$ 时,仿真得到的该网络函数的幅频特性和相频特性如图 6.3.10 所示。从图中可以看出:这是一个高通网络,具有这种特性的网络函数也常称为高通函数。

---

① 这是因为当网络函数表示电压比时,在 ω_C 处有:$U_1/U_2 = 0.707$,其中 U_1 表示频率为 ω_C 时的输出电压,U_2 则表示网络函数到达最大值时对应的输出电压,因此 $P_1/P_2 = (U_1/U_2)^2 = 0.5$。

高通函数的通频带是从 ω_{C} 到 ∞，$\omega_{\mathrm{C}} = \dfrac{1}{RC}$。

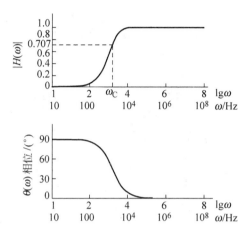

图 6.3.10　高通网络函数的幅频特性和相频特性

图 6.3.9 所示电路就是图 5.4.11(a) 讨论的近似微分电路。参考对一阶 RC 低通滤波电路（即近似积分电路）的分析，读者不妨自己从输出与输入的时域关系表达式分析图 6.3.9 所示电路的高通性质。

一阶低通滤波和高通滤波除了可以用 RC 电路实现，也可以用 RL 电路实现。下面以 RL 低通滤波电路为例进行简单介绍，读者可自行设计 RL 高通滤波电路，并分析其频率响应特性。

例 6.3.2　图 6.3.11 中，激励为 $\dot{U}_{\mathrm{S}}$，响应为电阻电压 $\dot{U}_R$，求网络函数 $H(\omega)$，并定性画出其幅频特性曲线。

解　图示电路的网络函数为

$$H(\omega) = \frac{\dot{U}_R}{\dot{U}_{\mathrm{S}}} = \frac{R}{R + \mathrm{j}\omega L}$$

上式与式 (6.3.5) 具有相同的形式，也是一个低通网络函数。定性画出其幅频特性曲线如图 6.3.12 所示。

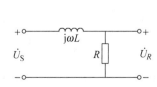

图 6.3.11　一阶 RL 低通电路

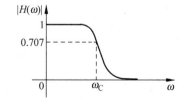

图 6.3.12　RL 低通电路网络函数的幅频特性

图 6.3.12 中,截止频率 $\omega_C = \dfrac{R}{L}$,也是该一阶 RL 电路的时间常数的倒数。由图 6.3.12 可以看出:图 6.3.11 所示电路也是一个低通网络。然而,由于电感元件体积大,不易集成,因此在信号处理领域实际的滤波电路大都利用 RC 元件实现。

图 6.3.7、图 6.3.9 和图 6.3.11 所示的一阶无源低通滤波或高通滤波电路的截止频率和通频带受外接负载的影响,其值不稳定。当输出端接入负载阻抗时,它的滤波特性将发生改变。可以利用运算放大器将负载隔离来解决这一问题,如图 6.3.13 所示。

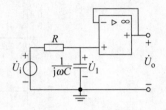

图 6.3.13　利用运放隔离负载的低通网络

图 6.3.13 所示电路网络函数为

$$H(\omega) = \frac{\dot{U}_o}{\dot{U}_i} = \frac{\dot{U}_1}{\dot{U}_i} = \frac{1}{1 + j\omega CR}$$

图 6.3.13 所示电路中的运算放大器仅仅作为一个跟随器用于隔离负载的影响,实际上还可以利用运算放大器的反馈作用,改变 RC 滤波电路的网络函数的频率特性,从而改善滤波电路的性能,限于篇幅,本书不再讨论。

在图 6.3.10 的仿真曲线中,由于频率变化范围比较宽($1 \sim 10^8$ Hz),仿真结果显示时横坐标采用的都是以 10 为底的对数坐标。如果采用线性坐标,绘制曲线就不很方便,有时甚至不能明确显示频率特性曲线的特点。在绘制电压、电流、网络函数以及入端阻抗的频率特性曲线时,可以对曲线的横坐标(频率)和纵坐标(幅值)都取对数,也可以只对其中之一取对数(如图 6.3.2 和图 6.3.10)。

人们最早用贝[尔](B)来度量两个功率的比值 η,即规定

$$\eta = \lg \frac{P_1}{P_2} (\text{B})$$

通常以分贝(dB)为单位,因此有

$$1\text{dB} = 0.1\text{B}$$

$$\eta = 10 \lg \frac{P_1}{P_2} (\text{dB})$$

若 P_1、P_2 是电阻值相等的两个电阻吸收的功率,$P_1 = U_1 I_1$,$P_2 = U_2 I_2$,则

$$\eta = 10 \lg \frac{P_1}{P_2} = 10 \lg \frac{U_1^2 / R}{U_2^2 / R} = 10 \lg \frac{I_1^2 R}{I_2^2 R} = 20 \lg \frac{U_1}{U_2} = 20 \lg \frac{I_1}{I_2} (\text{dB})$$

严格来说,分贝只能用于表示两个功率的比值,但现在分贝已经广泛用于表示电压或电流的相对大小。

在网络函数的幅频特性曲线中,纵坐标可以取自然对数,也可以取以 10 为底的常用对数。若网络函数为 U_1/U_2 或 I_1/I_2,对其幅值取自然对数时,即 $\ln |H(\omega)|$,它的单位是

奈培(Np)；若取以 10 为底的对数再乘以 20，即 $20\lg|H(\omega)|$，它的单位就是 dB。dB 与 Np 的换算关系为

$$1\text{Np} \approx 8.68\text{dB}$$

在高通或低通滤波器网络函数的幅频特性曲线中，若纵坐标采用对数坐标，截止频率 ω_C 也可称为 3dB 频率，因为在截止频率处，有 $20\lg|H(\omega_C)| = -3\text{dB}$。

6.3.3　带通滤波和全通滤波

在实际应用中，除低通与高通滤波之外，还经常运用带通滤波器取出某一频段的信号，滤除在此范围之外的高、低频信号。

利用低通网络和高通网络就可以得到带通网络。将图 6.3.1 所示的低通网络、运放以及图 6.3.9 所示的高通网络级联，并且满足高通网络的截止频率小于低通网络的截止频率这一条件，就可以得到一个带通网络，如图 6.3.14 所示。

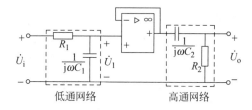

图 6.3.14　由低通网络和高通网络级联而成的带通网络

图 6.3.14 所示带通网络的网络函数为

$$H(\omega) = \frac{\dot{U}_o}{\dot{U}_i} = \frac{\dot{U}_o}{\dot{U}_1} \times \frac{\dot{U}_1}{\dot{U}_i} = \frac{\text{j}\omega C_2 R_2}{1 + \text{j}\omega C_2 R_2} \times \frac{1}{1 + \text{j}\omega C_1 R_1}$$

$$= \frac{\text{j}\omega C_2 R_2}{1 - \omega^2 R_1 R_2 C_1 C_2 + \text{j}\omega(C_1 R_1 + C_2 R_2)}$$

定性画出该网络函数的幅频特性曲线，如图 6.3.15 所示。

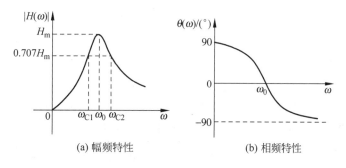

(a) 幅频特性　　　　　　　　(b) 相频特性

图 6.3.15　带通网络函数的频率特性

　　由图 6.3.15 可以看出：该网络能使频率在 ω_0 附近的正弦信号通过,而抑制此频带范围以外的正弦信号,因此该网络称为带通网络。工程上称带通网络的网络函数的幅频特性上出现最大值的频率 ω_0 为该电路的中心频率。中心频率两侧,幅频特性下降为最大值 H_m 的 0.707 倍时对应的两个频率称为截止频率,其中 ω_{C2} 又称为上截止频率或上 3dB 频率,ω_{C1} 称为下截止频率或下 3dB 频率。这两个频率的差值称为带通网络的通频带或带宽 BW(band width)：

$$BW = \omega_{C2} - \omega_{C1}$$

　　图 6.3.14 电路是带通滤波的实现方法之一,在下一节中将介绍应用更广泛的 RLC 带通滤波电路。

　　由低通网络和高通网络还可以构成带阻网络,请读者自行设计。

　　类似地,还可以用运算放大器和电容、电感等器件共同构成有源带通网络和有源带阻网络。本书不再赘述。

　　全通滤波器是另一类比较特殊的滤波电路,它具有平坦的幅频特性,主要利用它来产生相移。下面利用一个例子对全通滤波器作简单介绍。

　　例 6.3.3　移相桥。图 6.3.16 所示电路中,设激励为 $\dot{U}_s$,响应为电压 $\dot{U}_{ab}$,求网络函数 $H(\omega)$,并画出其幅频特性和相频特性曲线。

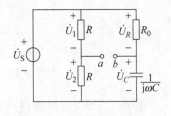

图 6.3.16　移相桥电路

　　解　图 6.3.16 中,电容两端电压为

$$\dot{U}_C = \frac{1/j\omega C}{R_0 + 1/j\omega C}\dot{U}_s = \frac{1}{1 + j\omega CR_0}\dot{U}_s$$

响应

$$\dot{U}_{ab} = \dot{U}_2 - \dot{U}_C = \frac{1}{2}\dot{U}_s - \frac{1}{1 + j\omega CR_0}\dot{U}_s = \frac{j\omega CR_0 - 1}{2(1 + j\omega CR_0)}\dot{U}_s$$

因此,网络函数

$$H(\omega) = \frac{\dot{U}_{ab}}{\dot{U}_s} = \frac{j\omega CR_0 - 1}{2(1 + j\omega CR_0)}$$

网络函数的幅值和相位分别为

$$|H(\omega)| = 0.5, \quad \varphi(\omega) = 180° - 2\arctan(\omega CR_0)$$

它的幅频特性曲线和相频特性曲线如图 6.3.17 所示。

　　从图 6.3.17 可以看出,所有频率的信号都以同样的增益通过移相桥电路,因此,可称其为全通滤波器,但不同频率的信号通过该电路产生了不同的相移。

　　画相量图也可分析图 6.3.16 所示电路的移相特性。不妨以 $\dot{U}_s$ 为参考相量,画出图 6.3.16 中各电量的相量图,如图 6.3.18 所示。图中画出了在两个不同频率情况下的

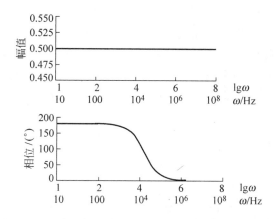

图 6.3.17　移相桥电路网络函数的幅频特性和相频特性

相量图。分析图 6.3.16 所示电路,显然有 $\dot{U}_1 = \dot{U}_2 =$
$0.5\dot{U}_S$。因为 ab 间开路,因此电阻 R_0 与电容中流过的
电流相同。又电阻上电压电流同相,电容上电流领先
电压 90°,因此 $\dot{U}_R$ 领先 $\dot{U}_C$ 90°。再根据 $\dot{U}_{ab} = \dot{U}_R - \dot{U}_1$ 或
$\dot{U}_{ab} = \dot{U}_2 - \dot{U}_C$,画出两种情况下的相量 $\dot{U}_{ab1}$ 和 $\dot{U}_{ab2}$,如
图 6.3.18 所示。

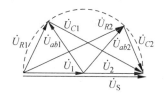

图 6.3.18　移相桥电路的相量图

当 $\omega = 0$ 时,$\dot{U}_R = 0$,$\dot{U}_C = \dot{U}_S$,$\dot{U}_{ab} = -\dot{U}_1 = -0.5\dot{U}_S$;当 $\omega \to \infty$ 时,$\dot{U}_R = \dot{U}_S$,$\dot{U}_C = 0$,
$\dot{U}_{ab} = \dot{U}_2 = 0.5\dot{U}_S$。由此可见,当频率从 0 到 ∞ 变化时,$\dot{U}_{ab}$ 与 $\dot{U}_S$ 之间的相位差从 180° 变化
到 0°。对于某一确定频率的输入信号,若要使输出信号实现 0° 到 180° 的相移,可以通过改
变与电容串联的电阻值来实现(其余元件参数不变)。

　　本节介绍的滤波器概念只是一些最简单的入门知识,给出的滤波器实例其性能也
往往不能满足实际需要。一个比较理想的滤波器,它的幅频传输特性在通带内应保持
平坦,而进入阻带后要尽快衰减,即幅频特性应尽量接近矩形,如图 6.3.19 所示(以低
通滤波器为例)。

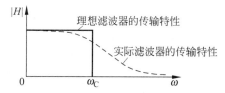

图 6.3.19　理想滤波器与实际滤波器传输特性的比较

显然,上文列举的例子都与此要求相差甚远。另一方面,在实际应用中有时还会对相频特性有一些特定要求。此外,设备小型化、减小体积和重量,降低功耗,提高参数精度和性能稳定性等都是实际应用中需要考虑的问题。为此,百余年来人们付出了艰苦的努力,滤波器的发展经历了曲折而漫长的过程,如今各种类型的、性能优良的滤波器在通信系统、电力系统、信号处理系统等领域都得到了广泛的应用。在后续多门课程中将进一步讨论滤波器的设计与应用[10]。

6.4 LC 谐振电路

6.4.1 LC 谐振电路的频率响应

谐振电路又称振荡电路,由电感线圈和电容器组成。谐振电路具有选频作用,即带通滤波。在 6.3 节中介绍了由低通和高通网络构成的带通滤波电路,实际上 RLC 谐振电路是应用更广泛的带通滤波器。

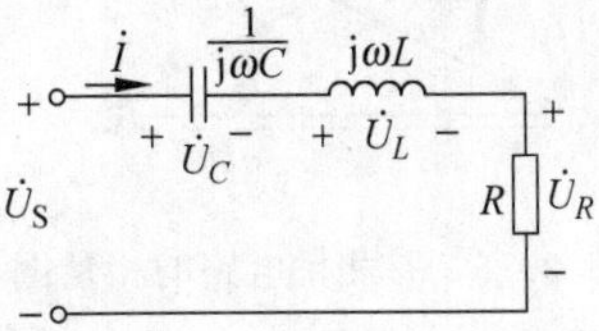

图 6.4.1 所示为一 RLC 串联电路,设激励为 $\dot{U}_S$,响应为电阻电压 $\dot{U}_R$,则网络函数为

$$H(\omega) = \frac{\dot{U}_R}{\dot{U}_S} = \frac{R}{R + j\omega L + \dfrac{1}{j\omega C}} = \frac{j\omega CR}{1 - \omega^2 LC + j\omega CR}$$

图 6.4.1 RLC 串联电路

$$(6.4.1)$$

其幅频特性和相频特性如图 6.4.2 所示。

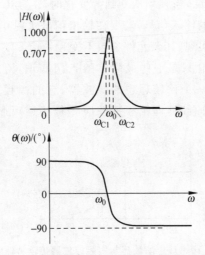

图 6.4.2 RLC 带通滤波电路网络函数的频率特性

由图 6.4.2 所示的幅频特性可以看出,这显然是一个带通滤波电路。在中心频率 ω_0 处,网络函数的幅值达到最大,根据式(6.4.1)有

$$\omega_0 = \frac{1}{\sqrt{LC}} \tag{6.4.2}$$

电路的入端阻抗为

$$Z_i(\omega) = \frac{\dot{U}}{\dot{I}} = R + j\omega L + \frac{1}{j\omega C} = R + j\left(\omega L - \frac{1}{\omega C}\right)$$

入端阻抗的幅频特性曲线如图 6.4.3 所示。

在中心频率 ω_0 处,$\mathrm{Im}[Z_i]=0$,入端阻抗的幅值达到最小值 R。此时端口的电压、电流同相。工程上将电路的这种工作状况称为谐振。RLC 串联电路中发生的谐振称为串联谐振。由式(6.4.2)得谐振频率 f_0 为

$$f_0 = \frac{1}{2\pi\sqrt{LC}}$$

谐振频率是由电路的结构和参数决定的,与外加激励的频率无关。

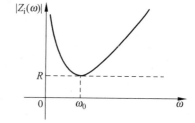

图 6.4.3 RLC 串联电路的入端阻抗幅值的频率特性

图 6.4.1 所示 RLC 串联电路发生串联谐振时,电阻上的电压幅值达到最大值,并且电容和电感上的电压大小相等,相位互差 $180°$,即 $\dot{U}_C + \dot{U}_L = 0$,因此串联谐振又称为电压谐振。谐振时的电流和电阻上的电压分别为

$$\dot{I}(\omega_0) = \frac{\dot{U}_s}{R}$$

$$\dot{U}_R(\omega_0) = \dot{U}_s$$

可以根据电路中电流或电阻上电压的变化用实验的方法来判断电路中是否发生了谐振。

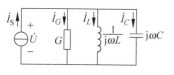

图 6.4.4 GLC 并联电路

在实际应用中,很多电子器件都表现为受控电流源特性。为了清楚地认识把这些器件接入电路可能产生的现象,下面讨论电流源激励作用下的 GLC 并联谐振。电路如图 6.4.4 所示,其分析方法与 RLC 串联电路相似,二者具有对偶性。

设激励为 $\dot{I}_s$,响应为电压 $\dot{U}$,则网络函数为

$$H(\omega) = \frac{\dot{U}}{\dot{I}_s} = \frac{1}{G + j\omega C + 1/j\omega L} = \frac{j\omega L}{1 - \omega^2 LC + j\omega LG} \tag{6.4.3}$$

上式与式(6.4.1)具有相同的形式,也是一个带通网络函数。其幅频特性和相频特性如图 6.4.5 所示。

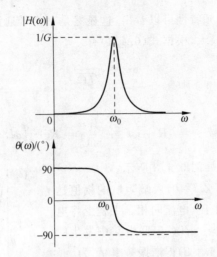

图 6.4.5 *GCL* 带通滤波电路网络函数的频率特性

由图 6.4.5 所示的幅频特性可以看出，这显然也是一个带通滤波电路。在中心频率 ω_0 处，网络函数的幅值达到最大，根据式(6.4.3)有

$$\omega_0 = \frac{1}{\sqrt{LC}} \qquad (6.4.4)$$

并联谐振与串联谐振的定义相同，当端口的电压、电流同相时，称并联电路处于谐振状态。根据此定义，可以直接由电路的入端阻抗或入端导纳求出电路的谐振频率。*GLC* 并联电路的入端导纳为

$$Y(\omega) = G + \mathrm{j}\left(\omega C - \frac{1}{\omega L}\right)$$

并联谐振的条件为

$$\mathrm{Im}[Y(\omega)] = 0$$

则谐振角频率和谐振频率分别为

$$\omega_0 = \frac{1}{\sqrt{LC}}, \quad f_0 = \frac{1}{2\pi\sqrt{LC}} \qquad (6.4.5)$$

式(6.4.4)和式(6.4.5)表明：*GLC* 并联电路的谐振频率就是幅频特性曲线的中心频率。当 *GLC* 并联电路发生谐振时，流过电阻的电流最大，并且电容和电感上的电流大小相等，相位互差 $180°$，即 $\dot{I}_C + \dot{I}_L = 0$，因此并联谐振又称为电流谐振。实验中也可以据此判断电路中是否发生了并联谐振。

下面分析 *LC* 串联和并联电路的入端阻抗的频率特性。对于只含有 *LC* 的电路来说，此时入端阻抗就是纯电抗，因此其阻抗频率特性可称为电抗频率特性。

图 6.4.6 所示 *LC* 串联电路的电抗为

$$Z_{\mathrm{i}} = \frac{1}{\mathrm{j}\omega C} + \mathrm{j}\omega L = \mathrm{j}\left(\omega L - \frac{1}{\omega C}\right) = \mathrm{j}X$$

当 $\omega \to 0$ 时,电感相当于短路,电容相当于开路,因此电抗趋于负无穷大;当频率增大时,感抗增大,容抗的绝对值减小,当 $\omega L = \frac{1}{\omega C}$ 时,电抗为零;频率继续增大,当 $\omega \to \infty$ 时,电感相当于开路,电容相当于短路,因此电抗趋于正无穷大。定性画出 LC 串联电路的电抗的频率特性,如图 6.4.7 所示。图中,$X = 0$ 时 $\omega_0 = \frac{1}{\sqrt{LC}}$,就是 LC 串联电路的谐振频率。

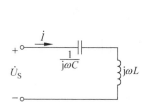

图 6.4.6　LC 串联电路

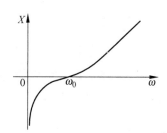

图 6.4.7　LC 串联电路的电抗频率特性

类似地,图 6.4.8 所示 LC 并联电路的电抗为

$$Z_{\mathrm{in}} = \frac{\dfrac{1}{\mathrm{j}\omega C} \times \mathrm{j}\omega L}{\dfrac{1}{\mathrm{j}\omega C} + \mathrm{j}\omega L} = \frac{\mathrm{j}\omega L}{1 - \omega^2 LC} = \mathrm{j}X$$

当 $\omega \to 0$ 时,电感相当于短路,电容相当于开路,因此电抗趋于零;当频率增大时,感抗增大,容抗的绝对值减小,当 $\omega L = \frac{1}{\omega C}$ 即 $\omega^2 LC = 1$ 时,电抗为无穷大,达到最大值;频率继续增大,当 $\omega \to \infty$ 时,电感相当于开路,电容相当于短路,因此电抗又趋于零。定性画出 LC 并联电路的电抗的频率特性如图 6.4.9 所示。图中,$X = \infty$ 时 $\omega_0 = \frac{1}{\sqrt{LC}}$,就是 LC 并联电路的谐振频率。

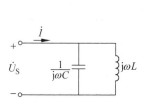

图 6.4.8　LC 并联电路

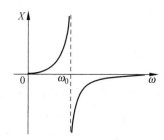

图 6.4.9　LC 并联电路的电抗的频率特性

例 6.4.1 石英（晶体）谐振器。石英晶体具有非凡的机械和压电特性,长期以来一直作为基本的时钟器件,在精确频率源器件中占据主导地位。石英晶体产品在不同的电子工业中起选频、鉴频、稳频作用,广泛应用于电信、玩具、家电、安防、计算机、多媒体、数码产品等领域。图 6.4.10 所示电路是石英（晶体）谐振器的电路模型。求它的谐振频率。

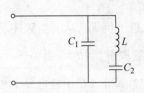

图 6.4.10　石英谐振器电路模型

解　这是一个 LC 混联电路。求出它的入端导纳为

$$Y_\mathrm{i} = \mathrm{j}\omega C_1 + \frac{\mathrm{j}\omega C_2 \times \dfrac{1}{\mathrm{j}\omega L}}{\mathrm{j}\omega C_2 + \dfrac{1}{\mathrm{j}\omega L}} = \mathrm{j}\left(\omega C_1 + \frac{\omega C_2}{1 - \omega^2 C_2 L}\right) = \mathrm{j}\,\frac{\omega\left[C_1(1 - \omega^2 C_2 L) + C_2\right]}{1 - \omega^2 C_2 L} = \mathrm{j}B$$

根据谐振的定义:谐振时端口的电压电流同相,因此谐振时入端阻抗或入端导纳的虚部为零。令入端导纳的分子为零,得

$$\omega\left[C_1(1 - \omega^2 C_2 L) + C_2\right] = 0$$

$$\omega = 0(舍去), \quad \omega_\mathrm{p} = \sqrt{\frac{C_1 + C_2}{C_1 C_2 L}}$$

此时,$Y_\mathrm{i} = 0$,电路发生并联谐振。

令入端导纳的分母为零,得

$$1 - \omega^2 C_2 L = 0$$

$$\omega_\mathrm{s} = \sqrt{\frac{1}{L C_2}}$$

此时,$Y_\mathrm{i} = \infty$,或入端阻抗 $Z_\mathrm{i} = 0$,电路发生串联谐振。

从上面的计算结果可以看出:串联谐振频率小于并联谐振频率,$\omega_\mathrm{s} < \omega_\mathrm{p}$。定性分析也可以得出这一结论。$C_2$ 与 L 串联,在某一频率处可以发生串联谐振,把这一频率记作 ω_s;当频率大于 ω_s 时,根据图 6.4.7 所示的 LC 串联电路的入端阻抗的频率特性可以发现,此时 C_2、L 串联呈感性,则它们一定可以在某一频率处与电容 C_1 发生并联谐振,这一频率就是 ω_p。显然,$\omega_\mathrm{s} < \omega_\mathrm{p}$。为了更直观地说明串联谐振频率和并联谐振频率的关系,定性画出入端电抗的频率特性曲线如图 6.4.11 所示。图中,$X = 0$ 时 $\omega = \omega_\mathrm{s}$ 是石英晶体的串联谐振频率,$X \to \infty$ 时 $\omega = \omega_\mathrm{p}$ 是石英晶体的并联谐振频率。

实际的石英晶体的串联谐振频率与并联谐振频率之间带宽极窄(约为 10^{-5} 量级),在这一频段整个晶体呈现感性。在由石英谐振器构成的并联型振荡电路(晶振电路)中,晶体就工作在这一频段。

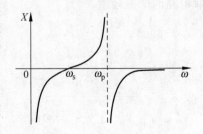

图 6.4.11　石英晶体等效电路的入端电抗的频率特性

从图 6.4.11 以及图 6.4.7(LC 串联电路的入端电抗的频率特性)、图 6.4.9(LC 并联电路的入端电抗的频率特性)可以看出：只有 L、C 组成的电路其并联谐振频率和串联谐振频率一定是交替出现的，而不管它们的联接方式如何[①]。

回顾图 1.4.6 给出的无线通信系统简化方框图，在接收机输入端设置了一个带通滤波器。对于简单的广播接收机，可以利用 LC 谐振电路构成此带通滤波器。下面举例说明。

收音机的原理就是把从天线接收到的高频信号经检波(解调)还原成音频信号，送到耳机变成音波。由于天空中有很多不同频率的无线电波，为了设法选择所需要的节目，接收天线联接到一个选择性电路，即带通滤波器，它的作用是把所需的信号(电台)挑选出来，并把不要的信号滤掉，以免产生干扰。选择性电路的输出是选出某个电台的高频调制信号，还需要通过解调把它恢复成原来的音频信号，送到耳机或扬声器，就可以收到广播。

常见的收音机的天线有两种：外置天线和利用内置磁棒上的线圈作为天线。示意图如图 6.4.12 所示。

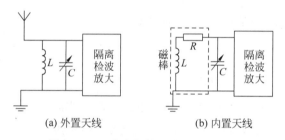

(a) 外置天线　　　　　　　(b) 内置天线

图 6.4.12　收音机的两种天线示意图

对于利用外置天线接收信号的电路，通过天线接收到的信号可以看成是一个电流源信号。由于后面的隔离电路入端电阻一般很大，因此可以忽略它对信号选择电路的影响，图 6.4.12(a)中的选择电路部分就可以作为图 6.4.13(a)所示电路的模型。而利用内置磁棒作为天线的电路，外面的高频信号在磁棒上感应出的是一个电压源，同样忽略后面的电路对选择电路的影响，图 6.4.12(b)中的选择电路部分就作为图 6.4.13(b)所示电路的模型。

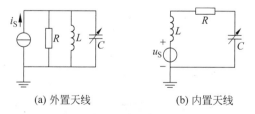

(a) 外置天线　　　　　　　(b) 内置天线

图 6.4.13　两种天线的选择电路的电路模型

[①]　感兴趣的读者可阅读参考文献[12]。

从图 6.4.13 中可以看出：外置天线的选择电路相当于一个并联谐振电路，而内置天线的接收电路相当于一个串联谐振电路。调节可变电容器，使电路的谐振频率等于某电台的高频载波频率，构成一个带通滤波器，就可以将该信号从大量的外部信号中"筛选"出来。

例 6.4.2 电力无源滤波器是电力系统中利用谐振原理工作的一种重要的电力装置。虽然发电机的输出电压是只含有基波频率的正弦波，但是由于系统中大量非线性负载以及不对称负载的存在，负载上的电流含有谐波，而这些谐波电流流入系统后又会在传输线的阻抗上产生谐波电压，从而导致负载电压中也会含有谐波成分，使电能质量恶化。此外，由整流得到的直流电源中也会含有谐波。因此，需要在系统中加装滤波装置，滤除电流中的谐波成分，保证供电质量。

电力系统中最常用的无源滤波装置就是 LC 谐振滤波器，图 6.4.14 中虚线框里的部分就是一个典型的单调谐滤波电路。图中电流源表示谐波源，R 表示用于滤波的电感线圈的电阻值，Z_L 是负载。假设现在要滤除线上工频电流中的 5 次谐波成分，则滤波支路的参数必须满足

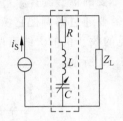

图 6.4.14 单调谐电力滤波器示意图

$$\omega_0 = 2\pi f_0 = \frac{1}{\sqrt{LC}}$$

其中，$f_0 = 250\text{Hz}$。在谐振频率点处，单调谐电力谐振滤波器等效为电阻 R。如果其电感线圈的绕线电阻远小于负载电阻 R_L，则可将绝大部分谐波电流分流至滤波器中，从而减小了负载上的谐波电流。

若选择 $L = 100\text{mH}$，则可调电容 $C = 4.05\mu\text{F}$。设负载 $Z_L = 1000\Omega$，i_S 的幅值为 1A，以负载电压作为输出，用 EWB 仿真得到的网络函数的幅频特性和相频特性如图 6.4.15 所示。

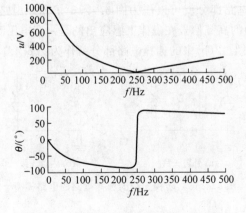

图 6.4.15 电力滤波器网络函数的频率特性

从图 6.4.15 可以看出：在 5 次谐波频率点处，网络函数的幅值几乎为零，即负载电压中不含有 5 次谐波成分，5 次谐波成分几乎全部流经单调谐滤波器支路，即从负载电压中被滤除了。因为该滤波器的幅频特性曲线只有一个极小值点，因此称之为单调谐滤波器。显然，这是一个带阻滤波器。类似地，合理选择参数，还可以设计出多调谐滤波器。

6.4.2　品质因数

为了进一步描述 LC 带通滤波器的性能，引入品质因数的概念，通常以符号 Q 表示。下面以 RLC 串联电路为例，讨论谐振电路 Q 值的定义及其物理解释。电路重画于图 6.4.16。

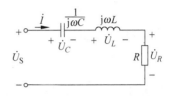

图 6.4.16　RLC 串联电路

谐振时电感和电容上的电压分别为

$$\left.\begin{aligned}
\dot{U}_L &= \mathrm{j}\omega_0 L \dot{I} = \mathrm{j}\omega_0 L \frac{\dot{U}_\mathrm{S}}{R} = \mathrm{j}\left(\frac{\omega_0 L}{R}\right)\dot{U}_\mathrm{S} = \mathrm{j}Q\dot{U}_\mathrm{S} \\
\dot{U}_C &= \frac{\dot{I}}{\mathrm{j}\omega_0 C} = -\mathrm{j}\frac{\dot{U}_\mathrm{S}}{\omega_0 CR} = -\mathrm{j}Q\dot{U}_\mathrm{S}
\end{aligned}\right\}
\qquad (6.4.6)$$

上两式中

$$Q = \frac{\omega_0 L}{R} = \frac{1}{\omega_0 CR} = \frac{1}{R}\sqrt{\frac{L}{C}} \qquad (6.4.7)$$

称为电路的品质因数（quality factor）。当感抗或容抗远远大于电阻值时，$Q \gg 1$，很小的输入信号就会在电感或电容上产生很大的电压。若以电感电压或电容电压为输出，品质因数在数值上就等于电压的放大倍数。

谐振电路的这一特性在收音机的调谐电路设计中得到了充分应用。电路的品质因数越高，信号的输出幅度越大。但在电力系统中，这种现象往往是需要避免的，因为电力系统本身的输入电压已经很高了，如果发生谐振，高品质因数会导致在设备上产生更高的电压，进而损坏设备。

在第 5 章中介绍了表征 R、L、C 串联的二阶电路响应的衰减系数

$$\alpha = \frac{R}{2L} \qquad (6.4.8)$$

根据式(6.4.7)和式(6.4.8)，得

$$\alpha = \frac{\omega_0}{2Q}$$

R 越小，电路的损耗越小，在过渡过程中响应衰减越慢（α 越小），电路的 Q 值越高。

根据式(6.4.6)，RLC 串联电路谐振时有

$$\dot{U}_L + \dot{U}_C = 0$$

串联电路谐振时的相量图如图 6.4.17 所示。

品质因数的物理意义还可以从谐振电路中的能量关系角度加以说明。设 RLC 串联电路中谐振时的电流为

$$i = \sqrt{2}I\sin(\omega_0 t + \psi_i)$$

其中，ω_0 为电路的谐振频率。则电感中储存的能量为

$$W_L = \frac{1}{2}Li^2 = \frac{1}{2}LI^2\left[1 - \cos(2\omega_0 t + 2\psi_i)\right]$$

电容中储存的能量为

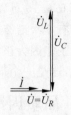

图 6.4.17 RLC 串联电路谐振时的相量图

$$W_C = \frac{1}{2}Cu_C^2$$

由图 6.4.17 可知，谐振时电容电压的幅值等于电感电压的幅值，相位落后电流90°。即

$$u_C = \sqrt{2}\omega_0 LI\sin(\omega t + \psi_i - 90°) = -\sqrt{2}\omega_0 LI\cos(\omega t + \psi_i)$$

因此

$$W_C = \frac{1}{2}Cu_C^2 = \frac{1}{2}\omega_0^2 L^2 CI^2\left[1 + \cos(2\omega_0 t + 2\psi_i)\right]$$

又

$$\omega_0^2 = \frac{1}{LC}$$

则

$$W_C = \frac{1}{2}LI^2\left[1 + \cos(2\omega_0 t + 2\psi_i)\right]$$

电路中储存的电能与磁能的总和为

$$W = W_C + W_L = LI^2$$

可见，电路处于谐振状态时，电路中储存的能量保持不变，为一常数。谐振时，一个周期内电阻上消耗的能量为

$$W_R = RI^2 T_0$$

一个周期内，电路中储存的能量与其损耗的能量之比为

$$\frac{W_C + W_L}{W_R} = \frac{LI^2}{RI^2 T_0} = \frac{L}{R \times 2\pi/\omega_0} = \frac{1}{2\pi}\frac{\omega_0 L}{R}$$

上式中，$\frac{\omega_0 L}{R}$ 就是式(6.4.7)中定义的品质因数。这个结果清楚地表明了品质因数的物理意义：

$$Q = 2\pi \frac{\text{谐振时电路中储存的能量}}{\text{谐振时电路在一个周期内消耗的能量}}$$

参考上式从能量角度对 Q 值的定义，可以给出实际电感的品质因数。回顾图 5.1.9 所示的实际电感器的电路模型，定义实际电感器的品质因数为

$$Q_L = 2\pi \frac{\text{电感器储存的最大能量}}{\text{电感器电阻一个周期内消耗的能量}} = 2\pi \frac{LI^2}{I^2 R \times T} = \frac{\omega L}{R}$$

实际电感的品质因数表示了线圈中能量储存与消耗的关系,品质因数与器件的工作频率有关。对于实际的电容器,则一般用介质损耗角正切($\tan\delta$)表示它的损耗与储能之比。

谐振电路的品质因数还与电路的带通滤波特性即选择性密切相关。图 6.4.16 所示 RLC 串联谐振电路中的电流 $\dot{I}(\omega)$ 可以表示如下:

$$\dot{I}(\omega) = \frac{\dot{U}}{R + \mathrm{j}\left(\omega L - \dfrac{1}{\omega C}\right)} = \frac{\dot{I}(\omega_0)}{1 + \mathrm{j}\left(\dfrac{\omega L}{R} - \dfrac{1}{\omega CR}\right)}$$

$$I(\omega) = \frac{I(\omega_0)}{\sqrt{1 + \left(\dfrac{\omega L}{R} - \dfrac{1}{\omega CR}\right)^2}} \tag{6.4.9}$$

$\dot{I}(\omega)$ 的幅频特性曲线如图 6.4.18 所示。图中两条曲线分别表示电路中的电阻取不同值,而电感 L 和电容 C 保持不变时电流幅值随频率变化的情况。

为了突出显示品质因数对串联谐振电路选择性的影响,对图 6.4.18 的横坐标和纵坐标做如下处理:$\omega \rightarrow \dfrac{\omega}{\omega_0}$,$I(\omega) \rightarrow \dfrac{I(\omega)}{I(\omega_0)}$,其中 ω_0 是谐振频率,$I(\omega_0) = \dfrac{U}{R}$ 是谐振时的电流。

并且令 $\eta = \dfrac{\omega}{\omega_0}$,式(6.4.9)改写为

$$I\left(\frac{\omega}{\omega_0}\right) = \frac{I(\omega_0)}{\sqrt{1 + \left(\dfrac{\omega_0 L}{R} \dfrac{\omega}{\omega_0} - \dfrac{1}{\omega_0 CR} \dfrac{\omega_0}{\omega}\right)^2}}$$

$$\frac{I(\eta)}{I(\omega_0)} = \frac{1}{\sqrt{1 + Q^2 \left(\eta - \dfrac{1}{\eta}\right)^2}}$$

上式可以用于不同的 RLC 串联谐振电路,据此画出的曲线将仅与 Q 值有关,因此称为通用谐振频率特性,如图 6.4.19 所示。

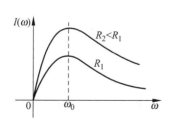

图 6.4.18　RLC 串联电路电流的频率特性曲线

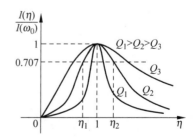

图 6.4.19　通用谐振频率特性

从图 6.4.19 可以看出：Q 值越大，曲线在谐振点附近的形状越尖锐，当频率稍微偏离谐振频率时，电流就急剧下降，说明电路具有明显的窄带滤波性能，电路的选择性越好。反之，Q 越小，在谐振频率附近曲线就越平缓，选择性就越差。

为了定量地衡量电路的选择性，常用 $\dfrac{I(\eta)}{I(\omega_0)} = \dfrac{1}{\sqrt{2}} = 0.707$ 时的两个频率 ω_1 和 ω_2 的差值即通频带来说明。因此，有

$$\frac{I(\eta)}{I(\omega_0)} = \frac{1}{\sqrt{1 + Q^2 \left(\eta - \dfrac{1}{\eta}\right)^2}} = \frac{1}{\sqrt{2}}$$

解得两个正根分别为

$$\eta_1 = -\frac{1}{2Q} + \sqrt{\frac{1}{4Q^2} + 1}, \quad \eta_2 = \frac{1}{2Q} + \sqrt{\frac{1}{4Q^2} + 1}$$

因此，

$$\eta_2 - \eta_1 = \frac{1}{Q}$$

$$Q = \frac{\omega_0}{\omega_2 - \omega_1}$$

可见，电路的品质因数越高，即 Q 值越大，通频带越窄，曲线形状在谐振频率附近越尖锐。

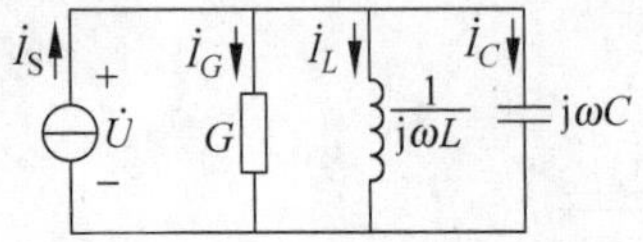

图 6.4.20 所示 GLC 并联电路谐振时，有

图 6.4.20　GLC 并联电路

$$\dot{I}_L + \dot{I}_C = 0$$

$$\dot{I}_L(\omega_0) = \frac{\dot{U}}{\mathrm{j}\omega_0 L} = \frac{\dot{I}_S}{\mathrm{j}\omega_0 LG} = -\mathrm{j}\frac{1}{\omega_0 LG}\dot{I}_S = -\mathrm{j}Q\dot{I}_S$$

$$\dot{I}_C(\omega_0) = \mathrm{j}\omega_0 C\dot{U} = \mathrm{j}\omega_0 C\frac{\dot{I}_S}{G} = \mathrm{j}\frac{\omega_0 C}{G}\dot{I}_S = \mathrm{j}Q\dot{I}_S$$

上式中，Q 称为 GLC 并联电路的品质因数：

$$Q = \frac{1}{\omega_0 LG} = \frac{\omega_0 C}{G} = \frac{1}{G}\sqrt{\frac{C}{L}}$$

显然，上式与式(6.4.7)所示的串联电路的品质因数具有对偶关系。它表示电路发生并联谐振时，电容或电感上的电流相对于输入信号电流的放大倍数。

GLC 并联电路谐振时的相量图如图 6.4.21 所示。

同样可以从能量和选择性两个角度分析并联谐振电路的品质因数的物理意义，方法与串联谐振电路完全类似，此处不再赘述。

实际的电感线圈和电容器并联构成并联谐振电路时，参照图 5.1.3 和图 5.1.9 所示的电路模型。由于实际电感线圈的品质因数 $\dfrac{\omega L}{R_L}$ 一般约在几十到几百量级，而表征实际电容器损耗的并联电阻 $R_C \gg \dfrac{1}{\omega C}$。因此，由它们构成并联谐振回路时，可以只考虑 R_L 的影响，

忽略 R_C（视为无穷大），电路简化模型如图 6.4.22 所示。

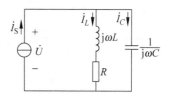

图 6.4.21 GLC 并联电路谐振时的相量图　　　图 6.4.22 电感线圈与电容的并联谐振电路

设激励为 $\dot{I}_s$，响应为电压 $\dot{U}$，则网络函数为

$$H(\omega) = \frac{\dot{U}}{\dot{I}_s} = \frac{(R + j\omega L) \times 1/j\omega C}{R + j\omega L + 1/j\omega C} = \frac{R + j\omega L}{1 - \omega^2 LC + j\omega CR} \qquad (6.4.10)$$

当 $R = 2\Omega$，$L = 0.5\mathrm{H}$，$C = 1\mu\mathrm{F}$ 时，仿真得到的网络函数的幅频特性和相频特性如图 6.4.23 所示。

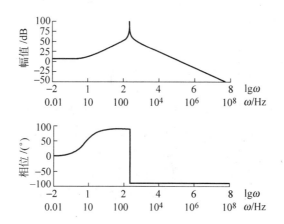

图 6.4.23 图 6.4.22 并联谐振电路的网络函数的频率特性

根据谐振定义，求电路的谐振频率。电路的导纳为

$$Y(\omega) = j\omega C + \frac{1}{R + j\omega L} = \frac{R}{R^2 + (\omega L)^2} + j\left(\omega C - \frac{\omega L}{R^2 + (\omega L)^2}\right)$$

根据谐振的定义，谐振时有

$$\mathrm{Im}[Y(\omega_0)] = 0$$

$$\omega_0 C - \frac{\omega_0 L}{R^2 + (\omega_0 L)^2} = 0$$

由上式解得

$$\omega_0 = \frac{1}{\sqrt{LC}}\sqrt{1 - \frac{CR^2}{L}}$$

可见,谐振频率略低于$\frac{1}{\sqrt{LC}}$。谐振时的电路导纳为

$$Y(\omega_0) = \frac{R}{R^2 + (\omega_0 L)^2} = \frac{CR}{L}$$

可以证明该电路谐振时入端导纳的模不是最小值。因此,图 6.4.22 所示电路的谐振频率 ω_0(相频特性曲线中相位等于零时的频率,$\omega = 0$ 除外)就不是式(6.4.10)网络函数的幅频特性的中心频率 ω_C(幅频特性曲线中幅值最大时的频率)。用仿真参数计算得

$$\omega_0 = 1414.208\text{rad/s}, \quad f_0 = 225.078\text{Hz}$$
$$\omega_C = 1414.214\text{rad/s}, \quad f_C = 225.079\text{Hz}$$

两者非常接近。

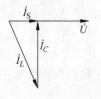

图 6.4.24　图 6.4.22 所示电路谐振时的相量图

图 6.4.22 所示电路发生谐振时的相量图如图 6.4.24 所示。

6.5　互感和变压器

载流线圈与其他线圈之间通过磁场相互联系的物理现象称为磁耦合。一对有磁耦合的线圈,若流过其中一个线圈的电流随时间变化,则在另一线圈两端将出现感应电压,反之亦然。这就是电磁学中所称的互感现象。直流激励下电路的稳态响应中没有互感现象。变压器是利用互感原理工作的最典型的电气元件。本节重点介绍有互感的电路的分析,在此基础上以空心变压器、全耦合变压器和理想变压器的电路模型为例讨论工程观点在实际电路分析中的应用。

6.5.1　互感和互感电压

图 6.5.1 所示是两个有互感的线圈,它们的匝数分别为 N_1 和 N_2,各自流过的电流分别为 i_1 和 i_2。根据两个线圈的绕向、电流的参考方向以及两线圈的相对位置,按照右手螺旋法则可以确定电流产生的磁链方向及彼此交链的情况。

图 6.5.1 中,线圈 1 中流过的电流 i_1 产生的磁通称为自感磁通 Φ_{11},它包括两部分,一部分只链过自身线圈,称为漏磁通 Φ_{S1},另一部分交链线圈 2 的

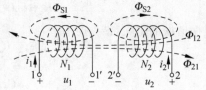

图 6.5.1　一对有互感的线圈

磁通称为互感磁通 Φ_{21}。当线圈 1 的自感磁通完全交链线圈 2 时,$\Phi_{S1}=0$,$\Phi_{11}=\Phi_{21}$。同样,线圈 2 中流过的电流 i_2 产生的磁通称为自感磁通 Φ_{22},它也包括两部分,一部分只链过自身线圈,称为漏磁通 Φ_{S2},另一部分交链线圈 1 的磁通称为互感磁通 Φ_{12}。当线圈 2 的自感磁通完全交链线圈 1 时,$\Phi_{S2}=0$,$\Phi_{22}=\Phi_{12}$。

耦合线圈中的磁链应该等于自感磁链和互感磁链两部分的代数和。在图 6.5.1 中,有

$$\Psi_1 = \Psi_{11} - \Psi_{12} = N_1(\Phi_{11} - \Phi_{12})$$
$$\Psi_2 = \Psi_{22} - \Psi_{21} = N_2(\Phi_{22} - \Phi_{21})$$

上式中,互感磁链前的正负号取决于互感磁链与自感磁链的相对关系:当互感磁链与自感磁链在线圈中相互加强时,取正号;当互感磁链与自感磁链在线圈中相互削弱时,取负号。而互感磁链与自感磁链的方向与线圈绕向、电流方向及两线圈的相对位置有关。

当线圈中及周围空间是各向同性的线性磁介质时,每一种磁链都与产生它的电流成正比,即自感磁链

$$\Psi_{11} = L_1 i_1, \quad \Psi_{22} = L_2 i_2$$

互感磁链

$$\Psi_{12} = M_{12} i_2, \quad \Psi_{21} = M_{21} i_1$$

上式中,M_{12} 和 M_{21} 称为互感系数,简称互感。可以证明:$M_{12}=M_{21}$。因此当只有两个互感线圈时,可以略去互感的下标,记作 $M=M_{12}=M_{21}$。

至此,两个线圈中的磁链可表示为

$$\Psi_1 = L_1 i_1 - M i_2$$
$$\Psi_2 = -M i_1 + L_2 i_2$$

当 i_1 和 i_2 随时间变化时,在两个有互感的线圈中就会产生感应电压。电压参考方向如图 6.5.1 所示。根据右手螺旋法则和楞次定律,得

$$u_1 = \frac{\mathrm{d}\Psi_1}{\mathrm{d}t} = L_1 \frac{\mathrm{d}i_1}{\mathrm{d}t} - M \frac{\mathrm{d}i_2}{\mathrm{d}t}$$
$$u_2 = \frac{\mathrm{d}\Psi_2}{\mathrm{d}t} = -M \frac{\mathrm{d}i_1}{\mathrm{d}t} + L_2 \frac{\mathrm{d}i_2}{\mathrm{d}t}$$

由上式可以看出:每个线圈的感应电压都包括两部分,一部分是由自身电流变化引起的自感电压,另一部分是由与之有互感的线圈中电流变化引起的互感电压。为了正确判断互感电压前的正负号,必须完整画出两电感线圈的实际绕向,这显然是很不方便的。为此,工程上引入了同名端的概念。同名端是指分属两个线圈的这样一对端钮,当两个电流从这两个端钮流入各自线圈时,它们产生的互感磁通是相互加强的,这样一对端钮就称为同名端。同名端用"·"或"＊"表示。根据同名端的定义可以判定:图 6.5.1 中端钮 1 和 2′ 是同名端,当然,端钮 1′ 和 2 也是同名端。图 6.5.1 所示电路用同名端表

示为图 6.5.2 所示电路。

　　确定同名端以后，就不必画绕线图了，但根据同名端判断互感电压就成为一个问题。再次回到图 6.5.1 中。电流 i_1 从同名端 1 流入线圈 1，在线圈 2 中要产生互感电压，线圈 2 上电压参考方向的正极

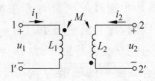

在非同名端 2 上，因此互感电压 $u_{21} = -M\dfrac{\mathrm{d}i_1}{\mathrm{d}t}$；若

图 6.5.2　用同名端表示的互感电路

改变线圈 2 上电压的参考方向，使其正极在同名端 $2'$ 上，则有 $u_{21} = M\dfrac{\mathrm{d}i_1}{\mathrm{d}t}$。由此可以总结出：如果电流的参考方向从同名端流入，另一个线圈上互感电压的参考方向从同名端指向非同名端，则互感电压 $u = M\dfrac{\mathrm{d}i}{\mathrm{d}t}$，反之亦然。

　　例 6.5.1　写出下列线圈上的电压表达式，用互感和自感表示。

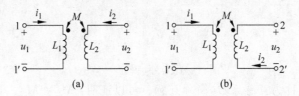

(a)　　　　　　　　　　(b)

图 6.5.3　例 6.5.1 电路

　　解　对于图 6.5.3(a)，根据互感电压与产生它的电流相对于同名端的关系，有

$$u_1 = L_1\frac{\mathrm{d}i_1}{\mathrm{d}t} + M\frac{\mathrm{d}i_2}{\mathrm{d}t}$$

$$u_2 = M\frac{\mathrm{d}i_1}{\mathrm{d}t} + L_2\frac{\mathrm{d}i_2}{\mathrm{d}t}$$

类似地，对于图 6.5.3(b)，有

$$u_1 = L_1\frac{\mathrm{d}i_1}{\mathrm{d}t} - M\frac{\mathrm{d}i_2}{\mathrm{d}t}$$

$$u_2 = M\frac{\mathrm{d}i_1}{\mathrm{d}t} - L_2\frac{\mathrm{d}i_2}{\mathrm{d}t}$$

　　如果图 6.5.3 所示电路中，电压、电流都是正弦量，那么还可以用相量形式表示互感电压与电流之间的关系。对于图 6.5.3(a)：

$$\dot{U}_1 = \mathrm{j}\omega L_1\,\dot{I}_1 + \mathrm{j}\omega M\,\dot{I}_2$$

$$\dot{U}_2 = \mathrm{j}\omega M\,\dot{I}_1 + \mathrm{j}\omega L_2\,\dot{I}_2$$

对于图 6.5.3(b)：

$$\dot{U}_1 = j\omega L_1 \dot{I}_1 - j\omega M \dot{I}_2$$

$$\dot{U}_2 = j\omega M \dot{I}_1 - j\omega L_2 \dot{I}_2$$

　　两个线圈的同名端可以用实验方法测定。电路如图 6.5.4 所示。线圈经过一个开关
S 接到直流电压源 U_S 上，串接一电阻 R 限制电流。
线圈 2 接到一个直流电压表上，极性如图 6.5.4
所示。当开关 S 合上后，电流 i_1 由零逐渐增大到
一个稳态值，在合上瞬间，$\dfrac{\mathrm{d}i_1}{\mathrm{d}t} > 0$。此时，线圈 2 中
会产生互感电压，使电压表指针发生偏转。如果
电压表指针发生正偏，表明电压 $u_{22'}$ 大于零。那么

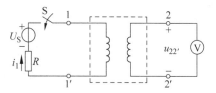

图 6.5.4　测定同名端的实验电路

根据 $u_{22'} = M\dfrac{\mathrm{d}i_1}{\mathrm{d}t}$ 可知：1 和 2 两个端钮是一对同名端；如果电压表指针发生反偏，则 1 和
$2'$ 两个端钮是一对同名端。

　　工程上用耦合系数 k 来定量表示两个有互感的线圈相互之间耦合的强弱。它是这样
定义的：设两个线圈的自感分别为 L_1、L_2，两个线圈的互感为 M，定义耦合系数为

$$k = \frac{M}{\sqrt{L_1 L_2}}$$

两个线圈的磁耦合越紧密，耦合系数越大。

　　设两个线圈的匝数分别为 N_1、N_2，流过的电流为 i_1、i_2，于是

$$k^2 = \frac{M^2}{L_1 L_2} = \frac{M^2 i_1 i_2}{L_1 i_1 L_2 i_2} = \frac{N_2 \Phi_{21} N_1 \Phi_{12}}{N_1 \Phi_{11} N_2 \Phi_{22}} = \frac{\Phi_{21} \Phi_{12}}{\Phi_{11} \Phi_{22}}$$

因为 $\Phi_{11} \geqslant \Phi_{21}$，$\Phi_{22} \geqslant \Phi_{12}$，所以 $0 \leqslant k \leqslant 1$。当每个线圈的自感磁通完全与另一个线圈交链，
即没有漏磁通时，有

$$\Phi_{11} = \Phi_{21}, \quad \Phi_{22} = \Phi_{12}$$

称两个互感线圈全耦合，此时，$k=1$，$M_{\max} = \sqrt{L_1 L_2}$。

　　k 的大小与两个线圈的结构、相互位置以及周围磁介质有关。

6.5.2　有互感的电路分析

　　正弦激励下，含有互感电路的稳态响应仍然可以采用相量法求解。但需要注意的是，
此时线圈上的电压除了自感电压外，还有互感电压。在列写 KVL 方程时，要根据线圈的
同名端以及线圈电压、电流的参考方向正确表示出线圈上的互感电压。

　　由于电感上既有自感电压，又有互感电压，电感电流难以用电感电压描述，因此含有
互感的电路一般不适合用常规的节点法进行分析。

　　下面先来研究两个互感线圈以不同形式联接时对外电路的等效电路模型，然后藉此

分析含互感的电路。

图 6.5.5 所示是两个有互感的线圈的串联,但它们同名端的联接方式不同。

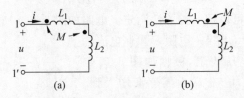

图 6.5.5 互感线圈串联

对于图 6.5.5(a),端口电压、电流的关系为

$$u = L_1 \frac{\mathrm{d}i}{\mathrm{d}t} + M \frac{\mathrm{d}i}{\mathrm{d}t} + L_2 \frac{\mathrm{d}i}{\mathrm{d}t} + M \frac{\mathrm{d}i}{\mathrm{d}t}$$

$$= (L_1 + L_2 + 2M)\frac{\mathrm{d}i}{\mathrm{d}t}$$

在这种联接方式下,自感磁通和互感磁通是相互加强的,称为串联顺接。由上式得等效电感为

$$L_{\mathrm{eq}} = L_1 + L_2 + 2M \tag{6.5.1}$$

类似地,对于图 6.5.5(b),端口电压、电流关系为

$$u = L_1 \frac{\mathrm{d}i}{\mathrm{d}t} - M \frac{\mathrm{d}i}{\mathrm{d}t} + L_2 \frac{\mathrm{d}i}{\mathrm{d}t} - M \frac{\mathrm{d}i}{\mathrm{d}t}$$

$$= (L_1 + L_2 - 2M)\frac{\mathrm{d}i}{\mathrm{d}t}$$

在这种联接方式下,自感磁通和互感磁通是相互削弱的,称为串联反接。由上式得等效电感为

$$L_{\mathrm{eq}} = L_1 + L_2 - 2M \tag{6.5.2}$$

根据式(6.5.1)和式(6.5.2)可以设计一种测量两个线圈间互感的简便方法,电路如图 6.5.6 所示。

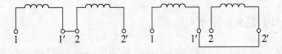

图 6.5.6 一种测量互感的方法

先将两个线圈的端钮 $1'$ 和端钮 2 相连,测量端钮 1 和端钮 $2'$ 之间的电感,记为 L_{eq1};再将两个线圈的端钮 $1'$ 和端钮 $2'$ 相连,测量端钮 1 和端钮 2 之间的电感,记为 L_{eq2}。设 $L_{\mathrm{eq1}} \geqslant L_{\mathrm{eq2}}$,根据式(6.5.1)和式(6.5.2),有

$$M = \frac{L_{eq1} - L_{eq2}}{4}$$

图 6.5.7 是两个有互感的线圈的并联。图 6.5.7(a)中同名端同侧并联,写出互感线圈的电压、电流关系为

$$u = L_1 \frac{di_1}{dt} + M \frac{di_2}{dt}$$

$$= L_2 \frac{di_2}{dt} + M \frac{di_1}{dt}$$

又 $i = i_1 + i_2$,消去 i_1、i_2,用 i 表示 u,得到端口的电压、电流关系为

$$u = \frac{L_1 L_2 - M^2}{L_1 + L_2 - 2M} \frac{di}{dt}$$

因此,端口处的入端等效电感为

$$L_{eq} = \frac{L_1 L_2 - M^2}{L_1 + L_2 - 2M}$$

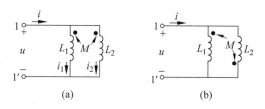

图 6.5.7　互感线圈并联

类似地,图 6.5.7(b)中两互感线圈同名端异侧并联,端口处的入端等效电感为

$$L_{eq} = \frac{L_1 L_2 - M^2}{L_1 + L_2 + 2M}$$

两个有互感的线圈还有另一种常见的联接方式,既不是串联,也不是并联,但它们有一个公共端,如图 6.5.8 所示。

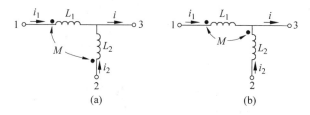

图 6.5.8　有公共端的有互感的线圈

图 6.5.8(a)中,两个有互感的线圈的同名端联接在公共端 3,端钮 1、3 和端钮 2、3 之间的电压可以分别表示为

$$u_{13} = L_1 \frac{\mathrm{d}i_1}{\mathrm{d}t} + M \frac{\mathrm{d}i_2}{\mathrm{d}t} = (L_1 - M) \frac{\mathrm{d}i_1}{\mathrm{d}t} + M \frac{\mathrm{d}i}{\mathrm{d}t}$$

$$u_{23} = L_2 \frac{\mathrm{d}i_2}{\mathrm{d}t} + M \frac{\mathrm{d}i_1}{\mathrm{d}t} = (L_2 - M) \frac{\mathrm{d}i_2}{\mathrm{d}t} + M \frac{\mathrm{d}i}{\mathrm{d}t}$$

上式中利用了 $i = i_1 + i_2$。由电压、电流关系式可以得到原电路的等效电路,如图 6.5.9 所示。

　　类似地,图 6.5.8(b)中公共端 3 联接的是两个有互感的线圈的异名端,端钮 1、3 和端钮 2、3 之间的电压可以分别表示为

$$u_{13} = L_1 \frac{\mathrm{d}i_1}{\mathrm{d}t} - M \frac{\mathrm{d}i_2}{\mathrm{d}t} = (L_1 + M) \frac{\mathrm{d}i_1}{\mathrm{d}t} - M \frac{\mathrm{d}i}{\mathrm{d}t}$$

$$u_{23} = L_2 \frac{\mathrm{d}i_2}{\mathrm{d}t} - M \frac{\mathrm{d}i_1}{\mathrm{d}t} = (L_2 + M) \frac{\mathrm{d}i_2}{\mathrm{d}t} - M \frac{\mathrm{d}i}{\mathrm{d}t}$$

上式中也利用了 $i = i_1 + i_2$。由电压、电流关系式可以得到原电路的等效电路如图 6.5.10 所示。

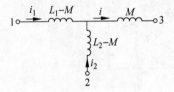

图 6.5.9　图 6.5.8(a)的等效电路

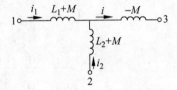

图 6.5.10　图 6.5.7(b)的等效电路

　　图 6.5.9 和图 6.5.10 所示的等效电路中电感之间都已经不存在磁耦合,该过程称为互感的去耦等效变换。

　　当电路中两个线圈间的耦合在形式上不能直接消去时,就必须根据同名端正确写出互感电压,列回路方程求解。

　　例 6.5.2　图 6.5.11 所示电路中, $u_{\mathrm{S}} = 500\sin 100t$, $L_1 = 0.6\mathrm{H}$, $L_2 = 0.4\mathrm{H}$, $M = 0.1\mathrm{H}$, $R_1 = 40\Omega$, $R_2 = 10\Omega$, $Z_{\mathrm{L}} = (10 + \mathrm{j}20)\Omega$。求负载 Z_{L} 上的电压。

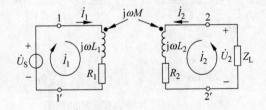

图 6.5.11　例 6.5.2 电路

　　解　解法一　用回路法直接列方程求解。

取回路电流如图 6.5.11 所示。计算相关参数如下：

$$\omega = 100 \text{rad/s}$$

$$\omega L_1 = 60\Omega, \quad \omega L_2 = 40\Omega, \quad \omega M = 10\Omega$$

列回路方程

$$\left.\begin{array}{r} (\text{j}60 + 40)\dot{I}_1 + \text{j}10\,\dot{I}_2 = \dot{U}_\text{S} \\ (\text{j}40 + 10 + 10 + \text{j}20)\dot{I}_2 + \text{j}10\,\dot{I}_1 = 0 \end{array}\right\}$$

解上述方程组，得

$$\dot{I}_2 = 0.786\angle 143.1°\text{A}$$

所求电压为

$$\dot{U}_2 = -Z_\text{L}\,\dot{I}_2 = 17.58\angle 26.5°\text{V}$$

解法二　若将左右两部分电路的底部相连，两个互感线圈就有了一个公共端，且这种联接对原电路中的所有支路量没有影响。去耦等效得到的等效电路如图 6.5.12 所示。

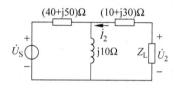

图 6.5.12　原电路的去耦等效电路

由图得，并联部分的阻抗为

$$Z_1 = \frac{\text{j}\omega M \times [\text{j}\omega(L_2 - M) + R_2 + Z_\text{L}]}{\text{j}\omega M + [\text{j}\omega(L_2 - M) + R_2 + Z_\text{L}]} = \frac{\text{j}10 \times (\text{j}30 + 10 + 10 + \text{j}20)}{\text{j}10 + (\text{j}30 + 10 + 10 + \text{j}20)}$$

$$= 0.5 + \text{j}8.5\Omega$$

因此，负载上流过的电流

$$\dot{I}_2 = -\dot{U}_\text{S} \times \frac{Z_1}{R_1 + \text{j}\omega(L_1 - M) + Z_1} \times \frac{1}{R_2 + \text{j}\omega(L_2 - M) + Z_\text{L}}$$

$$= -\frac{500}{\sqrt{2}}\angle 0° \times \frac{0.5 + \text{j}8.5}{40 + \text{j}50 + 0.5 + \text{j}8.5} \times \frac{1}{10 + \text{j}30 + 10 + \text{j}20}$$

$$= 0.786\angle 143.1°\text{(A)}$$

所求电压

$$\dot{U}_2 = -Z_\text{L}\,\dot{I}_2 = 17.58\angle 26.5°\text{V}$$

两种方法求得的结果一样，但对比两种方法的求解过程，解法二要比解法一简便，无需联立方程，直接根据阻抗的串并联关系即可求解。

例 6.5.3　写出图 6.5.13 所示电路的相量形式的回路方程，回路电流如图所示。

解　在图 6.5.13 所示电路中，线圈 L_1 上流过的电流是 i_1，方向是从同名端流出；线圈 L_2 上流过的电流是 $i_2 - i_3$，方向是从同名端流入。这两个电流不仅要在各

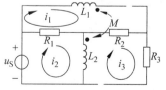

图 6.5.13　例 6.5.3 电路

自线圈上产生自感电压,还要在与之耦合的线圈上产生互感电压。注意互感电压的方向与所选回路的电压降方向(即回路电流方向)之间的关系。相量形式的回路方程为

$$\left.\begin{aligned}(R_1 + R_2 + j\omega L_1)\dot{I}_1 - R_1\dot{I}_2 - R_2\dot{I}_3 - j\omega M(\dot{I}_2 - \dot{I}_3) &= 0 \\ -R_1\dot{I}_1 + (R_1 + j\omega L_2)\dot{I}_2 - j\omega L_2\dot{I}_3 - j\omega M\dot{I}_1 &= \dot{U}_S \\ -R_2\dot{I}_1 - j\omega L_2\dot{I}_2 + (j\omega L_2 + R_2 + R_3)\dot{I}_3 + j\omega M\dot{I}_1 &= 0\end{aligned}\right\}$$

6.5.3　变压器

变压器是电气工程中典型的利用互感原理工作的设备。根据线圈芯柱的不同,变压器可以分为铁心变压器和空心变压器。铁心变压器是以铁磁材料作为芯柱,如硅钢片等;空心变压器则是以非铁磁材料作为芯柱,如塑料等。由于铁磁材料的 B-H 曲线是非线性的,线圈上的电压电流关系较为复杂。本小节着重讨论的变压器都假定其芯柱中的磁介质是线性的,因此这种变压器也可称为线性变压器。

1. 空心变压器

空心变压器本质上就是一对耦合线圈,其中一个线圈作为输入,与电源联接,称为原边线圈(简称原边),另外一个线圈作为输出,与负载联接,称为副边线圈(简称副边)。变压器的原边和副边在电路上是完全隔离的,它们之间能量的传递是通过磁耦合实现的。图 6.5.14 是空心变压器的电路模型,其中的 R_1 和 R_2 分别表示原边和副边的绕线电阻, L_1 和 L_2 则分别表示原边线圈和副边线圈的自感,同名端和 M 表示原边线圈和副边线圈间的互感。

在正弦稳态下,空心变压器原、副边的电压、电流关系可以用 Z 参数方程表示为

$$\left.\begin{aligned}\dot{U}_1 &= (R_1 + j\omega L_1)\,\dot{I}_1 + j\omega M\dot{I}_2 \\ \dot{U}_2 &= j\omega M\dot{I}_1 + (R_2 + j\omega L_2)\,\dot{I}_2\end{aligned}\right\}$$

下面考虑空心变压器原边接电源,副边接负载的情况,如图 6.5.15 所示。

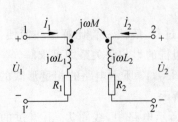

图 6.5.14　空心变压器电路模型

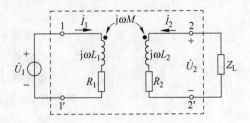

图 6.5.15　含空心变压器的电路

列写原、副边的回路电流方程,得

$$
\left.
\begin{aligned}
(R_1 + j\omega L_1)\dot{I}_1 + j\omega M \dot{I}_2 &= \dot{U}_1 \\
j\omega M \dot{I}_1 + (R_2 + j\omega L_2 + Z_L)\dot{I}_2 &= 0
\end{aligned}
\right\}
$$

令 $Z_{11} = R_1 + j\omega L_1$,称为原边回路总阻抗;令 $Z_{22} = R_2 + j\omega L_2 + Z_L$,称为副边回路总阻抗。由上面的方程组可以解得

$$
\dot{I}_1 = \frac{\dot{U}_1}{Z_{11} + \dfrac{(\omega M)^2}{Z_{22}}} \tag{6.5.3}
$$

$$
\dot{I}_2 = -\frac{j\omega M \dfrac{\dot{U}_1}{Z_{11}}}{Z_{22} + \dfrac{(\omega M)^2}{Z_{11}}} \tag{6.5.4}
$$

式(6.5.3)中的分母是原边的输入阻抗,其中 $\dfrac{(\omega M)^2}{Z_{22}}$ 称为引入阻抗,或反映阻抗,它是副边回路阻抗通过互感反映到原边的等效阻抗。引入阻抗的性质与 Z_{22} 相反,即感性(容性)变为容性(感性)。

式(6.5.3)可以用图 6.5.16 所示电路来表示,该电路称为空心变压器的原边等效电路。

应用同样的方法可以得到图 6.5.15 所示电路的另一个等效电路,它就是从副边向原边看过去的含源一端口的戴维南等效电路,如图 6.5.17 所示。式(6.5.4)的分子是副边负载开路时,2-2′端口的开路电压 $\dot{U}_{oc} = j\omega M \dfrac{\dot{U}_1}{Z_{11}}$;分母由两部分组成,负载 Z_L 和戴维南等效阻抗 $Z_{eq} = R_2 + j\omega L_2 + \dfrac{(\omega M)^2}{Z_{11}}$,其中 $\dfrac{(\omega M)^2}{Z_{11}}$ 称为副边的引入阻抗,它是原边回路阻抗通过互感反映到副边的等效阻抗。

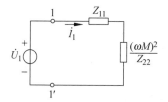

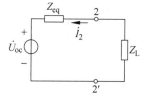

图 6.5.16　空心变压器的原边等效电路　　　图 6.5.17　空心变压器的副边等效电路

图 6.5.15 所示电路中的空心变压器模型还可以用 T 形等效电路来替代。把原、副边的回路方程改写为

$$R_1\dot{I}_1 + j\omega(L_1 - M)\dot{I}_1 + j\omega M(\dot{I}_1 + \dot{I}_2) = \dot{U}_1 \left.\vphantom{\begin{array}{c}1\\1\end{array}}\right\}$$
$$j\omega M(\dot{I}_1 + \dot{I}_2) + (R_2 + Z_L)\dot{I}_2 + j\omega(L_2 - M)\dot{I}_2 = 0$$

根据上面的方程可以画出等效电路如图 6.5.18 所示,其中空心变压器用 T 形等效电路表示。

空心变压器的 T 形等效电路也可以根据有一个公共端的互感线圈的去耦等效得到。将图 6.5.15 中的空心变压器电路模型的原、副边底部用导线连上,根据广义的 KCL,这条导线上不会有电流流过,对原电路中的各个支路量没有影响。这样,空心变压器就变成了有公共端的两个互感线圈,去耦等效就得到图 6.5.18 所示的 T 形等效电路。

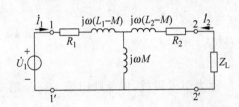

图 6.5.18 空心变压器的 T 形等效电路

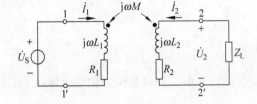

图 6.5.19 例 6.5.4 图

例 6.5.4 用空心变压器的等效电路重解例 6.5.2。电路重画于图 6.5.19 中,$u_S = 500\sin 100t$,$L_1 = 0.6\,\mathrm{H}$,$L_2 = 0.4\,\mathrm{H}$,$M = 0.1\,\mathrm{H}$,$R_1 = 40\,\Omega$,$R_2 = 10\,\Omega$,$Z_L = (10 + j20)\,\Omega$。求负载 Z_L 上的电压。

解 图中所示两个互感线圈实际上就是一个空心变压器。因此求解含有空心变压器的电路,完全可以用含互感电路的一般处理方法,如用回路法直接列方程(例 6.5.2 解法一),也可以用空心变压器的 T 形等效电路求解(例 6.5.2 解法二),还可以用空心变压器的原边或副边等效电路求解。因为题目中的待求量是副边负载上的电压,因此此处采用副边等效电路求解。

空心变压器的副边等效电路如图 6.5.17 所示。可求得电流

$$\dot{I}_2 = -\frac{j\omega M \dfrac{\dot{U}_S}{Z_{11}}}{Z_{22} + \dfrac{(\omega M)^2}{Z_{11}}} = -\frac{j\omega M \dfrac{\dot{U}_S}{R_1 + j\omega L_1}}{R_2 + j\omega L_2 + Z_L + \dfrac{(\omega M)^2}{R_1 + j\omega L_1}}$$

$$= -\frac{j10 \times \dfrac{500\angle 0°}{\sqrt{2} \times (40 + j60)}}{10 + j40 + 10 + j20 + \dfrac{10^2}{40 + j60}} = 0.786\angle 143.1°\,(\mathrm{A})$$

所求电压

$$\dot{U}_2 = -Z_L \dot{I}_2 = 17.58\angle 26.5°\,\mathrm{V}$$

与前两种方法求得的结果一样。

2. 全耦合变压器

当空心变压器原边和副边的耦合系数 $k=1$ 即全耦合时,若进一步忽略原边、副边的绕线电阻,就得到全耦合变压器。全耦合变压器的电路模型如图 6.5.20 所示。

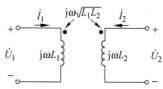

在图 6.5.20 所示参考方向下,全耦合变压器原边、副边的电压、电流的相量关系为

$$\left.\begin{array}{l} j\omega L_1 \dot{I}_1 + j\omega\sqrt{L_1 L_2}\,\dot{I}_2 = \dot{U}_1 \\ j\omega\sqrt{L_1 L_2}\,\dot{I}_1 + j\omega L_2\,\dot{I}_2 = \dot{U}_2 \end{array}\right\} \quad (6.5.5)$$

图 6.5.20　全耦合变压器电路模型

由上述方程组中的第 2 个方程得

$$\dot{I}_1 = \frac{\dot{U}_2 - j\omega L_2 \dot{I}_2}{j\omega\sqrt{L_1 L_2}}$$

将上式代入式(6.5.5)中的第一个方程可得:

$$\left.\begin{array}{l} \dfrac{\dot{U}_1}{\dot{U}_2} = \sqrt{\dfrac{L_1}{L_2}} = n \\[4mm] \dot{I}_1 = \dfrac{\dot{U}_1}{j\omega L_1} - \dfrac{1}{n}\dot{I}_2 \end{array}\right\} \quad (6.5.6)$$

上式就是全耦合变压器原、副边之间电压和电流的关系式,其中 n 称为全耦合变压器原边和副边的变比。

3. 理想变压器

对全耦合变压器做进一步近似,设 L_1、L_2 和 M 均无穷大,且保持 $\sqrt{\dfrac{L_1}{L_2}} = n$ 为一常数,那么变压器就可以视为理想变压器。图 6.5.21 是理想变压器的电路模型。

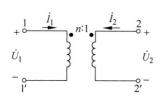

图 6.5.21　理想变压器电路模型

图 6.5.21 中,在图示参考方向下,理想变压器原、副边电压和电流满足下述关系:

$$\left.\begin{array}{l} \dot{U}_1 = n\dot{U}_2 \\ \dot{I}_1 = -\dfrac{1}{n}\dot{I}_2 \end{array}\right\} \quad (6.5.7)$$

与式(6.5.6)对比,将式(6.5.6)中的 L_1 看成无穷大,就得到式(6.5.7)。理想变压器原、副边的电压、电流之间是一种代数关系,因此这种元件是无记忆的,也即是不能储存能量的。它吸收的瞬时功率为

$$u_1 i_1 + u_2 i_2 = n u_1 \left(-\frac{1}{n} \right) i_L + u_2 i_2 = 0$$

可见,理想变压器在任一时刻吸收的瞬时功率等于零。这意味着理想变压器既不储能也不耗能,它即时地将原边输入的功率通过磁耦合传递到副边输出,仅仅将电压、电流按变比作了数值上的变换。

根据式(6.5.7),得到理想变压器的传输参数矩阵为

$$\boldsymbol{T} = \begin{bmatrix} n & 0 \\ 0 & \dfrac{1}{n} \end{bmatrix}$$

显然,理想变压器是一个互易二端口网络。

如果在理想变压器的副边接上负载阻抗 Z,如图 6.5.22 所示,则从原边看过去的等效阻抗为

$$Z_{\mathrm{eq}} = \frac{\dot{U}_1}{\dot{I}_1} = \frac{n \dot{U}_2}{-\dfrac{1}{n} \dot{I}_2} = n^2 \left(-\frac{\dot{U}_2}{\dot{I}_2} \right) = n^2 Z$$

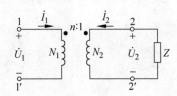

图 6.5.22　理想变压器的阻抗变换作用

可见,理想变压器具有变换阻抗的作用。这种阻抗变换作用在电子电路设计中被广泛应用。

在电路分析中,理想变压器的处理方法与空心变压器和全耦合变压器有较大差别。对于一个实际的变压器,应视问题的求解精度要求选择不同的变压器模型(空心变压器、全耦合变压器或理想变压器)。在求解精度允许的前提下,用全耦合变压器甚至理想变压器来近似一个实际的变压器,可以大大简化计算过程。下面举例说明。

例 6.5.5　电路如图 6.5.23 所示,变压器的原边电感 $L_1 = 10\mathrm{H}$,副边电感 $L_2 = 40\mathrm{H}$,原、副边互感 $M = 19.99\mathrm{H}$,原边绕线电阻 $R_1 = 1\Omega$,副边绕线电阻 $R_2 = 2\Omega$,负载 $R_L = 100\Omega$,电源 $u_\mathrm{S} = \sqrt{2} \times 10\sin(100t)\mathrm{V}$,内阻 $R_\mathrm{S} = 1\Omega$,求负载上的电压。

解　(1) 用空心变压器模型对图 6.5.23 中的变压器建模,如图 6.5.24 所示。

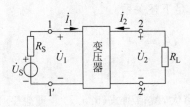

图 6.5.23　例 6.5.5 图

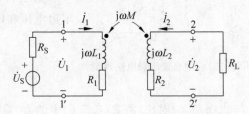

图 6.5.24　用空心变压器模型表示的电路

对原、副边回路分别列写 KVL 方程,得

$$
\left.\begin{array}{l}
(R_{\mathrm{S}} + R_1 + \mathrm{j}\omega L_1)\dot{I}_1 + \mathrm{j}\omega M\dot{I}_2 = \dot{U}_{\mathrm{S}} \\[2mm]
\mathrm{j}\omega M\dot{I}_1 + (R_2 + \mathrm{j}\omega L_2 + R_{\mathrm{L}})\dot{I}_2 = 0
\end{array}\right\}
$$

代入数值可解得

$$
\dot{U}_2 = -100\,\dot{I}_2 = 18.15 - \mathrm{j}0.626 = 18.16\angle-1.98°(\mathrm{V})
$$

(2) 该变压器的耦合系数为 $k = M/\sqrt{L_1 L_2} = 0.9995$,而且其绕线电阻与电抗相比很小,因此可以用全耦合变压器模型对其进行工程近似,得到电路如图 6.5.25 所示。

应用式(6.5.6)和欧姆定律,得

$$
\left.\begin{array}{l}
\dfrac{\dot{U}_1}{\dot{U}_2} = n = \sqrt{\dfrac{L_1}{L_2}} \\[4mm]
\dot{I}_1 = \dfrac{\dot{U}_1}{\mathrm{j}\omega L_1} - \dfrac{1}{n}\dot{I}_2 \\[4mm]
\dot{U}_2 = -R_{\mathrm{L}}\dot{I}_2 \\[3mm]
\dot{U}_1 = \dot{U}_{\mathrm{S}} - R_{\mathrm{S}}\dot{I}_1
\end{array}\right\}
$$

代入数值可解得

$$
\dot{U}_2 = 19.23 - \mathrm{j}0.0185 = 19.23\angle-0.06°(\mathrm{V})
$$

(3) 若进一步用理想变压器模型对其进行工程近似,得到电路如图 6.5.26 所示。

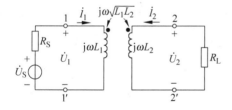

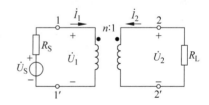

图 6.5.25　用全耦合变压器模型表示的电路　　　　图 6.5.26　用理想变压器模型来求解例 6.5.5

应用式(6.5.7)和欧姆定律,得

$$
\left.\begin{array}{l}
\dfrac{\dot{U}_1}{\dot{U}_2} = n = \sqrt{\dfrac{L_1}{L_2}} \\[4mm]
\dot{I}_1 = -\dfrac{1}{n}\dot{I}_2 \\[4mm]
\dot{U}_2 = -R_{\mathrm{L}}\dot{I}_2 \\[3mm]
\dot{U}_1 = \dot{U}_{\mathrm{S}} - R_{\mathrm{S}}\dot{I}_1
\end{array}\right\}
$$

代入数值可解得

$$\dot{U}_2 = 19.23 \angle 0° \text{V}$$

　　从上面 3 种利用不同的变压器模型求解的过程和结果可以看出:从空心变压器模型到全耦合变压器模型再到理想变压器模型的工程近似带来的好处是计算越来越简单,但代价是误差也越来越大。在分析实际问题时,往往需要根据实际需求和求解能力选择合适的电路模型,在问题的求解精度和求解方便程度中进行折中。这就是工程观点的实际意义。此外,相对于理想变压器来说,全耦合变压器的求解精度并无显著改善。实际工作中多用空心变压器模型和理想变压器模型。

　　在信号传输与处理、能量传输与处理领域的许多实际应用中,实际变压器都可以用理想变压器模型来近似,这将给分析带来很大的方便。下面介绍一种广泛应用的实际变压器——中间抽头变压器。所谓中间抽头变压器,仍然是双绕组变压器,原边接信号源,副边绕组的中间抽出 1 个线头,其电路模型如图 6.5.27 所示。

　　用理想变压器模型对其分析。设在图 6.5.27 所示参考方向下有 $u_1 = u_2 = u_S$。下面介绍中间抽头变压器的几个典型应用。

　　(1)利用中间抽头变压器和两个二极管来构成全波整流电路。电路如图 6.5.28 所示。

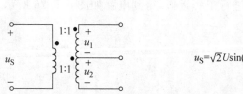

图 6.5.27　中间抽头变压器的电路模型

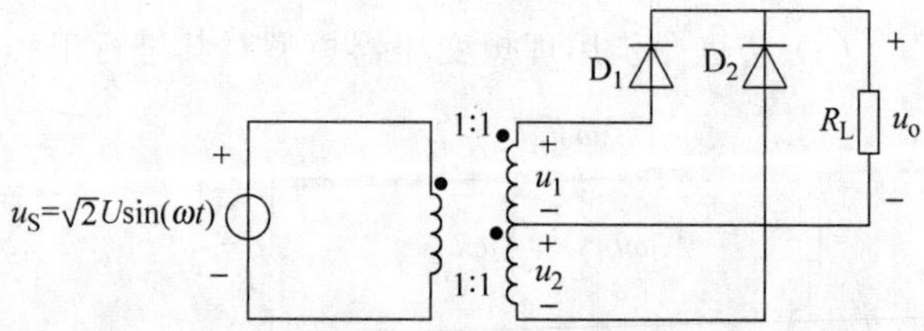

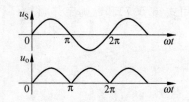

图 6.5.28　中间抽头变压器构成的全波整流电路

　　在 u_S 的正半周期,$u_1 > 0$,$u_2 > 0$,因此 D_1 导通,D_2 关断,$u_o = u_S$;

　　在 u_S 的负半周期,$u_1 < 0$,$u_2 < 0$,因此 D_1 关断,D_2 导通,$u_o = -u_S$。

　　综上所述,电源正、负半周的波形对负载均有作用,而且该电路实现了整流功能,因此称之为全波整流电路。输入、输出波形如图 6.5.29 所示。

　　(2)利用中间抽头变压器实现移相桥的功能。回顾例 6.3.3 所示的移相桥电路,其中串联电阻支

图 6.5.29　图 6.5.28 所示电路的输入
电压和输出电压波形

路上两个电阻两端的电压相同,这样两个电压也可以用中间抽头变压器得到。相应的电路如图 6.5.30 所示。

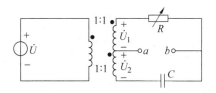

图 6.5.30　用中间抽头变压器实现的移相桥电路

由图 6.5.30 易知,$\dot{U}_1 = \dot{U}_2 = \dot{U}$,仿照例 6.3.3 的分析可知:调整 R 可以改变 $\dot{U}_{ab}$ 与 $\dot{U}$ 的相位差,即实现移相。

(3) 利用中间抽头变压器实现通信网络中的二-四线转换功能。这在通信网络用户接口系统中被广泛应用。在电话网络终端,发话器与受话器分别传输发送与接受的信号,需要四线(两个端口)工作。为使系统简化,网络只提供二线(一个端口)与用户联接。利用二-四线转换电路可在用户接口处将四线传输转换为二线传输。早期实现这一功能的电路如图 6.5.31 所示[9]。

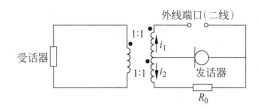

图 6.5.31　电话机在接电话者说话时的等效电路

图 6.5.31 发话器和受话器被一组互感线圈相互隔开,而发送和接收的信号都可以各自经外线端口按二线传送。发话器产生的电流 i_1 和 i_2 分别从异名端流入两线圈,在受话端线圈中产生的电动势大小相等而极性相反,因此相互抵消,受话器中听不到发话声音。与此同时,发话信号却可以正常传送到外线接口。当外线输入接收信号时,在受话线圈中产生互感电压(注意此时初级两线圈电流在次级线圈中产生的感应电势极性相同),受话器可以正常听到接收信号的声音。R_0 是匹配电阻,为电流构成通路。

上述典型应用中利用的都是理想变压器的电压变换作用。换言之,理想变压器可以看成是一个压控电压源。因此,在上述场合完全可以用运算放大器来替代变压器。事实上在二-四线转换电路中,为了减小电路体积与重量。目前已广泛利用差动放大器组合(多级运放构成的集成电路)产生不同极性的所需电流,以此取代互感线圈,其工作原理完全相同。

移相桥电路中的中间抽头变压器也可用运算放大器构成的缓冲器来替代,原理图如图 6.5.32 所示。

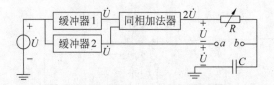

图 6.5.32 用运算放大器实现的移相桥电路

基于电阻分压的移相桥电路原理清晰,实现容易,但电阻上消耗功率;基于中间抽头变压器的移相桥电路减小了功率损耗,可用于较大功率的场合,但变压器的体积庞大,不利于集成;基于运算放大器的移相桥电路具有体积小、功耗小的特点,但只能用于小功率场合,同时还需要附加电源供电。实际应用时具体用哪种电路实现移相要取决于应用场合在功率、体积和供电方面的要求。

6.6 正弦稳态电路的功率

本节重点讨论正弦稳态电路中的功率和能量。与电阻电路相比较,正弦稳态电路中,功率的种类较多,分析计算要复杂得多。

6.6.1 正弦稳态电路的功率

回顾在第 1 章中介绍的功率和能量的基本概念。设图 6.6.1 所示一端口内部不含独立源,仅含有电阻、电感和电容等元件,在图示参考方向下,它在任一时刻吸收的瞬时功率 p 就等于端口电压 u 和电流 i 的乘积:

图 6.6.1 无源一端口网络

$$p(t) = u(t)i(t) \tag{6.6.1}$$

设端口电压、电流分别为

$$u(t) = \sqrt{2}U\sin(\omega t + \psi_u)$$

$$i(t) = \sqrt{2}I\sin(\omega t + \psi_i)$$

代入式(6.6.1),有

$$p(t) = \sqrt{2}U\sin(\omega t + \psi_u) \times \sqrt{2}I\sin(\omega t + \psi_i)$$
$$= UI\cos(\psi_u - \psi_i) - UI\cos(2\omega t + \psi_u + \psi_i)$$

令 $\varphi = \psi_u - \psi_i$,即端口电压、电流的相位差,则

$$p(t) = UI\cos\varphi - UI\cos(2\omega t + \psi_u + \psi_i) \tag{6.6.2}$$

从式(6.6.2)可以看出：瞬时功率有两个分量，其中，$UI\cos\varphi$ 是不随时间变化的，而 $UI\cos(2\omega t+\psi_u+\psi_i)$ 是以电压(电流)的 2 倍频率变化的正弦量。分析式(6.6.2)可以发现：随着时间的变化，该一端口网络吸收的瞬时功率 $p(t)$ 既可以为正，也可以为负。在图 6.6.1 所示参考方向下，若 $p(t)>0$，表明该一端口网络从外部电路吸收能量；若 $p(t)<0$，则表明该一端口网络在向外部电路输出能量。换句话说，该一端口网络与外部电路之间存在能量交换。由于网络内部没有独立源，这种能量交换现象就是由网络内部的储能元件(L 或 C)引起的。

在工程上，由于瞬时功率不断随时间变化，实用意义不大，所以通常采用平均功率的概念。平均功率是指瞬时功率在一个周期内的平均值，用 P 表示：

$$P=\frac{1}{T}\int_0^T p\,\mathrm{d}t$$
$$=\frac{1}{T}\int_0^T [UI\cos\varphi-UI\cos(2\omega t+\psi_u+\psi_i)]\mathrm{d}t$$
$$=UI\cos\varphi \qquad (6.6.3)$$

平均功率又称为有功功率(active power)，代表一端口实际消耗的功率，就是式(6.6.2)中的不随时间变化的那一项。它不仅与电压、电流的有效值有关，还与两者的相位差有关。

可用功率表来测量正弦稳态电路中一端口网络吸收的有功功率。功率表是一个 4 端元件，其电路符号如图 6.6.2(a)所示。其中端钮 1 和 2 用于测量电流 $\dot{I}$，端钮 3 和 4 用于测量电压 $\dot{U}$。为了简明起见，经常用图 6.6.2(b)来表示电流 $\dot{I}$ 的参考方向从标有"＊"端流向另一端，电压 $\dot{U}$ 的参考方向的正极性在标有"△"的端子上。在图 6.6.2 所示参考方向下，功率表的读数为 $UI\cos(\psi_u-\psi_i)$。

用功率表测量一端口网络 N 吸收的有功功率的接线图如图 6.6.3 所示。图中所示电路中端口电压、电流为关联参考方向，功率表电压端对和电流端对分别测量的是端口的电压 $\dot{U}$ 和电流 $\dot{I}$。根据功率表的工作原理，其读数为 $UI\cos(\psi_u-\psi_i)$，即为一端口网络吸收的有功功率。读者可据此类推，画出用功率表测量一端口网络发出有功功率的接线图。

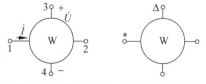

(a) 用 1-2-3-4 端子表示　　(b) 用 ＊-△ 端子表示

图 6.6.2　功率表的电路符号

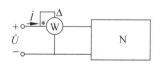

图 6.6.3　用功率表测量一端口网络
　　　　　吸收有功功率的接线图

瞬时功率还可以改写为

$$p(t) = UI\cos\varphi - UI\cos(2\omega t + 2\psi_u - \varphi)$$
$$= UI\cos\varphi[1 - \cos(2\omega t + 2\psi_u)] - UI\sin\varphi\sin(2\omega t + 2\psi_u)$$

从上式可以看出,第一项始终不小于零,它是瞬时功率中不可逆的部分,它在一个周期内的平均值就是平均功率或有功功率;第二项正负交替变化,是瞬时功率中的可逆部分,表明能量在外电路与一端口网络之间交换。为了表示一端口网络与外电路之间能量的交换,定义

$$Q = UI\sin\varphi$$

为无功功率(reactive power)。

许多电力设备的容量是由它们的额定电流和额定电压的乘积决定的,为此引入视在功率的概念。视在功率定义端口电压、电流有效值的乘积,用 S 表示,即

$$S = UI$$

有功功率、无功功率和视在功率都具有功率的量纲,为便于区分,有功功率的单位名称为 W,无功功率的单位名称为 var,视在功率的单位名称为 V·A。

式(6.6.3)中,$\varphi \in (-\pi, +\pi]$,又称为功率因数角,$\cos\varphi$ 称为功率因数(power factor),用 λ 表示,即

$$\lambda = \cos\varphi = \frac{P}{UI} = \frac{P}{S}$$

一般情况下,不含独立源的一端口网络的入端阻抗可表示成 $Z = R + jX$,φ 就是该一端口网络的阻抗角。

若一端口网络内部为纯电阻电路,即 $X = 0$,则端口的电压电流同相,阻抗角或功率因数角 $\varphi = 0$,功率因数 $\cos\varphi = 1$,网络吸收的平均功率为

$$P = UI = I^2 R = \frac{U^2}{R}$$

与电阻电路部分得到的结论一致,其中 R 是从端口看进去的入端等效电阻。

若一端口网络为纯电抗网络,即 $R = 0$,则端口的电压电流相位相差90°,阻抗角或功率因数角 $\varphi = \pm 90°$,因此功率因数 $\cos\varphi = 0$,网络吸收的平均功率

$$P = 0$$

即由电感和电容组成的纯电抗网络吸收的平均功率为0,这表明电感和电容是不消耗能量的,因此它们又称为无损元件。

一般情况下,入端阻抗 $R \neq 0$,$X \neq 0$。这里仅讨论 R 为正值的情况,即 $\varphi \in [-\pi/2, +\pi/2]$。若 $X > 0$,入端阻抗呈现感性,则 $0° < \varphi \leqslant 90°$,功率因数角为正值,此时电流落后电压,因此称为滞后的功率因数。若 $X < 0$,入端阻抗呈现容性,则 $-90° \leqslant \varphi < 0°$,功率因数角为负值,此时电流领先电压,因此称为超前的功率因数。由于在

$\varphi\in\left[-\pi/2,+\pi/2\right]$时始终有 $\cos\varphi\geqslant 0$,因此使用功率因数时应注明是超前还是滞后。

例 6.6.1　图 6.6.4(a)所示电路中,$R=2\Omega$,$L=10\mathrm{mH}$,$C=2000\mu\mathrm{F}$,电源 $u_\mathrm{S}=10\sqrt{2}\sin(100t+15°)\mathrm{V}$,求电源发出的有功功率和无功功率,以及电阻、电感和电容各自吸收的有功功率和无功功率。

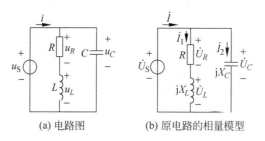

(a) 电路图　　　　　(b) 原电路的相量模型

图 6.6.4　例 6.6.1 电路图及其相量模型

解　画出原电路的相量模型如图 6.6.4(b)所示。其中

$$\dot{U}_\mathrm{S}=10\angle 15°\mathrm{V}$$

$$X_L=\omega L=100\times 10\times 10^{-3}=1(\Omega)$$

$$X_C=-\frac{1}{\omega C}=-\frac{1}{100\times 2000\times 10^{-6}}=-5(\Omega)$$

从电源两端看过去,电路的总阻抗为

$$Z=\frac{(R+\mathrm{j}X_L)\times \mathrm{j}X_C}{R+\mathrm{j}X_L+\mathrm{j}X_C}=\frac{(2+\mathrm{j}1)\times(-\mathrm{j}5)}{2+\mathrm{j}1-\mathrm{j}5}=2.5(\Omega)$$

因此,端口电流为

$$\dot{I}=\frac{\dot{U}_\mathrm{S}}{Z}=4\angle 15°\mathrm{A}$$

电源发出的有功功率为

$$P_\mathrm{S}=UI\cos\varphi=10\times 4\times\cos 0°=40(\mathrm{W})$$

电源发出的无功功率为

$$Q_\mathrm{S}=UI\sin\varphi=10\times 4\times\sin 0°=0$$

流过电阻和电感的电流

$$\dot{I}_1=\frac{\dot{U}_\mathrm{S}}{R+\mathrm{j}X_L}=\frac{10\angle 15°}{2+\mathrm{j}1}=4.47\angle -11.57°(\mathrm{A})$$

电阻电压

$$\dot{U}_R=\dot{I}_1 R=8.94\angle -11.57°\mathrm{V}$$

因此,电阻吸收的有功功率为

$$P_R = U_R I_1 \cos\varphi_R = 8.94 \times 4.47 \times \cos 0° = 40(\text{W})$$

电阻吸收的无功功率

$$Q_R = U_R I_1 \sin\varphi_R = 8.94 \times 4.47 \times \sin 0° = 0$$

电感两端电压

$$\dot{U}_L = \text{j}\omega L \times \dot{I}_1 = 4.47 \angle 78.43°\text{V}$$

因此,电感吸收的有功功率

$$P_L = U_L I_1 \cos\varphi_L = 4.47 \times 4.47 \times \cos 90° = 0$$

电感吸收的无功功率

$$Q_L = U_L I_1 \sin\varphi_L = 4.47 \times 4.47 \times \sin 90° = 20(\text{var})$$

流过电容的电流

$$\dot{I}_2 = \frac{\dot{U}_\text{S}}{\text{j}X_C} = 2\angle 105°\text{A}$$

因此,电容吸收的有功功率为

$$P_C = U_\text{S} I_2 \cos\varphi_C = 10 \times 2 \times \cos(-90°) = 0$$

电容吸收的无功功率

$$Q_C = U_\text{S} I_2 \sin\varphi_C = 10 \times 2 \times \sin(-90°) = -20(\text{var})$$

从上面的计算结果可以看出,电阻只消耗有功功率,与外电路之间没有能量交换;而电感和电容不消耗有功功率,它们与外电路之间的能量交换通过无功功率体现出来。电感吸收的无功功率为正,电容吸收的无功功率为负;换言之,可以说电感吸收无功功率,电容发出无功功率。进一步推广,可以说感性负载吸收无功功率,容性负载发出无功功率。工程上常用感性负载和容性负载的这种无功互补作用进行功率因数调整。

例 6.6.1 中电感吸收的无功功率恰好等于电容释放的无功功率,因此负载部分作为一个整体来看,与电源之间没有能量交换;但一般情况下,电源与负载之间是有能量交换的,所有电源发出的无功功率的代数和应等于所有负载吸收的无功功率的代数和。

有功功率、无功功率和视在功率之间的关系可以用复功率来描述。一端口网络的复功率定义为

$$\overline{S} = \dot{U}\dot{I}^* = UI\cos\varphi + \text{j}UI\sin\varphi$$

式中 $\dot{I}^*$ 表示电流 $\dot{I}$ 的共轭。从上式可以看出:复功率的实部就是有功功率,虚部就是无功功率,而它的模就是视在功率。其中,φ 是不含独立源一端口网络的功率因数角,也是该一端口入端阻抗的阻抗角。复功率将正弦稳态电路的 3 种功率集中到一个公式中来表示,它的单位为 V·A。

可以证明:正弦稳态电路中,有功功率、无功功率和复功率都分别守恒(即电路中所有元件吸收的上述每种功率的代数和为零),但视在功率不守恒。

在实际电力系统中,一般都采用并联供电的方式,即用电设备(负载)都并联地接至供

电线路上。用户由输电线获得的功率 $P=UI\cos\varphi$,不仅和负载上的电压、电流有关,还与负载的功率因数有关。在实际用电设备中,大部分负载都是感性负载(功率因数滞后)。例如异步电动机,它的功率因数很低,工作时一般在 0.75~0.85 左右,轻载或空载时甚至可能低于 0.5。

过低的功率因数对输电线路、用电设备和电源本身都会产生不良影响。一方面,由于负载功率因数较低,在传送相同有功功率的情况下,电源向负载提供的电流必然要大。因为输电线路具有一定的阻抗,电流增大就会使输电线路上的压降和功率损耗增加,前者会使负载的用电电压降低,后者则造成较大的电能损耗。另一方面,从电源设备本身的角度看,当电源(发电机)的电压、电流一定时,负载功率因数越低,电源可输出的有功功率越小,这就限制了电源输出有功功率的能力,造成设备容量的浪费。因此,有必要提高功率因数。

提高负载的功率因数可以从两个方面着手:一是对用电设备加以改进,提高其功率因数,但这种做法周期长、投资大、技术难度高;另一种简单可行的方法就是在感性用电设备上并联电容以提高负载整体的功率因数,提高电源的利用率。下面举例说明。

例 6.6.2 图 6.6.5 所示电路中,负载的端电压有效值为 U,功率为 P,功率因数为 $\cos\varphi_1$(滞后)。为了使电路的功率因数提高到 $\cos\varphi_2$(滞后),需要并联多大的电容(设电源角频率为 ω)?

解 以电源电压为参考相量,画出图 6.6.5 所示电路的相量图,如图 6.6.6 所示。

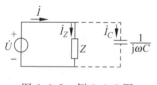

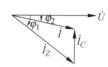

图 6.6.5　例 6.6.2 图　　　　　图 6.6.6　图 6.6.5 电路的相量图

并联的电容对电路中的有功功率没有影响(这一点从图 6.6.6 也可以看出来),因此在并联电容前后有

$$UI_Z\cos\varphi_1 = UI\cos\varphi_2 = P$$

因此

$$I_Z = \frac{P}{U\cos\varphi_1}, \quad I = \frac{P}{U\cos\varphi_2}$$

根据图 6.6.6,流过电容的电流

$$I_C = I_Z\sin\varphi_1 - I\sin\varphi_2 = \frac{P}{U}(\tan\varphi_1 - \tan\varphi_2)$$

又

$$I_C = \omega CU$$

因此,需要并联的电容为

$$C = \frac{I_C}{\omega U} = \frac{P}{\omega U^2}(\tan\varphi_1 - \tan\varphi_2)$$

由图 6.6.6 可以看出:当选择 $I_C = I_Z\sin\varphi_1$ 时,则补偿后电源的电压电流同相,功率因数为 1。若再增大电容,功率因数反而减小。一般实际应用中通过并联电容提高功率因数时,要考虑投资带来的性价比,往往不必将功率因数提高到 1,更不会过补偿,将之变成超前的容性功率因数。通常提高到 0.9(滞后)左右即可。

6.6.2 最大功率传输

当含独立源的一端口向终端负载传输功率时,如果传输的功率很小(如通信系统、电子电路),不必计较传输效率时,常常要求能使负载从给定信号源中获得最大功率。在电阻电路中,负载电阻如何获得最大功率的问题已经在第 2 章中讨论过。本节要讨论在正弦稳态电路中,负载阻抗从给定电源中获得最大功率(有功)的条件。

图 6.6.7(a)中,含独立源的一端口向负载阻抗 Z 传输功率,根据戴维南定理,可以等效为图 6.6.7(b) 所示电路进行研究。其中,$Z_{\mathrm{s}} = R_{\mathrm{s}} + jX_{\mathrm{s}}$ 是等效电源阻抗;$Z = R + jX$ 是负载阻抗。

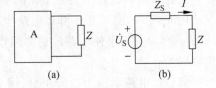

图 6.6.7 最大功率传输

则电路中流过的电流相量为

$$\dot{I} = \frac{\dot{U}_{\mathrm{S}}}{Z_{\mathrm{s}} + Z} = \frac{\dot{U}_{\mathrm{S}}}{(R_{\mathrm{s}} + R) + j(X_{\mathrm{s}} + X)}$$

电流的有效值为

$$I = \frac{U_{\mathrm{s}}}{\sqrt{(R_{\mathrm{s}} + R)^2 + (X_{\mathrm{s}} + X)^2}}$$

因此,负载吸收的有功功率为

$$P = I^2 R = \frac{U_{\mathrm{S}}^2 R}{(R + R_{\mathrm{s}})^2 + (X + X_{\mathrm{s}})^2}$$

根据负载阻抗的不同,分三种情况进行讨论。

(1) 只有负载阻抗的虚部可以改变

显然,当 $X + X_{\mathrm{s}} = 0$ 时,负载从给定电源中获得最大功率,为

$$P_{\max} = \frac{U_{\mathrm{S}}^2 R}{(R + R_{\mathrm{s}})^2}$$

(2) 负载阻抗的实部和虚部都可以改变

R 和 X 可以任意变动,而其他参数不变时,负载从给定电源中获得最大功率的条件为

$$X + X_s = 0$$
$$\frac{\mathrm{d}}{\mathrm{d}R}\left(\frac{U_s^2 R}{(R + R_s)^2}\right) = 0$$

解得

$$R = R_s, \quad X = -X_s$$

此时, $Z = Z_s^*$,即负载阻抗与等效电源阻抗互为共轭复数,称为最佳匹配或共轭匹配。此时,负载获得的最大功率为

$$P_{\max} = \frac{U_s^2}{4R_s}$$

此时,有功功率的传输效率为 50% 。

（3）负载阻抗的模可以任意变动,但阻抗角保持不变

设负载阻抗为

$$Z = |Z| \angle\varphi = |Z|\cos\varphi + \mathrm{j}|Z|\sin\varphi$$

负载获得的有功功率可表示为

$$P = \frac{U_s^2 |Z|\cos\varphi}{(|Z|\cos\varphi + R_s)^2 + (|Z|\sin\varphi + X_s)^2}$$

当 $\dfrac{\mathrm{d}P}{\mathrm{d}|Z|} = 0$ 时,负载从给定电源中获得最大功率,解得

$$|Z| = \sqrt{R_s^2 + X_s^2}$$

即当负载阻抗的模与等效电源阻抗的模相等时,负载阻抗从给定电源中获得最大有功功率。

例 6.6.3　图 6.6.8 所示电路中, $\dot{U}_s = 100\angle 30° \mathrm{V}$, $Z_1 = 10 + \mathrm{j}20\,\Omega$, $Z_2 = 8 + \mathrm{j}12\,\Omega$ 。求负载 Z 为多大时可以获得最大有功功率? 并求此功率。

解　先求出除负载以外的含源一端口电路的戴维南等效电路,再用最大功率传输条件求负载可能获得的最大功率。

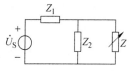

图 6.6.8　例 6.6.3 题图

开路电压

$$\dot{U}_{OC} = \frac{Z_2}{Z_1 + Z_2}\dot{U}_s = \frac{8 + \mathrm{j}12}{18 + \mathrm{j}32} \times 100\angle 30° = 39.28\angle 25.67° (\mathrm{V})$$

等效内阻

$$Z_{eq} = \frac{Z_1 Z_2}{Z_1 + Z_2} = 4.51 + \mathrm{j}7.54\,\Omega$$

因此,当负载 $Z = Z_{eq}^* = 4.51 - \mathrm{j}7.54\,\Omega$ 时,获得的最大功率为

$$P_{\max} = \frac{U_{OC}^2}{4\mathrm{Re}(Z_{eq})} = \frac{39.28^2}{4 \times 4.51} = 85.53 (\mathrm{W})$$

此时负载为第 2 种情况,可以实现最佳匹配。

例 6.6.4 图 6.6.9 所示电路中,$\dot{U}_S = 100\text{V}$,电源内阻 $R_S = 1000\Omega$,负载电阻 $R_L = 10\Omega$。为使负载获得最大功率,求理想变压器的变比 n、负载获得的最大功率以及此时电源发出的功率。

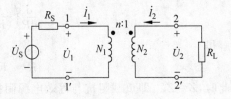

图 6.6.9 例 6.6.4 题图

解 根据理想变压器的阻抗变换作用,负载 R_L 折合到变压器原边为 $n^2 R_L$。再根据最大功率传输定理,此时负载为第 3 种情况,当副边折算过来的等效电阻等于电源内阻时,负载可获得最大功率。因此,

$$R_S = n^2 R_L$$

$$n = \sqrt{\frac{R_S}{R_L}} = 10$$

此时

$$\dot{I}_1 = \frac{100}{1000 + n^2 R_L} = 0.05\text{A}$$

电源发出的功率为

$$P_{u_S发} = U_S I_1 \cos\varphi = 100 \times 0.05 = 5(\text{W})$$

负载吸收的最大功率为

$$P_{R_L吸} = I_2^2 R_L = (n I_1)^2 R_L = (10 \times 0.05)^2 \times 10 = 2.5(\text{W})$$

我们可以进一步讨论电源内阻吸收的功率为

$$P_{R_S吸} = I_1^2 R_S = 0.05^2 \times 1000 = 2.5(\text{W})$$

显然,$P_{u_S发} = P_{R_L吸} + P_{R_S吸}$,电源发出的功率完全被电源内阻和负载所吸收,于是验证了理想变压器是不发出或吸收功率的。

6.7 三相电路

目前,交流电在动力方面的应用几乎都是通过三相电路来实现。这是因为三相电路在发电、输电和用电方面都有许多优点。三相电路是由三相电源、三相负载和三相输电线组成的电路。三相电路本质上是一种结构比较复杂的正弦稳态电路,但它又不同于一般的多电源正弦稳态电路,它的三相电源的幅值和相位之间有着特定的关系。正是由于这种关系,对于对称三相电路的分析可以采用简单的抽单相方法,而对于不对称三相电路则必须借助于电路的一般分析方法(如节点法、回路法)进行分析。

6.7.1　对称三相电路分析

1. 对称三相电源

对称三相电源是由三相交流发电机产生的,它由 3 个等幅值、同频率、初相位依次相差120°的正弦电压源组成,三相电压的瞬时值表达式分别为

$$
\left.\begin{array}{l}
u_{\mathrm{A}} = \sqrt{2}U\sin(\omega t + \varphi) \\
u_{\mathrm{B}} = \sqrt{2}U\sin(\omega t + \varphi - 120°) \\
u_{\mathrm{C}} = \sqrt{2}U\sin(\omega t + \varphi + 120°)
\end{array}\right\} \tag{6.7.1}
$$

不失一般性,可令 $\varphi = 0$,则三相电压对应的相量形式分别为

$$
\left.\begin{array}{l}
\dot{U}_{\mathrm{A}} = U\angle 0° \\
\dot{U}_{\mathrm{B}} = U\angle -120° \\
\dot{U}_{\mathrm{C}} = U\angle 120°
\end{array}\right\} \tag{6.7.2}
$$

三相电压的波形和相量图如图 6.7.1 所示。

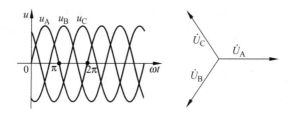

图 6.7.1　对称三相电源的波形和相量图

由式(6.7.1)和式(6.7.2)可以得出:

$$u_{\mathrm{A}} + u_{\mathrm{B}} + u_{\mathrm{C}} = 0$$

$$\dot{U}_{\mathrm{A}} + \dot{U}_{\mathrm{B}} + \dot{U}_{\mathrm{C}} = 0$$

这是对称三相电源的特点。

对称三相电源中的每一相电压经过同一相位值(如$+90°$)的先后次序称为相序。对图 6.7.1 所示的对称三相电源,u_{A} 领先 u_{B} 120°,u_{B} 领先 u_{C} 120°,称这种相序为正序或顺序。若 u_{A} 落后 u_{B} 120°,u_{B} 落后 u_{C} 120°,称这种相序为负序或逆序。三相电源中每一相的命名是任意的,即对称三相电源中可任意指定一相为 A 相,其余两相就可以根据相位关系确定。

对称三相电源的联接方式分为星形(Y)和三角形(△)两种,如图 6.7.2 所示。

图 6.7.2(a)所示为星形接法,从 3 个电压源正端引出的导线称为端线(在工程实际中也称为"火线"),三个电压源负端的联接点称为中性点或中点(neutral point),从中性点

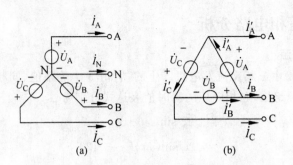

图 6.7.2　Y 形联接和 △ 形联接对称三相电源

引出的导线称为中线（neutral line）（在工程实际中也称为"零线"）。端线之间的电压称为线电压（line voltage），各相电源电压称为相电压（phase voltage）。端线中流过的电流称为线电流（line current），各相电压源或负载中的电流称为相电流（phase current）。

图 6.7.2(b)所示为三角形接法，三个电压源正负首尾相连。三角形电源的相电压、线电压、相电流和线电流的概念与星形电源相同，但三角形电源没有中线。当接法正确时，由于 $\dot{U}_A + \dot{U}_B + \dot{U}_C = 0$，三角形联接的三相电源环路中不会出现环路电流。当接法不正确时，由于电源内阻很小，就会出现很大的环路电流，甚至烧毁电源！

对称三相电源星形联接时，线电压为

$$\dot{U}_{AB} = \dot{U}_A - \dot{U}_B = \dot{U}_A - \dot{U}_A \angle -120° = \sqrt{3}\,\dot{U}_A \angle 30°$$

类似地，可以得到

$$\dot{U}_{BC} = \dot{U}_B - \dot{U}_C = \dot{U}_B - \dot{U}_B \angle -120° = \sqrt{3}\,\dot{U}_B \angle 30°$$

$$\dot{U}_{CA} = \dot{U}_C - \dot{U}_A = \dot{U}_C - \dot{U}_C \angle -120° = \sqrt{3}\,\dot{U}_C \angle 30°$$

即星形联接的对称三相电源，线电压的幅值等于相电压幅值的 $\sqrt{3}$ 倍（例如我国电力系统中，220V 相电压对应的线电压为 380V），相位领先相应的相电压30°。相量图如图 6.7.3 所示。

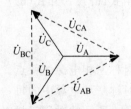

图 6.7.3　Y 形联接三相电源的相电压和线电压相量

从图 6.7.2(a)还可以看出，对称三相电源星形联接时，流过端线的电流就等于流过每相电源的电流，即线电流等于相应的相电流。对中点 N 采用 KCL，有

$$\dot{I}_A + \dot{I}_B + \dot{I}_C = 0$$

对于图 6.7.2(b)所示三角形联接的对称三相电源，显然

$$\dot{U}_{AB} = \dot{U}_A, \quad \dot{U}_{BC} = \dot{U}_B, \quad \dot{U}_{CA} = \dot{U}_C$$

这表明三角形联接的对称三相电源线电压等于相应的相电压。三角形联接的对称三相电

源的线电流和相电流的关系将在下面讨论。

上文讨论的两种联接方式下对称三相电源的线电压和相电压、线电流和相电流的关系同样适用于相同联接方式的对称三相负载。对称三相负载是指以星形或三角形方式联接的三个幅值和阻抗角完全相同的负载。

需要注意的是,虽然日常生活用电一般都是从三相电源获得的,但绝大部分用电设备,尤其是家用电器(如电灯、冰箱、空调等)都是单相负载,换言之,这些负载使用时都是接在某一相电源上的。日常生活中常见的三脚插座(如图 6.7.4 所示)联接的并不是三相电源,而是"左零右火中间地",即左、右两插脚联接的分别是三相电源的中线和某一相的端线,它们之间的电压是 220V,而中间插脚联接的原则上应该是真正的大地(实际接线视系统而定)。

图 6.7.4　三脚插座示意图

2. 对称三相电路分析

对称三相电路由对称三相电源和对称三相负载通过三相输电线路联接而成。对称三相负载同样也有星形和三角形两种接法,因此电源和负载之间共有四种可能的联接方式:Y-Y 接法,Y-△ 接法,△-Y 接法和 △-△ 接法。进行电路分析时,对于后两种接法,可以利用电源的等效变换,将 △ 型联接的电源转换为 Y 型联接。等效条件是转换前后电源输出的线电压不变。因此只需讨论前两种联接方式下电路的工作情况即可。

首先分析 Y-Y 联接的对称三相电路,如图 6.7.5 所示。三相电路实际就是含有三个同频率正弦电压源的电路,因此分析正弦电路的方法都适用于分析三相电路。

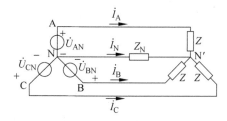

图 6.7.5　Y-Y 连接对称三相电路

设图 6.7.5 中对称三相电源分别为

$$\dot{U}_{AN} = U\angle 0°$$

$$\dot{U}_{BN} = U\angle -120°$$

$$\dot{U}_{CN} = U\angle 120°$$

对称三相负载 $Z = |Z|\angle\varphi$,以 N 为参考点,由节点分析法得

$$\dot{U}_{N'N} = \frac{(\dot{U}_A + \dot{U}_B + \dot{U}_C)/Z}{3/Z + 1/Z_N} = 0$$

即负载中点与电源中点电位相同,因此不管中线阻抗多大,负载中点与电源中点之间可以认为是短路的。

A 相相电流为

$$\dot{I}_\mathrm{A} = \frac{\dot{U}_\mathrm{AN}}{Z} = \frac{U\angle 0°}{|Z|\angle\varphi} = \frac{U}{|Z|}\angle-\varphi$$

同样可以得出其他两相相电流,

$$\dot{I}_\mathrm{B} = \frac{\dot{U}_\mathrm{BN}}{Z} = \frac{U\angle-120°}{|Z|\angle\varphi} = \frac{U}{|Z|}\angle-120°-\varphi$$

$$\dot{I}_\mathrm{C} = \frac{\dot{U}_\mathrm{CN}}{Z} = \frac{U\angle 120°}{|Z|\angle\varphi} = \frac{U}{|Z|}\angle 120°-\varphi$$

从计算结果可以看出:三相相电流也是对称的,在 Y 形联接时,相电流也就是线电流,因此线电流也是对称的。显然,

$$\dot{I}_\mathrm{N} = -(\dot{I}_\mathrm{A} + \dot{I}_\mathrm{B} + \dot{I}_\mathrm{C}) = 0$$

中线电流为零,如同开路,因此此时断开中线对原电路没有影响,而无需考虑中线上是否接有阻抗。有中线的 Y-Y 联接的三相电路称为三相四线制,没有中线的三相电路称为三相三线制。

在分析 Y-Y 联接的对称三相电路时,不论原来有无中线,也不管中线阻抗是多少,都可以假想在电源中点和负载中点之间用一根理想导线联接起来。这对原电路的支路量没有任何影响。于是,每一相就成为一个独立的电路。将 A 相电路取出,如图 6.7.6 所示,这就是对称三相电路的单相等效电路。根据单相等效电路,很容易求出 A 相相电流、负载上的相电压或其他待求量,其他两相的结果根据对称性和相线关系很容易写出。这就是对称三相电路常用的抽单相的计算方法。

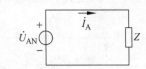

图 6.7.6 图 6.7.5 所示电路
的单相等效电路

例 6.7.1 图 6.7.7 所示对称三相电路中,对称三相电源的相电压有效值为 220V,对称三相负载阻抗为 $Z = 29 + \mathrm{j}38\,\Omega$,输电线阻抗 $Z_1 = 1 + \mathrm{j}2\,\Omega$,分别求中线阻抗 $Z_\mathrm{N} = 0$,$10\,\Omega$,∞ 三种情况下负载上的电压和电流。

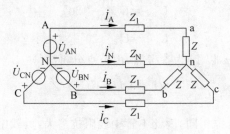

图 6.7.7 例 6.7.1 电路图

解 因为是对称三相电路,中线上流过的电流为零,因此无论中线阻抗多大都不会影

响负载上的电压和电流,中线阻抗 $Z_N = 0,10\Omega,\infty$ 三种情况
下负载上的电压、电流是一样的。

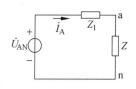

设 $\dot{U}_{AN} = 220\angle 0°V$,A 相等效电路如图 6.7.8 所示。

相电流即线电流

$$\dot{I}_A = \frac{\dot{U}_{AN}}{Z + Z_l} = \frac{220\angle 0°}{29 + j38 + 1 + j2} = 4.4\angle -53.1°(A)$$

图 6.7.8 图 6.7.7 所示电路
的 A 相等效电路

负载上的相电压

$$\dot{U}_{an} = \dot{I}_A Z = 4.4\angle -53.1° \times (29 + j38)$$
$$= 4.4\angle -53.1° \times 47.8\angle 52.65°$$
$$= 210.32\angle -0.5°(V)$$

根据对称性,其余两相负载的相电压、相电流分别为

$$\dot{I}_B = \dot{I}_A\angle -120° = 4.4\angle -173.1°A$$

$$\dot{I}_C = \dot{I}_A\angle 120° = 4.4\angle 66.9°A$$

$$\dot{U}_{bn} = \dot{U}_{an}\angle -120° = 210.32\angle -120.5°V$$

$$\dot{U}_{cn} = \dot{U}_{an}\angle 120° = 210.32\angle 119.5°V$$

可以看出:由于存在输电线阻抗,负载上的电压不再等于电源电压。这个结论在电
力系统长距离输电中有现实意义。为了使用户端的电力设备能够工作在额定电压,发电
厂的出厂电压必须略高于用电设备的额定电压。

下面分析另一个简单的三相对称电路——图 6.7.9 所示的 Y-Δ 联接的对称三相
电路。

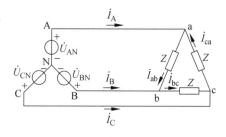

图 6.7.9 Y-Δ 联接的对称三相电路

从图 6.7.9 中可以看出:每相负载上的相电压就等于电源的线电压,因此负载的相
电流为

$$\dot{I}_{ab} = \frac{\dot{U}_{ab}}{Z} = \frac{\dot{U}_{AB}}{Z}$$

$$\dot{I}_{bc} = \frac{\dot{U}_{bc}}{Z} = \frac{\dot{U}_{BC}}{Z}$$

$$\dot{I}_{ca} = \frac{\dot{U}_{ca}}{Z} = \frac{\dot{U}_{CA}}{Z}$$

进一步求出负载线电流为

$$\dot{I}_{A} = \dot{I}_{ab} - \dot{I}_{ca} = \sqrt{3}\ \dot{I}_{ab} \angle -30°$$

$$\dot{I}_{B} = \dot{I}_{bc} - \dot{I}_{ab} = \sqrt{3}\ \dot{I}_{bc} \angle -30°$$

$$\dot{I}_{C} = \dot{I}_{ca} - \dot{I}_{bc} = \sqrt{3}\ \dot{I}_{ca} \angle -30°$$

由此得出结论：三角形联接的对称三相负载，线电流的幅值等于相电流幅值的$\sqrt{3}$倍，相位落后相应的相电流30°。在负载对称的条件下，三角形联接的对称三相电源的线电流和相电流关系有相同的结论。画出图 6.7.9 中负载线电流和相电流的相量图如图 6.7.10 所示。

对于图 6.7.9 所示的对称三相电路也可以采用抽单相的方法进行分析。基本步骤如下：

（1）将所有对称电源和对称负载都变换成 Y 型联接方式。图 6.7.9 中电源已经是 Y 型联接方式，对负载进行 Y-Δ 变换，变换后 Y 型联接的每相负载为

$$Z_{Y} = \frac{Z}{3}$$

（2）将电源中点和负载中点相联接，抽取 A 相等效电路如图 6.7.11 所示。

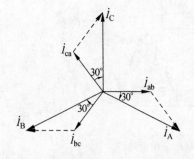

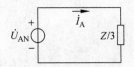

图 6.7.10　Δ 接对称三相负载的相
电流与线电流相量图

图 6.7.11　图 6.7.9 所示电路
的 A 相等效电路

分析 A 相等效电路,得

$$\dot{I}_A = \frac{\dot{U}_{AN}}{Z/3} = \frac{3\,\dot{U}_{AN}}{Z}$$

根据对称性,写出其余两相的电流为

$$\dot{I}_B = \dot{I}_A \angle -120°, \qquad \dot{I}_C = \dot{I}_A \angle 120°$$

(3)回到原电路中,根据星形或三角形联接方式下线电压与相电压、线电流与相电流的关系,求出原电路中的待求量为

$$\dot{I}_{ab} = \frac{\dot{I}_A}{\sqrt{3}} \angle 30° = \frac{\sqrt{3}\,\dot{U}_{AN}}{Z} \angle 30° = \frac{\dot{U}_{AB}}{Z}$$

$$\dot{I}_{bc} = \dot{I}_{ab} \angle -120° = \frac{\dot{U}_{BC}}{Z}, \qquad \dot{I}_{ca} = \dot{I}_{ab} \angle 120° = \frac{\dot{U}_{CA}}{Z}$$

与直接分析的结果相同。

一般来说,分析含有多组对称负载的对称三相电路时,应该把所有电源和负载都变换成 Y 型联接,再抽单相进行计算,最后再回到原电路中根据电压、电流的相、线关系求出待求量。下面举例说明。

例 6.7.2　电路如图 6.7.12 所示。电源线电压有效值为 380V,$Z_1 = 10+j10\Omega$,$Z_2 = 18+j24\Omega$,求 $\dot{I}_1$,$\dot{I}_2$ 和 $\dot{I}$。

解　图 6.7.12 是三相电路的一种常见画法,图中并没有明确给出电源的联接方式,解题时不妨假设电源是星形联接的。设 $\dot{U}_{AN} = \frac{380}{\sqrt{3}} \angle 0° = 220 \angle 0°$V。

进一步分析:负载 Z_1 是星形联接,负载 Z_2 是三角形联接。对负载 Z_2 进行 Δ-Y 变换,抽取 A 相等效电路如图 6.7.13 所示。

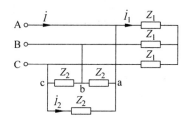

图 6.7.12　例 6.7.2 题图

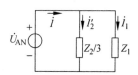

图 6.7.13　图 6.7.12 所示电路的
A 相等效电路

由图 6.7.13 求得

$$\dot{I}_1 = \frac{\dot{U}_{AN}}{Z_1} = \frac{220 \angle 0°}{10+j10} = 15.56 \angle -45° (A)$$

$$\dot{I}'_2 = \frac{\dot{U}_{AN}}{Z_2/3} = \frac{220\angle 0°}{6+j8} = 22.0\angle -53.1°(A)$$

$$\dot{I} = \dot{I}_1 + \dot{I}'_2 = 15.56\angle -45° + 22.0\angle -53.1° = 37.47\angle -49.7°(A)$$

回到原电路图 6.7.12 中，$\dot{I}_2$ 是三角形负载 ca 相的相电流，前面求出的 $\dot{I}'_2$ 是流入三角形负载的端线 A 的线电流，根据三角形负载的相电流与线电流的关系，有

$$\dot{I}_2 = \dot{I}_{ca} = \dot{I}_{ab}\angle 120° = \frac{\dot{I}'_2}{\sqrt{3}}\angle (30° + 120°) = 12.7\angle 96.9°A$$

对采用其他两种联接方式（Δ-Y 接法和 Δ-Δ 接法）的对称三相电路，只要将电源变换成星形联接方式，就可以采用上文所述的抽单相方法进行分析了。将 Δ 型电源变换成 Y 型电源的等效条件是变换前后电源的线电压保持不变，因此要利用两种联接方式下线电压和相电压的关系。

6.7.2　不对称三相电路分析

不对称三相电路包括电源不对称和负载不对称。在实际的电力系统中，电源不对称的情况较少或电源不对称的程度较轻。因此下文讨论的不对称三相电路，只有负载是不对称的，而电源仍是对称的。不对称三相电路不能再采用抽取一相等效电路的方法来分析，而必须采用电路的一般分析方法，如 KCL、KVL 和节点法等进行分析。下面举例讨论不对称三相电路的分析过程。

例 6.7.3　图 6.7.14 所示电路中，三相对称电源的线电压有效值为 380V，Y 形联接的不对称三相负载为 $Z_1 = 10\angle 30°\Omega$，$Z_2 = 20\angle 60°\Omega$，$Z_3 = 15\angle 45°\Omega$。(1)求各相相电流和中线电流；(2)中线断开后，再求各相相电流。

解　(1) 中线存在时，各相负载上的电压就是电源相电压，设

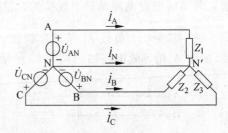

图 6.7.14　例 6.7.3 不对称三相电路

$$\dot{U}_{AN} = \frac{380}{\sqrt{3}}\angle 0° = 220\angle 0°V$$

各相相电流为

$$\dot{I}_A = \frac{\dot{U}_{AN}}{Z_1} = \frac{220\angle 0°}{10\angle 30°} = 22.0\angle -30°(A)$$

$$\dot{I}_B = \frac{\dot{U}_{BN}}{Z_2} = \frac{220\angle -120°}{20\angle 60°} = 11.0\angle 180°(A)$$

$$\dot{I}_{\mathrm{C}} = \frac{\dot{U}_{\mathrm{CN}}}{Z_3} = \frac{220\angle 120^\circ}{15\angle 45^\circ} = 14.67\angle 75^\circ (\mathrm{A})$$

中线电流

$$\dot{I}_{\mathrm{N}} = -(\dot{I}_{\mathrm{A}} + \dot{I}_{\mathrm{B}} + \dot{I}_{\mathrm{C}}) = -11.85 - \mathrm{j}3.17 = 12.27\angle -165^\circ (\mathrm{A})$$

（2）当中线断开时，各相负载上的电压不再等于电源相电压。由节点电压法得

$$\begin{aligned}
\dot{U}_{\mathrm{N'N}} &= \frac{\dfrac{\dot{U}_{\mathrm{AN}}}{Z_1} + \dfrac{\dot{U}_{\mathrm{BN}}}{Z_2} + \dfrac{\dot{U}_{\mathrm{CN}}}{Z_3}}{\dfrac{1}{Z_1} + \dfrac{1}{Z_2} + \dfrac{1}{Z_3}} \\[2mm]
&= \frac{22.0\angle -30^\circ - 11.0 + 14.67\angle 75^\circ}{0.1\angle -30^\circ + 0.05\angle -60^\circ + 0.067\angle -45^\circ} \\[2mm]
&= \frac{12.27\angle 15^\circ}{0.212\angle -41.5^\circ} = 57.8\angle 56.5^\circ (\mathrm{V})
\end{aligned}$$

负载中点与电源中点不再等电位，发生了中点位移，$\dot{U}_{\mathrm{N'N}}$ 称为中点位移电压。此时各相相电流为

$$\dot{I}_{\mathrm{A}} = \frac{\dot{U}_{\mathrm{AN}} - \dot{U}_{\mathrm{N'N}}}{Z_1} = \frac{220\angle 0^\circ - 57.8\angle 56.5^\circ}{10\angle 30^\circ} = 19.41\angle -44.39^\circ (\mathrm{A})$$

$$\dot{I}_{\mathrm{B}} = \frac{\dot{U}_{\mathrm{BN}} - \dot{U}_{\mathrm{N'N}}}{Z_2} = \frac{220\angle -120^\circ - 57.8\angle 56.5^\circ}{20\angle 60^\circ} = 13.89\angle 179.27^\circ (\mathrm{A})$$

$$\dot{I}_{\mathrm{C}} = \frac{\dot{U}_{\mathrm{CN}} - \dot{U}_{\mathrm{N'N}}}{Z_3} = \frac{220\angle 120^\circ - 57.8\angle 56.5^\circ}{15\angle 45^\circ} = 13.4\angle 89.93^\circ (\mathrm{A})$$

上面的计算结果表明：在不对称电路存在无阻抗的中线时，各相负载获得的电压仍等于电源相电压，这一点对实际电网运行是十分重要的。因为在实际电网中，各相负载一般是不对称的，中线的存在保证了各相负载都能工作在额定电压下。此外，负载的不对称有可能导致很大的中线电流，因此中线上也不能安装保险丝。如果中线上装有保险丝，那么一旦保险丝熔断，系统就变成三相三线制，负载发生中点位移，各相负载电压就会增大或减小，进而导致负载工作不正常。

例 6.7.4　相序仪。在工程上经常需要判断三相电源的相序，因为如果相序接反，会导致电机反转甚至酿成更大的事故。图 6.7.15 是一个简单的相序仪电路。已知 $\dfrac{1}{\omega C} = R$，R 为白炽灯泡的电阻。由于对称三相电源中 A 相的任意性，可以假设电容接在 A 相，试根据两个灯泡的明暗程度判断三相电源的相序。

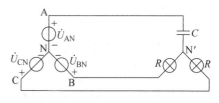

图 6.7.15　相序仪电路

解　设$\dot{U}_{AN} = U\angle 0°$，负载的中点位移电压为

$$\dot{U}_{N'N} = \frac{j\omega C\dot{U}_{AN} + \dot{U}_{BN}/R + \dot{U}_{CN}/R}{1/R + 1/R + j\omega C} = \frac{j\dot{U}_{AN} + \dot{U}_{BN} + \dot{U}_{CN}}{2 + j}$$

$$= \frac{U\angle 90° + U\angle -120° + U\angle 120°}{2 + j} = \frac{(-1+j)U}{2+j} = 0.632U\angle 108.4° (V)$$

因此，两个灯泡上的电压分别为

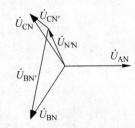

$$\dot{U}_{BN'} = \dot{U}_{BN} - \dot{U}_{N'N} = U\angle -120° - 0.632U\angle 108.4°$$
$$= 1.5U\angle -101.5° (V)$$

$$\dot{U}_{CN'} = \dot{U}_{CN} - \dot{U}_{N'N} \doteq U\angle 120° - 0.632U\angle 108.4°$$
$$= 0.4U\angle 138.4° (V)$$

由计算结果可以看出：B相电压幅值远高于C相电压幅值，因此B相灯泡的亮度大于C相灯泡。即在指定电容所在相为A相后，较亮的灯泡联接的是B相，较暗的灯泡

图 6.7.16　相序仪电路相量图

联接的是C相。用相量图可以更清楚地看出各相电压之间的关系，如图 6.7.16 所示。

6.7.3　三相电路的功率及其测量

如果不做特别说明，三相电路的功率一般都指三相总功率。与一般的正弦稳态电路一样，三相电路的功率也有有功功率、无功功率、复功率等。习惯上将相电压、相电流的下标用"p"表示，线电压、线电流的下标用"l"表示。

对于对称三相电路，单相有功功率可以表示为

$$P_P = U_p I_p \cos\varphi$$

因此，对称三相电路的三相总功率为

$$P = 3U_p I_p \cos\varphi \tag{6.7.3}$$

对于星形联接的电源或负载，有

$$U_p = \frac{U_l}{\sqrt{3}}, \quad I_p = I_l$$

对于三角形联接的电源或负载，有

$$U_p = U_l, \quad I_p = \frac{I_l}{\sqrt{3}}$$

将上述关系代入式(6.7.3)，对称三相电路的三相总功率又可表示为

$$P = \sqrt{3}U_l I_l \cos\varphi \tag{6.7.4}$$

式(6.7.3)和式(6.7.4)中，φ 都是指每相负载的功率因数角，即相电压和相电流的相位差，也是每相负载的阻抗角。

类似地,可以得到对称三相电路的无功功率和视在功率的表达式

$$Q = 3U_{\mathrm{p}}I_{\mathrm{p}}\sin\varphi = \sqrt{3}U_{\mathrm{l}}I_{\mathrm{l}}\sin\varphi$$

$$S = 3U_{\mathrm{p}}I_{\mathrm{p}} = \sqrt{3}U_{\mathrm{l}}I_{\mathrm{l}}$$

不对称三相电路的总功率则需分别计算出三相各自的功率再相加得到。

下面分析对称三相电路的瞬时功率。设 $u_{\mathrm{AN}} = \sqrt{2}U_{\mathrm{p}}\sin\omega t$,$i_{\mathrm{A}} = \sqrt{2}I_{\mathrm{p}}\sin(\omega t - \varphi)$,则三相瞬时功率分别为

$$p_{\mathrm{A}} = u_{\mathrm{AN}}i_{\mathrm{A}} = \sqrt{2}U_{\mathrm{p}}\sin\omega t \times \sqrt{2}I_{\mathrm{p}}\sin(\omega t - \varphi)$$

$$= U_{\mathrm{p}}I_{\mathrm{p}}[\cos\varphi - \cos(2\omega t - \varphi)]$$

$$p_{\mathrm{B}} = u_{\mathrm{BN}}i_{\mathrm{B}} = \sqrt{2}U_{\mathrm{p}}\sin(\omega t - 120°) \times \sqrt{2}I_{\mathrm{p}}\sin(\omega t - \varphi - 120°)$$

$$= U_{\mathrm{p}}I_{\mathrm{p}}[\cos\varphi - \cos(2\omega t - \varphi - 240°)]$$

$$p_{\mathrm{C}} = u_{\mathrm{CN}}i_{\mathrm{C}} = \sqrt{2}U_{\mathrm{p}}\sin(\omega t + 120°) \times \sqrt{2}I_{\mathrm{p}}\sin(\omega t - \varphi + 120°)$$

$$= U_{\mathrm{p}}I_{\mathrm{p}}[\cos\varphi - \cos(2\omega t - \varphi + 240°)]$$

则在任一瞬间三相瞬时功率之和为

$$p = p_{\mathrm{A}} + p_{\mathrm{B}} + p_{\mathrm{C}}$$

$$= U_{\mathrm{p}}I_{\mathrm{p}}[\cos\varphi - \cos(2\omega t - \varphi)] + U_{\mathrm{p}}I_{\mathrm{p}}[\cos\varphi - \cos(2\omega t - \varphi - 240°)]$$

$$+ U_{\mathrm{p}}I_{\mathrm{p}}[\cos\varphi - \cos(2\omega t - \varphi + 240°)]$$

$$= 3U_{\mathrm{p}}I_{\mathrm{p}}\cos\varphi$$

由分析结果可以看出:虽然每一相的瞬时功率是随时间变化的,但三相的瞬时功率之和却是一个常数,就等于三相平均功率。对三相电动机而言,瞬时功率恒定就意味着电动机转动平稳。这是三相供电的一个突出优点。

测量三相电路功率的常用方法有三表法和二表法两种[1],接线图如图 6.7.17 和图 6.7.18 所示。三相四线制系统常用三表法测量三相总功率,三相三线制系统则适于用二表法测量三相总功率。

在图 6.7.17 所示的三表法测量电路中,每一块功率表的读数都有明确的物理含义,就等于它所在相的有功功率。若是三相对称电路,则只需一块功率表,将它的读数乘以 3 就得到三相总功率。

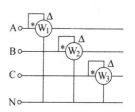

图 6.7.17　三表法测量三相四线制系统的功率

而在图 6.7.18 所示的二表法测量电路中,每块功率表的读数都没有实际物理意义,只是二者读数之和恰好等于三相总功率。下面证明这一结论。

---

① 　感兴趣的读者可参考文献：刘秀成.三相电路功率的测量方法.电气电子教学学报,2004,26(3):63～66

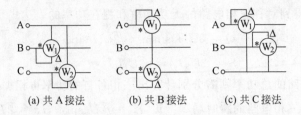

(a) 共 A 接法　　　(b) 共 B 接法　　　(c) 共 C 接法

图 6.7.18　二表法测量三相三线制系统功率的三种接法

以共 C 接法为例。对三相三线制系统,有

$$i_A + i_B + i_C = 0$$

因此,

$$i_C = -i_A - i_B$$

三相瞬时功率为

$$p = u_{AN} i_A + u_{BN} i_B + u_{CN} i_C = u_{AN} i_A + u_{BN} i_B + u_{CN}(-i_A - i_B)$$
$$= (u_{AN} - u_{CN}) i_A + (u_{BN} - u_{CN}) i_B$$
$$= u_{AC} i_A + u_{BC} i_B$$

对上式在一个周期内取平均值,得

$$P = U_{AC} I_A \cos\varphi_1 + U_{BC} I_B \cos\varphi_2$$

上式中,φ_1 是 u_{AC} 和 i_A 的相位差,φ_2 是 u_{BC} 和 i_B 的相位差。第一项就是图 6.7.18(c)中功率表 W_1 的读数,第二项就是图 6.7.18(c)中功率表 W_2 的读数。其他两种接法读者可以自行证明。

如果采用指针式功率表,在实际测量时,二表法用的两块功率表其中之一的读数有可能为负,此时表的指针反偏,需要改变接线,使其正偏,但记为负。

6.8　周期性非正弦激励下电路的稳态分析

当线性电路中有一个或多个同频正弦电源作用时,电路中所有的电压、电流都是同频率的正弦量。但在工程实际和日常生活中,我们经常会遇到按周期性非正弦规律变化的电源或信号。例如,通信工程中传输的各种信号绝大部分都是周期性非正弦信号;自动控制及计算机领域中常用的脉冲信号也是周期性非正弦信号。另外,如果电路中存在非线性元件,即使所加电源信号都是正弦信号,电路中也会产生非正弦的电压、电流。本节主要讨论线性电路在周期性非正弦信号作用下的稳态分析方法。

6.8.1　周期性非正弦信号的傅里叶级数分解

周期信号都可以用一个周期函数来表示:

$$f(t) = f(t + kT) \quad k = 0, 1, 2, \cdots$$

上式中,T 称为周期函数的周期。如果周期函数 $f(t)$ 满足狄里赫利条件,那么它就可以展开成一个收敛的傅里叶级数[①],即

$$f(t) = a_0 + \sum_{k=1}^{\infty} \left[a_k \cos(k\omega_1 t) + b_k \sin(k\omega_1 t) \right]$$

$$= a_0 + \sum_{k=1}^{\infty} c_k \sin(k\omega_1 t + \varphi_k) \tag{6.8.1}$$

其中,a_0 称为周期函数的恒定分量(或直流分量),就是周期函数的平均值。$c_1 \sin(\omega_1 t + \varphi_1)$ 称为周期函数的基波分量,它的周期和频率与原周期函数的周期和频率相同。其他的频率成分依次称为 2 次谐波、3 次谐波……,它们的频率依次是原周期函数频率的 2 倍、3 倍……

6.8.2　周期电压、电流的有效值和平均功率

在 1.5.2 小节中已经指出:任一周期电流的有效值 I 定义为

$$I = \sqrt{\frac{1}{T} \int_0^T i^2(t)\,\mathrm{d}t}$$

周期性非正弦函数的有效值当然可以根据此定义直接进行计算。下面的过程旨在找出周期性非正弦函数的有效值与其傅里叶级数(或各次谐波的有效值)之间的关系。

假设一周期非正弦电流 i 可以分解为如下的傅里叶级数形式:

$$i = I_0 + \sum_{k=1}^{\infty} I_{km} \sin(k\omega_1 t + \varphi_k)$$

其中,I_0 是直流分量,I_{km} 是 k 次谐波的幅值。将上式代入有效值的定义式,得

$$I = \sqrt{\frac{1}{T} \int_0^T \left[I_0 + \sum_{k=1}^{\infty} I_{km} \sin(k\omega_1 t + \varphi_k) \right]^2 \mathrm{d}t}$$

上式中的平方式展开后,含有下列几项:

$$\frac{1}{T} \int_0^T I_0^2 \,\mathrm{d}t = I_0^2$$

$$\frac{1}{T} \int_0^T I_{km}^2 \sin^2(k\omega_1 t + \varphi_k)\,\mathrm{d}t = I_k^2$$

$$\frac{1}{T} \int_0^T 2 I_0 I_{km} \sin(k\omega_1 t + \varphi_k)\,\mathrm{d}t = 0$$

$$\frac{1}{T} \int_0^T 2 I_{km} \sin(k\omega_1 t + \varphi_k) I_{nm} \sin(n\omega_1 t + \varphi_n)\,\mathrm{d}t = 0 \quad k \neq n$$

其中,I_k 是 k 次谐波的有效值。因此,电流 i 的有效值可以表示为

---

① 关于周期信号傅里叶级数展开的详细内容请参考附录 E。

$$I = \sqrt{I_0^2 + I_1^2 + I_2^2 + I_3^2 + \cdots} = \sqrt{I_0^2 + \sum_{k=1}^{\infty} I_k^2}$$

即周期性非正弦电流的有效值等于其直流分量与各次谐波有效值的平方和的平方根。这个结论同样适用于其他周期性非正弦量。

　　下面讨论周期性非正弦信号激励下端口吸收的平均功率。设任一端口的 u、i 取关联参考方向，其吸收的瞬时功率为

$$p = ui = \left[U_0 + \sum_{k=1}^{\infty} \sqrt{2}U_k \sin(k\omega_1 t + \psi_{uk}) \right] \times \left[I_0 + \sum_{k=1}^{\infty} \sqrt{2}I_k \sin(k\omega_1 t + \psi_{ik}) \right]$$

平均功率的定义为

$$P = \frac{1}{T} \int_0^T p \, \mathrm{d}t$$

将瞬时功率的表达式代入上式，化简可得

$$P = U_0 I_0 + U_1 I_1 \cos\varphi_1 + \cdots + U_k I_k \cos\varphi_k + \cdots$$

上式中，$\varphi_k = \psi_{uk} - \psi_{ik}$。周期性非正弦信号激励下端口吸收的平均功率等于其直流分量与各次谐波分别激励下端口吸收的平均功率的代数和。

6.8.3　周期性非正弦激励下电路的稳态响应

　　下面通过一个具体的例子说明线性电路在周期性非正弦激励下稳态响应的分析方法。

　　例 6.8.1　一个频率 $f = 1\mathrm{MHz}$ 的矩形波信号 u_S 通过图 6.8.1 所示滤波电路，矩形波波形如图 6.8.1(b)所示。已知 $L = 0.318\mathrm{mH}$，$R = 1000\Omega$，$C = 79.58\mathrm{pF}$，$U = 10\mathrm{V}$。求输出信号 u_o 及其有效值。

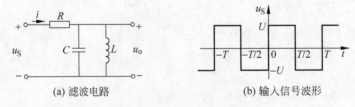

(a) 滤波电路　　　　　　　　(b) 输入信号波形

图 6.8.1　例 6.8.1 题图

　　解　激励是一个周期性非正弦激励，分析线性电路在该激励作用下的稳态响应，需要对它先进行傅里叶级数展开，将它分解为一系列正弦量的和。

　　激励关于 t 轴上下半波对称，因此没有直流分量，式(6.8.1)中 $a_0 = 0$；激励是一个奇函数，因此不含有余弦项，式(6.8.1)中 $a_k = 0$；又激励半波奇对称，因此不含有偶次分量，式(6.8.1)中 $b_{2k} = 0$，$k = 1, 2, \cdots$。奇次正弦分量幅值为

$$b_{2k-1} = \frac{1}{\pi}\int_{-\pi}^{\pi} u_{\mathrm{S}}(t)\sin((2k-1)\omega t)\mathrm{d}(\omega t) = \frac{4U}{(2k-1)\pi} \quad k = 1,2,\cdots$$

因此，

$$u_{\mathrm{S}}(t) = \frac{4U}{\pi}\sin\omega t + \frac{4U}{3\pi}\sin3\omega t + \frac{4U}{5\pi}\sin5\omega t + \cdots$$

其中，$\omega = 2\pi f$ 为基波角频率，与输入信号的角频率相同。

取基波、3 次谐波和 5 次谐波成分进行计算。利用叠加定理，激励中的基波分量 $u_{\mathrm{S}1} = \frac{4U}{\pi}\sin\omega t$ 单独作用时，电路如图 6.8.2 所示。其中

$$j\omega L = j2000\Omega, \qquad \frac{1}{j\omega C} = -j2000\Omega$$

图 6.8.2 所示电路发生并联谐振，并联部分相当于开路，输入信号电压全部加到输出端，有

$$u_{\mathrm{o}1} = u_{\mathrm{S}1} = \frac{4U}{\pi}\sin\omega t = 12.73\sin\omega t\,\mathrm{V}$$

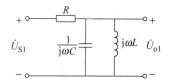

图 6.8.2　基波分量单独作用时的等效电路图

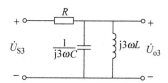

图 6.8.3　3 次谐波分量单独作用时的等效电路图

3 次谐波分量 $u_{\mathrm{S}3} = \frac{4U}{3\pi}\sin 3\omega t = 4.24\sin 3\omega t$ 单独作用时的电路如图 6.8.3 所示。其中

$$j3\omega L = j5994.16\Omega, \qquad \frac{1}{j3\omega C} = -j666.65\Omega$$

并联部分阻抗为

$$\frac{j3\omega L \times 1/j3\omega C}{j3\omega L + 1/j3\omega C} = -j750.0\Omega$$

因此，输出电压的 3 次谐波成分为

$$\dot{U}_{\mathrm{o}3} = \frac{-j750.0}{1000 - j750.0}\dot{U}_{\mathrm{S}3} = 1.8\angle-53.1°\,\mathrm{V}$$

$$u_{\mathrm{o}3} = 2.55\sin(3\omega t - 53.1°)\,\mathrm{V}$$

由于 LC 并联阻抗的分压作用，输出幅度已大大减小，而且产生了相移。

5 次谐波分量 $u_{\mathrm{S}5} = \frac{4U}{5\pi}\sin 5\omega t = 2.55\sin 5\omega t$ 单独作用时的电路如图 6.8.4 所示。

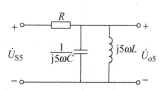

图 6.8.4　5 次谐波分量单独作用时的等效电路图

$$j5\omega L = j9990.3\Omega, \qquad \frac{1}{j5\omega C} = -j400.0\Omega$$

并联部分阻抗为

$$\frac{j5\omega L \times 1/j5\omega C}{j5\omega L + 1/j5\omega C} = -j416.7\Omega$$

因此,输出电压的 5 次谐波成分为

$$\dot{U}_{o5} = \frac{-j416.7}{1000 - j416.7}\dot{U}_{S5} = 0.69\angle -67.4°\text{V}$$

$$u_{o5} = 0.98\sin(3\omega t - 67.4°)\text{V}$$

与基波相比,5 次谐波的幅度几乎可以忽略不计。

输出电压近似为

$$u_o \approx u_{o1} + u_{o3} + u_{o5}$$
$$= 12.73\sin\omega t + 2.55\sin(3\omega t - 53.1°) + 0.98\sin(3\omega t - 67.4°)\text{V}$$

输出电压有效值为

$$U_o = \sqrt{U_{o1}^2 + U_{o3}^2 + U_{o5}^2} = \sqrt{\left(\frac{12.73}{\sqrt{2}}\right)^2 + 1.8^2 + 0.69^2} = 9.2(\text{V})$$

若需要更高的求解精度,只需在激励分解后的傅里叶级数中多取几项进行计算即可。从计算过程可以看出:信号中的基波成分几乎无损地通过该滤波网络,而其他频率成分则得到了不同程度的抑制。取题中所给元件参数,仿真得到矩形波信号通过图 6.8.1(a)所示滤波电路后的输出信号波形如图 6.8.5 所示。

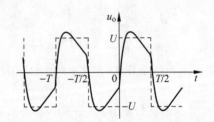

图 6.8.5　图 6.8.1 滤波电路的输出信号波形

可见输出信号已大致具有了正弦波的形状。在图 6.8.1 所示电路中,进一步提高电阻 R 的值可以使滤波性能更好,使输出信号更加接近输入信号中的基波成分。

这种分析周期性非正弦激励下电路的稳态响应的方法称为谐波分析法。采用谐波分析法分析周期性非正弦电路时,首先将周期性非正弦信号分解为傅里叶级数形式,根据分析精度要求,截取有限项;然后根据线性电路的叠加定理,分别计算直流分量和各次谐波分量单独作用下在电路中产生的电压和电流;最后将求出的相应的电压和电流的瞬时值相加,就得到了在周期非正弦信号激励下电路的稳态响应。

用谐波分析法分析周期性非正弦电路时,需要注意以下两点:

(1) 直流分量作用时,电路中的电感相当于短路,电容相当于开路;在其他各次谐波分量作用时,电感和电容的电抗值都要随频率发生变化;

（2）可以采用相量法计算各次谐波分量单独作用时电路的稳态响应,得到相量形式的结果后还应写出相应的瞬时值表达。在将各次谐波分量作用的结果叠加得到总的稳态响应时,将不同频率的正弦量对应的相量相加是错误的。

习题

6.1　$u_1 = 100\sin(314t)$,$u_2 = 100\sin(3 \times 314t)$,在同一幅图中画出 u_1、u_2 和 $u_1 + u_2$。

6.2　证明两个同频率的正弦电压源之和的有效值不大于这两个电压源有效值之和。

6.3　电阻 $R - 10\Omega$ 和电感 $L = 100\text{mH}$ 串联,电源频率 $f = 50\text{Hz}$,求该串联支路的入端阻抗 Z、入端导纳 Y 和功率因数。

6.4　求题图 6.4 所示电路的入端阻抗。

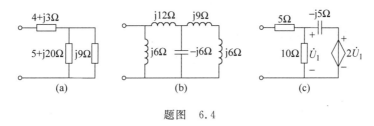

题图　6.4

6.5　题图 6.5 所示电路中 $U = 25\text{V}$,$U_1 = 20\text{V}$,$U_3 = 45\text{V}$。

（1）求 U_2；（2）若 U 不变,电源频率增大为 2 倍,求 U_1、U_2、U_3。

6.6　在题图 6.6 所示电路中已知 $I_1 = I_2$,为使 $|\psi i_1 - \psi i_2| = \dfrac{\pi}{2}$,$R$、$L$、$C$ 之间应满足怎样的关系?

6.7　题图 6.7 所示电路中 $U = 2\text{V}$,$R = X_L = -X_C$,求电压表读数。

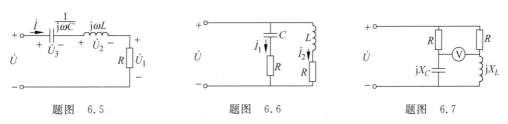

题图　6.5　　　　　　　　题图　6.6　　　　　　　　题图　6.7

6.8　题图 6.8 所示电路中,$t = 0$ 时闭合开关 S。换路时电路已经到达稳态,求 $i(t)$（$t > 0$）。

6.9　题图 6.9 所示电路中电压表一端接在 d 点,另一端接在滑动变阻器的滑动端 b,设电压表内阻无穷大。电压表读数的最小值为 30V,此时 $U_{ab} = 40\text{V}$,$U_S = 80\text{V}$,求 R 和 X_L。

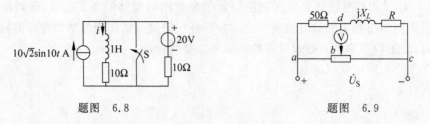

题图 6.8　　　　　　　　　　　　　题图 6.9

6.10　在题图 6.10 所示电路中，$R=4\,\Omega$，$L=30\text{mH}$，$C=300\,\mu\text{F}$，$U=100\text{V}$。

（1）电源频率 f 为何值时电流 I 最大？求 $I_{\max}$。

（2）电源频率 $f=50\text{Hz}$ 时求电流 I，电路的功率因数，电路吸收的有功功率、无功功率、视在功率和复功率。

6.11　题图 6.11 所示电路中 $I=9\text{A}$，$I_1=15\text{A}$，端口电压电流同相位，求 I_2。

题图 6.10　　　　　　　　　　　　题图 6.11

6.12　在题图 6.12 所示电路中，（1）求谐振角频率；（2）定性画 AB 端口的入端电抗频率特性曲线；（3）在什么频率范围内，端口 AB 间的电路呈现感性？

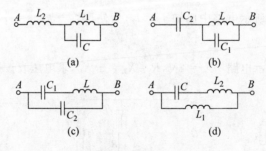

题图 6.12

6.13　题图 6.13 所示电路中电容 C 可调。当调节 $C=50\,\mu\text{F}$ 时，电路发生谐振，此时电压表读数为 20V。已知电流源 $i_S(t)=2\sqrt{2}\sin 1000t\,\text{A}$，求电阻 R 和电感 L。

6.14　题图 6.14 所示电路中电压源 $\dot{U}_S=10\angle 0^\circ\text{V}$，求电流 $\dot{I}$。

6.15　判断题图 6.15 所示电路中开关 S 打开瞬间电压表的偏转方向。

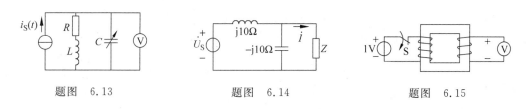

题图　6.13　　　　　　题图　6.14　　　　　　题图　6.15

6.16　求题图 6.16 所示电路的入端等效电感($k\neq1$)。

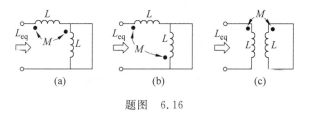

(a)　　　　　　(b)　　　　　　(c)

题图　6.16

6.17　分别写出题图 6.17 所示电路中端口电压与电流的关系。

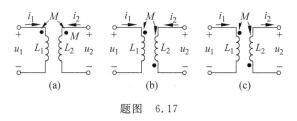

(a)　　　　　　(b)　　　　　　(c)

题图　6.17

6.18　求题图 6.18 所示电路的入端阻抗。

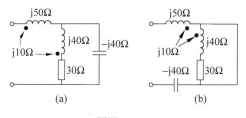

(a)　　　　　　　　(b)

题图　6.18

6.19　已知题图 6.19 所示电路中电源电压 $u_\mathrm{S}(t)=20\sin(20000t)\mathrm{V}$，求电流 $i(t)$。

6.20　(1)已知变压器原边和副边绕组正向串联得到的电感为 1.992H，反向串联得到的电感为 8mH，求变压器的互感 M。

(2)在(1)的基础上，已知变压器原边绕组的电感为

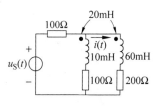

题图　6.19

0.5H,副边绕组的电感为 0.5H,求变压器的耦合系数。

6.21 变压器电路如题图 6.21 所示。变压器原边接电压 $\dot{U}_S=200\angle 0°V$。副边开路时原边电流 $\dot{I}_{1K}=20(1-j3)A$,副边开路电压 $\dot{U}_{2K}=60(3+j1)V$。副边短路时原边电流 $\dot{I}_{1D}=60.6\angle -54.9°A$。求变压器参数 R_1、X_1、R_2、X_2、X_m。

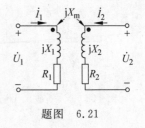

题图 6.21

6.22 题图 6.22 所示电路吸收有功功率 180W,$U=36V$,$I=5A$,$R=20\Omega$,求 X_C、X_L。

6.23 题图 6.23 所示电路吸收有功功率 2000W,$R=20\Omega$,$X_{C1}=-20\Omega$,$I=I_1=I_2$,求 U、X_{C2}、X_L。

6.24 题图 6.24 所示电路吸收有功功率 1500W,$I=I_1=I_2$,$U=150V$,求 R、X_L、X_C。

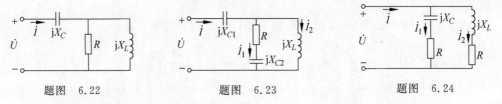

题图 6.22　　　　题图 6.23　　　　题图 6.24

6.25 题图 6.25 所示电路处于谐振状态。此时功率表读数为 $P=16W$,电压表读数为 $U=4V$。已知电抗 $X_L=2\Omega$,求电阻 R 和电抗 X_C。

6.26 题图 6.26 所示电路中电源电压 $\dot{U}_S=180\angle 45°V$,求图中电压表和功率表的读数。

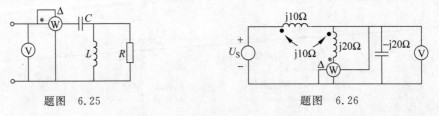

题图 6.25　　　　　　题图 6.26

6.27 求题图 6.27 所示电路 a-b 端所接阻抗为多大时,该阻抗能获得最大的有功功率,求该功率。

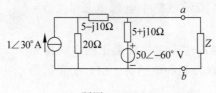

题图 6.27

6.28 某放大器内阻为 2Ω,扬声器电阻为 8Ω。

(1) 要想使得扬声器获得最大功率,在放大器和扬声器之间要插入变比为多少的变压器?

(2) 在(1)的基础上,如果扬声器获得的最大功率为 10W,则放大器输出的正弦信号幅值是多少?

(3) 如果将扬声器直接与放大器相连,放大器输出正弦信号幅值为多少时扬声器获得 10W 的功率?

6.29 题图 6.29 所示电路中 $\dot{U}_S = 100\angle 0°\text{V}$,$X_1 = 20\Omega$,$X_2 = 30\Omega$,$X_M = R = 10\Omega$。求负载容抗为多少时电源发出最大有功功率,并求此功率。

6.30 求题图 6.30 所示电路中各电源发出的复功率。

题图 6.29   题图 6.30

6.31 电压为 220V 的工频电源供给一组动力负载,负载电流 $I = 300\text{A}$,吸收有功功率 $P = 40\text{kW}$。现在要在此电源上再接一组功率为 20kW 的照明设备(白炽灯),并希望照明设备接入后电路总电流为 315A,为此需要并联电容。计算所需的电容值,并计算此时电路的总功率因数。

6.32 求题图 6.32 所示电路中的 $\dot{I}$。

6.33 题图 6.33 所示电路中 A、B、C 与线电压为 380V 的对称三相电源相连,已知 $Z_1 = 100 + j60\Omega$,$Z_2 = 60 - j90\Omega$,求电流 $\dot{I}$。

6.34 题图 6.34 所示电路中 A、B、C 与线电压为 380V 的对称三相电源相连,$Z = 60 + j30\Omega$。

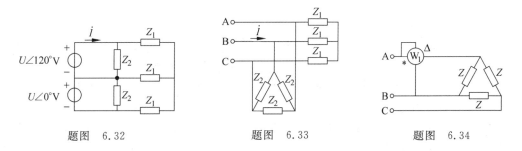

题图 6.32   题图 6.33   题图 6.34

（1）求电路吸收的总有功功率；

（2）若用两表法测三相吸收的总有功功率，其中一表已接好如图，画出另一功率表的接线图，并求出两表的读数。

6.35　题图 6.35 所示电路中 A、B、C 与线电压为 380V 的对称三相电源相连，对称三相负载 1 吸收有功功率 10kW，功率因数为 0.8（滞后），$Z_1=10+\mathrm{j}5\Omega$，求电流 $\dot{I}$。

6.36　题图 6.36 所示电路中 A、B、C 与线电压为 380V 的对称三相电源相连，三相电动机吸收的有功功率为 1000W，$I_A=5\mathrm{A}$，$I_B=10\mathrm{A}$，$I_C=5\mathrm{A}$，求阻抗 Z。

6.37　题图 6.37 所示电路中 A、B、C 与线电压为 380V 的对称三相电源相连，W_1 读数为 0，W_2 读数为 3000W，求感性阻抗 Z。

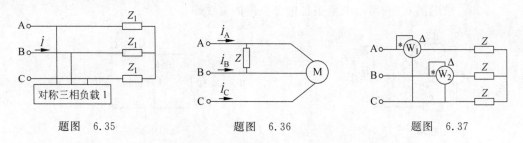

題图　6.35　　　　　　　題图　6.36　　　　　　　題图　6.37

6.38　题图 6.38 所示电路中 A、B、C 与相电压为 U 的对称三相电源相连，求功率表的读数并指出其物理意义。

6.39　某一端口网络端口电压电流取关联参考方向。已知电压 $u(t)=2+10\sin\omega t+5\sin 2\omega t+2\sin 3\omega t\,\mathrm{V}$，电流 $i(t)=1+2\sin(\omega t-30°)+\sin(2\omega t-60°)\,\mathrm{A}$，求端口电压、电流的有效值和该网络吸收的平均功率。

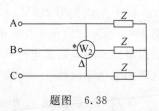

題图　6.38

6.40　周期电流的波形如题图 6.40 所示。将该电流作用于一个电阻。问：（1）多大的直流电流在此电阻上消耗的功率与该周期电流在此电阻上消耗的平均功率相等？（2）另有一周期为 T 的正弦电流在此电阻上消耗的平均功率与该周期电流在此电阻上消耗的平均功率相等，求正弦电流的时域表达式。

6.41　题图 6.41 所示电路中，电压 $u=50+\sqrt{2}100\sin\omega t+\sqrt{2}50\sin 2\omega t\,\mathrm{V}$，$\omega L=10\Omega$，$R=20\Omega$，$1/\omega C=20\Omega$。求电流 i 的有效值及电路吸收的平均功率。

6.42　题图 6.42 所示电路中电源电压 $u_S(t)=30+60\sin\omega t+80\sin(2\omega t+45°)\,\mathrm{V}$，$R=60\Omega$，$\omega L_1=\omega L_2=100\Omega$，$1/\omega C_1=400\Omega$，$1/\omega C_2=100\Omega$。求：（1）电压 $u_R(t)$ 和电流 $i(t)$；（2）电源发出的平均功率。

6.43　题图 6.43 所示电路中 $U_S=12\mathrm{V}$，$u_S(t)=20\sin(2t+45°)\,\mathrm{V}$，求电流 $i(t)$ 和两个电源各自发出的功率。

6.44　题图 6.44 所示电路中，$R_2 = 10\Omega$，$C_1 = 100\mu F$，电源电压 $u_S(t) = 20 + 20\sin(50t + 30°) + 10\sin(100t + 45°)V$，电流 $i_1(t) = 2\sin(50t + 30°)A$。求：(1)电阻 R_1、电感 L 和电容 C_2；(2)电流 $i_2(t)$。

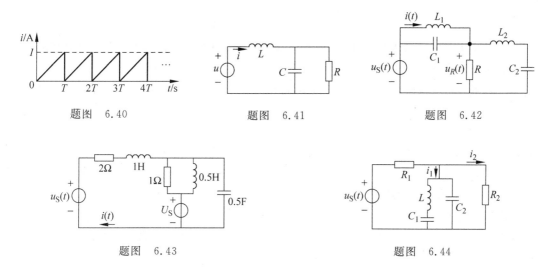

题图　6.40　　　　　　　　题图　6.41　　　　　　　　题图　6.42

题图　6.43　　　　　　　　　　　　题图　6.44

参考文献

[1]　李瀚荪.简明电路分析基础.北京：高等教育出版社,2002

[2]　江缉光.电路原理.北京：清华大学出版社,1997

[3]　邱关源.电路.第 4 版.北京：高等教育出版社,1999

[4]　周守昌.电路原理.第 2 版.北京：高等教育出版社,2004

[5]　陈希有.电路理论基础.北京：高等教育出版社,2004

[6]　Alexander C,Sadiku M. Fundamentals of Electric Circuits. 影印版.北京：清华大学出版社,2000

[7]　Agarwal A,Lang J. Foundations of Analog and Digital Electronic Circuits. Morgan Kaufmann,2005

[8]　Sedra A,Smith K. 微电子电路.第 5 版.北京：电子工业出版社,2006

[9]　郑君里.教与写的记忆——信号与系统评注.北京：高等教育出版社,2005

[10]　郑君里,应启珩,杨为理.信号与系统.第 2 版.北京：高等教育出版社,2000

[11]　唐统一,赵伟.电磁测量.北京：清华大学出版社,1998

[12]　北京邮电学院.网络理论导论.北京：人民邮电出版社,1980

附录 A 电路基本概念的引入

本附录从电磁场基本理论出发,建立电压、电流和功率等电路基本概念,介绍电压、电流的唯一性理论,引入 KCL 和 KVL 等电路基本定律,给出集总参数元件(R、L、C、M)的定义。期望读者能够理解电磁场理论与电路理论的内在联系,认识"场"与"路"二者的统一性。

A1 电流

由于电路分析中研究的电流基本上都是在金属导体中流动,可以假设载流子的方向始终沿着导体,即如图 A1.1 所示。图中 dS 表示导体中与电流方向垂直的一小块面积,v 为载流子速度,e 为单位载流子电量,n 为单位体积内载流子的数量。根据电流的定义(式(1.2.1))可知,在 dt 时间内通过 dS 的电流 di 为

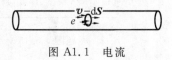

图 A1.1 电流

$$di = \frac{dq}{dt} = \frac{en\,dt\,(\boldsymbol{v} \cdot d\boldsymbol{S})}{dt} = en\boldsymbol{v} \cdot d\boldsymbol{S}$$

此时定义电流密度为 $\boldsymbol{J} = en\boldsymbol{v}$,则有

$$di = \boldsymbol{J} \cdot d\boldsymbol{S}$$

然后对上式进行积分,可知

$$i = \iint_S \boldsymbol{J} \cdot d\boldsymbol{S} \tag{A1.1}$$

除了大小以外,电流的一个非常重要的性质就是方向。电流的方向定义为正载流子定向移动的方向,即与负载流子(如电子)移动相反的方向。

在电磁学中如果需要具体计算流过某个面 S 的电流 i 的数值,首先需要明确 S 的法线方向。如果认为导体是笔直的,同时电荷在导体中的流动是均匀的,就可以用导体的横截面来计算电流 i。假设图 A1.1 中是正载流子。如果希望计算从左向右流动的电流,则 dS 法线方向向右,考虑到 $\boldsymbol{J}$ 的方向即 $\boldsymbol{v}$ 的方向也向右,因此式(A1.1)可写为 $i = JS > 0$,即实际上在导体中从左向右流动正的电流。如果希望计算从右向左流动的电流,则 dS 法线方向向左,而 $\boldsymbol{J}$ 的方向向右,因此式(A1.1)可写为 $i = -JS < 0$,即实际上在导体中从右向左流动负的电流,等同于从左向右流动正的电流。可见 dS 法线方向的选取并不会影响最终电流 i 计算的结果。因此要想计算 i 必须先假设 dS 法线方向(即希望计算的

电流的方向)。这等同于电路分析中先假设电流 i 的参考方向。

A2　电压

静电场具有保守性,即静电场中电场强度的线积分仅取决于起点(A)和终点(B)的位置而与联接起点和终点的路径无关。

为了表征静电场中 A 和 B 两点之间的关系,引入了电位差的概念,用以表示电场力将正电荷(dq)从 A 移动到 B 所做的功,即 A 点与 B 点间的电位差 $\varphi_A - \varphi_B$ 定义为

$$\varphi_A - \varphi_B = \frac{\mathrm{d}w_{AB}}{\mathrm{d}q} = \frac{\int_A^B \boldsymbol{F} \cdot \mathrm{d}\boldsymbol{l}}{\mathrm{d}q} = \frac{\int_A^B \mathrm{d}q\boldsymbol{E} \cdot \mathrm{d}\boldsymbol{l}}{\mathrm{d}q} = \int_A^B \boldsymbol{E} \cdot \mathrm{d}\boldsymbol{l} \tag{A2.1}$$

其中 dq 称为检验电荷。如果选择 P 点为参考点,则可以定义 A 点的电位为 $\varphi_A = \int_A^P \boldsymbol{E} \cdot \mathrm{d}\boldsymbol{l}$。在电磁学中,参考点的选择视方便而定,理论分析中一般将无穷远处选作参考点,实际分析中一般将大地选作参考点。

直流电源激励的电路是恒定电流场,场中 A、B 两点的电压 u_{AB} 表示为两点之间的电位差,即

$$u_{AB} = \varphi_A - \varphi_B = \int_A^B \boldsymbol{E} \cdot \mathrm{d}\boldsymbol{l} \tag{A2.2}$$

从式(A2.2)可以看出,A 点和 B 点之间的电压即从 A 点到 B 点电位降低的值(这个值可能为正,也可能为负),因此经常把电压也称作电位降,有时甚至用电压降来强调降落的含义。在电路中,参考点(也称为零电位点)的选取一般来说是任意的,不过特定的电路分析方法可能对参考点的选择有一定的要求[①]。

类似于电流中的讨论,可知要想计算 u 必须先假设 $\mathrm{d}\boldsymbol{l}$ 的方向(即希望计算的电压的方向)。这等同于电路分析中先假设电压 u 的参考方向。

A3　电功率

假设有正载流子在图 A3.1 所示的某电路元件中定向流动,电场强度 $\boldsymbol{E}$ 在电路元件中均匀分布,考察 dt 时间段中电场力对正电荷 dq 所做的功。设电场强度 $\boldsymbol{E}$ 的方向向右,则电量为 dq 的正电荷受到大小为 $\boldsymbol{F}$,方向向右的电场力。这个电场力使得正电荷向右流动,速度为 $\boldsymbol{v}$ 。

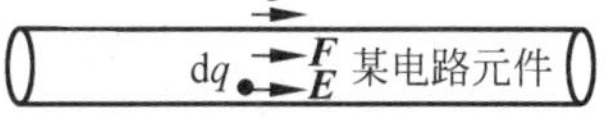

图 A3.1　电功率的推导

---

① 参见第 3 章的内容。

根据电场强度的定义可知 $F=\mathrm{d}qE$，在 $\mathrm{d}t$ 时间内电场力对正电荷做功为

$$\mathrm{d}w = Fv\mathrm{d}t = \mathrm{d}qEv\mathrm{d}t$$

根据功率的定义 $p=\mathrm{d}w/\mathrm{d}t$，可知

$$p = \mathrm{d}qEv = \frac{\mathrm{d}q}{\mathrm{d}t}Ev\mathrm{d}t$$

假设计算电流 i 的 $\mathrm{d}S$ 法线方向为从左向右，计算电压 u 的 $\mathrm{d}l$ 方向也为从左向右。根据电流的定义式（1.2.1）可知，上式中的 $\mathrm{d}q/\mathrm{d}t$ 即为流经电路元件的电流 $i(t)$。根据式（A2.2）可知，上式中 $Ev\mathrm{d}t$ 即为电路元件两端的电压 $u(t)$。因此有

$$p(t) = i(t)u(t) \tag{A3.1}$$

从图 A3.1 和式（A3.1）的推导过程可以看出，式（A3.1）表示了电压电流为关联参考方向时电场力对正电荷做功的功率，即电路元件吸收的电功率。

反之可得，如果电流和电压采用非关联的参考方向，则电路元件吸收的电功率为

$$p(t) = - i(t)u(t) \tag{A3.2}$$

由式（A3.1）和式（A3.2）可知，电功率和电流以及电压一样，也是随时间变化的量，称之为瞬时功率。

因为电路中存在电源，因此可能有元件发出电功率的情况。求元件发出的电功率可以有两种方法。第一种方法是利用式（A3.1）或式（A3.2）求元件吸收的功率，其相反数即为该元件发出电功率。第二种方法是采用与图 A3.1 类似的方法进行推导其他力使得单位正电荷克服电场力做的功，此时 F 的正方向与 E 的正方向相反。可以得出电流与电压采用关联参考方向时元件发出的电功率可用式（A3.2）计算，采用非关联参考方向时发出的电功率用式（A3.1）计算。两种方法均可采用。

A4　电压和电流的唯一性

本节要讨论一个比较深入的问题，即在什么条件下电路元件能够用集总参数电路模型来表示。

仅讨论两接线端元件。对于如图 A4.1 所示的两接线端元件，用电路模型来表示其外特性意味着用式（1.2.1）和式（1.2.2）分别定义的流经元件的电流和接线端之间的电压必须满足两个条件：任意时刻流入接线端 A 的电流等于流出接线端 B 的电流（即接线端电流的唯一性），接线端之间的电压 u_{AB} 唯一确定（即接线端电压的唯一性）。只有满足这两个条件之后，才能讨论接线端电流和电压的关系，从而得到其集总参数电路模型。

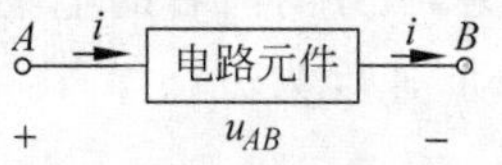

图 A4.1　能够用电路模型建模的电路元件

为了便于讨论,将电磁场中电流和电压的定义重写如下:

$$i = \iint_S \boldsymbol{J} \cdot \mathrm{d}\boldsymbol{S} \tag{A4.1}$$

$$u_{AB} = \int_A^B \boldsymbol{E} \cdot \mathrm{d}\boldsymbol{l} \tag{A4.2}$$

在恒定电流场中有环路定理

$$\oint_L \boldsymbol{E} \cdot \mathrm{d}\boldsymbol{l} = 0 \tag{A4.3}$$

此外,根据恒定电流场的定义可知

$$\oiint_S \boldsymbol{J} \cdot \mathrm{d}\boldsymbol{S} = 0 \tag{A4.4}$$

如果电路元件满足式(A4.3),则根据静电场的保守性可知 u_{AB} 唯一确定。此外,如果电路元件满足式(A4.4),即在包围该电路元件的闭合曲面上对电流密度进行积分结果为零,可知从 A 接线端流入的电流等于从 B 接线端流出的电流。

如果电路元件满足式(A4.3)和式(A4.4),则其具有接线端电流和电压的唯一性。可是式(A4.3)和式(A4.4)是基于静电场和恒定电流场的公式,实际情况往往存在着电场和磁场相互耦合的现象。根据法拉第电磁感应定律和电流连续性方程有

$$\oint_L \boldsymbol{E} \cdot \mathrm{d}\boldsymbol{l} = -\frac{\mathrm{d}\Phi}{\mathrm{d}t} \tag{A4.5}$$

$$\oiint_S \boldsymbol{J} \cdot \mathrm{d}\boldsymbol{S} = -\frac{\mathrm{d}q_{\mathrm{int}}}{\mathrm{d}t} \tag{A4.6}$$

其中 Φ 表示磁通, q_{int} 表示闭合曲面内包含的电荷。因此实际情况中元件一般不再满足式(A4.3)和式(A4.4),从而很难实现电路模型要求的接线端电流和电压的唯一性。

虽然精确考察每个电路元件时式(A4.3)和式(A4.4)不再成立,但基于以下两个原因,可以建立具有唯一的接线端电流和电压的电路模型。首先,虽然变化的磁场将产生感应电动势,但如果磁场的变化率比起感兴趣的信号的电压幅值来说相差很远,则可以在精度许可的条件下将其忽略。同样,变化的电荷将产生电流,但如果电荷的变化率比起感兴趣的信号的电流幅值来说相差很远,则可以在精度许可的条件下将其忽略。这就是正文中提到过的抽象观点和工程观点的应用。其次,可以通过改变积分路径、积分曲面(即改变电路元件的空间范围)来使电路元件满足式(A4.3)和式(A4.4)。比如,如果存在两个接近的线圈 A 和 B,则对于线圈 A 来说,存在线圈 B 产生并与线圈 A 交链的磁通(或磁链),因此式(A4.3)可能不成立。但如果将两个线圈之间相互交链的磁通(或磁链)进行合理的建模,还是可以将这两个线圈一起建模成互感的电路模型。

通过上述讨论得到的结论是:电路元件可建模为集总参数电路模型的两个条件是,选择元件的边界使得在包围元件的任意闭合路径上有

$$\frac{\mathrm{d}\Phi}{\mathrm{d}t} = 0 \qquad\qquad\qquad (\text{A4.7})$$

同时选择元件的边界,使得元件内部有

$$\frac{\mathrm{d}q_{\text{int}}}{\mathrm{d}t} = 0 \qquad\qquad\qquad (\text{A4.8})$$

结合 1.6 节的讨论可知,如果一个电路元件满足

(1) 包围元件的任意闭合路径上有$\dfrac{\mathrm{d}\Phi}{\mathrm{d}t}=0$;

(2) 包含元件的任意曲面内部有$\dfrac{\mathrm{d}q_{\text{int}}}{\mathrm{d}t}=0$;

(3) 该元件的尺寸与电路中信号的波长相差很远。

则该元件可以建模成电路的集总参数模型。

将实际电路元件建模成集总参数模型后,再用理想导线[①]将其相互联接起来,就构成了待分析的电路模型。类似于前面元件接线端电压和电流的唯一性,要使得电路中任意两点之间的电压唯一,任意支路上的电流唯一,通过类似的推导过程,可以得到集总参数电路的条件为

(1) 电路中任意闭合路径上有$\dfrac{\mathrm{d}\Phi}{\mathrm{d}t}=0$;

(2) 电路中任意闭合曲面内部有$\dfrac{\mathrm{d}q_{\text{int}}}{\mathrm{d}t}=0$;

(3) 电路尺寸与电路中信号的波长相差很远。

值得指出的是,上面的条件(1)和条件(2)分别是分析动态电路时磁链守恒和电荷守恒的依据。

A5　KCL

设电路满足 A4 节的集总参数条件,在某节点上有 3 条支路,实际电流密度方向$\boldsymbol{J}_1$、$\boldsymbol{J}_2$ 和 $\boldsymbol{J}_3$ 分别如图 A5.1 所示。在该节点上画一个闭合曲面,曲面的正方向指向外部。

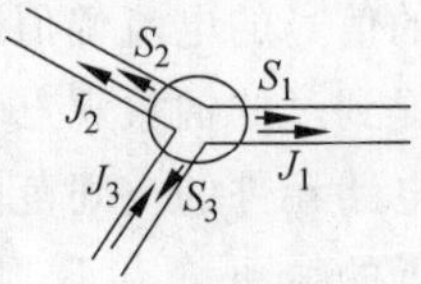

图 A5.1 所示的闭合曲面包围了一个节点,根据集总参数电路的条件,在该闭合曲面内部满足$\dfrac{\mathrm{d}q_{\text{int}}}{\mathrm{d}t}=0$,于是在该闭合曲面上对电流密度进行积分,有

图 A5.1　KCL 的推导

---

① 2.1 节讨论理想导线的性质。

$$\oiint_S \boldsymbol{J} \cdot \mathrm{d}\boldsymbol{S} = 0 \qquad (A5.1)$$

由于电流仅在支路中流动，因此式(A5.1)所示的面积分仅在 3 条支路的横截面上有非零值，再利用

$$i = \iint_S \boldsymbol{J} \cdot \mathrm{d}\boldsymbol{S}$$

根据 A1 节中对于电流方向的讨论可知 $i_1 = J_1 S_1$，$i_2 = J_2 S_2$，$i_3 = -J_3 S_3$，代入式(A5.1)，就可以得到

$$i_1 + i_2 - i_3 = 0 \qquad (A5.2)$$

注意，这里讨论的是实际电流满足式(A5.2)。

　　由于该节点是任意选取的，因此对集总参数电路中的任意节点，在任意时刻得到基尔霍夫电流定律(Kirchhoff current law，KCL)

$$\sum i = 0 \qquad (A5.3)$$

即流出任意节点的实际电流的代数和为零。

　　如果将式(A5.2)等号左边符号为负的电流移动到等号右边，则 KCL 可以写为

$$\sum_{\mathrm{out}} i = \sum_{\mathrm{in}} i \qquad (A5.4)$$

即流出某节点的实际电流之和等于流入该节点的实际电流之和。式(A5.3)和式(A5.4)是等价的。

　　由于电流的参考方向是任意假设的，因此有必要讨论一下参考电流是否也满足式(A5.3)和式(A5.4)。设一个节点有 k 条支路，在这些支路上的实际电流分别为 i_1、i_2、$\cdots$、i_k，对应的参考电流分别为 i_1'、i_2'、$\cdots$、i_k'。对于联接到该节点的第 j 条支路电流来说，或者满足 $i_j = i_j'$，或者满足 $i_j = -i_j'$。在 i_1、i_2、$\cdots$、i_k 中，不失一般性，设 i_1、$\cdots$、i_l 为实际流出节点的电流，i_{l+1}、$\cdots$、i_k 为实际流入该节点的电流。根据式(A5.4)可知

$$i_1 + \cdots + i_l = i_{l+1} + \cdots + i_k$$

将参考电流代入上式并将符号为负的参考电流整理到等号的另一侧。这样得到的等式左边为流出该节点的参考电流，右边为流入该节点的参考电流。于是证明了参考电流也满足式(A5.3)和式(A5.4)。因此以后在应用 KCL 的时候不必指明实际电流还是参考电流。

A6　KVL

　　类似于 KCL，如果设电路满足 A4 节的集总参数条件，根据电路的某回路(不含独立电压源)选择一条闭合路径，路径的方向任意指定，如图 A6.1 所示。路径的方向和实际

支路上电场强度的方向已标注于图中。

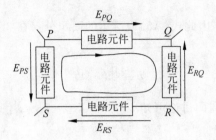

图 A6.1　KVL 的推导

图 A6.1 所示的闭合路径包含了一个回路,根据集总参数电路的条件,在该闭合路径上应满足 $\dfrac{\mathrm{d}\Phi}{\mathrm{d}t}=0$,于是在闭合路径上对电场强度进行线积分,有

$$\oint_L \boldsymbol{E} \cdot \mathrm{d}\boldsymbol{l} = 0 \tag{A6.1}$$

由于在电路中电场强度与闭合路径方向一致,同时根据 AB 两点间的电压定义

$$u_{AB} = \int_A^B \boldsymbol{E} \cdot \mathrm{d}\boldsymbol{l} \tag{A6.2}$$

可以得到

$$u_{PQ} - u_{RQ} + u_{RS} - u_{PS} = 0$$

根据电压的定义有

$$u_{PQ} + u_{QR} + u_{RS} + u_{SP} = 0$$

由于该回路是任意选取的,因此对集总参数电路中的任意回路,在任意时刻得到基尔霍夫电压定律,

$$\sum u = 0 \tag{A6.3}$$

即电路中沿着任意回路实际的电压降的代数和为零。通过类似于基尔霍夫电流定律中的讨论可知,电路中沿着任意回路参考电压的代数和也为零。因此以后在应用 KVL 的时候不必指明实际电压还是参考电压。

在实际使用中,还存在另一种等效的 KVL 记忆方法。如果将式(A6.3)等号左边符号为负的电压移到等号右边,则 KVL 可以写为

$$\sum_{\text{down}} u = \sum_{\text{up}} u \tag{A6.4}$$

即任意回路中电压降的代数和等于电压升的代数和。

如果回路中存在独立电压源,结合式(1.3.14)所示电动势的定义,同样可得出式(A6.3)和式(A6.4)。

A7 电阻

在第 1 章中通过电池与灯泡构成的手电筒电路介绍了从实际电路到物理模型,再到电路模型的抽象过程。其中讨论了灯泡中灯丝的电磁关系为

$$\boldsymbol{J} = \sigma\boldsymbol{E} \tag{A7.1}$$

其中 σ 为电导率。这个关系对于一般的金属和电解液都是成立的。如果电路元件满足集总参数的要求和式(A7.1),则可以用电阻对其进行建模,宏观地描述导体中的载流子在电场力驱动下的定向运动能力。

现在有一根长度为 L,截面积为 S 的均匀金属圆柱体在电路中作为电流的通路,如图 A7.1所示。设该金属圆柱体满足 A4 节的集总参数条件,忽略边缘的电场效应,易知金属圆柱体中实际的电场方向向右。

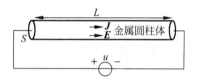

图 A7.1 均匀金属圆柱体的电阻

为了便于讨论,将电磁场中电流和电压的定义重写如下:

$$i = \iint_S \boldsymbol{J} \cdot \mathrm{d}\boldsymbol{S} \tag{A7.2}$$

$$u_{AB} = \int_A^B \boldsymbol{E} \cdot \mathrm{d}\boldsymbol{l} \tag{A7.3}$$

假设计算电流 i 的 $\mathrm{d}\boldsymbol{S}$ 法线方向为从左向右,计算电压 u 的 $\mathrm{d}\boldsymbol{l}$ 方向也为从左向右,即电压电流为关联参考方向。因此有 $J = i/S, E = u/L$,将这两个式子代入式(A7.1),得到

$$u = \frac{L}{\sigma S}i \tag{A7.4}$$

将上式中的 $L/\sigma S$ 表示为电阻 R(resistance),就得到了金属圆柱体宏观上的性质,即

$$u = Ri \tag{A7.5}$$

式(A7.1)和式(A7.5)分别称为欧姆定律(Ohm's law)的微分形式和积分形式。

反之,如果电流和电压采用非关联的参考方向,则欧姆定律为

$$u = -Ri \tag{A7.6}$$

A8 电容

对于两个互不相连的导体来说,如果平衡状态下它们带上等量异号电荷 $\pm q$,则在这两个导体之间的介质中存在电场,进而两个导体之间存在电压。如果电路元件满足集总参数的要求,则可以用电容对其进行建模,宏观地描述两个互不相连导体间电荷与电压的关系,其定义式为

$$C = \frac{q}{u} \tag{A8.1}$$

两导体间的电容只取决于导体的形状、尺寸以及导体间电介质的分布,与电量无关。

下面用图 A8.1 所示的平板电容器来说明(其中 d 表示两平板间距离,S 表示平板的面积)。忽略边缘效应,容易知道,静电平衡时所有电荷均匀分布在两平板的内表面上,两平板之间产生的均匀电场 E 为 $\frac{\sigma}{\varepsilon_0 \varepsilon_r}$ [①],其中 σ 为电荷面密度 $\left(\sigma = \frac{q}{S}\right)$,$\varepsilon_0$ 和 ε_r 分别为真空中的介电常数和介质中的相对介电常数。由于场强均匀,上下平板间的电压为

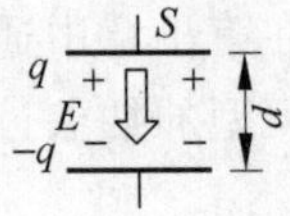

图 A8.1 平板电容器

$$u = Ed = \frac{d\sigma}{\varepsilon_0 \varepsilon_r}$$

因此平板电容器的电容为

$$C = \frac{q}{u} = \frac{S\sigma}{\dfrac{d\sigma}{\varepsilon_0 \varepsilon_r}} = \frac{\varepsilon_0 \varepsilon_r S}{d} \tag{A8.2}$$

即图 A8.1 所示平板电容器的电容和平板面积成正比。式中 S 为平板面积,d 为平板间距离,ε_0 为真空介电常数,ε_r 为平板间介质的相对介电常数。

结构比较复杂的两个导体之间的电容计算请参考电磁场有关书籍。

将电容元件放到电路中可能会产生电荷的流动。根据式(1.2.1)电流的定义,可知

$$i = \frac{\mathrm{d}q}{\mathrm{d}t} = \frac{\mathrm{d}Cu}{\mathrm{d}t} = C\frac{\mathrm{d}u}{\mathrm{d}t} \tag{A8.3}$$

式(A8.3)定义了电路中电容元件上的 $u\text{-}i$ 关系。

由于 $\pm q$ 电荷总是一起变化,从元件外部看有 $\dfrac{\mathrm{d}q_{\mathrm{int}}}{\mathrm{d}t} = 0$。同时如果这两个导体的尺寸比加在它们上面的电磁波波长小很多,可以将两个导体及其之间的介质看做一个集总的电气元件,即该元件满足 A4 节中的 3 个条件。

A9 电感(自感和互感)

根据电磁场的安培环路定理可知,在均匀介质恒定电流的磁场中,磁感应强度 $\boldsymbol{B}$ 沿任何闭合路径 l 的线积分为

$$\oint_L \boldsymbol{B} \cdot \mathrm{d}\boldsymbol{l} = \mu_0 \mu_r \sum i_{\mathrm{int}} \tag{A9.1}$$

---

① 该式的获得请参考电磁场相关书籍,如参考文献[5,6]。

其中 $\sum i_{\text{int}}$ 表示穿过路径 l 包围的面积的宏观电流代数和,μ_0 和 μ_r 分别为真空中的磁导率和介质中的相对磁导率。图 A9.1 表示了常用的线圈的电磁关系。

在获得磁感应强度后,根据磁通的定义 $\left(\Phi = \iint_S \boldsymbol{B} \cdot \mathrm{d}\boldsymbol{S}\right)$ 和磁链的定义($\Psi = N\Phi$,N 为线圈匝数),可计算出由电流 i 产生的磁链 Ψ。如果电路元件满足集总参数的要求,则可以用电感对其进行建模,宏观地描述线圈中电流与磁链的关系,其定义式为

图 A9.1 电感

$$L = \frac{\Psi}{i} \tag{A9.2}$$

如果经过线圈截面的磁链由线圈本身的电流产生,此时计算出的电感称作自感。线圈的自感只取决于线圈的几何形状、尺寸、匝数及其周围磁介质的分布,与电流无关。

对于如图 A9.2 所示的 N 匝环形线圈来说,假设线圈产生的磁场强度在线圈包含的空间中均匀分布,而且不泄漏到线圈以外的空间中,磁场强度通路中均为线性介质,则有

$$L = \frac{\Psi}{i} = \frac{N\Phi}{i} = \frac{NSB}{i} = \frac{NS}{i}\mu_0\mu_r H = \frac{NS}{i}\mu_0\mu_r \frac{Ni}{l} = \mu_0\mu_r \frac{N^2 S}{l} \tag{A9.3}$$

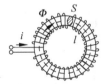

图 A9.2 螺线管线圈的电感

即图 A9.2 所示环形线圈的自感和线圈的匝数平方成正比。式中 S 为线圈的截面积,l 为线圈的长度,N 为线圈匝数,μ_0 为真空磁导率,μ_r 为线圈包围介质的相对磁导率。

如果通过线圈截面的磁通发生变化,根据法拉第电磁感应定律,在图 A9.1 所示电动势参考方向下,有

$$e = -\frac{\mathrm{d}\Psi}{\mathrm{d}t} = -L\frac{\mathrm{d}i}{\mathrm{d}t} \tag{A9.4}$$

如果线圈上定义的电压 u 参考方向如图 A9.1 所示,即电压电流为关联参考方向,则

$$u = -e = L\frac{\mathrm{d}i}{\mathrm{d}t} \tag{A9.5}$$

式(A9.5)定义了电路中自感元件上的 u-i 关系。

由于用式(A9.5)表示了自感元件上的 u-i 关系,因此在包围自感元件的任意路径上有 $\frac{\mathrm{d}\Phi}{\mathrm{d}t} = 0$。如果线圈的尺寸比加在它们上面的电磁波波长小很多,可以将线圈及其之间的介质均看做一个集总的电气元件,即该元件满足 A4 节中的 3 个条件。

更为一般的情况是两个线圈之间有磁链的交链,如图 A9.3 所示。

在 N_1 匝线圈 1 中通有电流 i_1,产生的磁通为 Φ_{11}(表示线圈 1 产生,与线圈 1 交链的磁通)。该

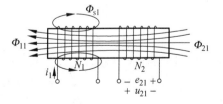

图 A9.3 线圈间的互感

磁通有一部分未与 N_2 匝线圈 2 交链,这部分漏磁通为 Φ_{s1}。其余磁通均与线圈 2 交链,称为 Φ_{21}(表示线圈 1 产生,与线圈 2 交链的磁通)。Φ_{21} 会产生磁链 $\Psi_{21} = N_2 \Phi_{21}$。根据电感的定义(式(A9.2)),可获得线圈 1 电流对线圈 2 磁链的互感 M_{21} 为

$$M_{21} = \frac{\Psi_{21}}{i_1} \tag{A9.6}$$

同理也可定义线圈 2 电流对线圈 1 磁链的互感 M_{12} 为

$$M_{12} = \frac{\Psi_{12}}{i_2} \tag{A9.7}$$

如果线圈周围的磁介质是线性的,则可由电磁场理论证明 $M_{12} = M_{21}$。两个线圈之间的互感只取决于两个线圈的几何形状、相对位置、匝数及其周围磁介质的分布,与电流无关。

对于如图 A9.4 所示的两个环形线圈来说,假设线圈产生的磁场强度在线圈包含的空间中均匀分布,而且不泄漏到线圈以外的空间中(即 $\Phi_{11} = \Phi_{21} = \Phi$),两个线圈的尺寸完全一样,磁场强度通路中均为线性介质,则有

$$M_{21} = \frac{\Psi_{21}}{i_1} = \frac{N_2 \Phi}{i_1} = \frac{N_2 SB}{i_1} = \frac{N_2 S}{i_1} \mu_0 \mu_r H = \frac{N_2 S}{i_1} \mu_0 \mu_r \frac{N_1 i_1}{l} = \mu_0 \mu_r \frac{N_1 N_2 S}{l} = M_{12}$$

$$\tag{A9.8}$$

即图 A9.4 所示环形线圈间互感和两个线圈的匝数乘积成正比,而且有 $M_{12} = M_{21}$。式中 S 为线圈的截面积,l 为磁路的长度,N_1 和 N_2 分别为两个线圈的匝数,μ_0 为真空磁导率,μ_r 为线圈包围介质的相对磁导率。这里 $M_{21} = M_{12}$ 这一结论是通过全耦合假设得到的。需要指出,这一结论具有一般性。

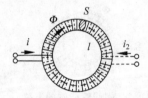

图 A9.4　螺线管线圈间的互感

如果由线圈 1 产生且通过线圈 2 截面的磁通发生变化,根据法拉第电磁感应定律,在图 A9.3 所示电动势参考方向下,有

$$e_{21} = -\frac{\mathrm{d}\Psi_{21}}{\mathrm{d}t} = -M_{21} \frac{\mathrm{d}i_1}{\mathrm{d}t} \tag{A9.9}$$

如果线圈 2 上定义的电压 u_{21} 参考方向如图 A9.3 所示,则

$$u_{21} = -e_{21} = M_{21} \frac{\mathrm{d}i_1}{\mathrm{d}t} \tag{A9.10}$$

同理可知

$$u_{12} = M_{12} \frac{\mathrm{d}i_2}{\mathrm{d}t} \tag{A9.11}$$

式(A9.10)和式(A9.11)定义了电路中互感线圈之间的 $u\text{-}i$ 关系。

由于用式(A9.10)和式(A9.11)表示了互感线圈之间的 $u\text{-}i$ 关系,因此在包围两个互感线圈的任意路径上有 $\frac{\mathrm{d}\Phi}{\mathrm{d}t} = 0$。如果线圈的尺寸比加在它们上面的电磁波波长小很多,

可以将两个线圈及其之间的介质均看做集总的电气元件,即该元件满足 A4 节中的 3 个条件。

自感和互感统称为电感。

电压 u、电荷 q、磁链 Ψ 和电流 i 这 4 个电路基本量和据此定义的电阻 R、电容 C 和电感 L 这 3 个电路基本模型之间的关系如图 A9.5 所示。

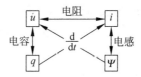

图 A9.5　电路基本量和电路基本模型间的关系

参考文献

[1]　江缉光.电路原理.北京:清华大学出版社,1997
[2]　邱关源.电路.第 4 版.北京:高等教育出版社,1999
[3]　李瀚荪.简明电路分析基础.北京:高等教育出版社,2002
[4]　周守昌.电路原理.第 2 版.北京:高等教育出版社,2004
[5]　张三慧.大学物理学.电磁学.第 2 版.北京:清华大学出版社,1999
[6]　赵凯华,陈熙谋.电磁学.第 2 版.北京:高等教育出版社,1985
[7]　俞大光.电工基础 上册.修订本.北京:人民教育出版社,1964
[8]　俞大光.电工基础 下册.修订本.北京:人民教育出版社,1981
[9]　克鲁格.电工原理.第 6 版.北京:人民教育出版社,1952
[10]　法肯伯尔格.网络分析.北京:科学出版社,1982

附录 **B** 电路图论的基础知识及其在电路分析中的应用

本附录介绍电路图中树、树支、连支等概念，讨论电路的关联矩阵 A、基本回路矩阵 B_f、矩阵形式的 KCL、KVL 和支路 u-i 约束关系，推导矩阵形式的节点电压法方程和回路电流法方程。

B1 基本概念

2.4 节中讨论了电路的支路、节点和回路这 3 个基本概念。本节在此基础上再介绍几个图论的概念，以便描述电路的联接方式。

在讨论电路图论的概念时，只对支路电压相互之间的关系和支路电流相互之间的关系感兴趣，而并不关心支路电压和支路电流之间的关系，即并不关心支路上的 u-i 关系。于是在讨论图论的概念时往往忽略支路的元件，即仅用一根线段来表示一个支路。此时的电路图仅包括电路的节点和支路，称其为电路的图或电路的拓扑结构。图 B1.1 中(b)就是电路(a)的图。

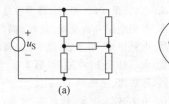

图 B1.1 电路和电路的图

下面先给出几个定义。

图（graph） 节点和支路的集合称作图。

有向图（directed-graph） 支路有方向的图称作有向图。如果在电路图中标注了所有支路电流的参考方向[①]，则其对应的图是有向图。

连通图（connected-graph） 任意两节点之间都存在由支路构成的通路的图称作连通图。

子图（sub-graph） 如果图 G' 的所有节点和支路都是图 G 的节点和支路，则 G' 是 G 的子图。

树（tree） 如果图 G 的一个子图满足下面 3 个条件，则被称为树 T：①是连通的；②包含 G 的所有节点；③不包含回路。

每个图都有多种选取树的方法。图 B1.2 的(a)和(b)分别是图 B1.1(b)的两棵树。

---

① 在电路的图论研究中，一般假设支路上电压和电流具有关联的参考方向。

树支(tree branch) 图 G 中属于树 T 的支路。

连支(non-tree branch) 图 G 中不属于树 T 的支路。

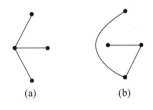

图 B1.2 同一个图的两棵树

下面来构造一棵树。一开始只有节点(称为未完成节点),没有支路。第一次在任意两个节点之间添加 1 条支路,并将这两个节点称为已完成节点。第二条支路的一端是一个已完成节点,另一端必须是一个未完成节点(否则就会形成回路),联接完毕后该未完成节点成为已完成节点。如此进行下去,每次添加一条支路,将一个已完成节点和一个未完成节点联接起来。设图有 n 个节点,则易知需要添加 $n-1$ 条支路才能最终构成一棵树。于是在有 n 个节点、b 条支路的图 G 中,树支数量为 $n-1$,连支数量为 $b-n+1$。

B2 电路的矩阵

B2.1 电路的关联矩阵 A

将图 B1.1 重画为图 B2.1,两者的不同之处在于,图 B2.1(a)中标注了所有支路电流的参考方向,因此图 B2.1(b)是有向图。图 B2.1(b)中支路边的数字表示支路的编号,而节点边带括号的数字表示节点的编号。

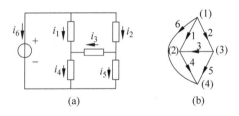

图 B2.1 标注了支路电流参考方向的电路图及其对应的有向图

下面来研究图的支路与节点的关联情况,即哪些支路与哪些节点相连。不失一般性,设有向图有 n 个节点,b 条支路。容易知道,在有向图中任意一条支路与任意一个节点的关系只有 3 种:支路与节点相连,支路方向离开节点;支路与节点相连,支路方向指向节点;支路没有与节点联接在一起。因此,可以用一个 $n \times b$ 的矩阵来表示支路与节点的关联情况,其中的元素 a_{ij} 定义为

$$a_{ij} = \begin{cases} 1 & \text{支路 } j \text{ 与节点 } i \text{ 相连,支路方向离开节点} \\ -1 & \text{支路 } j \text{ 与节点 } i \text{ 相连,支路方向指向节点} \\ 0 & \text{支路 } j \text{ 与节点 } i \text{ 不相连} \end{cases} \tag{B2.1}$$

对于图 B2.1(b)所示的有向图,可以写出增广关联矩阵为

$$
\boldsymbol{A}_\mathrm{a} =
\begin{array}{c}
\\
节\\
点
\end{array}
\begin{array}{c}
\\
\\
(1)\\(2)\\(3)\\(4)
\end{array}
\begin{array}{c}
\overset{\displaystyle 支\qquad\qquad 路}{
\begin{array}{cccccc}
1 & 2 & 3 & 4 & 5 & 6
\end{array}}\\
\left[
\begin{array}{cccccc}
1 & 1 & 0 & 0 & 0 & 1\\
-1 & 0 & -1 & 1 & 0 & 0\\
0 & -1 & 1 & 0 & 1 & 0\\
0 & 0 & 0 & -1 & -1 & -1
\end{array}
\right]
\end{array}
\tag{B2.2}
$$

观察图 B2.1(b)对应的 $\boldsymbol{A}_\mathrm{a}$ 矩阵可知,矩阵的行对应着有向图的节点,矩阵的列对应着有向图的支路。该矩阵 $\boldsymbol{A}_\mathrm{a}$ 每列只有一个元素为 1,一个元素为 -1,其余元素为零。其物理意义在于每条支路一定从一个节点出发,终止于另一个节点。此外,矩阵 $\boldsymbol{A}_\mathrm{a}$ 每行中不等于零的元素数量大于或等于 3。其物理意义在于每个节点起码有 3 条支路相连,这符合 2.4 节中关于电路节点的定义。

此外,根据式(B2.1)中矩阵元素的定义可知,将 $\boldsymbol{A}_\mathrm{a}$ 矩阵的所有行向量相加得到一个 b 维的零向量。这意味着矩阵 $\boldsymbol{A}_\mathrm{a}$ 的行向量线性相关。也就是说,用 n 个行向量来表示是冗余的。现在来讨论矩阵 $\boldsymbol{A}_\mathrm{a}$ 线性无关的行向量数是多少,即矩阵 $\boldsymbol{A}_\mathrm{a}$ 的秩是多少[①]。参考文献[2]用消元法证明了矩阵 $\boldsymbol{A}_\mathrm{a}$ 的秩为 $n-1$,感兴趣的读者可以参考。

可以从矩阵 $\boldsymbol{A}_\mathrm{a}$ 中任意删除一行构成 $(n-1)\times b$ 维矩阵 $\boldsymbol{A}$,该矩阵的 $n-1$ 行线性无关,称矩阵 $\boldsymbol{A}$ 为有向图 G 的关联矩阵(associate matrix)。结合 2.4 节的知识可知,删除的行对应参考节点。如果令节点 4 为参考节点,则删除式(B2.2)中的第 4 行,得到的关联矩阵为

$$
\boldsymbol{A} =
\begin{array}{c}
\\
节\\
点
\end{array}
\begin{array}{c}
\\
(1)\\(2)\\(3)
\end{array}
\begin{array}{c}
\overset{\displaystyle 支\qquad\qquad 路}{
\begin{array}{cccccc}
1 & 2 & 3 & 4 & 5 & 6
\end{array}}\\
\left[
\begin{array}{cccccc}
1 & 1 & 0 & 0 & 0 & 1\\
-1 & 0 & -1 & 1 & 0 & 0\\
0 & -1 & 1 & 0 & 1 & 0
\end{array}
\right]
\end{array}
\tag{B2.3}
$$

下面用图 B2.1 所示电路为例来讨论用关联矩阵表示的 KCL 和 KVL。设支路电流为 $\boldsymbol{i} = [i_1, i_2, \cdots, i_6]^\mathrm{T}$,支路电压为 $\boldsymbol{u} = [u_1, u_2, \cdots, u_6]^\mathrm{T}$,节点电压为 $\boldsymbol{u}_\mathrm{n} = [u_{n1}, u_{n2}, \cdots, u_{n4}]^\mathrm{T}$。

以流出节点的电流为正,可列写出 4 个 KCL 方程:

$$i_1 + i_2 + i_6 = 0$$
$$-i_1 - i_3 + i_4 = 0$$
$$-i_2 + i_3 + i_5 = 0$$
$$-i_4 - i_5 - i_6 = 0$$

---

① 2.4 节中将讨论线性无关的 KCL 方程数量问题,该问题与矩阵 $\boldsymbol{A}_\mathrm{a}$ 的秩的问题是等价的。

这对应着方程

$$A_a i = 0$$

由于矩阵 A_a 的秩为 $n-1$，删除参考节点（此时为节点 4）的对应行，得到

$$Ai = 0 \tag{B2.4}$$

在图 B2.1 所示电路中，可列写 6 个 KVL 方程，即

$$u_1 = u_{n1} - u_{n2}$$

$$u_2 = u_{n1} - u_{n3}$$

$$u_3 = -u_{n2} + u_{n3}$$

$$u_4 = u_{n2}$$

$$u_5 = u_{n3}$$

$$u_6 = u_{n1}$$

这对应着方程

$$u = A^T u_n \tag{B2.5}$$

式(B2.4)和式(B2.5)分别表示了用关联矩阵 A 来表示的 KCL 和 KVL。

根据前面的讨论可知，有向图 G 的关联矩阵 A 的秩为 $n-1$，这对应着 n 个节点，b 条支路的电路中独立的 KCL 方程数量为 $n-1$ 个。

B2.2　电路的基本回路矩阵 B_f

2.4 节介绍回路的概念，3.3 节讨论回路电流。下面讨论给定电路的有向图和回路的选取方式后，如何用矩阵来表示回路方向与支路方向的关系。图 B2.2 中给出了有向图的独立回路 l_1、l_2 和 l_3。

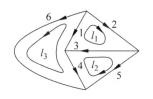

类似于关联矩阵 A，也希望建立一个表示回路与支路关系的矩阵 B。设有 l 条回路使得每条支路都至少在一条回路中，则回路矩阵 B 有 $l \times b$ 个元素，每个元素的定义为

图 B2.2　有向图和回路

$$b_{ij} = \begin{cases} 1 & \text{支路 } j \text{ 包含在回路 } i \text{ 中，且两者方向一致} \\ -1 & \text{支路 } j \text{ 包含在回路 } i \text{ 中，且两者方向相反} \\ 0 & \text{支路 } j \text{ 不包含在回路 } i \text{ 中} \end{cases} \tag{B2.6}$$

于是在图 B2.2 所示的图中，矩阵 B 应表示为

$$\boldsymbol{B} = \begin{array}{c} \\ l_1 \\ l_2 \\ l_3 \end{array} \begin{array}{c} \overset{\text{支}\qquad\qquad\text{路}}{\begin{array}{cccccc} 1 & 2 & 3 & 4 & 5 & 6 \end{array}} \\ \begin{bmatrix} -1 & 1 & 1 & 0 & 0 & 0 \\ 0 & 0 & -1 & -1 & 1 & 0 \\ -1 & 0 & 0 & -1 & 0 & 1 \end{bmatrix} \end{array} \tag{B2.7}$$

　　观察式(B2.7)可以发现,矩阵 $\boldsymbol{B}$ 不存在全为零的列向量,这对应着每条支路都至少被 1 个回路包含。此外,矩阵 $\boldsymbol{B}$ 每行至少有两个不等于零的元素,这对应着每个回路至少由两条支路组成。

　　类似于从矩阵 $\boldsymbol{A}_\mathrm{a}$ 得到 $\boldsymbol{A}$ 的过程,也希望矩阵 $\boldsymbol{B}$ 的行向量线性无关。下面讨论利用树得到 $b-n+1$ 个线性无关回路的方法。

　　在图 B2.1(b)所示有向图中指定一棵树。不失一般性,设为图 B2.3 所示。

　　对于 n 个节点,b 条支路的图 G,树支数量为 $n-1$,连支数量为 $b-n+1$。更重要的是,树本身不构成回路,但每添加 1 条连支,则该连支就会和一些树支产生一个新的回路,称之为单连支回路或基本回路。如果将该回路的方向与该连支的方向设为一致,就可以通过逐渐添加连支的办法得到 $b-n+1$ 个独立回路。这样得到的回路矩阵被称为基本回路矩阵(fundamental loop matrix)$\boldsymbol{B}_\mathrm{f}$。

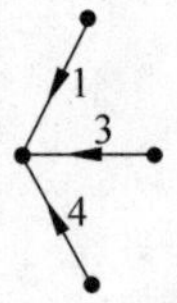

图 B2.3　图 B2.1(b)所对应的一棵树

　　在图 B2.3 所示的树中,顺序添加连支 2、5、6,可以得到基本回路矩阵 $\boldsymbol{B}_\mathrm{f}$ 为

$$
\boldsymbol{B}_\mathrm{f}=\begin{array}{c}
\overbrace{}^{\text{连支}}\quad\overbrace{}^{\text{树支}} \\
\begin{array}{c}\\ l_1 \\ l_2 \\ l_3\end{array}
\begin{array}{c}\begin{array}{cccccc} 2 & 5 & 6 & 1 & 3 & 4 \end{array}\\
\left[\begin{array}{ccccccc}
1 & 0 & 0 & -1 & 1 & 0 \\
0 & 1 & 0 & 0 & -1 & -1 \\
0 & 0 & 1 & -1 & 0 & -1
\end{array}\right]\end{array}\\
\underbrace{}_{\boldsymbol{B}_\mathrm{l}}\quad\underbrace{}_{\boldsymbol{B}_\mathrm{t}}
\end{array}
\tag{B2.8}
$$

　　式(B2.8)中,l_2、l_5 和 l_6 分别表示添加连支 2、5、6 构成的单连支回路。如果在基本回路矩阵的列中先写连支对应的支路,再写树支对应的支路(如式(B2.8)所示),则由于回路方向与连支方向一致,同时每个回路仅通过一条连支,因此表示连支与回路关系的分块矩阵是 $b-n+1$ 维的单位阵。于是可以将基本回路矩阵写为如下的分块矩阵形式:

$$
\boldsymbol{B}_\mathrm{f}=\begin{bmatrix}\boldsymbol{B}_\mathrm{l},\ \boldsymbol{B}_\mathrm{t}\end{bmatrix}
\tag{B2.9}
$$

　　接下来讨论基本回路矩阵的秩。根据参考文献[3]的结论可知,阶梯矩阵的秩等于其非零行的行数。通过观察式(B2.8)可知,矩阵 $\boldsymbol{B}_\mathrm{f}$ 是阶梯矩阵,其非零行的行数为 $b-n+1$。于是证明了通过一次添加一条连支的方法形成的矩阵 $\boldsymbol{B}_\mathrm{f}$ 秩为 $b-n+1$,即所有行向量线性无关。

　　下面用图 B2.2 所示有向图为例,讨论用基本回路矩阵表示的 KCL 和 KVL。设支路电流为 $\boldsymbol{i}=[i_1,i_2,\cdots,i_6]^\mathrm{T}$,支路电压为 $\boldsymbol{u}=[u_1,u_2,\cdots,u_6]^\mathrm{T}$,回路电流为 $\boldsymbol{i}_\mathrm{l}=[i_{l1},i_{l2},i_{l3}]^\mathrm{T}$。

　　列写支路电流和回路电流的关系得

$$i_2 = i_{l1}$$

$$i_5 = i_{l2}$$

$$i_6 = i_{l3}$$

$$i_1 = -i_{l1} - i_{l3}$$

$$i_3 = i_{l1} - i_{l2}$$

$$i_4 = -i_{l2} - i_{l3}$$

每个回路电流对流经的任意节点都流入一次,流出一次,自动满足 KCL,因此回路电流的线性组合也满足 KCL。将上式整理,可得用基本回路矩阵表示的 KCL,

$$\boldsymbol{i} = \boldsymbol{B}_f^T \boldsymbol{i}_l \tag{B2.10}$$

将式(B2.9)代入式(B2.10),得

$$\boldsymbol{i}_t = \boldsymbol{B}_t^T \boldsymbol{i}_l \tag{B2.11}$$

在单连支回路中应用 KVL 得到 3 个方程,即

$$u_2 - u_1 + u_3 = 0$$

$$u_5 - u_3 - u_4 = 0$$

$$u_6 - u_1 - u_4 = 0$$

这对应着方程

$$\boldsymbol{B}_f \boldsymbol{u} = \boldsymbol{0} \tag{B2.12}$$

将式(B2.9)代入式(B2.12),得

$$\boldsymbol{u}_l = -\boldsymbol{B}_t \boldsymbol{u}_t \tag{B2.13}$$

式(B2.10)(或式(B2.11))和式(B2.12)(或式(B2.13))分别表示了用基本回路矩阵来表示的 KCL 和 KVL。

根据前面单连支回路的定义可知,在式(B2.12)(或式(B2.13))所示的 KVL 中,独立方程数为 $b-n+1$。这对应着 n 个节点,b 条支路的电路中独立的 KVL 方程数量为$b-n+1$ 个。

B3　支路电压、电流关系的矩阵形式

本节以电阻、独立电压源和独立电流源组成的电路为例说明支路电压、电流关系的矩阵形式。

在本节的讨论中定义如图 B3.1 所示的典型支路(typical branch)。图中 R_k 为 k 支路的电阻,I_k 为 k 支路的支路电流,U_k 为 k 支路的支路电压,U_{Sk} 为 k 支路的独立电压源,I_{Sk} 为 k 支路的独立电流源。将该典型支路抽象为一条支路,令其为 k 支路。有向图中箭头所示方向即为支路 k 的电压 U_k 和电流

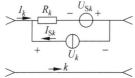

图 B3.1　典型支路

I_k 的关联参考方向。

对典型支路作如下规定:支路中必须包含电阻元件 R_k,至于独立电压源和独立电流源可有可无,若无独立电压源则 U_{Sk} 为零,无独立电流源则 I_{Sk} 为零。这样定义支路的目的是避免出现由纯独立电压源或纯独立电流源组成的支路,给下面要介绍的电路方程的列写提供方便。

将 KCL、KVL 和欧姆定律应用于图 B3.1 所示电路中,可得到 k 支路电压、电流关系为

$$U_k = R_k(I_k + I_{Sk}) - U_{Sk} = R_k I_k + R_k I_{Sk} - U_{Sk} \tag{B3.1}$$

或

$$I_k = G_k U_k + G_k U_{Sk} - I_{Sk} \tag{B3.2}$$

式中 G_k 为 k 支路的电导,

$$G_k = 1/R_k$$

设电路中有 b 条典型支路,则可以得到 4 个 b 维列向量:支路电压向量 $\boldsymbol{U} = [U_1, \cdots, U_b]^\mathrm{T}$,支路电流向量 $\boldsymbol{I} = [I_1, \cdots, I_b]^\mathrm{T}$,支路独立电压源电压向量 $\boldsymbol{U}_S = [U_{S1}, \cdots, U_{Sb}]^\mathrm{T}$ 和支路独立电流源电流向量 $\boldsymbol{I}_S = [I_{S1}, \cdots, I_{Sb}]^\mathrm{T}$;两个 $b \times b$ 的对角矩阵:支路电阻矩阵 $\boldsymbol{R} = \mathrm{diag}[R_1, \cdots, R_b]$,支路电导矩阵 $\boldsymbol{G} = \mathrm{diag}[G_1, \cdots, G_b]$,其中 $\boldsymbol{G} = \boldsymbol{R}^{-1}$。

将 b 条支路的电压、电流关系写成式(B3.1)形式,得到用支路电流表示支路电压的矩阵形式的约束方程为

$$
\begin{bmatrix} U_1 \\ U_2 \\ \vdots \\ U_b \end{bmatrix} =
\begin{bmatrix} R_1 & 0 & \cdots & 0 \\ 0 & R_2 & \cdots & 0 \\ \vdots & \vdots & & \vdots \\ 0 & 0 & \cdots & R_b \end{bmatrix}
\begin{bmatrix} I_1 \\ I_2 \\ \vdots \\ I_b \end{bmatrix} +
\begin{bmatrix} R_1 & 0 & \cdots & 0 \\ 0 & R_2 & \cdots & 0 \\ \vdots & \vdots & & \vdots \\ 0 & 0 & \cdots & R_b \end{bmatrix}
\begin{bmatrix} I_{S1} \\ I_{S2} \\ \vdots \\ I_{Sb} \end{bmatrix} -
\begin{bmatrix} U_{S1} \\ U_{S2} \\ \vdots \\ U_{Sb} \end{bmatrix} \tag{B3.3}
$$

即

$$\boldsymbol{U} = \boldsymbol{RI} + \boldsymbol{RI}_S - \boldsymbol{U}_S \tag{B3.4}$$

将 b 条支路的电压、电流关系写成式(B3.2)形式,得到用支路电压表示支路电流的矩阵形式的约束方程为

$$
\begin{bmatrix} I_1 \\ I_2 \\ \vdots \\ I_b \end{bmatrix} =
\begin{bmatrix} G_1 & 0 & \cdots & 0 \\ 0 & G_2 & \cdots & 0 \\ \vdots & \vdots & & \vdots \\ 0 & 0 & \cdots & G_b \end{bmatrix}
\begin{bmatrix} U_1 \\ U_2 \\ \vdots \\ U_b \end{bmatrix} +
\begin{bmatrix} G_1 & 0 & \cdots & 0 \\ 0 & G_2 & \cdots & 0 \\ \vdots & \vdots & & \vdots \\ 0 & 0 & \cdots & G_b \end{bmatrix}
\begin{bmatrix} U_{S1} \\ U_{S2} \\ \vdots \\ U_{Sb} \end{bmatrix} -
\begin{bmatrix} I_{S1} \\ I_{S2} \\ \vdots \\ I_{Sb} \end{bmatrix} \tag{B3.5}
$$

即

$$\boldsymbol{I} = \boldsymbol{GU} + \boldsymbol{GU}_S - \boldsymbol{I}_S \tag{B3.6}$$

例 B3.1 电路如图 B3.2 所示。写出矩阵形式的支路电压、电流关系。

解 将元件号设为支路号，原电路的有向图如图 B3.3 所示，图中箭头方向表示支路电压和支路电流的关联参考方向，旁边的数字表示支路编号。

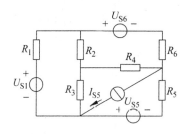

图 B3.2 例 B3.1 图

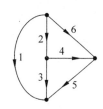

图 B3.3 有向图

设支路电压向量为

$$U = [U_1, U_2, U_3, U_4, U_5, U_6]^T$$

支路电流向量为

$$I = [I_1, I_2, I_3, I_4, I_5, I_6]^T$$

根据电路结构和参数，写出支路电阻矩阵为

$$R = \text{diag}[R_1, R_2, R_3, R_4, R_5, R_6]$$

支路电导矩阵为

$$G = \text{diag}[1/R_1, 1/R_2, 1/R_3, 1/R_4, 1/R_5, 1/R_6]$$
$$= \text{diag}[G_1, G_2, G_3, G_4, G_5, G_6]$$

对照典型支路中各电压、电流的参考方向，得支路独立电压源电压向量

$$U_S = [-U_{S1}, 0, 0, 0, U_{S5}, -U_{S6}]^T$$

支路独立电流源电流向量

$$I_S = [0, 0, 0, 0, -I_{S5}, 0]^T$$

将以上各向量和矩阵代入式(B3.4)或式(B3.6)，得矩阵形式的支路电压、电流关系为

$$
\begin{bmatrix} U_1 \\ U_2 \\ U_3 \\ U_4 \\ U_5 \\ U_6 \end{bmatrix} =
\begin{bmatrix} R_1 & 0 & 0 & 0 & 0 & 0 \\ 0 & R_2 & 0 & 0 & 0 & 0 \\ 0 & 0 & R_3 & 0 & 0 & 0 \\ 0 & 0 & 0 & R_4 & 0 & 0 \\ 0 & 0 & 0 & 0 & R_5 & 0 \\ 0 & 0 & 0 & 0 & 0 & R_6 \end{bmatrix}
\begin{bmatrix} I_1 \\ I_2 \\ I_3 \\ I_4 \\ I_5 \\ I_6 \end{bmatrix}
$$

$$
+\begin{bmatrix} R_1 & 0 & 0 & 0 & 0 & 0 \\ 0 & R_2 & 0 & 0 & 0 & 0 \\ 0 & 0 & R_3 & 0 & 0 & 0 \\ 0 & 0 & 0 & R_4 & 0 & 0 \\ 0 & 0 & 0 & 0 & R_5 & 0 \\ 0 & 0 & 0 & 0 & 0 & R_6 \end{bmatrix} \begin{bmatrix} 0 \\ 0 \\ 0 \\ 0 \\ -I_{S5} \\ 0 \end{bmatrix} - \begin{bmatrix} -U_{S1} \\ 0 \\ 0 \\ 0 \\ U_{S5} \\ -U_{S6} \end{bmatrix}
$$

或

$$
\begin{bmatrix} I_1 \\ I_2 \\ I_3 \\ I_4 \\ I_5 \\ I_6 \end{bmatrix} = \begin{bmatrix} G_1 & 0 & 0 & 0 & 0 & 0 \\ 0 & G_2 & 0 & 0 & 0 & 0 \\ 0 & 0 & G_3 & 0 & 0 & 0 \\ 0 & 0 & 0 & G_4 & 0 & 0 \\ 0 & 0 & 0 & 0 & G_5 & 0 \\ 0 & 0 & 0 & 0 & 0 & G_6 \end{bmatrix} \begin{bmatrix} U_1 \\ U_2 \\ U_3 \\ U_4 \\ U_5 \\ U_6 \end{bmatrix}
$$

$$
+\begin{bmatrix} G_1 & 0 & 0 & 0 & 0 & 0 \\ 0 & G_2 & 0 & 0 & 0 & 0 \\ 0 & 0 & G_3 & 0 & 0 & 0 \\ 0 & 0 & 0 & G_4 & 0 & 0 \\ 0 & 0 & 0 & 0 & G_5 & 0 \\ 0 & 0 & 0 & 0 & 0 & G_6 \end{bmatrix} \begin{bmatrix} -U_{S1} \\ 0 \\ 0 \\ 0 \\ U_{S5} \\ -U_{S6} \end{bmatrix} - \begin{bmatrix} 0 \\ 0 \\ 0 \\ 0 \\ -I_{S5} \\ 0 \end{bmatrix}
$$

　　需要指出,本节未涉及含受控源和互感元件电路中支路电压、电流关系的矩阵形式,对此感兴趣的读者可阅读参考文献[1]和[4]。

B4　矩阵形式的节点方程

　　B3 节推导了支路电压与支路电流关系的矩阵形式为

$$I = GU + GU_S - I_S$$

将上式等号两边分别左乘关联矩阵 A,得

$$AI = A(GU + GU_S - I_S) = AGU + AGU_S - AI_S \tag{B4.1}$$

　　由式(B2.4)表示的矩阵形式的 KCL

$$AI = 0$$

可知,式(B4.1)等号右边项等于零,即

$$AGU + AGU_S - AI_S = 0$$

再将式(B2.5)表示的矩阵形式 KVL

$$U = A^\mathrm{T} U_\mathrm{n}$$

代入上式,得

$$AGA^\mathrm{T} U_\mathrm{n} + AGU_\mathrm{s} - AI_\mathrm{s} = 0$$

由上式即得以节点电压为变量的矩阵形式方程(即矩阵形式的节点方程):

$$AGA^\mathrm{T} U_\mathrm{n} = G_\mathrm{n} U_\mathrm{n} = AI_\mathrm{s} - AGU_\mathrm{s} \tag{B4.2}$$

其中 $G_\mathrm{n} = AGA^\mathrm{T}$ 称为节点电导矩阵(node conductance matrix)。建立了节点方程,就可求出节点电压,由此可求得支路电压、电流和功率。

例 B4.1　用节点电压法列写图 B4.1 所示电路矩阵形式的节点方程。

解　节点方程 $G_\mathrm{n} U_\mathrm{n} = AI_\mathrm{s} - AGU_\mathrm{s}$ 的系统列写可以归纳为以下几步:

(1) 画出有向图,如图 B4.2 所示。图中方向表示原电路图中支路电压、电流的关联参考方向。

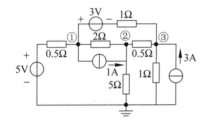

图 B4.1　例 B4.1 图

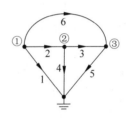

图 B4.2　有向图

(2) 写关联矩阵

$$A = \begin{bmatrix} 1 & 1 & 0 & 0 & 0 & 1 \\ 0 & -1 & 1 & 1 & 0 & 0 \\ 0 & 0 & -1 & 0 & 1 & -1 \end{bmatrix}$$

(3) 列支路电导矩阵

$$G = \mathrm{diag}[2, 0.5, 2, 0.2, 1, 1]$$

(4) 列独立电压源和独立电流源列向量

$$U_\mathrm{s} = [-5, 0, 0, 0, 0, -3]^\mathrm{T}$$

$$I_\mathrm{s} = [0, -1, 0, 0, 3, 0]^\mathrm{T}$$

(5) 将矩阵 A、G,列向量 U_s、I_s 代入节点方程 $AGA^\mathrm{T} U_\mathrm{n} = AI_\mathrm{s} - AGU_\mathrm{s}$,得

$$\begin{bmatrix} 1 & 1 & 0 & 0 & 0 & 1 \\ 0 & -1 & 1 & 1 & 0 & 0 \\ 0 & 0 & -1 & 0 & 1 & -1 \end{bmatrix} \begin{bmatrix} 2 & 0 & 0 & 0 & 0 & 0 \\ 0 & 0.5 & 0 & 0 & 0 & 0 \\ 0 & 0 & 2 & 0 & 0 & 0 \\ 0 & 0 & 0 & 0.2 & 0 & 0 \\ 0 & 0 & 0 & 0 & 1 & 0 \\ 0 & 0 & 0 & 0 & 0 & 1 \end{bmatrix} \begin{bmatrix} 1 & 0 & 0 \\ 1 & -1 & 0 \\ 0 & 1 & -1 \\ 0 & 1 & 0 \\ 0 & 0 & 1 \\ 1 & 0 & -1 \end{bmatrix} \begin{bmatrix} U_\mathrm{n1} \\ U_\mathrm{n2} \\ U_\mathrm{n3} \end{bmatrix}$$

$$
=\begin{bmatrix} 1 & 1 & 0 & 0 & 0 & 1 \\ 0 & -1 & 1 & 1 & 0 & 0 \\ 0 & 0 & -1 & 0 & 1 & -1 \end{bmatrix} \left(\begin{bmatrix} 0 \\ -1 \\ 0 \\ 0 \\ 3 \\ 0 \end{bmatrix} - \begin{bmatrix} 1 & 1 & 0 & 0 & 0 & 1 \\ 0 & -1 & 1 & 1 & 0 & 0 \\ 0 & 0 & -1 & 0 & 1 & -1 \end{bmatrix}^{\mathrm{T}} \right.
$$

$$
\times \begin{bmatrix} 2 & 0 & 0 & 0 & 0 & 0 \\ 0 & 0.5 & 0 & 0 & 0 & 0 \\ 0 & 0 & 2 & 0 & 0 & 0 \\ 0 & 0 & 0 & 0.2 & 0 & 0 \\ 0 & 0 & 0 & 0 & 1 & 0 \\ 0 & 0 & 0 & 0 & 0 & 1 \end{bmatrix} \begin{bmatrix} -5 \\ 0 \\ 0 \\ 0 \\ 0 \\ -3 \end{bmatrix} \tag{B4.3}
$$

式(B4.3)就是要列写的以节点电压为变量的矩阵形式的方程。矩阵运算由计算机程序来完成,注意到式中零元素很多,可以采用稀疏矩阵(sparse matrix)技术进行处理。实际应用中关联矩阵 A、支路电导矩阵 G、独立电压源列向量 U_{S}、独立电流源列向量 I_{S} 并不需要手工列出后输入到计算机,只要输入电路图,其他的工作都由软件实现。

为验证正确性,不妨化简式(B4.3),得

$$
\begin{bmatrix} 3.5 & -0.5 & -1 \\ -0.5 & 2.7 & -2 \\ -1 & -2 & 4 \end{bmatrix} \begin{bmatrix} U_{\mathrm{n1}} \\ U_{\mathrm{n2}} \\ U_{\mathrm{n3}} \end{bmatrix} = \begin{bmatrix} 12 \\ 1 \\ 0 \end{bmatrix}
$$

其结果与 3.2 节通过观察电路手工写出的方程是一致的。

对于支路数、节点数很大的电路,显然需要通过编写程序由计算机自动建立方程。节点电压法是普遍被采用的方法,常用的电路分析软件 Spice 即是基于节点电压法编写的。

当电路中出现在两个节点之间有纯独立电压源支路时,由于在纯独立电压源支路中的电阻为零,若采用前面介绍的方法列写节点方程,会遇到支路电导矩阵元素为无穷大的问题。这时需要对节点法进行一点修改,增加流经纯独立电压源支路的电流变量。这种方法称为改进节点法。此外,还可以将电路中全部支路电压、支路电流和独立节点电压作为待求量来求解电路,这种方法称为表格法。在表格法中建立系数矩阵的规则很简单,相当于填写一张表格,且通用性强,易于用计算机来完成,可用于求解大规模电路。该方法的另一优点是对支路元件无任何限定。虽然与节点法、回路法相比较,表格法方程个数要多,但是方程组系数矩阵中的零元素较多,用计算机稀疏矩阵技术可以很方便地求解这类方程组。对改进节点法和表格法感兴趣的读者可阅读参考文献[1]和[4]。

B5　矩阵形式的回路方程

　　回路电流法以$(b-n+1)$个独立回路电流为待求变量来列写方程。这里取基本回路为独立回路。每个基本回路只含一个连支，所以取连支电流为包含该连支的基本回路中的回路电流，设其为未知变量。其他各支路电流都可由连支电流表示。

　　按照图 B3.1 定义的典型支路对给定的电路画出有向图 G。为列写电路的矩阵方程，在图 G 中任选一树。设连支电流向量为 I_l，支路电压向量为 U，并形成基本回路矩阵 B_f，支路电阻矩阵 R，独立电压源列向量 U_S，独立电流源列向量 I_S。

　　将式(B2.12)表示的矩阵形式的 KVL 方程($B_f U=0$)代入支路电压、电流元件约束关系式(B3.4)($U=RI+RI_S-U_S$)，可得

$$B_f U = B_f RI + B_f RI_S - B_f U_S = 0 \tag{B5.1}$$

　　将式(B2.10)表示的矩阵形式的 KCL 方程($I=B_f^T I_l$)代入式(B5.1)，得到以连支电流为变量的矩阵形式的回路电流方程：

$$B_f R B_f^T I_l = B_f U_S - B_f RI_S \tag{B5.2}$$

令式中

$$B_f R B_f^T = R_l$$

称 R_l 为回路电阻矩阵(loop resistance matrix)。

　　例 B5.1　用回路电流法列写图 B5.1 所示电路的矩阵方程。

　　解　选支路 1、2、3 为树支，单连支回路 l_1、l_2、l_3 如图 B5.2 中虚线所示。待求连支电流向量为 $I_l=[I_4,\ I_5,\ I_6]^T$。

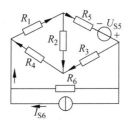
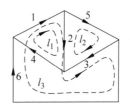

图 B5.1　例 B5.1 图　　　　　　　　图 B5.2　有向图和回路选择

回路方程 $R_l I_l=B_f U_S-B_f RI_S$ 的系统列写可归纳为如下几步：

（1）写出基本回路矩阵

$$B_f = \begin{bmatrix} 1 & 1 & 0 & 1 & 0 & 0 \\ 0 & -1 & 1 & 0 & 1 & 0 \\ 1 & 1 & -1 & 0 & 0 & 1 \end{bmatrix}$$

回路阻抗矩阵

$$\boldsymbol{R}_1 = \boldsymbol{B}_{\mathrm{f}} \boldsymbol{R} \boldsymbol{B}_{\mathrm{f}}^{\mathrm{T}}$$

（2）写出支路电阻矩阵

$$\boldsymbol{R} = \mathrm{diag}[R_1, R_2, R_3, R_4, R_5, R_6]^{\mathrm{T}}$$

（3）列支路独立电压源、独立电流源列向量

$$\boldsymbol{U}_{\mathrm{S}} = [0, 0, 0, 0, U_{\mathrm{S}5}, 0]^{\mathrm{T}}$$

$$\boldsymbol{I}_{\mathrm{S}} = [0, 0, 0, 0, 0, -I_{\mathrm{S}6}]^{\mathrm{T}}$$

（4）将矩阵 $\boldsymbol{B}_{\mathrm{f}}$、$\boldsymbol{R}$ 和向量 $\boldsymbol{U}_{\mathrm{S}}$、$\boldsymbol{I}_{\mathrm{S}}$ 代入式（B5.2），得

$$\begin{bmatrix} 1 & 1 & 0 & 1 & 0 & 0 \\ 0 & -1 & 1 & 0 & 1 & 0 \\ 1 & 1 & -1 & 0 & 0 & 1 \end{bmatrix} \begin{bmatrix} R_1 & 0 & 0 & 0 & 0 & 0 \\ 0 & R_2 & 0 & 0 & 0 & 0 \\ 0 & 0 & R_3 & 0 & 0 & 0 \\ 0 & 0 & 0 & R_4 & 0 & 0 \\ 0 & 0 & 0 & 0 & R_5 & 0 \\ 0 & 0 & 0 & 0 & 0 & R_6 \end{bmatrix} \begin{bmatrix} 1 & 0 & 1 \\ 1 & -1 & 1 \\ 0 & 1 & -1 \\ 1 & 0 & 0 \\ 0 & 1 & 0 \\ 0 & 0 & 1 \end{bmatrix} \begin{bmatrix} I_4 \\ I_5 \\ I_6 \end{bmatrix}$$

$$= \begin{bmatrix} 1 & 1 & 0 & 1 & 0 & 0 \\ 0 & -1 & 1 & 0 & 1 & 0 \\ 1 & 1 & -1 & 0 & 0 & 1 \end{bmatrix} \begin{bmatrix} 0 \\ 0 \\ 0 \\ 0 \\ U_{\mathrm{S}5} \\ 0 \end{bmatrix} - \begin{bmatrix} 1 & 1 & 0 & 1 & 0 & 0 \\ 0 & -1 & 1 & 0 & 1 & 0 \\ 1 & 1 & -1 & 0 & 0 & 1 \end{bmatrix}$$

$$\times \begin{bmatrix} R_1 & 0 & 0 & 0 & 0 & 0 \\ 0 & R_2 & 0 & 0 & 0 & 0 \\ 0 & 0 & R_3 & 0 & 0 & 0 \\ 0 & 0 & 0 & R_4 & 0 & 0 \\ 0 & 0 & 0 & 0 & R_5 & 0 \\ 0 & 0 & 0 & 0 & 0 & R_6 \end{bmatrix} \begin{bmatrix} 0 \\ 0 \\ 0 \\ 0 \\ 0 \\ -I_{\mathrm{S}6} \end{bmatrix} \qquad (\text{B5.3})$$

式（B5.3）就是要列写的以连支电流 $[I_4, I_5, I_6]^{\mathrm{T}}$ 为变量的矩阵形式的回路方程。为验证起见，不妨做矩阵相乘，得

$$\begin{bmatrix} R_1+R_2+R_4 & -R_2 & R_1+R_2 \\ -R_2 & R_5+R_2+R_3 & -R_2-R_3 \\ R_1+R_2 & -R_2-R_3 & R_1+R_2+R_3+R_6 \end{bmatrix} \begin{bmatrix} I_4 \\ I_5 \\ i_6 \end{bmatrix} = \begin{bmatrix} 0 \\ U_{\mathrm{S}5} \\ R_6 I_{\mathrm{S}6} \end{bmatrix}$$

其结果与 3.3 节通过观察电路手工列写的方程是一样的。

参考文献

[1]　江缉光.电路原理.北京：清华大学出版社,1997
[2]　卢开澄,卢华明.图论及其应用.第 2 版.北京：清华大学出版社,1995
[3]　居余马,林翠琴.线性代数简明教程.北京：清华大学出版社,2004
[4]　邱关源.网络图论简介.北京：人民教育出版社,1978

附录 C 常系数线性常微分方程的求解

本附录介绍常系数线性常微分方程的时域解法。

C1 常系数线性常微分方程的形式和名词解释

n 阶常系数线性常微分方程的标准形式为

$$y^{(n)} + a_1 y^{(n-1)} + \cdots + a_{n-1} y' + a_n y = f(t)$$

其中，a_1、a_2、$\cdots$、a_n 是常数，$f(t)$ 为连续函数。

n 阶常系数线性常微分方程的含有 n 个独立的任意常数的解，叫做一般解（通解）。

常系数线性常微分方程不含任意常数的解，叫做特解。

把常系数线性常微分方程与初始条件合在一起叫做该微分方程的初值问题。初值问题的解是既满足该微分方程又满足初始条件的特解。

C2 常系数齐次线性常微分方程的解法

n 阶常系数齐次线性常微分方程的标准形式为

$$y^{(n)} + a_1 y^{(n-1)} + \cdots + a_{n-1} y' + a_n y = 0$$

其中 a_1、a_2、$\cdots$、a_n 是常数，等号右端自由项为零。

其一般解的解法步骤如下。

（1）求常系数齐次线性常微分方程的特征方程（只要将常系数齐次线性常微分方程式中的 $y^{(k)}$ 换写成 p^k，$k=0,1,\cdots,n$，即得其特征方程）：

$$p^n + a_1 p^{n-1} + \cdots + a_{n-1} p + a_n = 0$$

（2）求特征方程的根（称为微分方程的特征根）。

（3）根据求得的特征方程的 n 个特征根可得到微分方程的 n 个线性无关的一般解。根的形式不同，解的形式也不同，这又可分为以下几种情况。

① 特征方程有 n 个互异的实根 p_1、p_2、$\cdots$、p_n，则方程的解为 $y = c_1 e^{p_1 t} + c_2 e^{p_2 t} + \cdots + c_n e^{p_n t}$。

例 C1 求齐次微分方程 $y'' - 2y' - 3y = 0$ 的解。

解 特征方程 $p^2 - 2p - 3 = 0$，求出特征方程的根 $p_1 = -1$，$p_2 = 3$，则方程的解为 $y = c_1 e^{3t} + c_2 e^{-t}$。

② 特征方程有 n 个实根,但存在重根(设 p_0 是方程的 k 重根),则方程的解为

$$y = (c_1 + c_2 t + \cdots + c_k t^{k-1}) e^{p_0 t} + c_{k+1} e^{p_{k+1} t} + \cdots + c_n e^{p_n t}$$

例 C2　求齐次微分方程 $y''' + 3y'' - 4y = 0$ 的解。

解　特征方程 $p^3 + 3p^2 - 4 = 0$,求出特征方程的根为

$$p_1 = 1, \quad p_2 = p_3 = -2$$

方程的解为

$$y = c_1 e^t + c_2 e^{-2t} + c_3 t e^{-2t}$$

③ 特征方程的 n 个特征根中存在复数根(举例说明)。

- 存在 1 对不重复的复数根 $a \pm j\beta$,$n-2$ 个互异的实根,则方程的解为

$$y = c_1 e^{at} \cos\beta t + c_2 e^{at} \sin\beta t + c_3 e^{p_3 t} + \cdots + c_n e^{p_n t}$$

例 C3　求齐次微分方程 $2y''' + 3y'' + 8y' - 5y = 0$ 的解。

解　特征方程 $2p^3 + 3p^2 + 8p - 5 = 0$,求出特征方程的根为

$$p_1 = 1/2, \quad p_2 = -1 + j2, \quad p_3 = -1 - j2$$

方程的解为

$$y = c_1 e^{t/2} + c_2 e^{-t} \cos 2t + c_3 e^{-t} \sin 2t$$

- 存在 2 对重复的复数根 $a \pm j\beta$,$n-4$ 个互异的实根,则方程的解为

$$y = c_1 e^{at} \cos\beta t + c_2 e^{at} \sin\beta t + c_3 t e^{at} \cos\beta t + c_4 t e^{at} \sin\beta t + c_5 e^{p_5 t} + \cdots + c_n e^{p_n t}$$

例 C4　求齐次微分方程 $y^{(5)} + y^{(4)} + 4y^{(3)} + 4y^{(2)} + 4y' + 4y = 0$ 的解。

解　特征方程

$$p^5 + p^4 + 4p^3 + 4p^2 + 4p + 4 = 0$$
$$(p+1)(p^2 + 2)^2 = 0$$

求出特征方程的根

$$p_1 = -1, \quad p_2 = p_3 = +j\sqrt{2}, \quad p_4 = p_5 = -j\sqrt{2}$$

方程的解为

$$y = c_1 e^{-t} + c_2 \cos\sqrt{2}t + c_3 \sin\sqrt{2}t + t(c_4 \cos\sqrt{2}t + c_5 \sin\sqrt{2}t)$$

C3　常系数非齐次线性常微分方程的解法

n 阶常系数非齐次线性常微分方程的标准形式为

$$y^{(n)} + a_1 y^{(n-1)} + \cdots + a_{n-1} y' + a_n y = f(t)$$

其中 a_1、a_2、$\cdots$、a_n 是常数,$f(t)$ 为连续函数。

解的形式为

$$y = \bar{y}(t) + Y(t)$$

其中,$\bar{y}(t)$ 是常系数齐次线性常微分方程 $y^{(n)} + a_1 y^{(n-1)} + \cdots + a_{n-1} y' + a_n y = 0$ 的通解;$Y(t)$ 是常系数非齐次线性常微分方程 $y^{(n)} + a_1 y^{(n-1)} + \cdots + a_{n-1} y' + a_n y = f(t)$ 的任意一

个特解。

其初值问题的求解步骤如下：

第 1 步：求方程对应的常系数齐次线性常微分方程的通解（称作自由分量）；

第 2 步：求常系数非齐次线性常微分方程的任一个特解（称作强制分量）；

第 3 步：将自由分量与强制分量相加，得到常系数非齐次线性常微分方程的通解；

第 4 步：根据初始条件确定通解中的待定系数，从而得到满足方程初始条件的解。

可用待定系数法求常系数非齐次线性常微分方程的特解（强制分量）。其原理是：根据方程等式右端自由项 $f(t)$ 的函数类型，猜想它的特解是何种函数类型（包括常数），然后将其代入方程来确定所猜的函数中的系数。

例 C5 求方程 $(3-t)y''+(t-2)y'-y=t^2-6t+6$ 的一个特解。

解 通过观察可知 $y=at^2+bt+c$ 可能是上述方程的一个特解，将其代入方程得

$$(3-t)(2a)+(t-2)(2at+b)-(at^2+bt+c)=t^2-6t+6$$

$$at^2-6at+(6a-2b-c)=t^2-6t+6$$

$$\Rightarrow a=1, \quad c=-2b$$

取 $b=0$，则 $c=0$，于是 $y=t^2$ 是方程的一个特解。

表 C1 总结了一部分常见函数所对应的特解。

表 C1　常见函数 $f(t)$ 所对应的特解函数类型

$f(t)$（自由项）	特解的函数类型
C（常数）	C_1（常数）
e^{at}	$C\mathrm{e}^{at}$ a 不等于齐次方程特征方程的特征根
$\sin at$、$\cos at$	$C_1\sin(at+C_2)$ 或 $C_1\sin at+C_2\cos at$ $\pm \mathrm{j}\,a$ 不等于齐次方程特征方程的特征根
t^k	$C_1 t^k+C_2 t^{k-1}+\cdots+C_k t+C_{k+1}$

求特解也可用常数变易法，感兴趣的读者可阅读参考文献[1～4]。如果 $f(t)$ 为指数或者正余弦函数，同时其指数系数或正余弦系数等于齐次方程特征方程的特征根，则非齐次方程的特解也需要通过常数变易法来求得。

例 C6 求初值问题 $y''+200y'+2\times10^4 y=2\times10^4$，$y(0)=2$，$\dfrac{\mathrm{d}y}{\mathrm{d}t}\Big|_{t=0}=0$ 的解。

解 （1）求齐次方程的通解。特征方程为

$$p^2+200p+20000=0$$

特征根为

$$p_{1,2}=-100\pm\mathrm{j}100$$

则齐次方程的通解为 $y(t)=C_1\mathrm{e}^{-100t}\sin100t+C_2\mathrm{e}^{-100t}\cos100t=K\mathrm{e}^{-100t}\sin(100t+\theta)$，其中

K 和 θ 为待定系数。

（2）求非齐次方程的一个特解。

通过观察易知，非齐次方程的一个特解为
$$y = 1$$

（3）非齐次方程的通解为
$$y(t) = 1 + K\mathrm{e}^{-100t}\sin(100t + \theta)$$

（4）由初值定积分常数。

$\dfrac{\mathrm{d}y}{\mathrm{d}t} = -100K\mathrm{e}^{-100t}\sin(100t + \theta) + 100K\mathrm{e}^{-100t}\cos(100t + \theta)$，根据 $y(0) = 2$，$\dfrac{\mathrm{d}y}{\mathrm{d}t}\Big|_{t=0} = 0$

可知
$$\begin{cases} 1 + K\sin\theta = 2 \\ -100K\sin\theta + 100K\cos\theta = 0 \end{cases} \Rightarrow \quad K = \sqrt{2}, \theta = 45°$$

因此初值问题的解为
$$y(t) = 1 + \sqrt{2}\mathrm{e}^{-100t}\sin(100t + 45°)$$

参考文献

[1]　郑钧. 线性系统分析. 北京：科学出版社，1978

[2]　王高雄，周之铭，朱思铭，王寿松. 常微分方程. 第 2 版. 北京：高等教育出版社，1983

[3]　居余马，葛严麟. 高等数学. 第 II 卷. 北京：清华大学出版社，1996

[4]　清华大学数学科学系《微积分》编写组. 微积分. 第 III 卷. 北京：清华大学出版社，2004

附录 D 复数和正弦量

本附录介绍复数的两种表示方法、基本运算规律以及正弦量的三要素。

D1 复数及其运算

设 A 为一复数，a 和 b 分别是它的实部和虚部，则复数 A 的代数形式（又称直角坐标形式）为

$$A = a + jb$$

上式中，$j = \sqrt{-1}$ 为虚数单位（在数学中常用 i 为虚数单位，但由于在电路中 i 用于表示电流，因此改用 j）。复数的实部和虚部分别用下列符号表示：

$$\text{Re}(A) = a, \quad \text{Im}(A) = b$$

Re 和 Im[①] 可以理解为一种算子，复数经过它们的运算后分别得到该复数的实部和虚部。

一个复数在复平面上可以用一条从原点 O 指向 A 对应坐标点的有向线段来表示，如图 D1.1 所示。

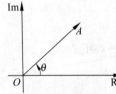

图 D1.1 复数的图形表示

这条有向线段的长度称为复数 A 的模，记做 $|A|$，模总是取正值。有向线段与实轴正方向的夹角称为复数 A 的辐角，记做 θ。辐角可以用弧度表示，也可以用角度表示。由图 D1.1可以看出，复数 A 还可以表示为

$$A = |A|(\cos\theta + j\sin\theta) \tag{D1.1}$$

根据欧拉（Euler）公式：

$$e^{j\theta} = \cos\theta + j\sin\theta$$

式（D1.1）可以进一步写成

$$A = |A|e^{j\theta} \tag{D1.2}$$

式（D1.1）称为复数 A 的三角形式，式（D1.2）称为复数 A 的指数形式。指数形式还可以改写为极坐标形式：

$$A = |A|\angle\theta$$

复数的直角坐标形式和极坐标形式之间可以互相转换。由上面的分析过程可以看出，若 $A = a + jb = |A|\angle\theta$，则

$$a = |A|\cos\theta, \quad b = |A|\sin\theta$$

[①] Re 是 real part 的头两个字母，Im 是 imaginary part 的头两个字母。

$$|A| = \sqrt{a^2 + b^2}, \quad \theta = \arctan\left(\frac{b}{a}\right)$$

下面介绍有关复数的运算。

1. 相等

若两个复数的实部和虚部分别相等,则这两个复数相等。设 $A_1 = a_1 + jb_1, A_2 = a_2 + jb_2$,若

$$a_1 = a_2, \quad b_1 = b_2$$

则

$$A_1 = A_2$$

类似地,当两个复数用极坐标形式表示时,若它们的模相等,辐角相等,则这两个复数相等。设 $A_1 = |A_1| \angle\theta_1, A_2 = |A_2| \angle\theta_2$,若

$$|A_1| = |A_2|, \quad \theta_1 = \theta_2$$

则

$$A_1 = A_2$$

2. 加减运算

两个复数或多个复数的加减运算采用直角坐标形式比较容易进行,只需将它们的实部和虚部分别相加减即可。

设 $A_1 = a_1 + jb_1, A_2 = a_2 + jb_2$,则

$$A_1 \pm A_2 = (a_1 \pm a_2) + j(b_1 \pm b_2)$$

若复数采用极坐标形式表示,应首先转换为直角坐标形式再进行加减运算。复数的加减运算还可以用复平面上的图形来表示,如图 D1.2 所示。这种运算在复平面上是符合平行四边形法则的。图 D1.2(a)和图(c)采用的是平行四边形画法,而图 D1.2(b)和图(d)采用的是三角形画法。

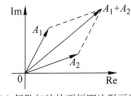
(a) 复数加法的平行四边形画法

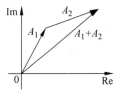
(b) 复数加法的三角形画法

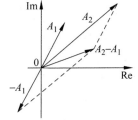
(c) 复数减法的平行四边形画法

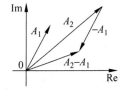
(d) 复数减法的三角形画法

图 D1.2　复数加减运算的图形表示

3. 乘法运算

若复数采用直角坐标形式,设 $A_1 = a_1 + jb_1$,$A_2 = a_2 + jb_2$,则

$$A_1A_2 = (a_1 + jb_1)(a_2 + jb_2)$$
$$= (a_1a_2 - b_1b_2) + j(a_1b_2 + a_2b_1)$$

在运算过程中用到了 $j^2 = -1$ 这一关系。

若复数采用极坐标形式,设 $A_1 = |A_1| \angle \theta_1$,$A_2 = |A_2| \angle \theta_2$,则

$$A_1A_2 = |A_1| e^{j\theta_1} |A_2| e^{j\theta_2}$$
$$= |A_1||A_2| e^{j(\theta_1 + \theta_2)} = |A_1||A_2| \angle (\theta_1 + \theta_2)$$

即复数相乘,其结果等于它们的模相乘,辐角相加。

4. 除法运算

若复数采用直角坐标形式,设 $A_1 = a_1 + jb_1$,$A_2 = a_2 + jb_2$,则

$$\frac{A_1}{A_2} = \frac{a_1 + jb_1}{a_2 + jb_2} = \frac{(a_1 + jb_1)(a_2 - jb_2)}{(a_2 + jb_2)(a_2 - jb_2)}$$
$$= \frac{(a_1a_2 + b_1b_2) + j(a_2b_1 - a_1b_2)}{a_2^2 + b_2^2}$$
$$= \frac{a_1a_2 + b_1b_2}{a_2^2 + b_2^2} + j\frac{a_2b_1 - a_1b_2}{a_2^2 + b_2^2}$$

在运算过程中,为了使分母有理化,必须把分子、分母同乘以分母的共轭复数 A_2^*,它与分母实部相等,虚部相反。

若复数采用极坐标形式,设 $A_1 = |A_1| \angle \theta_1$,$A_2 = |A_2| \angle \theta_2$,则

$$\frac{A_1}{A_2} = \frac{|A_1| e^{j\theta_1}}{|A_2| e^{j\theta_2}} = \frac{|A_1|}{|A_2|} e^{j(\theta_1 - \theta_2)} = \frac{|A_1|}{|A_2|} \angle (\theta_1 - \theta_2)$$

即复数相除,其结果等于它们的模相除,辐角相减。由此也可以看出:复数的乘除运算采用极坐标形式更简便一些。

D2　正弦量的三要素

设一个正弦电流的表达式为

$$i = I_m \sin(\omega t + \psi_i)$$

用图形表示如图 D2.1 所示。其中 I_m、ω 和 ψ_i 三个常数称为正弦量的三要素。

I_m 称为正弦量的幅值。正弦量是一个等幅振荡的、正负交替变化的周期函数,正弦量的幅值就是它在一个周期内达到的最大值。

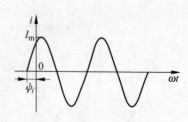

图 D2.1　正弦电流波形

$\omega t + \psi_i$ 称为正弦量的相位,也即是正弦量随时间变化的角度。该角度对时间的变化率就称为正弦量的角频率 ω,即角频率等于相位对时间的导数,它与正弦量的周期 T、频率 f 间的关系为

$$\omega = 2\pi f = \frac{2\pi}{T}$$

角频率 ω 的单位是 rad/s,频率的单位是 Hz,周期的单位是 s。

ψ_i 称为正弦量的初相位,即 $t = 0$ 时刻正弦量的相位。初相位与计时零点的选择有关,还与正弦量的参考方向选择有关。对于一个单独的正弦量,初相位是允许任意指定的;但对于同一个电路中的相关的正弦量,它们只能相对于一个共同的计时零点来确定各自的初相位。初相位的取值区间一般取为 $|\psi_i| \leqslant 180°$。

正弦量的三要素是正弦量之间进行比较和区分的依据。

当两个正弦量频率相同时,它们的相位关系是不随时间变化的。设 u、i 是两个相同频率的正弦量:

$$i = I_m \sin(\omega t + \psi_i)$$
$$u = U_m \sin(\omega t + \psi_u)$$

它们的相位差为

$$(\omega t + \psi_i) - (\omega t + \psi_u) = \psi_i - \psi_u$$

从上式可以看出,同频率的正弦量的相位差就等于它们初相位的差,是一个与时间无关的常数。

当 $\psi_i > \psi_u$ 时,称电流领先电压;当 $\psi_i = \psi_u$ 时,称电流、电压同相;当 $\psi_i < \psi_u$ 时,称电流落后电压;当 $|\psi_i - \psi_u| = 180°$ 时,称电流、电压反相。相位差的取值区间为 $|\psi_i - \psi_u| \leqslant 180°$。

附录 $\mathcal{E}$ 傅里叶级数

周期信号都可以用一个周期函数来表示：

$$f(t) = f(t + kT) \quad k = 0, 1, 2, \cdots$$

上式中，T 称为周期函数的周期。如果周期函数 $f(t)$ 满足狄里赫利条件，那么它就可以展开成一个收敛的傅里叶级数，即

$$f(t) = a_0 + a_1 \cos(\omega_1 t) + b_1 \sin(\omega_1 t) + a_2 \cos(2\omega_1 t) + b_2 \sin(2\omega_1 t) + \cdots$$
$$+ a_k \cos(k\omega_1 t) + b_k \sin(k\omega_1 t) + \cdots$$
$$= a_0 + \sum_{k=1}^{\infty} [a_k \cos(k\omega_1 t) + b_k \sin(k\omega_1 t)] \tag{E1}$$

这里所说的狄里赫利条件是：

(1) $f(t)$ 在一个周期内只有有限个不连续点；

(2) $f(t)$ 在一个周期内只有有限个极值；

(3) $f(t)$ 在一个周期内绝对可积，即 $\int_0^T |f(t)| \, \mathrm{d}t$ 存在。

工程上遇到的周期函数一般都满足狄里赫利条件。

利用三角函数的和差变换，上式还可以写成另一种形式：

$$f(t) = a_0 + \sum_{k=1}^{\infty} [a_k \cos(k\omega_1 t) + b_k \sin(k\omega_1 t)]$$
$$= a_0 + \sum_{k=1}^{\infty} c_k \sin(k\omega_1 t + \varphi_k) \tag{E2}$$

其中：

$$\left. \begin{array}{l} a_0 = \dfrac{1}{T} \displaystyle\int_0^T f(t) \, \mathrm{d}t \\[3mm] a_k = \dfrac{2}{T} \displaystyle\int_0^T f(t) \cos(k\omega_1 t) \, \mathrm{d}t = \dfrac{2}{T} \displaystyle\int_{-\frac{T}{2}}^{\frac{T}{2}} f(t) \cos(k\omega_1 t) \, \mathrm{d}t \quad k = 1, 2, \cdots \\[3mm] b_k = \dfrac{2}{T} \displaystyle\int_0^T f(t) \sin(k\omega_1 t) \, \mathrm{d}t = \dfrac{2}{T} \displaystyle\int_{-\frac{T}{2}}^{\frac{T}{2}} f(t) \sin(k\omega_1 t) \, \mathrm{d}t \quad k = 1, 2, \cdots \end{array} \right\} \tag{E3}$$

式(E1)与式(E2)中相应系数间的关系为

$$c_k = \sqrt{a_k^2 + b_k^2}$$

$$\varphi_k = \arctan\left(\frac{a_k}{b_k}\right)$$

$$a_k = c_k \sin\varphi_k$$
$$b_k = c_k \cos\varphi_k$$

式(E2)中,a_0 称为周期函数的恒定分量(或直流分量),$c_1\sin(\omega_1 t + \varphi_1)$ 称为周期函数的基波分量,它的周期和频率与原周期函数的周期和频率相同。其他的频率成分依次称为 2 次谐波、3 次谐波……

并不是每一个周期信号中都包含所有的频率成分,某些周期信号因其自身的某种对称性,当它分解为傅里叶级数时,会不含有某些频率成分。

如果周期函数是奇函数,即

$$f(-t) = -f(t)$$

则根据式(E3),有

$$
\begin{aligned}
a_k &= \frac{2}{T}\int_{-\frac{T}{2}}^{\frac{T}{2}} f(t)\cos(k\omega_1 t)\,\mathrm{d}t \\
&= \frac{2}{T}\int_{-\frac{T}{2}}^{0} f(t)\cos(k\omega_1 t)\,\mathrm{d}t + \frac{2}{T}\int_{0}^{\frac{T}{2}} f(t)\cos(k\omega_1 t)\,\mathrm{d}t \\
&= \frac{2}{T}\int_{-\frac{T}{2}}^{0} f(-t)\cos(-k\omega_1 t)\,\mathrm{d}(-t) + \frac{2}{T}\int_{0}^{\frac{T}{2}} f(t)\cos(k\omega_1 t)\,\mathrm{d}t \\
&= -\frac{2}{T}\int_{0}^{\frac{T}{2}} f(t)\cos(k\omega_1 t)\,\mathrm{d}t + \frac{2}{T}\int_{0}^{\frac{T}{2}} f(t)\cos(k\omega_1 t)\,\mathrm{d}t \\
&= 0
\end{aligned}
$$

因此,在这类周期函数的傅里叶级数中不含有余弦分量。

类似地,若周期函数为偶函数,即

$$f(-t) = f(t)$$

则根据式(E3)可以得出:$b_k = 0$,即傅里叶级数中不含有正弦分量。

若周期函数半波奇对称,即

$$f\left(t + \frac{T}{2}\right) = -f(t)$$

则根据式(E3)可以得出:$a_{2k} = 0$,$b_{2k} = 0$,即傅里叶级数中不含有偶次分量。

需要指出,由于函数的奇、偶对称性质与计时起点有关,因此系数 a_k、b_k($k=1,2,\cdots$) 也与计时起点有关。因此,适当选择计时起点有时会使函数的分解简化。

傅里叶级数是一个无穷三角级数,因此把一个周期性非正弦函数分解为傅里叶级数后,从理论上讲,必须取无穷多项才能准确地代表原函数。但在实际计算过程中只能取有限项,这就产生了误差。截取项数的多少,需视实际精度要求而定。

部分习题答案

1.1 (1) $u=-(t-kT)+2\mathrm{V}, i=t-kT\mathrm{A}, T=2\mathrm{s}, kT<t<(k+1)T, k=0,1,\cdots$; (2) 1V,1A;

(3) 1.15V,1.15A; (4) $p_{吸}=(t-kT)^2-2(t-kT)\mathrm{W}$,其中$kT<t<(k+1)T, k=0,1,\cdots$;

(5) $p_{发}=0.67\mathrm{W}$

1.2 $0.45U, 0.707U$

1.3 $0.9U, U$

2.1 (1) $u_2=5\mathrm{V}, u_5=-4\mathrm{V}, i_2=1\mathrm{A}, i_4=-1\mathrm{A}, i_5=1\mathrm{A}$; (2) 2W,$-5$W,6W,1W,$-4$W

2.2 0V,-6V,-5.4V,-5.3V,-5V,-4.8V,-0.8V,-0.5V,-5.3V,-2.3V

2.3 (a) $-U_\mathrm{S}\dfrac{R_\mathrm{L}}{R_\mathrm{L}+R_\mathrm{S}}, \dfrac{U_\mathrm{S}}{R_\mathrm{L}+R_\mathrm{S}}$; (b) $-I_\mathrm{S}\dfrac{R_\mathrm{S}}{R_\mathrm{L}+R_\mathrm{S}}, I_\mathrm{S}\dfrac{R_\mathrm{L}R_\mathrm{S}}{R_\mathrm{L}+R_\mathrm{S}}$

2.6 (a) -5V; (b) 7V

2.7 (a) -8A; (b) 0V; (c) 2A,36V; (d) -2A,5V,9V

2.8 (a) 6A,0.2A,-2A,-1.625A,-7.625A; (b) -9A,9V,35V

2.9 30A

2.10 -0.1A,-1.6V

2.12 1A

2.13 1.2V,3.6V,1.2V

2.14 0.5V

2.15 2V,-0.5A

2.16 (a) 2.88Ω,(b) 2.3Ω,(c) 2.31Ω

2.17 (a) 8Ω,(b) 3.75Ω

2.18 (a) 21Ω,(b) 2.21Ω

2.21 -0.1A

2.22 $U_\mathrm{S}\dfrac{R_2R_3-R_1R_4}{(R_1+R_2)(R_3+R_4)}$

2.23 2V

2.24 (1) $U=2\mathrm{V}, U_1=1\mathrm{V}$; (2) 4W

2.25 9.6Ω,5.4W

2.26 3Ω

2.27 3.2A

2.29 $0.5\sin(100t)\,\mathrm{mA}$

2.30 $U_\mathrm{S}\dfrac{R_1+R_2}{R_3R_2}$

2.31　(1) $U_\mathrm{s}\left(1+\dfrac{R_1}{R_2}\right)$；(2) ∞

2.32　$2(u_2-u_1)$

2.33　(1) $-\dfrac{3}{16}=-0.1875$；(2) $12\mathrm{k\Omega}$

2.34　$4(u_2-u_1)$

2.36　(a) $\begin{bmatrix}\dfrac{1}{R_1}+\dfrac{1}{R_2} & \dfrac{1}{R_1}\\[2mm]\dfrac{1}{R_1} & \dfrac{1}{R_1}+\dfrac{1}{R_3}\end{bmatrix}$；(b) $\begin{bmatrix}\dfrac{1}{R_1}+\dfrac{1}{R_2} & -\dfrac{1}{R_2}\\[2mm]-\dfrac{1}{R_2} & \dfrac{1}{R_1}+\dfrac{1}{R_2}\end{bmatrix}$

2.37　(a) $\begin{bmatrix}-1 & -2\\13 & 15\end{bmatrix}\Omega$；(b) $\begin{bmatrix}4 & -3\\3 & -1\end{bmatrix}\Omega$

2.38　(1) $\begin{bmatrix}1 & 1\Omega\\0.25\mathrm{S} & 1.25\end{bmatrix}$；(2) $6\mathrm{V},3.5\mathrm{A}$

2.41　两输入 NAND 门 $P_{\max}=\dfrac{U_\mathrm{S}^2}{R_\mathrm{L}+2R_\mathrm{ON}}$，两输入 NOR 门 $P_{\max}=\dfrac{U_\mathrm{S}^2}{R_\mathrm{L}+0.5R_\mathrm{ON}}$

3.1　$-1.5\mathrm{A},1\mathrm{A},0.5\mathrm{A}$

3.2　$48\mathrm{W},0$

3.3　$0.1\mathrm{A},0.2\mathrm{A},0.1\mathrm{A},0.2\mathrm{A},0.3\mathrm{A},0.1\mathrm{A}$

3.4　$12\mathrm{A}$

3.5　$40\mathrm{W},936\mathrm{W}$

3.6　$6\mathrm{V},4\mathrm{V}$

3.7　$5\mathrm{A},5\mathrm{A}$

3.8　$2\mathrm{A},6\mathrm{V}$

3.9　$-(R_2R_3+R_3R_4+R_4R_2)/(R_1R_4)$

3.10　$10.45\mathrm{A},3.17\mathrm{A},-1.31\mathrm{A},523\mathrm{W}$

3.11　$-1\mathrm{A},-9\mathrm{A},16\mathrm{W}$

3.12　$22\mathrm{A}$

3.13　$18\mathrm{V}$

3.14　$-0.9\mathrm{A}$

3.15　$5\mathrm{V}$

3.16　$1.2\mathrm{A}$

3.17　$7u_1+14u_2$

3.18　$2\mathrm{A}$

3.19　$468\mathrm{W}$

3.20　3Ω

3.21　$3\mathrm{V}$

3.22　3A,2A

3.23　-0.4V

3.24　6V

3.25　3.5Ω,0.875W

3.26　-22.5V

3.27　3V

3.28　10Ω,14.4W

3.29　4V

3.30　0.4A

3.31　0.2A

3.32　$\begin{bmatrix} R_1+R_3+R_2(1+gR_1) & R_3 \\ R_3 & R_3+R_4 \end{bmatrix}$,互易二端口

3.33　$\begin{bmatrix} G_1 & g_1 \\ g_2 & G_2-g_1 \end{bmatrix}$,如果 $g_1 \neq g_2$,则为非互易二端口

3.34　0.8A

3.35　0.25A

3.36　2.5A

4.1　$P_{吸}=114$W,$P_{发}=124$W

4.2　(1) $i=1$A 时 $R_S=5$Ω,$R_D=11$Ω; (2) $i=2$A 时 $R_S=14$Ω,$R_D=38$Ω

4.3　(1) 0.5V; (2) -1V

4.4　0.267mA

4.6　$U_c-\beta \dfrac{R_c}{R_b} U_b$

4.7　$2+0.1\sin(10^3 t)$A

4.15　1V$<u_{GS}<2.90$V

4.17　(1) 恒流区; (2) 0.38V

4.18　(2) 0.55

5.1　(a) 0V,4A,16V; (b) 2A,-20V; (c) 7.5V,-1.5A;

　　　(d) 6V,6V,0V,-0.5A; (e) 3.5A,-1.5A; (f) 4A,6A,-18V,-12V

5.2　(a) 44.19V,20.85A; (b) 0.73A,-0.069A,3.47V

5.3　(a) 2A,80V,-32kA/s,0V/s;

　　　(b) 0.6A,24V,0.6V/s,-24A/s

5.4　(a) $\tau=\dfrac{L}{2R}$; (b) $\tau=R_2 C$; (c) $\tau=(2R-r)C$; (d) $\tau=2RC$

5.5　$u_C(t)=20\mathrm{e}^{-0.8t}$V　$t \geqslant 0$

5.6　$i_L(t)=-0.6\mathrm{e}^{-100t}$A　$t \geqslant 0$

5.7 (1) $2.23\mu s$; (2) $0.16\mu s$

5.8 $u_1(t) = -4e^{-13.86t}$ V $t \geqslant 0$

5.9 $i(t) = -1.5e^{-50t} + 15e^{-200t} - 30$ mA $t \geqslant 0$

5.10 (1) $u_C(t) = 78.66\sin(314t - 8.13°) + 11.1e^{-400t}$ $t \geqslant 0$

   $i(t) = 2.47\sin(314t + 81.87°) - 0.445e^{-400t}$ A $t \geqslant 0$;

   (2) $38.13°, u_C(t) = 78.66\sin(314t)$ V $t \geqslant 0$

5.11 $u_C(t) = 48(1 - e^{-312.5t})$ V $t \geqslant 0$

5.12 $i_L(t) = 20(1 - e^{-20000t})$ A $t \geqslant 0, i_1(t) = 40 + 20e^{-20000t}$ A $t \geqslant 0$

5.13 $u_{Cri}(t) = e^{-8000t}$ V $t \geqslant 0, u_{Czs}(t) = -1.25(1 - e^{-8000t})$ V $t \geqslant 0 (U_S = 5$V$)$,

   $u_{Czs}(t) = -2.5(1 - e^{-8000t})$ V $t \geqslant 0 (U_S = 10$V$)$,

   $u_C(t) = -1.25 + 2.25e^{-8000t}$ V $t \geqslant 0 (U_S = 5$V$)$,

   $u_C(t) = -2.5 + 3.5e^{-8000t}$ V $t \geqslant 0 (U_S = 10$V$)$

5.14 $i_L(t) = 0.889(1 - e^{-225t})\varepsilon(t)$ A

5.15 $u_C(t) = 2(1 - e^{-t})\varepsilon(t) - 3(1 - e^{-(t-3)})\varepsilon(t-3) + (1 - e^{-(t-5)})\varepsilon(t-5)$ V

$$= \begin{cases} 2(1 - e^{-t}) \text{ V} & 0 < t \leqslant 3 \\ -1 + 58.26e^{-t} \text{ V} & 3 \leqslant t \leqslant 5 \\ -90.15e^{-t} \text{ V} & t \geqslant 5 \end{cases}$$

5.16 $u_o(t) = -10(1 - e^{-10t})\varepsilon(t)$ V

5.17 $i_1(t) = [-1 + 4.47\sin(1000t + 3.43°) - 1.27e^{-2000t}]\varepsilon(t)$ A

   $i_2(t) = [1 + 4.47\sin(1000t + 3.43°) - 1.27e^{-2000t}]\varepsilon(t)$ A

5.18 $u_C(t) = \begin{cases} 2 + 8e^{-t} \text{ V} & 0 < t \leqslant 1 \\ 4 + 0.94e^{-2(t-1)} \text{ V} & t \geqslant 1 \end{cases}, i_C(t) = \begin{cases} -2e^{-t} \text{ V} & 0 < t < 1 \\ -0.47e^{-2(t-1)} \text{ V} & t > 1 \end{cases}$

5.21 $i_L(t) = 1.6e^{-16t}\varepsilon(t)$ A

5.22 $u_C(t) = 8e^{-t}\varepsilon(t) + 4\varepsilon(-t)$ V$, i_C(t) = 0.8\delta(t) - 1.6e^{-t}\varepsilon(t)$ A

5.23 $i_L(t) = (2.5 + 37.5e^{-20t})\varepsilon(t)$ A

5.24 $u_{C2}(t) = \left[U_S - \dfrac{C_2 U_S}{C_1 + C_2} e^{-\frac{t}{R(C_1 + C_2)}} \right]\varepsilon(t), i(t) = \left[\dfrac{C_2 U_S}{(C_1 + C_2)R} e^{-\frac{t}{R(C_1 + C_2)}} \right]\varepsilon(t)$

   $i_{C1}(t) = -\dfrac{C_1 C_2 U_S}{C_1 + C_2}\delta(t) + \dfrac{C_1 C_2 U_S}{(C_1 + C_2)^2 R} e^{-\frac{t}{R(C_1 + C_2)}}\varepsilon(t)$

   $i_{C2}(t) = \dfrac{C_1 C_2 U_S}{C_1 + C_2}\delta(t) + \dfrac{C_2^2 U_S}{(C_1 + C_2)^2 R} e^{-\frac{t}{R(C_1 + C_2)}}\varepsilon(t)$

5.25 $\tau = \dfrac{L_1 + L_2}{R_1 + R_2}$,

   $i_1(t) = \left[\dfrac{U_S}{R_1 + R_2} + \left(\dfrac{L_1 U_S}{(L_1 + L_2)R_1} - \dfrac{U_S}{R_1 + R_2} \right)e^{-\frac{t}{\tau}} \right]\varepsilon(t) + \dfrac{U_S}{R_1}\varepsilon(-t)$,

   $i_2(t) = \left[\dfrac{U_S}{R_1 + R_2} + \left(\dfrac{L_1 U_S}{(L_1 + L_2)R_1} - \dfrac{U_S}{R_1 + R_2} \right)e^{-\frac{t}{\tau}} \right]\varepsilon(t)$

5.26 $u_C(t) = 27.8e^{-t} - 23.8e^{-10t}$ V $t \geqslant 0$

5.27 $i_L(t) = \begin{cases} 1 + e^{-20t} \text{ A} & 0 < t \leqslant 1\text{s} \\ e^{-20(t-1)} + e^{-20t} \text{ A} & t \geqslant 1\text{s} \end{cases}$

5.28 (a) $\delta = 0.5, \omega = 3.12\text{rad/s}$; (b) $\delta = 50, \omega = 1786\text{rad/s}$

5.29 $u_C(t) = 15 + 18e^{-6t} - 25e^{-5t}$ V $t \geqslant 0, i_2(t) = 1.5 + 4.5e^{-6t} - 5e^{-5t}$ A $t \geqslant 0$

5.30 $50\Omega, 58.8\text{mH}, 100\mu\text{F}, i(t) = 5.88e^{-100t} \sin 400t$ mA $t \geqslant 0$

5.31 (1) $i_L(t) = 2.05e^{-1.33t} \sin(1.49t + 29.3°) - 1$A $t \geqslant 0$

(2) $i_L(t) = (1 + 2.67t)e^{-1.33t} - 1$A $t \geqslant 0$

(3) $i_L(t) = 2.5e^{-0.667t} - 1.5e^{-2t} - 1$A $t \geqslant 0$

5.32 $u_C(t) = 20e^{-2t} - 16e^{-3t}$ V $t \geqslant 0$

5.33 $u_C(t) = \begin{cases} 1.33 + 6e^{-2t} - 3.33e^{-3t} \text{ V} & 0 < t \leqslant 1\text{s} \\ 35.56e^{-2t} - 56.89e^{-3t} \text{ V} & t \geqslant 1\text{s} \end{cases}$

5.34 $\begin{bmatrix} \dot{u}_C \\ \dot{i}_L \end{bmatrix} = \begin{bmatrix} -0.25 & -1 \\ 31 & -6 \end{bmatrix} \begin{bmatrix} u_C \\ i_L \end{bmatrix} + \begin{bmatrix} 2.5 \\ -300 \end{bmatrix}$

5.35 $\begin{bmatrix} \dfrac{du_C}{dt} \\ \dfrac{di_L}{dt} \end{bmatrix} = \begin{bmatrix} -0.75 & 0 \\ 0 & -0.75 \end{bmatrix} \begin{bmatrix} u_C \\ i_L \end{bmatrix} + \begin{bmatrix} 0.5 \\ 0.25 \end{bmatrix} i_S,$

$\begin{bmatrix} u_1 \\ u_2 \\ u_3 \end{bmatrix} = \begin{bmatrix} 0.5 & -0.5 \\ 0 & -1.5 \\ -0.5 & -0.5 \end{bmatrix} \begin{bmatrix} u_C \\ i_L \end{bmatrix} + \begin{bmatrix} 0.5 \\ 0.5 \\ 0.5 \end{bmatrix} i_S$

6.3 $Z = 10 + j31.4\Omega, Y = 9.2 \times 10^{-3} - 0.029\text{S}, \cos\varphi = 0.30$(滞后)

6.4 (a) $4.47 + j9.29\Omega$; (b) $j1.5\Omega$; (c) $7 + j4\Omega$

6.5 (1) 60V 或 30V; (2) 5V 或 11.76V, 30V 或 35.28V, 5.65V 或 13.23V

6.6 $\omega L = \dfrac{1}{\omega C} = R$

6.7 2V

6.8 $i(t) = -1.828e^{-10t}$A $t \geqslant 0$

6.9 $14\Omega, 48\Omega$

6.10 (1) $f_0 = 53.08\text{Hz}$ 时 $I_{max} = 25\text{A}$; (2) $23.96\text{A}, \cos\varphi = 0.96$(超前), 2300W, -670.6var, 2396 VA, $(2300 - j670.6)$VA

6.11 12A

6.12 (a) $\omega_1 = \dfrac{1}{\sqrt{L_1 C}}, \omega_2 = \sqrt{\dfrac{L_1 + L_2}{L_1 L_2 C}}$; (b) $\omega_1 = \dfrac{1}{\sqrt{LC_1}}, \omega_2 = \sqrt{\dfrac{1}{(C_1 + C_2)L}}$;

(c) $\omega_1 = \dfrac{1}{\sqrt{LC_1}}, \omega_2 = \sqrt{\dfrac{C_1 + C_2}{C_1 C_2 L}}$; (d) $\omega_1 = \dfrac{1}{\sqrt{L_2 C}}, \omega_2 = \sqrt{\dfrac{1}{(L_1 + L_2)C}}$

6.13　$8\Omega,4\mathrm{mH}$

6.14　$-\mathrm{j}1\mathrm{A}$

6.16　(a)、(b)、(c)电路均为$(L^2-M^2)/L$

6.18　(a) $30+\mathrm{j}10\Omega$；(b) $1.2+\mathrm{j}8.4\Omega$

6.19　$i(t)=20\sin(20000t-161°)\mathrm{mA}$

6.20　(1) $0.496\mathrm{H}$；(2) 0.992

6.21　$1\Omega,3\Omega,9\Omega,3\Omega,3\Omega$

6.22　$-9.6\Omega,15\Omega$

6.23　$217.1\mathrm{V},11.55\Omega,23.1\Omega$

6.24　$7.5\Omega,12.99\Omega,-12.99\Omega$

6.25　$2\Omega,-1\Omega$

6.26　$120\mathrm{V},0$

6.27　$7.5-\mathrm{j}6.67\Omega,46.78\mathrm{W}$

6.28　(1) $1:2$；(2) $12.65\mathrm{V}$；(3) $15.8\mathrm{V}$

6.29　$7.143\Omega,1000\mathrm{W}$

6.30　电流源发出$692.8\mathrm{VA}$,电压源发出$-\mathrm{j}200\mathrm{VA}$

6.31　$1174.6\mu\mathrm{F},\cos\varphi=0.87$(滞后)

6.33　$6.47\angle-80.6°\mathrm{A}$

6.34　(1) $5809\mathrm{W}$；(2) $2060\mathrm{W},3733\mathrm{W}$

6.35　$38.52\angle-151.63°\mathrm{A}$

6.36　$29.53-\mathrm{j}32.45\Omega$

6.37　$24.13\angle-60°\Omega$

6.39　$8.28\mathrm{V},1.87\mathrm{A},11.9\mathrm{W}$

6.41　$11.03\mathrm{A},1187\mathrm{W}$

6.42　(1) $30\mathrm{V},0.5+0.6\sin(\omega t-90°)+0.4\sin(2\omega t-45°)\mathrm{A}$；(2) $15\mathrm{W}$

6.43　$-6+5.56\sin(2t+11.3°)\mathrm{A},72\mathrm{W},46.3\mathrm{W}$

6.44　(1) $10\Omega,4\mathrm{H},33.3\mu\mathrm{F}$；(2) $1+0.5\sin(100t+45°)\mathrm{A}$

索　引